エリアマネジメント
効果と財源

小林重敬＋森記念財団 編著

学芸出版社

はじめに

2018年6月に森記念財団が刊行した『まちの価値を高めるエリアマネジメント』の中心テーマは、エリアマネジメント活動とその活動空間であった。まず、エリアマネジメント活動の実際をわが国の事例を中心に紹介し、さらにアメリカ、イギリス、ドイツなどのBID活動にも言及した。それに加えてエリアマネジメント活動を展開する空間が公共空間を含めて多様化していること、そこでは公共空間を活用するための仕組みが官民協働で作られつつあることを紹介している。

そこで、本書では、エリアマネジメントに関する第2弾として、エリアマネジメント活動に欠かせない、かつわが国においては海外に比較して立ち遅れていると考えられるエリアマネジメント活動財源の確保についてまとめている。それとともに、エリアの関係者（ステークホルダー）が活動資金を負担する根拠となるところのエリアマネジメント活動の効果や成果の示し方について紹介している。

また、エリアマネジメント活動を体系的に進めるには、また比較的大きな財源で活動するには、組織体制が整っていることが必要なことから、エリアマネジメント組織についてもまとめている。

1　エリアマネジメントという仕組みの必要性と活動財源

人口成長が続いた成長都市の時代には、市街地の拡大や経済の成長のために道路、公園、上下水道、さらに空港、港湾などのハードな社会インフラが必要であり、財政資金を活用した「社会資本整備」が重要であった。

しかし成熟都市の時代には、そのような社会インフラに代わって、「エリア」に関わる地権者、事業者、住民、開発事業者（ステークホルダー）などが作る社会的組織によって地域の価値を高め、維持する「社会関係資本」を基盤とする仕組みが生まれ、ステークホルダーが自ら負担して活動財源を生み出す必要性が認識されてきている。

それは、関係者が互いの信頼関係を築いたうえで、都市づくりガイドラインなどの規範を作り、まずエリアの関係者が資金を出し、そこに行政が支援を行い、都市づくり活動を行なっていく関係である。

すなわち、以前はインフラ整備としてハードな「社会資本整備」が行われて、地域の価値を高めてきたが、今日では、それに加えて「社会関係資本構築」によるソフトな社会インフラ構築により、エリアマネジメント活動を進めて地域価値の向上を図る、新たな仕組みが加えられてきたと考える。

2　エリアマネジメント活動財源問題と財源確保の制度化の動き

持続可能なエリアマネジメント活動を進めるには、一定の財源が必要である。それに関して、海外ではBIDなどの制度、仕組みを持ち、いわば「強制的徴収権を伴う税と同様の財源調達」を行っている。

しかし、これまでわが国にはBIDのような仕組みが十分整っていなかった。そのため日本のエリアマネジメント団体は、会費、管理業務受託、エリアマネジメント広告事業、空間活用事業など、さまざまな工夫をしながら財源を確保してきた。

その代表的な動きがエリアマネジメント広告事業である。この活動は大丸有地区の活動等で本格的な動きがみられ、一定の効果を上げている。エリアマネジメントなどの活動を通して生まれた魅力的空間、街並みを利用して、その空間に民間事業者の広告を、たとえばバナー・フラッグのようなかたちで掲出し、民間事業者から広告掲出料を取得し、それをエリアマネジメント活動に活用するというものである。

そのようななかで、近年、わが国においてもエリアマネジメント活動の財源を制度として確保できる仕組みが作られてきている。すでに大阪版BID条例のようなかたちで、単独自治体ベースで実現していたが、さらに国においても2018年にエリアマネジメント法制が地域再生エリアマネジメント負担金制度として実現している。

ところで、海外のBID制度やわが国の地域再生エリアマネジメント負担金制度は、「強制的徴収権を伴う税と同様の財源調達」制度であり、エリアマネジメント活動がそのようなかたちで財源を調達するには、それに見合う効果を実現していることを何らかのかたちで示す必要がある。わが国においては、地域再生エリアマネジメント負担金制度を活用するにあたって喫緊の課題となっている。

3　エリアマネジメント活動の効果を評価する

上記のようなエリアマネジメント活動に伴い、エリアの関係者から、必要があれば強制的に財源を調達するには、エリアマネジメント活動の効果を評価する仕組みが必要である。よく使われる評価の仕組みとしてPDCAサイクルがある。すなわちPLAN、DO、CHECK、ACTIONという一連の動きによりエリアマネジメント活動の成果を確認し、それをエリアの関係者に年次報告等のかたちで示し、次年度の活動に繋げていくことである。海外のBID活動で一般的な仕組みであり、それにより、エリアマネジメント活動の持続性を高めると同時に、エリアマネジメント活動の持続可能性の根源にある活動財源の確保にも繋がるものである。わが国では、博多天神地区において、ガイドラインに評価手法として、PDCAサイクルを活用することを明示し、また評価軸を具体的に設定している。

内閣府の地域再生エリアマネジメント負担金制度は、エリアマネジメント活動の効果として地価上昇あるいは売上の増加などを想定しており、まず数量的な確認を必要としている。

しかし、エリアマネジメント活動がもたらすエリアへの寄与は地価上昇あるいは売上の増加だけではなく、以下のようなさまざまな視点が考えられ、制度運用上も多様な評価の仕組みを考慮する必要があると考える。

第1に、エリアの多くの関係者がガイドラインなどによりまちづくりの考え方を1つにすることがもたらす地域価値の増加である。具体的には景観の統一や広告規制と広告事業の一体的マネジメントによる地域価値の増加である。

第2に、エリアの多くの関係者が信頼ある関係性（エリアマネジメント組織結成など）を結ぶことにより実現する具体的な利益であり、駐車時の共同利用による付置義務駐車場台数の低減などによる利益である。

第３に、エリアの関係者が信頼ある関係性を結ぶことにより個々の関係者の費用を低減し、エリアの組織に一定の利益をもたらすことである。具体的にはエリアの消費電力の契約を一体化することにより、電力会社との契約上優位に立ちコストを低減することなどである。

それに加えて、エリアマネジメント活動の効果を測定する方法も多様に考えられるようになっており、研究が進められ、手法開発が進んでいる。そのうちヘドニックアプローチ、仮想市場調査法（CVM)、コンジョイント分析法などのいくつかは現実のエリアマネジメント効果測定に使われている。その紹介を実際の活用事例を含めて紹介する。

4　エリアマネジメントの組織と組織化

エリアマネジメント活動によりエリアに効果をもたらす前提として、地域の価値を維持・向上させ、また新たな地域価値を創造するための、市民・事業者・地権者等による主体的な取り組みが必要であり、そのための組織化が進んでいる。すなわちエリアマネジメントの組織の展開である。

エリアマネジメントにおける組織の設立は、具体的な活動を実施するための基本的な事項であり、実施する活動の内容によって、とるべき組織形態は異なる。エリアマネジメントの組織化は当然のことながら一定の「エリア」を対象としている。

この一定の「エリア」はまちづくり協議会のような任意の、柔らかい組織である場合は「エリア」の境界を確定しないのが一般的である。一方、エリアマネジメント活動が展開し、法人格を持つ組織となる場合は一般に境界を確定する必要がある。それはその「エリア」のなかで一定の拘束力ある関係が作られるからである。エリアマネジメントが発展して活動が拡大・多様化すれば、新たな組織の設立が必要となる場合もある。

一般には、最初は任意組織としての協議会形式をとり、やがて法人組織に移行する場合、あるいは協議会のなかに法人組織を持ち、２層の組織となる場合もある。

エリアマネジメント組織の重層性が必要な理由は、任意組織としてのまちづくり協議会の活動が展開してくると、協議会として、金銭問題をはじめ、さまざまな責任を負う場面が出てくるが、まちづくり協議会のような任意組織の場合では、責任を協議会の会長が一人で背負うこととなる。そのため、まちづくり協議会を中心にエリアマネジメントを展開してきた「エリア」でも、組織自体を株式会社、NPO 法人、社団法人などに法人化する場合、あるいはまちづくり協議会と並行して法人組織を置く場合がでてきている。

任意組織としてのまちづくり協議会と法人組織が並列でおかれる場合も多いが、それは「エリア」にかかわる多様な人々にまちづくりに関係してもらうためには、任意組織が適切であり、一方、任意組織だけでは処理できない事項が活動を進めていくなかで出てくるため、法人組織が必要になってくるからである。

すなわち、エリアマネジメント活動を進めていくと、法的な人格を持った組織でなければ扱えない事項が出てくるためである。新たな地域再生エリアマネジメント負担金制度では既存の諸法人組織を前提に制度設計されているが、都市再生推進法人という法人化の道も推奨されている。

本書はエリアマネジメント活動を進めるうえで、もっとも大きな課題である活動財源確保とそれに繋がる効果の測定・評価についてまとめている。財源確保を実現する制度も地域再生エリアマネジメント負担金制度として生まれてきたので、まずは、活発な活動を展開しているエリアマネジメント組織の関係者にお読みいただきたいと考える。

しかし、同時に現時点ではエリアマネジメント組織としては活動していないが、その前段階の活動を進めている多くの関係者にお読みいただき、財源問題と制度のあり方について幅広い意見交換が実現することを期待している。

さらに、エリアマネジメント活動の効果について、必ずしも今回の新制度ありきではない議論が可能な資料も提供しているので、研究者などからのご意見もいただきたいと考えている。本書の出版がエリアマネジメントに関心をお持ちの多くの方々の目に留まり、関係者の間で有効な議論が始まることを期待している。

2020 年 2 月　小林重敬

CHAPTER 1

エリアマネジメント制度の仕組みと財源・課税

わが国のエリアマネジメント活動（以下、エリマネ活動という）は、大丸有地区、六本木ヒルズ地区をはじめてとして20年以上の歴史を積み重ねてきており、博多天神地区、大阪うめだグランフロント地区、札幌駅前通り地区等も10年近い活動を重ねてきている。さらに2016年の全国エリアマネジメントネットワークの形成を契機として、地方都市を含めてエリアマネジメント組織（以下、エリマネ組織という）が生まれ、活動が活発化している。

そのような経緯のなかで、全国エリアマネジメントネットワークを介して活動実態に関するアンケートを取ったところ、わが国のエリマネ活動のもっとも大きく、基本的な課題として財源問題が浮き出てきた。さらに財源問題は財源問題にとどまらず、活動を支える人材の確保問題に繋がっていることに留意する必要がある。

近年、全国エリアマネジメントネットワークでは、アメリカ、イギリス、ドイツなどのBID活動団体とも交流を始めている。交流を通して、あらためて、諸外国のBID活動は制度に基づく課金により、財源を確保しエリマネ活動が成り立っていることに気づかされている。すなわち本章の後半で紹介するように、海外のBID活動の多くはフリーライダーを認めない、強制徴収という手段を内蔵した課金制度により多くの財源を確保していることである。

わが国でも、課金制度の必要性の認識は以前からあり、その嚆矢として大阪版BID制度と呼ばれる課金制度が2014年に施行され、JR大阪駅北側の大規模複合施設「グランフロント大阪」を含む「うめきた先行開発区域」7haで2015年4月に制度運用が始められた。しかし、その実践は、現在でもグランフロント大阪地区一地区に限られており、また課金制度が地方自治法の分担金に基づくものであるために、その使途がエリマネ活動にとって、もっとも基礎的な活動である「賑わい創出」には使えないという限界を持った制度として生まれている。

それに対して 2018 年には内閣府により地域再生エリアマネジメント負担金制度が誕生した。これは大阪版 BID 制度の限界であった「賑わい創出」には使えないという限界をクリアした制度として生まれている。そのため制度活用が期待されているが、実践はまだこれからという段階である。

ところで財源問題は、実は課税問題に繋がっている。現在多くのエリアマネジメント団体（以下、エリマネ団体という）は、あとで述べるようにさまざまな工夫により財源を確保しているが、その確保した財源にも課税されているのが現状であり、それに伴う課税制度の問題、さらに課税に関わる組織の問題が提起されている。

課税に関わる組織問題とは次のようなものである。わが国のエリマネ団体は任意組織がまだ多い。任意組織もさまざまな活動に資金を使う場合があるが、すべての責任は組織の長である会長個人が担うことになり、活動資金が大きくなることもあり課題となっている。また、行政と連携したエリマネ活動が近年増えており、行政からの支援を補助金というかたちで受け取る場合が想定されるが、任意組織の場合には組織の代表が個人として受けることになり、行政が補助金を出すには障壁があると考えられている。そのため、法人組織となるエリマネ組織も多くなっている。具体的には一般社団法人、特定非営利活動法人(NPO 法人)、株式会社などである。社団法人、NPO 法人でも、後に述べる公益社団法人、認定特定非営利活動法人（認定 NPO 法人）でなければ、課税問題はついてくるので、近年では株式会社組織となり、収益活動と活動費用をバランスさせて課税問題に対処する場合もある。

1-1

エリアマネジメント活動の財源の実際

2011 年頃から、エリマネ活動に関するサロンやフォーラムが開催され、エリマネ団体が抱える課題の共有が始まっている。エリマネ団体の多くは「財源の確保」を課題として認識しており、継続的な活動を支えるための方策が探られている。ここでは財源確保に繋がる事例やエリマネ団体の収入内訳を紹介する。

エリアマネジメント活動を進めるうえでの課題

エリマネ活動を進めるうえで、エリマネ団体はさまざまな課題に直面している。御手洗氏らは 574 団体の自治体を対象にアンケート調査を実施し、エリマネ団体が「財政面」「人材面」「認知面」「制度面」の課題を抱えていることを示している[1)]。また、李氏らは、エリマネ活動の拡大に伴う長期的な活動費増大や地域管理のために専門的な人材の育成と確保の必要性など、財源と人材に関する課題を指摘している[2)]。

「環境まちづくりサロン（2011）」や、「環境まちづくりフォーラム（2012）」では、エリマネ活動の成果が生まれている一方で課題も多いということが意見交換され、官民連携でエリアマネジメントを推進するための「7 つの提言[*1]」が掲げられた。エリマネ団体の多くは「財源の確保」を課題として認識しており、継続的なエリマネ活動を支えるための方策が探られている。

●「全国エリアマネジメントネットワーク」の会員アンケート調査 3)

「全国エリアマネジメントネットワーク」*2 とは、2016 年に設立された組織である。エリマネ団体のネットワーク・コミュニティの醸成（交わる）、行政との対話・連携の場の構築（深める）、エリマネの社会的な認知向上（広める）という活動方針を掲げている。全国エリアマネジメントネットワークに参加するエリマネ団体は、複数年の活動実績があるところが多く、わが国においてもっとも先進的である。

「会員アンケート調査*3(2016)」では、「財源」「人材」「認知」「制度」という枠組みのなかで、それぞれ課題を提示し、エリマネ団体に「とても課題である・やや課題である・あまり課題ではない・全く課題ではない」を選択してもらった。調査の結果、「財源」に関する課題がもっとも大きいことが分かった（図 1）。エリマネ団体の 9 割弱は、「エリマネ活動を行うための財源が不足していること」および「スタッフを雇用するための財源が不足していること」を課題としている。また、エリマネ団体の 7 割以上は、「行政その他の補助金など、収入源が限定されていること」や、「収益を得られる自主的な活動が少ないこと」を課題としていることが分かった。

●エリマネ団体が抱える課題「財源の確保」

アンケート調査から得られた自由記述には、「事務局員の人件費等の負担が一企業に偏っており、将来的に自立した組織となりうるための財源基盤に不安

---

*1 エリマネを官民連携で推進するための「7 つの提言」
　提言 1. エリアマネジメント組織に対する支援優遇策の強化
　提言 2. 取り組み実践に向けた基盤として、さまざまな情報の収集・蓄積・活用に関する仕組みを作る
　提言 3. 公共空間の管理・活用に関する制度構築・運用改善
　提言 4. 環境・防災対応という公共性をベースにした新たな資金確保方策の構築
　提言 5. エリアマネジメント活動に関する評価方法の検討と評価の仕組み構築
　提言 6. エリアマネジメント活動を担う新たな法人制度の創設
　提言 7. エリア単位の計画を位置づける新たな計画制度の検討
*2 全国エリアマネジメントネットワークの会員数および会員リストは、p.169 を参照のこと。
*3 エリマネ団体の最新の動向を把握することを目的に実施された調査である。2016 年 8 月には「組織体制と活動内容」をテーマとした第 1 回、12 月には「エリマネ活動を進めるうえでの課題」をテーマとした第 2 回の調査を実施。調査対象は、会員である 33 のエリマネ団体であるが回答が揃っている 30 団体の結果を示す。

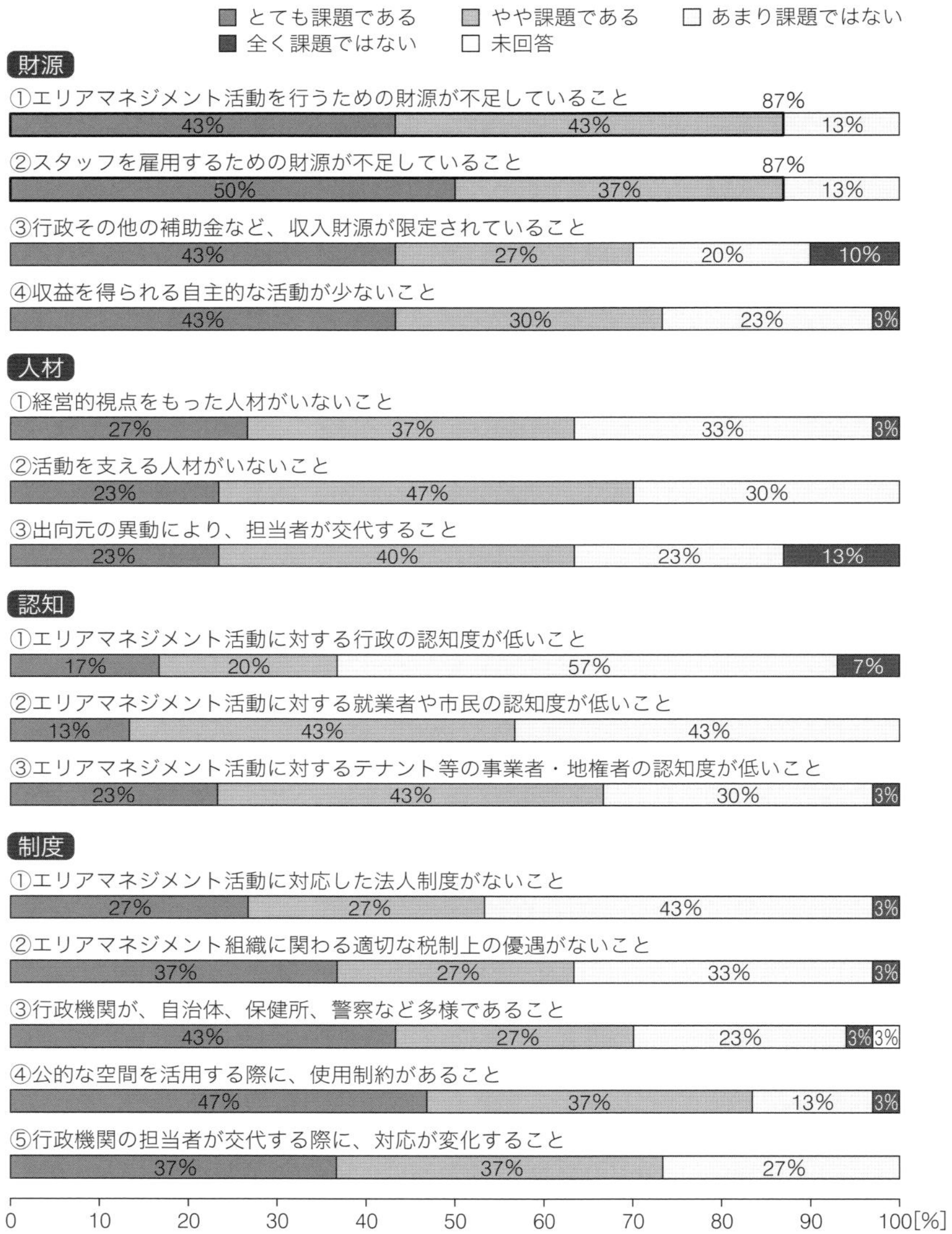

とても課題である
やや課題である
あまり課題ではない
全く課題ではない
未回答
財源
①エリアマネジメント活動を行うための財源が不足していること
87%
43% 43% 13%
②スタッフを雇用するための財源が不足していること
87%
50% 37% 13%
③行政その他の補助金など、収入財源が限定されていること
43% 27% 20% 10%
④収益を得られる自主的な活動が少ないこと
43% 30% 23% 3%
人材
①経営的視点をもった人材がいないこと
27% 37% 33% 3%
②活動を支える人材がいないこと
23% 47% 30%
③出向元の異動により、担当者が交代すること
23% 40% 23% 13%
認知
①エリアマネジメント活動に対する行政の認知度が低いこと
17% 20% 57% 7%
②エリアマネジメント活動に対する就業者や市民の認知度が低いこと
13% 43% 43%
③エリアマネジメント活動に対するテナント等の事業者・地権者の認知度が低いこと
23% 43% 30% 3%
制度
①エリアマネジメント活動に対応した法人制度がないこと
27% 27% 43% 3%
②エリアマネジメント組織に関わる適切な税制上の優遇がないこと
37% 27% 33% 3%
③行政機関が、自治体、保健所、警察など多様であること
43% 27% 23% 3% 3%
④公的な空間を活用する際に、使用制約があること
47% 37% 13% 3%
⑤行政機関の担当者が交代する際に、対応が変化すること
37% 37% 27%
0 10 20 30 40 50 60 70 80 90 100[%]

図1　エリマネ活動を進めるうえでの課題（全国エリアマネジメントネットワーク会員アンケート調査をもとに作成）

がある」といった財源の偏りに関する意見があった。また、「自主財源が乏しく、公的空間を活用した財源獲得方法を模索しているが、現状の活動費をまかなうほどの大きな財源となる方法がない」という、公的空間を活用した財源確保の方法を模索している意見が示された。さらに、「会費収入以外に特定の財源がないため、専属スタッフの雇用が難しい」といった人材育成に絡む問題が挙げられた。

●「安定的で継続的な財源確保」と「収入源の拡大」

現在のエリマネ団体が直面する課題は、おおよそ「安定的で継続的な財源確保」と「収入源の拡大」に大別することができる。ここで、エリマネ団体の主な収入源[*4]を見てみると、「会費」が4割、次いで「事業収入」が3割を占めていることが分かる（図2）。

会費収入をメインとしているエリマネ団体は、安定して財源の確保ができるというメリットがあるが、会員数を増やすことは容易ではなく、エリマネ活動が現状維持になりやすいというデメリットがある。毎年会員を増やすことは容易ではないうえ、エリマネ活動の幅が広がらないばかりか、活動を継続的に支える人材の確保もままならない。活動の拡大や促進を視野に入れるのであれば、会費収入に留まらない財源の確保を考える必要がある。

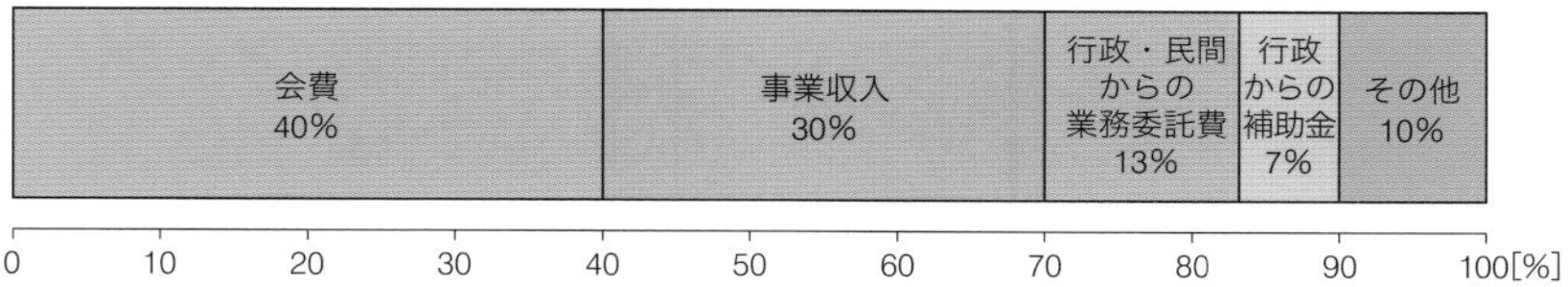

図2　エリマネ団体の主な収入源（図1と同じ）

＊4 全国エリアマネジメントネットワーク会員アンケートの質問項目。質問文は、「貴団体の昨年度の収入のなかで全体に占める割合がもっとも大きかったものを、選択肢のなかから1つ回答してください」である。

エリアマネジメント活動財源の事例

近年では、「財源の確保」を目的としたエリマネ活動が多様化してきている。全国的に普及している「エリアマネジメント広告事業」や「オープンカフェ事業」といった代表的な活動に加えて、「指定管理・維持管理事業」「駐車場・駐輪場事業」「自動販売機事業」「不動産賃貸事業」などから得られた収入をまちづくりに還元するケースも増えてきている。ここでは、『事業収入』『行政・民間からの業務委託』『行政からの補助金等』に分けて、具体的な事例を紹介していきたい。

●事業収入

1. エリアマネジメント広告事業

エリアマネジメント広告事業とは、公道や民有地への広告物の掲出権を企業に販売し、得られた収入をエリマネ活動の財源の一部に充てる取り組みである。デザイン性の高いフラッグやバナー等の掲出により、まちの景観が保たれ、賑わいが創出されるのみならず、コミュニティバスの車体への広告掲出により、地元企業の宣伝にも役立っている。

NPO 法人大丸有エリアマネジメント協会（東京都千代田区）、札幌駅前通まちづくり株式会社（北海道札幌市)、名古屋駅地区街づくり協議会（愛知県名古屋市）などは、この事業を行う代表的なエリマネ団体である。広告から得られた収入をエリマネ活動費に還元するなど、エリア内における資金循環の仕組みが構築されている。

また、コミュニティバスやコミュニティサイクルなどの交通手段を活用し、地元企業やイベントの宣伝をしながら財源を確保する広告事業も増えている。代表的な取り組みは、主に就労者を対象として運行されている大手町･丸の内･有楽町地区（以下、大丸有地区という）の無料巡回バス「丸の内シャトル」の広告収入である。また、大阪梅田地区では、グランフロント大阪 TMO（大阪府大阪市）がバスラッピングをエリマネ財源として活用する「うめぐるバス」など

図3　うめぐるバスとうめぐるチャリ（提供：グランフロント大阪 TMO）

が走行している（図3)。

2. オープンカフェ運営事業

普段使われていない場所に人々のくつろぎの場や愛着を持てる場を設けることで、まちの賑わいや交流創出の場として使いこなすとともに、地元の飲食店等を支援しながらエリマネ団体の財源を確保するための取り組みである。

愛知県豊田市の「あそべるとよた推進協議会」は、名鉄豊田市駅西側ペデストリアンデッキ広場（管理者：豊田市商業観光課）を活用した、オープンカフェ事業を実施している（図4、図5)。あそべるとよた推進協議会から運営事業者としての承認を受けた都市再生推進法人の一般社団法人 TCCM（豊田シティセンターマネジメント）が、年間を通じて飲食店を営業するとともに、同広場の運営補助をする事業者を募集している。1カ月単位で運営事業者に売上の10%を支払ってもらい、その収益を協議会運営と新たなまちづくり活動へと還元している[4]。

そのほか、We Love 天神協議会（福岡県福岡市）も同様の事業を行っている。福岡市による「水辺の賑わいづくりの社会実験」を引き継ぎ、2012年4月より那珂川河畔でのオープンカフェ事業を始めた[5]。現在は、売上の3%をまちづくり活動の資本金として協議会に拠出している。

3. 公開空地活用事業・イベント運営事業

2017年、東京都により「東京のしゃれた街並みづくり推進条例（以下、しゃ

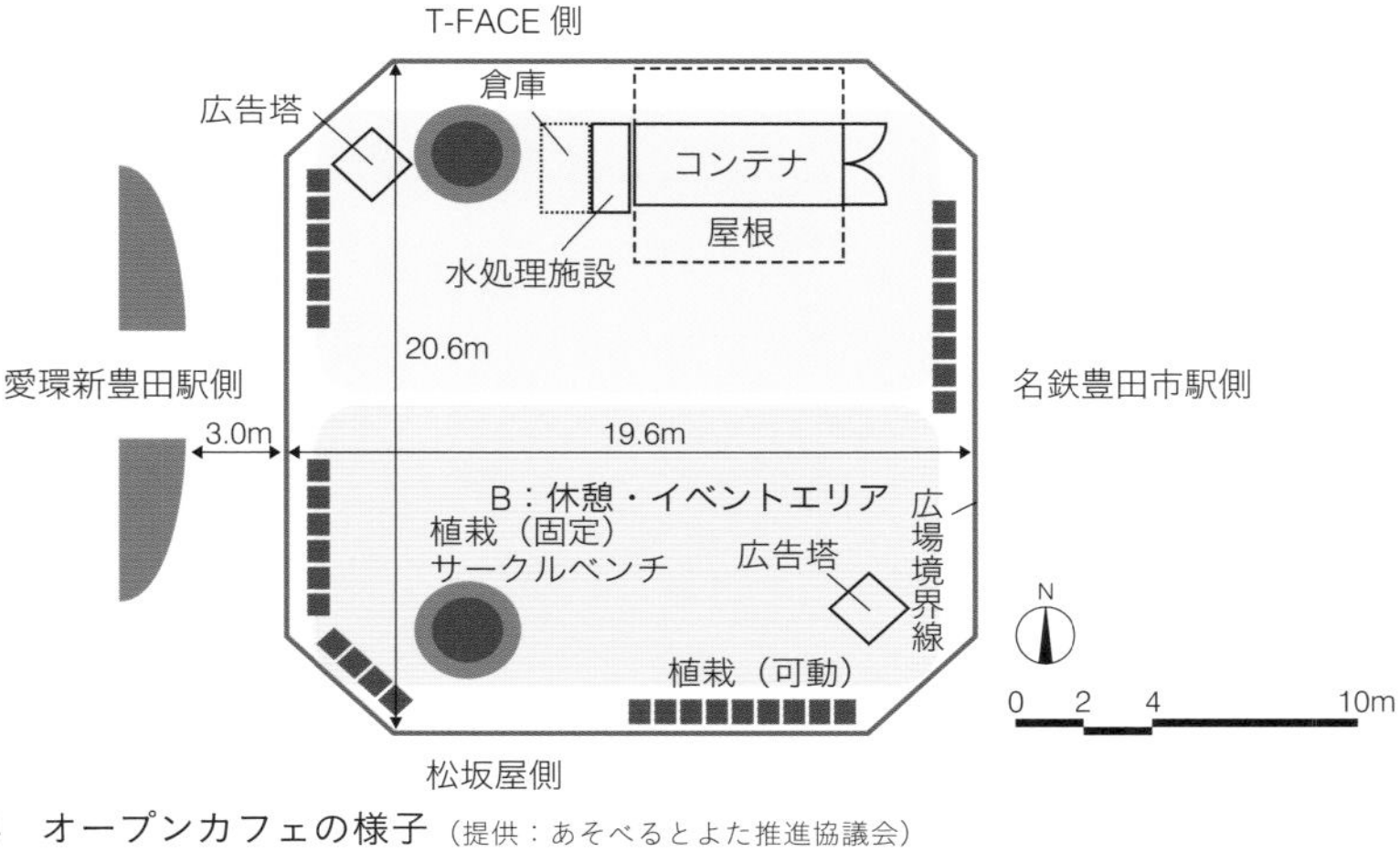

図4　オープンカフェの様子（提供：あそべるとよた推進協議会）

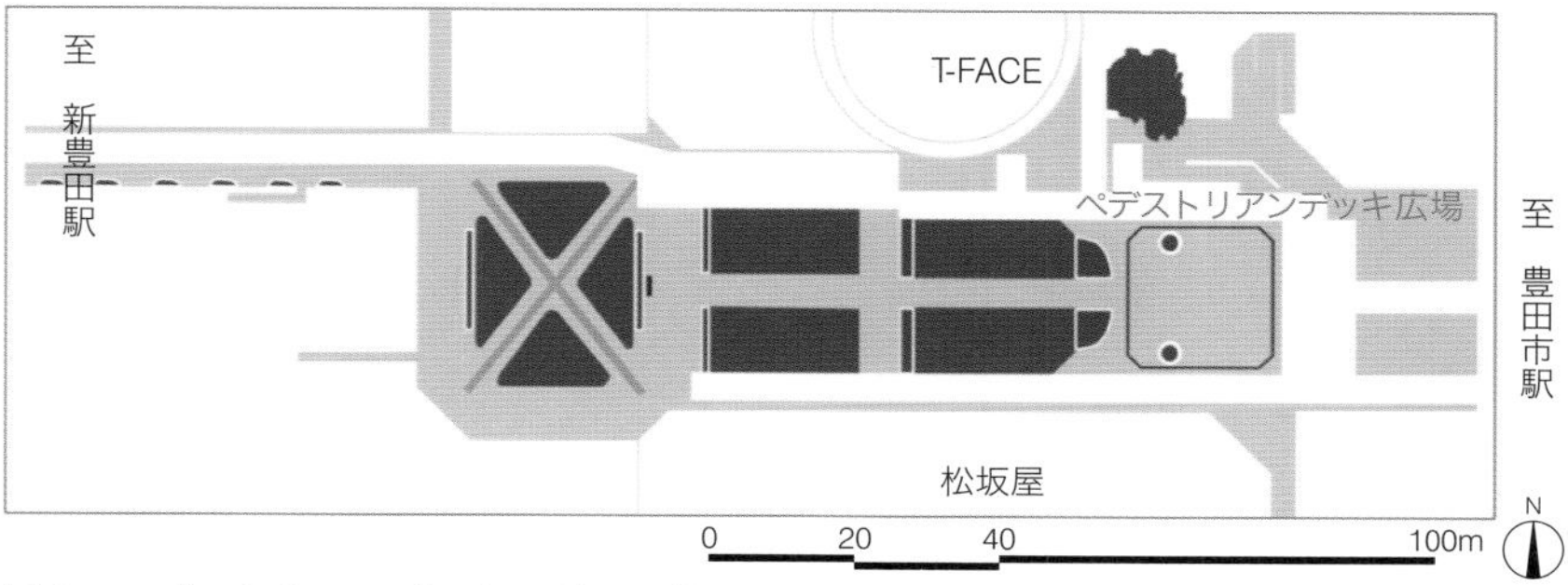

図5　ペデストリアンデッキの利用可能エリア（図4と同じ）

れ街条例という）」が制定された。本制度に定める3つの制度のうちまちづくり団体の登録制度は、地域の特性を活かして公開空地の魅力を高めるまちづくり活動を主体的に行うまちづくり団体を登録し、その活動を促進することで民間の発意を引き出しながら地域の魅力を高めることを目的としている。登録すると、無料の公益的なイベント、有料の公益的なイベント（年間180日まで）、オープンカフェ、物品販売が可能になるほか、3年の登録有効期間（更新可能）中は、イベントの事前申請等の手続きを一部省略できるというメリットがある[6)]。大丸有地区におけるNPO法人大丸有エリアマネジメント協会、日本橋三井タワー周辺および東京ミッドタウン日比谷周辺における三井不動産株式会社、六本木や虎ノ門エリアにおける森ビル株式会社の取り組みが代表的である。

4. 駐車場・自動販売機事業

駐車場の運営管理を受け持つとともに、その収益の一部をまちづくりの活動資金に充てる取り組みが、地方都市を中心に行われてきた。たとえば豊田まちづくり株式会社（愛知県豊田市）では、駐車場の管理運営事業を行なっている。自社所有等の5駐車場、豊田市所有の6駐車場に集中管理システムを導入し、管理経費の削減・効率化を行い、その収益を中心市街地の一体的な駐車サービス『フリーパーキングシステム』へ転嫁するなど、安定的な駐車場運営を実現している。

自動販売機事業も同様に、地方都市の商業施設周辺で行われている。博多ま

図 6　まちづくり支援自動販売機（提供：博多まちづくり推進協議会）

ちづくり推進協議会（福岡県福岡市）では、まちづくり支援自動販売機事業を展開しており、売上の一部を本協議会の活動費として寄附することを目的とした清涼飲料水等の自動販売機の設置企業を募集して実現している（図 6）。

5. 不動産賃貸事業

エリマネ活動のなかには、新たに設置・導入するばかりではなく、既存の地域資源を利用して財源確保を試みるものもある。その代表的な例は、長浜まちづくり株式会社による町家賃貸事業による不動産収入、町家シェアハウス運営等による収入である。2009 年〜 2010 年、国の認定を得た「長浜市中心市街地活性化基本計画」に基づき、特別認定まちづくり会社 2 社が不動産の所有と運営の分離（テナントミックス）方式で国の支援を受けてリノベーションした施設をうまく活用している。

札幌駅前通まちづくり株式会社（北海道札幌市）は、民間の空地を活用した賑わいづくり「コバルドオリ」を 2017 年 12 月〜 2019 年 10 月の期間に行った。「コバルドオリ」は、札幌駅前通地区の仲通りの魅力を新たに発信する試みとして、民間の空地をまちづくり会社が借用し、コミュニティースペースや飲食店舗を設置したものである。

図 7　ハピテラスでのイベントの様子（提供：まちづくり福井株式会社）

●行政・民間からの業務委託費

1. 広場貸し出し事業

ますます活発に利用されるようになってきた広場。その指定管理者になることで、行政から指定管理料収入を得ることも場合によっては安定的な収入の確保に繋がる。全国のエリマネ団体のなかには、広場にて行政との取り決めに基づき自主イベントを開催するほか、広場を貸し出すことで得られる広場利用料を安定的な収入源の 1 つとしているケースがある。

たとえば、札幌駅前通まちづくり株式会社はその一例である。2011 年 3 月に開業した「札幌駅前通地下歩行空間（チ・カ・ホ）」の指定管理者を務め、道路法 20 条「兼用工作物管理協定」と「札幌駅前通地下広場条例」により広場とみなされた部分（幅 20m のチ・カ・ホの中央部分 12m 以外）を運営する。この広場では年間約 2000 件のイベント[7] が行われるほど稼働率が高く、自主イベントのほか、希望者に広場を貸すことでその利用料を収入としている。2017 年度には、チ・カ・ホにおける利用料のみで約 1 億 2500 万円、さらに札幌市北 3 条広場（アカプラ）では約 880 万円の収入を上げた [8]。

また、まちづくり福井株式会社（福井県福井市）も同様である。2016年4月にJR福井駅西口に誕生した「ハピリン」の中にある福井市にぎわい交流施設「ハピテラス（屋根付き広場・屋外広場）」と「ハピリンホール（多目的ホール）」の指定管理者を務め、広場利用料を収入源の1つとしている（図7）。2017年の前者の稼働率は94％、後者は65％にのぼり、指定管理料で6600万円、利用料収入等で3270万円の収入があり、自主イベントの財源としている。

●行政からの補助金等

1. 補助金・交付金・分担金等

その他、行政からの補助金や交付金等を得て活動しているエリマネ団体もある。たとえば、地方自治法の分担金の徴収（地方自治法224条）に基づき制定された税と同様の強制力を持つ「うめきた先行開発地区分担金条例[9]」は、2015年4月から本格的な運用が開始された。通称「大阪版BID制度」と呼ばれる本制度を適用することで、活動財源を公金として確保できる仕組みが整った（詳しくは次節内の「大阪版BID制度」を参照のこと）。

エリマネ団体は各エリアの実態に即してさまざまな方法で財源を確保しているが、その背景には、2つの問題があると考えられている。1つは、エリマネ団体が長いこと対峙してきたフリーライダー（エリマネ団体の会員にならず、そのエリアにおけるエリマネ活動効果の恩恵を享受するエリア内事業者等）問題である。しかし、2018年6月1日には地域再生エリアマネジメント負担金制度「地域再生法の一部を改正する法律」が施行された。これにより、エリア内の受益者（事業者）から税金のように強制的にエリマネ活動費を徴収することができるようになり、この問題の解決に一歩前進した。

もう1つは、新たなエリマネ活動を行う際のイニシャルコストが大きな負担となり、エリマネ活動自体が現状維持、もしくは自然消滅している問題である。とりわけこのことは地方都市に当てはまる。そこで、地方創生や地域活性化が叫ばれる現代において、国土交通省や内閣府が支給する交付金や補助金も、エリマネ活動への着手および発展における貴重な財源と考えられる。

エリアマネジメント団体の財源内訳

エリマネ団体のなかには、特定の活動をエリア内に根付かせて、大きな収益を上げて安定的な財源確保しているところがある。また地域資源を活かしたエリマネ活動を展開することで少しずつ収益を上げている事例もある。ここでは「NPO 法人大丸有エリアマネジメント協会（リガーレ）」「札幌駅前通まちづくり株式会社」「一般社団法人 横浜西口エリアマネジメント」「一般社団法人 TCCM、豊田まちづくり株式会社」を取り上げ、財源の内訳および財源確保を目的とした活動のいくつかを紹介していく。

● NPO 法人大丸有エリアマネジメント協会（リガーレ）[10)]

NPO 法人大丸有エリアマネジメント協会（以下、リガーレという）は、東京都千代田区の大手町・丸の内・有楽町地区（通称：大丸有）において、まちづくりのハード面の整備に加え、まちの交流機能の強化や都市観光としての魅力づくりなどのソフト面を含めたまちづくりの重要性が高まったことを契機に、2002 年に設立された。

現在は、法人会員 88 社、個人会員 50 名により構成され、一般社団法人 大手町・丸の内・有楽町地区まちづくり協議会、一般社団法人 大丸有環境共生型まちづくり推進協会（エコッツェリア協会）、その他大丸有地区のまちづくりを支える各種団体と連携・補完し合いながら、エリア内（約 120ha）で「新しい価値」と「魅力と賑わい」の創造に取り組んでいる。

リガーレの 2018 年度と 2017 年度の事業収支実績における純売上高の主な事業費内訳を平均すると、「寄附金・協賛金」は 44％、「事業収入」は 53％である。事業収入に関しては、「広報事業等収入（ガイド事業・視察事業・広報事業）」は 1％、「屋外広告物事業収入」は 28％、「MICE 関連事業収入」は 13％、「しゃれ街事業収入」は 6％である（表 1）。

大丸有エリアでは、リガーレ主催による「大丸有夏祭り（参加者数約 1 万 2000 人）」をはじめ、「丸の内ラジオ体操（参加者数 807 人）」「エコキッズ探検隊（参

表 I　NPO 法人大丸有エリアマネジメント協会の収入内訳

収入項目	構成比［%］
会費	3
寄附金・協賛金	44
事業収入	53
しゃれ街事業収入	6
広報事業等収入	1
屋外広告物事業収入	28
MICE 関連事業収入	13
その他事業収入	5

（NPO 法人大丸有エリアマネジメント協会総会資料をもとに作成（2018、2017 年度事業収入実績の平均））

図 8　丸の内ウォークガイド（提供：リガーレ）

図9　街路灯柱フラッグ（左）、街区案内サイン内ポスター（右）（図8と同じ）

加者数532人）」等のイベントが開催されている（括弧内の参加者数はいずれも2018年実績）。これらのイベント開催による「寄附金・協賛金」が多いことが特徴である。

また、ガイド・視察・広報などを含めた「広報事業等収入」や、「屋外広告物事業収入」も収入内訳の2～3割を占めている。大丸有エリアでは、「視察会」や「丸の内ウォークガイド」などの広報事業が行われている（図8）。「丸の内ウォークガイド」とは、ボランティアの協力により大丸有エリア内を案内するものであり、参加費（1000円/人）とアレンジ料金（3000円/団体）を徴収している。2018年の活動実績では延べ113人が参加した。

「屋外広告物事業」は、大手町・丸の内・有楽町地区まちづくり懇談会が策定する「まちづくりガイドライン」の分野別編として「屋外広告物ガイドライン」に則って進められている。ガイドラインでは、屋外広告物の掲出に関する大丸有エリアの地域ルールと、デザイン面も含めた審査体制を定め、現行の地区計画や東京都屋外広告物条例等の一般ルールを補完している。エリアマネジメント広告として、街路灯柱フラッグや、街区案内サイン内のポスター等の広

図 10　丸の内シャトル（図 8 と同じ）

告を活用して、エリアの賑わいづくりが行われている(図 9)。「エリアの景観を守り、一体感のある快適な街路空間づくり」を目指して、広告掲出料としての収入はさまざまなエリマネ活動の財源となっている。たとえば環境型交通手段（丸の内シャトル等）の整備・運営助成、地域団体によるコミュニティ活動・環境活動（各種催事開催）への助成などへ還元されている。丸の内仲通りにおけるエリアマネジメント広告掲出件数は、2016 年度から 2018 年度で 6 件から 12 件へと倍増している。これは近年、フラッグが掲出される丸の内仲通りがイベントで活用されるようになった結果、イベントと連動して掲出されるケースが増えてきたことなどによる。

また、リガーレが運用する無料の巡回バス「丸の内シャトル」の車体への広告掲出料も財源となっている。「丸の内シャトル」は、大丸有地区を廻る一周約 40 分程度のルートである（図 10)。2003 年の利用者は 21.4 万人であったが、2017 年には 69.2 万人となり、47.8 万人も増加している（増加率 223.4%）。

●札幌駅前通まちづくり株式会社

札幌駅前通まちづくり株式会社（以下、まちづくり会社という）は、2010 年 9 月に 17 団体・企業（札幌市、札幌商工会議所含む）の出資により設立されたエリマネ団体である。札幌駅前通地区を魅力ある「都心」の顔として育み、継続的かつ恒常的な賑わいあるまちづくりを行い、都心全体の活性化に寄与すること

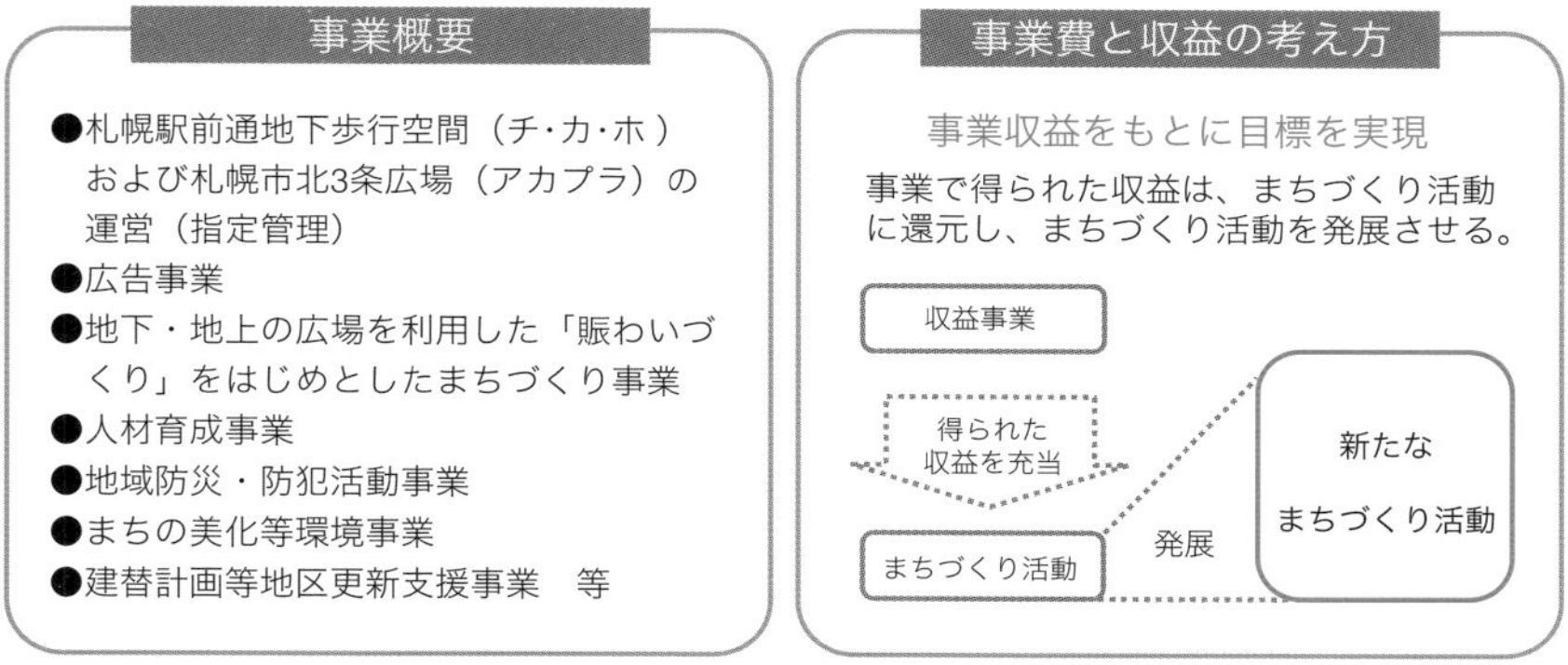
事業概要
●札幌駅前通地下歩行空間（チ･カ･ホ）
および札幌市北3条広場（アカプラ）の
運営（指定管理）
●広告事業
●地下・地上の広場を利用した「賑わいづ
くり」をはじめとしたまちづくり事業
●人材育成事業
●地域防災・防犯活動事業
●まちの美化等環境事業
●建替計画等地区更新支援事業　等
事業費と収益の考え方
事業収益をもとに目標を実現
事業で得られた収益は、まちづくり活動
に還元し、まちづくり活動を発展させる。
収益事業
得られた
収益を充当
まちづくり活動
発展
新たな
まちづくり活動
図 11　札幌駅前通まちづくり株式会社の概要（札幌駅前通まちづくり株式会社の資料より作成）

を目的として各種事業を展開している。主な事業は、「札幌駅前通地下歩行空間の地下広場（愛称：チ･カ･ホ）」と「札幌市北 3 条広場（愛称：アカプラ）」の指定管理事業（札幌市より受託）、まちのコミュニティの増進、地域防災活動、地区計画等を活用した計画的な建物更新の誘導など、幅広い分野でエリマネ活動を展開している（図 11）。

まちづくり会社の 2017 年度決算報告を見てみると、収入の総額は 2 億 8519 万円であり、その内訳は、受取指定管理料（2%）、壁面広告掲出料（45%）、広場利用料（チ･カ･ホ、アカプラ 43%）、その他主催事業等（10%）となっている。リガーレの収入内訳とは異なり、壁面広告掲出料および広場利用料（チ･カ･ホ）で約 90% の収入を得ているという点は、きわめて特徴的である。

ここで指定管理を受けている広場について詳しく説明したい。「札幌駅前通地下歩行空間の地下広場（チ･カ･ホ）」および「札幌市北 3 条広場（アカプラ）」は、道路管理者と広場管理者間で、道路法 20 条の「兼用工作物管理協定」を結び、道路区域に条例を施し、「広場」の設置を可能としたものである。札幌市は、計画時点からエリマネ財源の安定的確保を鑑み、当該方式の実施に踏み切った。地下広場は、市民・企業等に貸し出しており、積雪寒冷地の札幌において、天候に左右されない地下広場は、イベント空間として評価が高く、駅前通の通行者数は開通以後 5 年間で 2.3 倍に増えた。この広場では、パフォーマンスや音楽等のイベント、アート作品展示、情報発信等の催し、販促や商品 PR 等の商業

●広告掲載：8カ所
●大きさ：長さ14.5～29.1m／高さ2.0m　※前面の憩いの空間は休憩スペースと活用

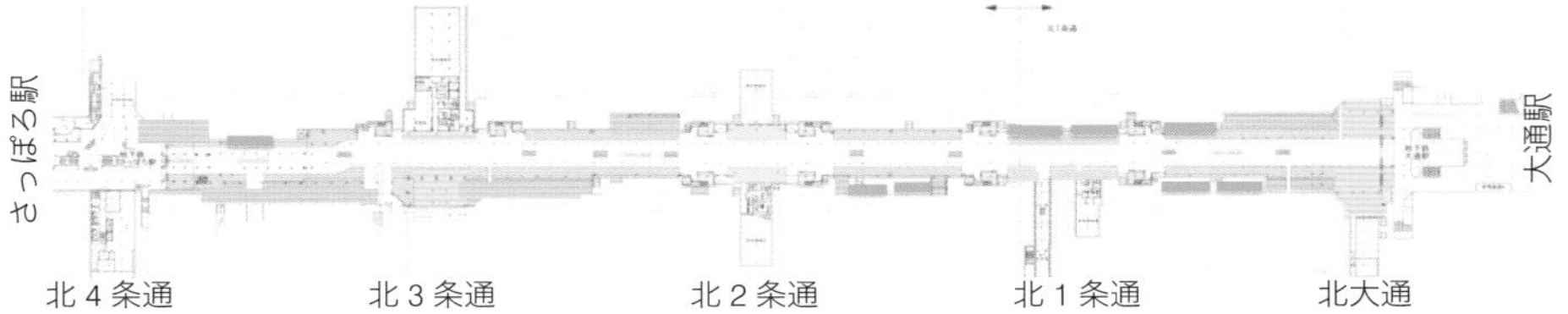

●広告の料金・稼働率

[掲載期間]
短期（4カ所/1週間単位）
長期（4カ所/3カ月単位）
※広告集稿手数料は掲載料の25%

[稼働率]

	2015年	2016年	2017年	2018年
長期	100%	100%	100%	100%
短期	87%	93%	88%	97%

デザイン審査を行い、公衆に不快感を与えるものや華美な色彩を広範囲に使用しているものに対しては変更等の依頼をし、場合によっては掲載をお断りすることもあり得るとしている（長期は外部審査員、短期は内部審査）

図12　壁面スペースの活用による広告掲載（図11と同じ）

プロモーションも可能である。年間約2000件のイベントが行われ、稼働率は、年間90%以上と非常に高い数値を示している。

一方、まちづくり会社の収入の45%を占めているのが「チ・カ・ホ」の壁面の大型広告である（図12）。1年を通して毎日5万～8万人が通行することが、広告の訴求力の高さや価値が需要を押し上げ、稼働率はおおむね100%を維持している。また、ビルの建替えに乗じ、チ・カ・ホへ接続するための工事を行う際には、仮囲いを設置することになるが、まち会社は仮囲いを活用した広告事業も展開しており、きめ細かく収入の道を探っている。また、交差点広場には、モニターを設置し、スポット広告の放映をしている。これらの広告事業の詳細は、まち会社のウェブサイトにて確認することができる。

まちづくり会社のもう1つの大きな特徴は、得た収入を株主に配当せずに、まちづくりの資金として充当している点である。もちろん出資者から同意を得て実施しているものであるが、2017年度は、総収入の約28%をまちづくりに費

・関係各所との連携によるまちづくりの取り組み
●Sapporo Flower Carpet　●会社対抗のど自慢大会　●さっぽろ八月祭
●アカプライルミネーション　●さっぽろユキテラス　●Happy Tree Street
●コバルドオリ　●札幌駅前通地区活性化委員会・札幌駅前通地区防災協議会の運営　など

・指定管理施設を活用した取り組み
●チカチカ☆パフォーマンス（大道芸）　●ジャズやクラシックなど音楽イベント
●ビッグイシューと連携した案内ブースの設置　●クラシェ（マルシェ）
●チ･カ･ホ内の休憩スペースの充実化　●Sapporo City Wi-Fi の運用、植栽の設置　など

・エリアマネジメントの基盤を固める取り組み
●エリアマネジメント広告　●地区計画の見直し　●エリア防災計画の検討
●全国エリアマネジメントネットワークとの連携　など

・地域資源を活用した文化の発信や人材育成の取り組み
●Think School の開講　●テラス計画の運営　●アートイベント「PARC」の開催
●都心部で開催される全市的なイベントへの協力･支援　など

図 13　広場等からの収入を活用して行っている主なまちづくり事業（約 50 事業）（図 11 と同じ）

やしている（図 13)。地方都市であっても、このように事業を定着させ、安定的に財源を確保することで、その収益をまちづくりに還元することができるといった理想的なサイクルの形成を可能としている。

●一般社団法人横浜西口エリアマネジメント

一般社団法人横浜西口エリアマネジメント（以下、横浜西口エリマネという）は、横浜西口エリアの活性化や賑わいづくりのさまざまな取り組みを行っていくために、「横浜西口元気プロジェクト」を発展させるかたちで 2017 年 4 月に設立された。横浜西口エリマネは、1963 年 3 月に横浜駅周辺の事業者・商業者により設立された「横浜駅西口振興協議会（以下、本協議会という)」を起源としており、1992 年には進出した企業を加え拡大した。本協議会では関係行政機関への政策提言とまちづくりの方針を定め、横浜西口エリマネはまちづくりの具現化を担っている。

横浜西口エリマネの収支決算書を見てみると、収入の大半が正社員、地域パートナー（協賛金を通してまちづくりに参加する旧元気 PT の協賛会社、旧本協議会の宣伝観光負担会社等)、本協議会（旧宣伝観光分）等の協賛金で占められている（表 2)。

表2　横浜西口エリマネの収入内訳

収入項目	構成比［%］
繰越金	4.8
協賛金	94.8
受取補助金	0.3
事業収益・受取参加費・雑収入・受取利息	0.0

（「一般社団法横浜西口エリアマネジメント 2018 年度収支決算書」より作成）

図 14　みなみ西口環境改善（公共空間利活用）の様子
（提供：横浜西口エリマネ）

横浜西口エリマネの主な事業は、「イベント事業」「ワークショップ開催」「プロモーション事業」「防犯パトロール事業」「環境美化活動事業」「帷子《かたびら》川周辺における防災・活性化活動事業」等である。「イベント事業」では、横浜西口ファッションショーや、横浜西口ハロウィンなどが開催され、多くの来街者を呼び込んでいる。また「防犯パトロール事業」では、セーフティパトロールや、清掃活動に取り組んでいる。

注目すべきことは、「環境美化事業」における公共空間利活用の取り組みである。横浜西口エリマネが歩道の清掃や修繕を長年行ってきたことが評価され、2018 年 8 月に横浜市内ではじめて道路協力団体の指定を受けたことにより、みなみ西口の道路空間を活用した収益活動が可能になった。2018 年 10 月には、ポップアップストア型のマーケットやマルシェ、キッチンカー等を開催し、得られた収益は道路の清掃や植栽の維持管理に充てている（図 14）。また 2020 年に整備が予定されている横浜西口中央駅前広場の広場活用検討がスタートし、人が滞留できる空間のあり方が模索されている。横浜西口エリマネは、エキサイトよこはまエリアマネジメント協議会と共同で3日間の社会実験を行い、広場利活用の検証を進めている。

横浜西口エリマネは、2019年度重点的に達成すべき課題として、

①来街者増のための事業の推進

②公共空間利活用の促進とエリアマネジメント活動資金の確保

③活動のための本格的効果測定ツールの導入

という3点を掲げている。これまでに開催されてきたさまざまなイベント事業やワークショップ事業等の実績を活かして、公共空間利活用による新たな財源確保の取り組みが期待されている。

●豊田市（豊田まちづくり株式会社、一般社団法人TCCM）

豊田まちづくり株式会社（以下、豊田まちづくり会社という）は、SC（ショッピングセンター）デベロッパーの役割を担うとともに、地域との共働まちづくりを推進している。

2018年度は、豊田まちづくり会社第6期3カ年計画（守勢行動の期）の最終年度にあたり、豊田市中心市街地のテナントミックス実現に向け、中心市街地の再開発5法人との更なる連携を強化している。また、キーテナントである松坂屋、専門店街T-FACEおよび当社直営店舗と連携・調整を図りながら、より良い商環境・おもてなし環境づくりに努めている。

豊田まちづくり会社の事業報告（第24期（2018年3月期））における部門別売上高の構成については、商業床の賃貸およびテナントの管理運営に代表される再開発ビル事業（64%）、駐車場およびフリーパーキングシステムの管理運営による駐車場事業（28%）、中心市街地まちづくり事業による地域開発事業（8%）が主な財源となっている（表3）。

豊田市中心市街地活性化協議会のもとに発足した豊田市中心市街地テナントミックスビジョン再構築プロジェクトの計画に基づき、中心市街地の各商業施設や公共施設等との連携を図りながら、まちの賑わい施策や環境整備に取り組んできた再開発ビル事業が売上高の過半数を占めている。

表 3　豊田まちづくり株式会社の収入内訳

収入項目	構成比［%］
再開発ビル事業	64.3
駐車場事業	27.6
地域開発事業	8.1

（「豊田まちづくり株式会社第 24 期（平成 30 年 3 月期）事業報告」をもとに作成）

表 4　まちなか宣伝会議の収入内訳

収入項目	構成比［%］
メンバー負担金	39.2
商業活性化推進交付金	47.1
イルミネーション事務局委託費	6.8
前期繰越金	4.1
サポーター店収入	1.6
JAZZ スクエア関連（協賛金）	1.2

（「平成 29 年度まちなか宣伝会議事業報告」をもとに作成）

駐車場事業では、官民で「豊田市都心駐車場計画」を取りまとめ、車番認証システムの導入や場内サインの改修等により、利便性・快適性の高い駐車場へと環境整備を進めてきた。2003 年度に開始したフリーパーキングシステムの導入に際し、経済産業省「中心市街地商業等活性化総合支援事業費補助金」および豊田市「豊田市中小企業団体等事業費補助金」を活用した。

一方、一般社団法人 TCCM（以下、（一社）TCCM という）は、行政との連携を進めながら、「まち・エリアの価値向上」「まちの楽しみを作る魅力の発信」を目的にさまざまなエリマネ活動を推進している。（一社）TCCM は豊田市中心市街地活性化基本計画の事業の 1 つである、公共空間を活用した「STREET & PARK MARKET」などのイベントの開催や、ウェルカムセンター THE CONTAINER N6 を開業した（2017 年 11 月〜、図 15）。

また、中心市街地の賑わい創出と情報発信および共同連携を目的に官民の事業者ー施設等 33 団体で構成する「まちなか宣伝会議」によるプロモーション事業を主管しており、表 4 の収入内訳となっている。「まちパワーフェスタ」や、J リーグ（名古屋グランパス）や豊田市美術館とまちなか店舗と連携した「サポーター店」等の事業を行っている。

図 15　ウェルカムセンター THE CONTAINER N6 の外観（提供：（一社）TCCM）

1-2

エリアマネジメント財源確保の仕組み

わが国におけるエリアマネジメントの負担金制度の先駆となった自治体の制度である大阪市エリアマネジメント活動促進制度を最初に紹介する。次に国の制度としてはじめて制定された内閣府による地域再生エリアマネジメント負担金制度を紹介し、さらにエリマネ活動の財源とも関係する国土交通省の民間まちづくり活動の財源確保に向けた枠組みに関するガイドラインを説明する。

大阪版 BID 制度

●概要

大阪市では、2014 年 3 月に、大阪市エリアマネジメント活動促進条例を制定した。都市利便増進施設の一体的な整備または管理に係る活動資金を大阪市が徴収し、エリマネ団体に交付する仕組みを制度化（以下、大阪版 BID 制度という）したものである。

これは複数の制度を活用したもので、都市計画法の地区計画制度、都市再生特別措置法の都市再生整備計画制度、都市再生推進法人制度および都市利便増進協定制度、地方自治法の分担金制度をパッケージにして適用したものである。

地区計画および都市再生整備計画において対象エリアを定めたうえで、当該エリア内において都市再生推進法人の指定を受けたエリマネ団体と地権者および道路管理者が都市利便増進協定を締結し、大阪市が地権者から分担金を徴収したうえで、都市再生推進法人であるエリマネ団体に補助金として交付する仕組みである。

大阪版BID *5 制度は、民間のエリマネ活動に公的な位置づけを行うとともに、地方自治法の分担金制度により活動財源の一部を確保した点が画期的である。

●目的

エリマネ活動に関する計画の認定、当該計画の実施に要する費用の交付等に関する事項を定めることにより、市民等の発意と創意工夫を活かした質の高い公的空間の創出および維持発展を促進し、もって都市の魅力向上に資することを目的とする（条例第1条）。

従来の民間まちづくり活動は、エリマネ団体の性格や、活動の内容・活動資金の調達法等が任意性の強いものであり、活動の持続性への保証が弱いことや公共空間の維持管理への参画等への制約などの問題があった。

この制度は、国の法律に基づく諸制度を条例においてパッケージ化することで、任意性の強い従来の民間まちづくり活動よりも、安定的で持続性のあるエリマネ活動を行えるようにしたものであり、現行制度のなかで、欧米のBID制度を参考に仕組みを構築している。

●制度の特徴

①法的な位置づけを持ち、公益性のある民間団体をエリマネ活動の主体として指定
　＝都市再生特別措置法に基づく都市再生推進法人制度を活用

②公権力によって安定的に徴収する財源で、エリマネ団体による道路等の公共空間での継続的で自由度の高い活動や質の高い維持管理が可能
　＝地方自治法の分担金制度を活用し、大阪市が徴収した分担金を活動財源としてまちづくり団体に補助金を交付

---

*5 BID（Business Improvement District）とは、米国・英国等において行われている、主に商業地域において地区内の事業者等が組織や資金調達等について定め、地区の発展を目指して必要な事業を行う仕組みを言う。

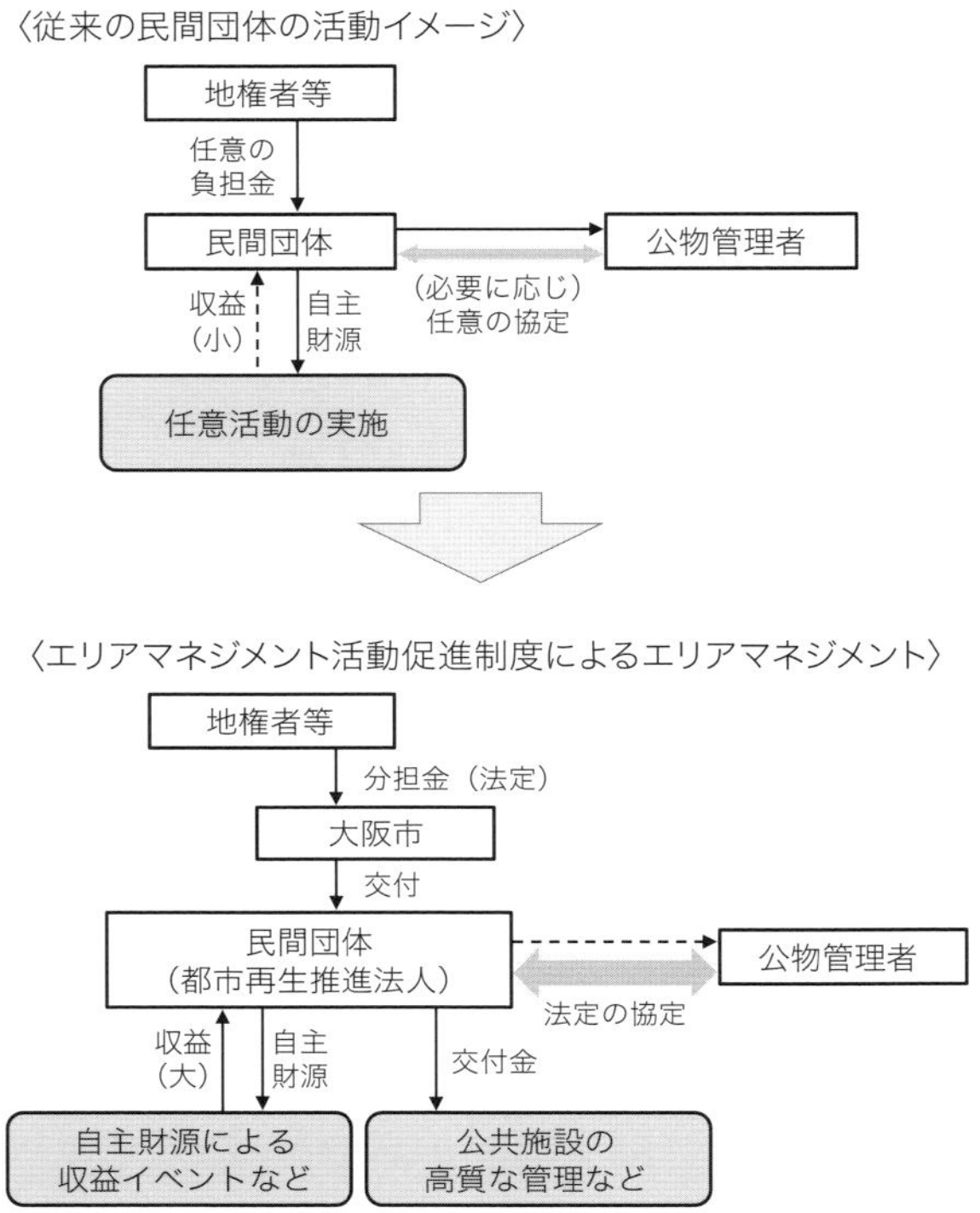

図 16　従来の民間まちづくりと本制度によるエリアマネジメントの比較
（大阪市都市計画局『大阪市エリアマネジメント活動促進制度活用ガイドライン』（2015 年 4 月）より作成）

③公共空間を活用した収益事業への規制緩和により、エリマネ団体の自主財源確保の工夫の余地を拡大
＝例：道路空間を活用した広告事業など

●制度の構成

大阪版 BID 制度は、都市計画法、都市再生特別措置法、地方自治法で定める制度活用等により、次のように構成されている。

①エリマネ団体
都市再生推進法人の指定を受け、計画等の作成・地域での合意形成・市への提案を行い、活動の主体となる。

②地区の決定、まちづくり方針等の決定

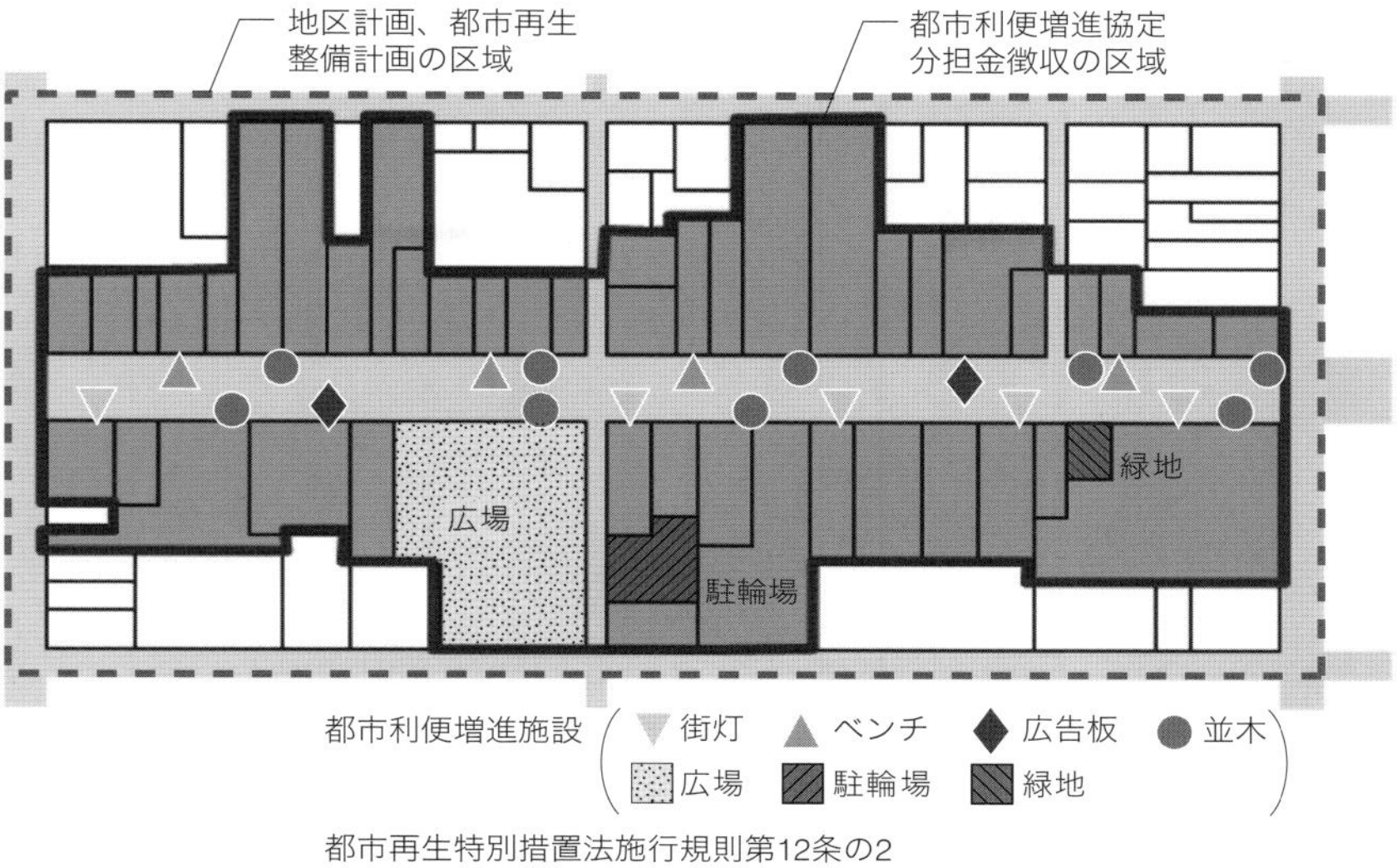

図 17　活動対象地区の区域設定イメージ（図 16 と同じ）

活動区域やまちづくり方針などは、地区計画、都市再生整備計画で定める。

③エリマネ活動で実施する活動内容の決定

実施する公共空間の整備・管理・活用（道路占用等の特例措置も含む）等の内容、都市利便増進協定に係る基本的事項、事業期間等を都市再生整備計画で定める。

●役割分担

都市再生推進法人は、整備等実施期間における地区運営計画を作成・申請し、市の認定を受ける（整備等実施期間は、5 年以内、継続する場合は 7 年以内）とともに、地区運営計画を踏まえた年度計画を策定・申請し、市の認定を受ける。年度計画は、実施期間中は毎年作成が必要である。

大阪市は分担金の徴収に関する事項を地区ごとに条例で定め、分担金徴収は市が行う。

●区域の設定

次の 2 つを設定しなければならない。

①地区計画、都市再生整備計画の区域

活動の中心となる道路等の公共空間を含み、道路等の明確な地物で区切られた一定のまとまりを持つ地域。

②都市利便増進協定、分担金徴収区域

活動の中心となる公共空間に接し、都市利便増進施設の一体的整備または管理により直接的に受益を受ける地権者等の敷地を連坦させた区域

本制度を適用する場合、都市利便増進協定の締結区域は、以下の要件が必要。

①複数の地権者等により構成されている区域であること

②連坦した区域であること

③おおむね 3ha 以上の区域であることが望ましい

●分担金の徴収と補助金の交付

本制度では、地方自治法に基づく分担金制度を活用し、エリアマネジメント活動の財源の一部に充てる費用を市が地権者等から分担金として徴収し、都市再生推進法人へ補助金として交付を行うこととしている。

分担金は、地方自治法 224 条で、「普通地方公共団体は、数人又は普通地方公共団体の一部に対し利益のある事件に関し、その必要な費用に充てるため、当該事件により特に利益を受ける者から、受益の限度において分担金を徴収することができる」と定めるもので、税金ではないが、税金と同等の強制力を持ち、フリーライダーを許さない制度である。この制度を活用することにより、エリマネ活動のための財源の安定化が図られることが期待される。

分担金の負担者および使途は、次のとおりである。

①都市利便増進施設の一体的な整備または管理によりとくに利益を受ける地権者等から徴収する。

「とくに利益を受ける」範囲は、都市利便増進協定の区域

②分担金の交付対象は、都市利便増進施設の質の高い整備または維持管理であって、公共性があり、分担金負担者への直接的な受益に繋がる事業。

分担金の徴収・交付額、および各地権者等の負担額は、市が地区別に制定する分担金条例に基づき定める。分担金の割り当て方法は、地域の特性によって異なることが想定され、基本的には受益との関係から公平性、根拠の明確性が必要になる。

●地域における合意形成

市が法的に強制力を持つ分担金の徴収・交付を行うためには、実施する事業、その財源の一部となる分担金の徴収およびその対象者等について、地域の地権者等が合意形成していることが必要である。

合意形成は、本制度の適用に向けた手続きを開始するまでに行われていることが必要である。

本制度を活用するためには、以下5つの場面で合意形成を図り、手続きを進める必要がある。

①都市再生推進法人の申請

②地区計画の提案および策定

③都市再生整備計画の提案および策定

④都市利便増進協定の締結

→都市再生推進法人や土地所有者等の間において、実際に行うエリマネ活動のメニューや役割分担、分担金の対象とする事業およびその徴収対象者等について協定を結ぶ必要がある。

→法律上、締結範囲内の土地所有者等の相当数の合意を得ておかねばならない。

⑤地区運営計画の作成

●制度活用によるメリット

本制度を活用することによるメリットは、以下のとおりである。

①まちづくり団体のステータスの向上

法的位置づけを持ち、都市再生整備計画等の提案、都市利便増進協定への参加等も行える都市再生推進法人が、まちづくりを牽引できる。

②公物管理等の特例的な規制緩和の享受

都市再生特別措置法に基づく道路占用特例等の規制緩和制度が活用できる。また大阪市独自として道路占用料を全額免除している。

③安定した活動財源の確保

補助金の交付を受けることで、最長5年間（継続する場合は最長7年間）の公物管理に係る基礎的な財源を確保できる。また、規制緩和により公共的空

表 5　負担金または BID 税に係わる選択肢

○ BID 税制は、わが国には現在ないため、BID 税を創設するためには、既存法令上の制度との関係から見て次の選択肢があり、既存法令改正を伴わずに済むのは③。

①国の法令により新しく BID 税制度を創設	・イギリスで地方財政法改正により BID 税を創設したように、地方税法を改正して BID 税を創設
②国の法令改正を伴う既存税（負担金）制度の活用	・地方税法改正等で既存制度を部分的に触るか、別法で運用規定を定めるかの、2 つの方法が考えられる
1）税法等の部分改正	・地方税法で一定税率（事業所税）、制限税率（都市計画税）の税率を変更 ・または、法で定められた税（負担金）の使途を変更・追加（都市計画税、都市計画法の受益者負担金、事業所税が該当）
2）別法による運用等	・法定外目的税制度を所用して BID 税を創設できることを、別法（たとえば都市再生特措法）で規定。法定外目的税は地方の裁量で創設できるが、国が基本的なルールを定めて、地方での制度普及に資するイメージ
③法令改正はせずに済む既存税（負担金）制度の活用	・国の法令改正なしに地方で BID 税・BID 負担金創設が可能のものは、次の 3 つの制度 ・固定資産税の不均一課税による、税率上乗せ（地方税法 7 条） ・市町村法定外目的税制度を所用した新税の創設 ・地方自治法の分担金の徴収（地方自治法 224 条）

○国の法令改正は伴わずに地方独自に BID 税に使える制度は 3 つあるが、BID 税として活用するとの観点から見た特長・課題は、次のとおり。

	特徴	課題
a. 固定資産税の不均一課税	・企業誘致のための減免措置等の活用事例は多い（6 条の減免規定によるもの） ・法定外税のように一から制度設計をしないで済むため、徴税技術的には楽な面がある	・BID 地区ごとに税率や課税客体を変えるような柔軟な運用（ex. 小規模企業や業態で税率を変える）が可能か？ ・普通税であるため、超過徴収額を「BID 活動のために」など目的税的に使えるか？
b. 法定外目的税	・地区ごとに税率や課税客体を変えることや、税の使途のルールを定めることが可能であり、柔軟性は高い	・課税客体・標準をどうするか？過重かどうかの判断はどうなるか？ ・BID 活動の財源が大きくなると、住民負担が過重となる
c. 地方自治法／分担金	・法的には税と同様の強制力を持つ ・法定外税と同様、徴収ルールを自由度高く設定可能（使途については法定外目的税より制約が強い）	・「特に利益を受ける者」から徴収可能であり、「特に利益」をどう説明するか？ ・公共団体の行為による「特に利益」であると解されるとすれば、BID 事業のうちどこまで分担金を充てられるか？ ・あまり大きな額の徴収は難しい？

（大阪市「第 1 回大阪版 BID 制度検討会」資料に一部加筆）

間を活用した収益事業を行い、その利益を活動財源にできる。

●大阪版 BID 検討会における議論

大阪版 BID 制度創設にあたって、大阪版 BID 制度検討会では、負担金または BID 税に係る選択肢を提示して、既存法令の改正を伴わない以下の 3 つの制度を検討した。

①固定資産税の不均一課税による税率上乗せ（地方税法 7 条）

②市町村法定外目的税制度を活用した新税の創設

③地方自治法の分担金の徴収（地方自治法 224 条）

このなかから、③地方自治法の分担金制度を選択した。

第 1 回大阪版 BID 制度検討会会議録によると、

「分担金方式を採る場合には、入口と出口を区別して考える必要がある。入口については、税と違って具体的な受益の程度を明らかにしたうえで受益者から徴収することである。すなわち、大阪市が事業を実施する前提で、分担金を受益者から徴収することになる。分担金の負担者と対価・応価的な関係が立てつけ上重要になる。したがって、公共性や公益性の高い、本来市が事業すべきものに限定され、それ以外のものは分担金を徴収できない。

分担金徴収したものをどのような形で吐き出すかの出口については、指定管理者制度を使う場合、「公の施設」は分担金を流し込むことが可能であるが、公共施設以外のところに分担金をどう流し込むかが課題となる。以上のように、分担金は公共性が前提となるので、入口、出口ともに制約が出てくる。

地方税法 7 条による固定資産税を上乗せする場合、BID で何をやりたいか地区ごとにバラバラで画一的でない可能性が高い。そうなると、地区ごとに税率を変えることを含めて制度の立て付けが難しくなる。分担金の方がやりやすい。

法定外目的税の場合、対価性は分担金より薄まる。分担金の方が受益者がはっきりする。以上より、既存制度であれば地方自治法に基づく分担金が BID にもっともなじむ。」

一方、「本来、行政がやるべきことを民間にやってもらうだけでは、経済のパイに全く影響しない。BID のポイントは地域再投資や地域経済が大きくなることであり、BID が行う事業の公益性の位置づけがポイントである。」

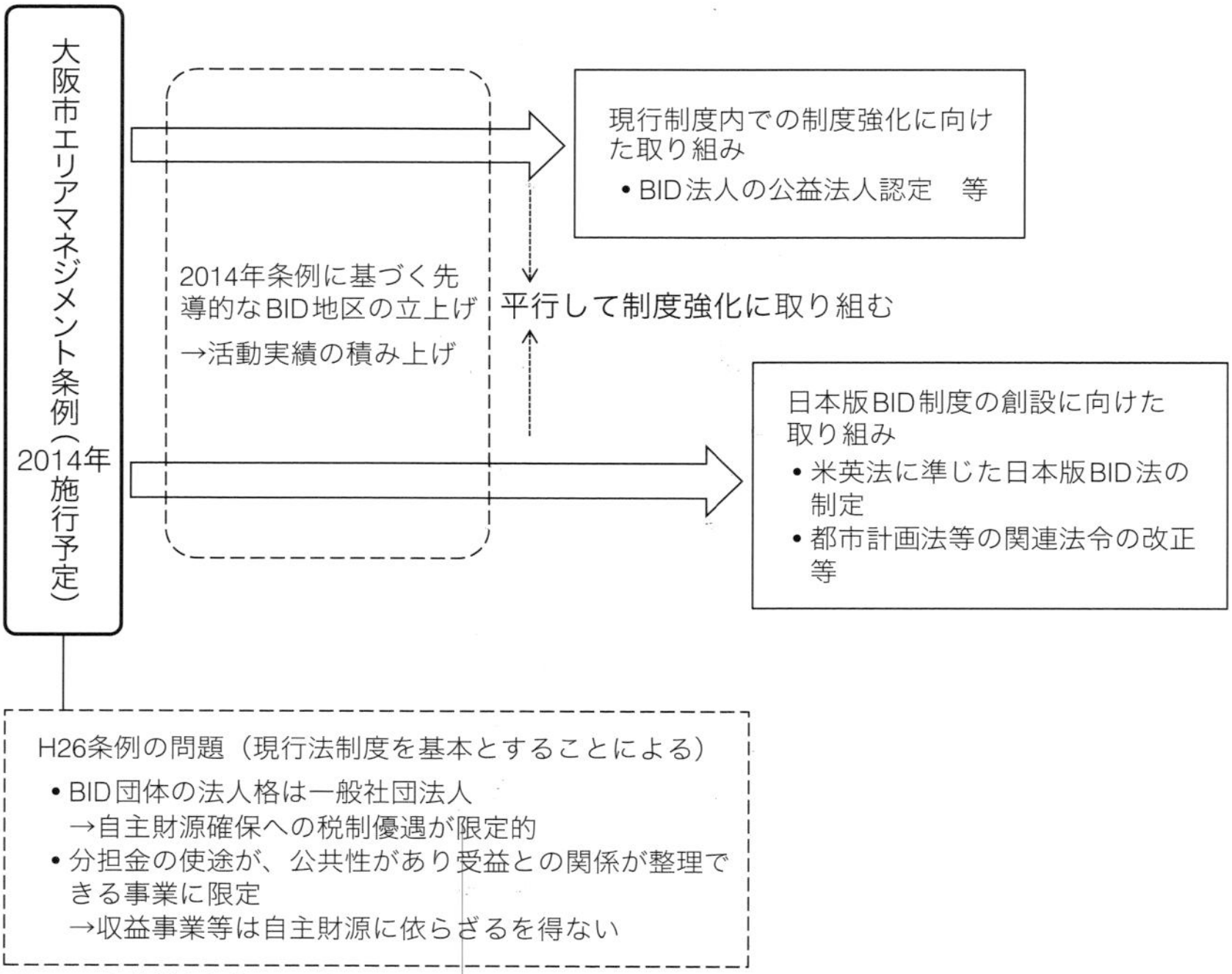

図 18　条例制定後の展望（大阪市「第 3 回大阪版 BID 制度検討会」資料より作成）

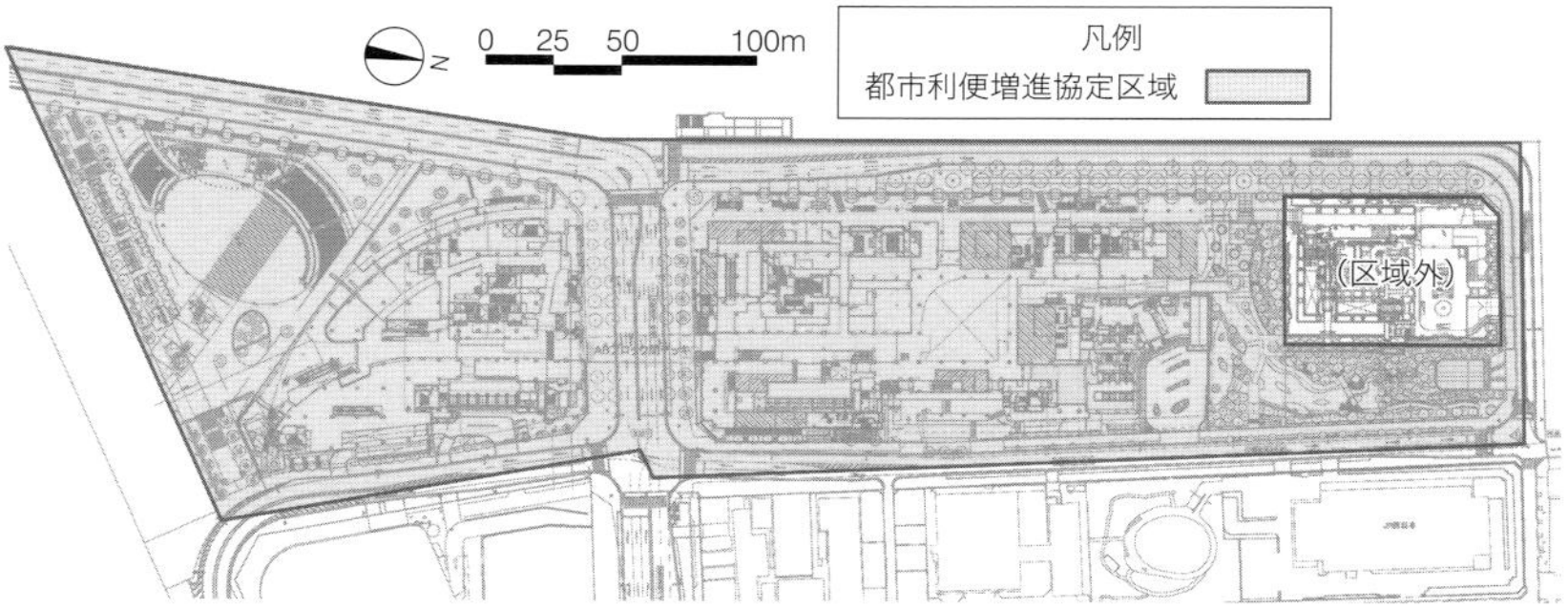

図 19　グランフロント大阪の都市利便協定地区の範囲（大阪市都市計画局資料より作成）

という発言が記されている。

地方自治法の分担金制度は、行政の事業に対して、受益者から分担金を徴収し、徴収された分担金は当然のことながら公共の施設で使用することになる。しかし、BID制度を大阪で展開する理由は、大阪市の税の稼ぎ頭である中心部の梅田や、御堂筋沿道、なんばなどの中心市街地を活性化させ、「大阪市民の平均所得を向上させる」ことにあると考える。そうした考えをもとに、検討委員会では、条例制定後の展望を次のようにまとめている（図18参照）。

実際にこの条例を活用して、エリマネ活動を行っているグランフロント大阪

表6　グランフロント大阪地区における都市利便増進協定の対象施設

都市利便増進施設の種類	施設等名称
道路、通路、駐車場、駐輪場その他これに類するもの	●歩道関連施設 ・歩道：表層舗装、路盤、縁石、切り下げ部 ・安全施設：横断防止柵（北口広場前埋没部のみ）、点字ブロック ・設備：多機能照明柱（道路施設部分のみ）、案内サイン柱（歩行者案内サイン含む）、CCBOX（蓋のみ） ・植栽：植栽枡（化粧保護蓋タイプ）
食事施設、購買施設、休憩施設、案内施設その他これらに類するもの	●オープンカフェ・売店等 ・食事施設：オープンカフェ、屋台、テイクアウト店舗、ケータリングカー等 ・購買施設：キオスク、マルシェ 購買施設利用者用のテーブル・イス等
広告塔、案内板、看板、標識、旗ざお、パーキングメーター、幕、アーチその他これらに類するもの	●広告板・バナー広告 ・広告板、バナー広告 ●敷地内広告 ・敷地内外部空間を利用した広告 ●案内サイン ・自動車用案内サイン　・広域案内サイン"
アーケード、柵、ベンチまたはその上屋その他これらに類するもの	●屋外ベンチ ・歩道内の休憩施設
備蓄倉庫、耐震性貯水槽その他これらに属するもの	●非常用電源コンセント ・災害時の他、賑わいづくりや環境演出に使用可能な歩道内電源設備
街灯、防犯カメラその他これらに属するもの	●多機能照明柱（添架設備） ・防犯カメラ ・スピーカー　・サインパネル ●防犯カメラ ・車道照明柱に添架する防犯カメラ ●アッパーライト ・環境演出照明

（森記念財団2018年度第1回エリアマネジメント制度小委員会資料、大阪市都市計画局資料より作成）

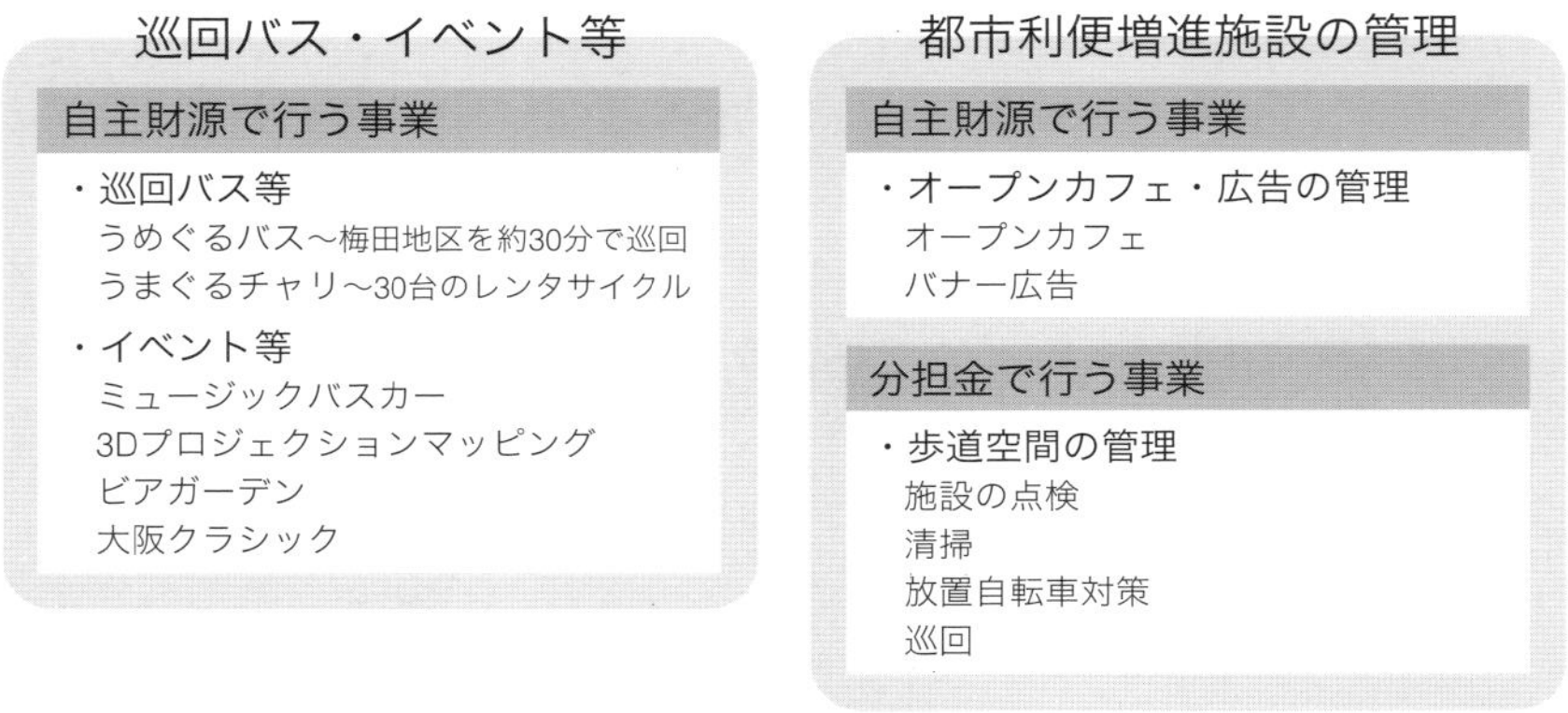

巡回バス・イベント等	都市利便増進施設の管理
自主財源で行う事業 ・巡回バス等 　うめぐるバス～梅田地区を約30分で巡回 　うまぐるチャリ～30台のレンタサイクル ・イベント等 　ミュージックバスカー 　3Dプロジェクションマッピング 　ビアガーデン 　大阪クラシック	**自主財源で行う事業** ・オープンカフェ・広告の管理 　オープンカフェ 　バナー広告 **分担金で行う事業** ・歩道空間の管理 　施設の点検 　清掃 　放置自転車対策 　巡回

図 20　本条例の分担金制度で行う事業とその範囲
(森記念財団 2018 年度第 1 回エリアマネジメント制度小委員会資料、高田隆（大阪市都市計画局）「大阪版 BID 制度と今後のエリマネ活動」より作成)

の実例を通して、この条例の課題と検討の方向性を探ってみる。

●グランフロント大阪における同条例の活用の実際

①都市利便増進協定区域

道路管理者との協定締結により 、場所・財産区分・費用負担等を定める。この協定は、地区の周辺歩道の安全安心や、道路空間の環境向上、賑わいの醸成を目的とする。対象施設は表 6（p.45 参照）のとおりである。

対象施設は多岐にわたっているが、分担金制度の対象となる活動は、図 20 に挙げるもので、まちづくり団体が地区運営計画・年度計画を作成し大阪市に申請し、業務を協力業者に委託している。エリマネ団体が行うエリマネ活動全体から見れば、その一部に過ぎない。

●大阪版 BID 制度の運用上の課題と検討の方向性

①分担金の使途の拡大

行政サービスの対価である「分担金」を財源にできる活動は、公共空間の管理業務に限定されている。その他の事業は、エリマネ団体の自主事業となっている。イベント等の集客活動等への使途の拡大ができるようにすることが望まれる。

②管理権限の拡大

図 21　グランフロント大阪　ミュージックバスカー

放置自転車に対する撤去権限がない。エリマネ団体は放置自転車への警告札の取り付け程度しかできない。都市再生推進法人への公共施設管理権限の一部移譲が望まれる。

③税制優遇

一般社団法人では、寄附金の所得控除や収益金の公共的エリアマネジメントの充当も控除対象外である。たとえば、建物所有者から業務委託された業務に利益が発生したときの課税改善が望まれる。

地域再生エリアマネジメント負担金制度

●地域再生エリアマネジメント負担金制度

この制度は、地域再生法改正により、2018 年 6 月 1 日に公布・施行された。近年、エリマネ団体が主体となって、賑わいの創出、公共空間の活用等を通じてエリアの価値を向上させるためのエリマネ活動の取り組みが拡大している。

地域再生に資するエリアマネジメント活動

地域の来訪者または滞在者の利便の増進やその増加により経済効果の増進を図り、地域における就業機会の創出や経済基盤の強化に資する活動

例
・イベントの開催
・オープンスペースの活用
・自転車駐輪施設の設置
・賑わいの創出に伴い必要となる巡回警備　　等

図 22　地域再生に資するエリアマネジメント活動（内閣府資料より作成）

一方、エリマネ活動では、安定的な活動財源の確保が課題になっている。とくに、エリマネ活動による利益を享受しつつも、活動に要する費用を負担しないフリーライダーの問題が生じており、エリマネ活動に対する合意形成を促進する上では、行政の関与の下、公正なルールに基づく、受益と負担の関係の明確化・適正化を図る公的な仕組みが必要である。

このため、海外における BID の取組事例等を参考とし、一定の事業者の同意を要件として、市町村（特別区も含む、以下同じ）が、エリマネ団体が実施する地域再生に資するエリマネ活動に要する費用を、その受益の限度において活動区域内の受益者（事業者）から徴収し、これをエリマネ団体に交付する官民連携の制度「地域再生エリアマネジメント負担金制度」が創設された。大阪版 BID 制度の分担金の活用は公共施設の空間管理に限られていたが、本制度では、イベントや巡回バス、オープンカフェなどの事業に対しても負担金を活用できる点が大きく異なる。

この制度は、図 23 のような手続を踏んで実現される。具体的には、市町村が地域再生計画を国（内閣総理大臣）に申請し、認定を受ける。なお、地域再生計画とは、地域経済の活性化、地域における雇用機会の創出その他地域活力の再生を図るため、市町村が作成する計画であり、本制度の活用の前提となる。エリマネ団体（法人）が地域来訪者等利便増進活動計画（5 年以内）を作成し、市町村に申請する。申請にあたっては、エリア内の事業者（受益者）、たとえば、小売業者、サービス事業者、不動産賃貸事業者などの 3 分の 2 以上の同意が必要

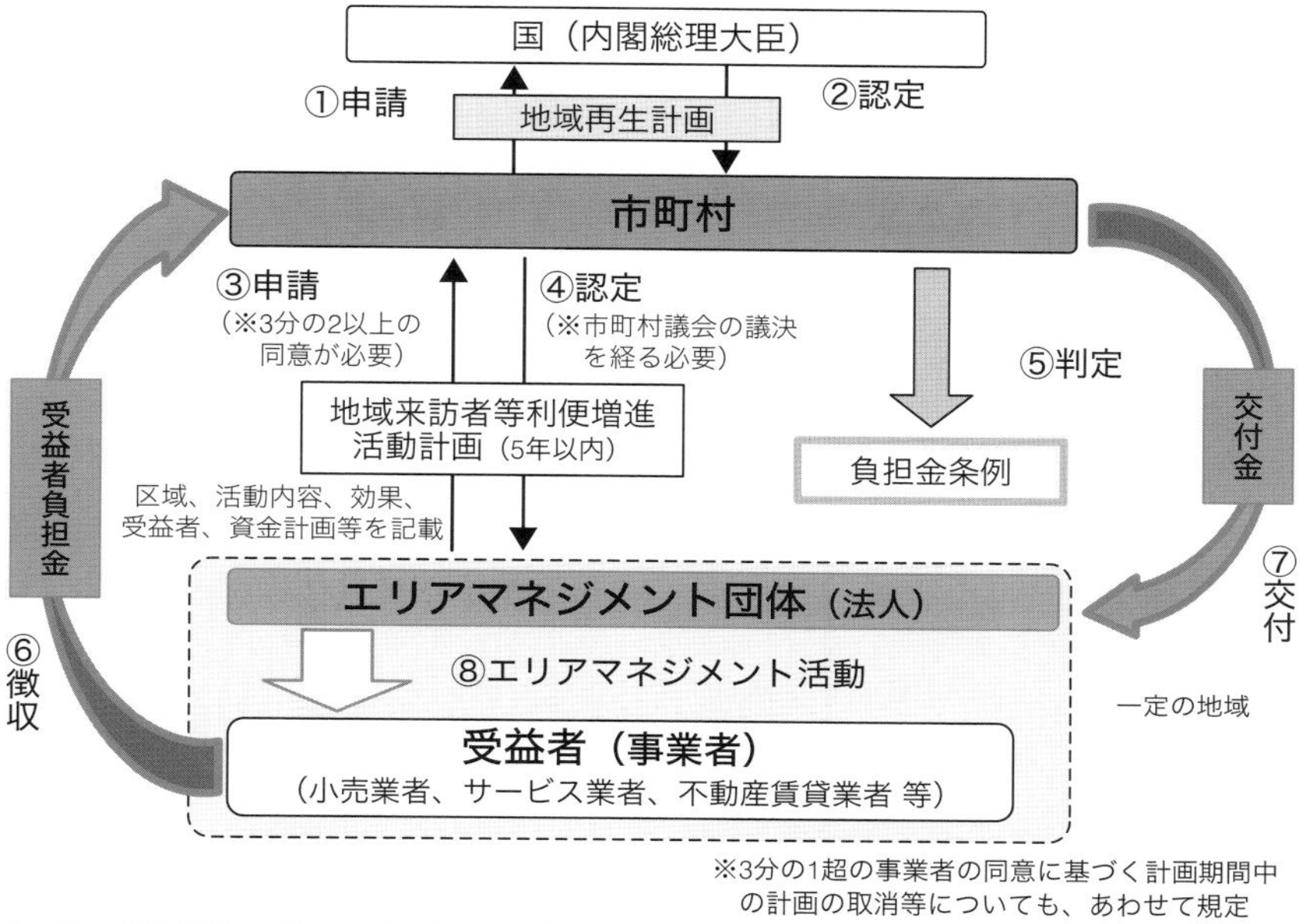

図 23　地域再生エリアマネジメント負担金制度の概要（図 22 と同じ）

である。市町村議会の議決をへて、市町村がエリマネ団体の活動計画について認定を行う。市町村は議会に諮って負担金条例を制定し、その条例に沿ってエリア内の事業者（受益者）から受益者負担金を徴収する。市町村は、徴収した負担金をエリマネ団体に交付金として交付する。エリマネ団体は、これを財源としてエリマネ活動を展開する。なお、3 分の 1 を超える事業者の同意に基づく計画期間中の計画取消しも規定されている。

●地域再生エリアマネジメント負担金制度ガイドライン

地域再生エリアマネジメント負担金制度の活用にあたって、制度の理解の促進と活用に向けての必要な手続等の解説を目的として、2019 年 3 月に内閣官房・内閣府によりガイドラインが作られた。このガイドラインは、市町村のまちづくり担当部局の職員の方々、エリマネ団体の方々を対象としている。

ガイドラインは、3 部で構成されている。第 1 部では、エリアマネジメントの意義・必要性、本制度の創設の背景を解説している。第 2 部では、制度の骨格

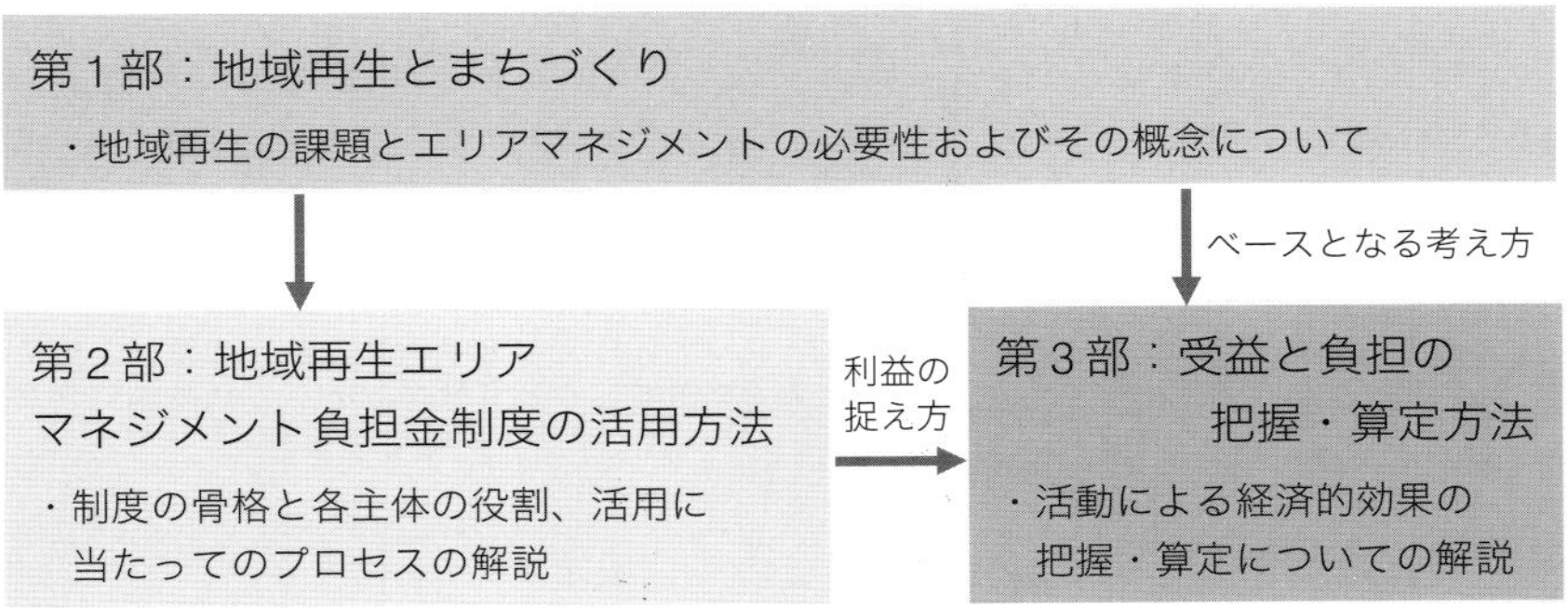

図 24　地域再生エリアマネジメント負担金制度ガイドラインの構成（内閣府「地域再生エリアマネジメント負担金制度ガイドライン」より作成）

と市町村およびエリマネ団体の役割、諸手続・プロセスを解説している。第３部では、エリマネ活動による経済的効果（利益）の把握・算定の方法およびデータ収集の方法およびエリマネ活動の効果の伝え方について解説している。

ここでは、第３部のエリマネ活動による経済効果の考え方と受益と負担の把握・算定方法について述べる。

なお、第Ⅰ部のエリアマネジメントの意義・必要性については、前著『まちの価値を高めるエリアマネジメント』の第Ⅰ章「まちの価値を高めるエリアマネジメントとは」、第２章「どんな活動が行われているか」、第３章「海外都市の魅力を支えるBIDとエリアマネジメント」をあわせて参照していただきたい。

ガイドラインの第２部は、「地域再生エリアマネジメント負担金制度の骨格」として、第３部の解説をするうえで欠かせない「本制度の対象となる活動とその利益」「受益事業者と負担金設定の考え方」「本制度を担う公民連携における主体とその役割」についてであるのでここで解説する。

●地域再生エリアマネジメント負担金制度の骨格

①対象となる地域

対象地域は、地域の事業者がエリマネ活動により受益すると見込まれる地域である。制度上は、自然的、経済的、社会的条件から見て一体である地域で、来訪者等の増加により事業機会の増大や収益性の向上が図られる事業を行う事業者が集積している地域としている。したがって、住宅地は対象外である。

表7　対象となる5つの活動と来訪者等の増加および利便増進との関係

イベント系事業	公共空間整備 運営系事業	情報発信系事業	公共 サービス系事業	経済活動基盤 強化系事業
・お祭りやマルシェ、イルミネーションなど来訪者を直接的に呼び込みことに繋がる事業	・歩行者空間の充実化、各種設備の整備や日常的な管理運営など来訪者、滞在者の利便性や憩いの場を提供することに繋がる事業	・エリアに係るさまざまな情報の集約や発信（WEBやマップ等）、エリア限定のメディア構築など来訪者、滞在者の利便性を高めるとともにエリアのプロモーションに繋がる事業	・交通に関するサービスやビジネスサポートなどエリア内の企業、滞在者の利便性を高めることに繋がる事業	・エリア内の清掃や警備、防災対応力強化などエリアへの企業立地や新規店舗誘致など経済活動の活性化を支える基盤の形成に繋がる事業

来訪者等の利便増進に資する活動

来訪者の増加を図る活動

（図24と同じ）

②活動の実施主体

法人格を有するエリマネ団体に限定している。市町村からの交付金を適正に管理、執行する体制があって、団体内の責任関係が明確であることが求められるからである。

③対象となるエリマネ活動と来訪者等

対象となるエリマネ活動は、

- 来訪者等の利便の増進に資する施設または設備の整備または管理に関する活動
- 来訪者等の増加を図るための広報または行事の実施その他の活動

と2つの活動が定義されている。エリアに訪れ、滞在する人々の増加や利便性の向上をもたらす活動が対象になる。なお、「来訪者等」は、買い物客や観光客だけでなく、そこで働いている就業者も含まれる。表7に、対象となるエリマネ活動を5つの類型に区分し、来訪者等の利便増進活動と来訪者等の増加を図る活動との関係を示した。

④活動による利益

法では、「地域来訪者等利便増進活動により生ずる利益を受ける事業者から市町村が負担金を徴収」とされているので、活動による利益をどう捉えるかが重要である。エリマネ活動から直接導きやすい効果・利益、たとえば、来訪者等の増加、満足度の向上、事業コストの削減などもある。一方、エリマネ活動のみでは因果関係が説明し難い効果・利益、たとえば、売上高の増加、地価や賃料の上昇、空室率の低下などもある。特定の事業者の利益ではなく、地域全体に生じる利益を考慮することも重要であると考える。

⑤受益事業者

地域への来訪者等の増加によって自らの事業にメリットの生じる事業者を対象とし、小売・サービス業、対事業者サービス業、不動産賃貸業、賃貸ビルや自社ビルのオーナーなどが含まれる。

⑥計画の同意

本制度では、「総受益事業者の 3 分の 2 以上であって、その負担することになる負担金の合計額が総受益事業者の負担することとなる負担金の総額の 3 分の 2 以上の同意を得なければならない」としている。

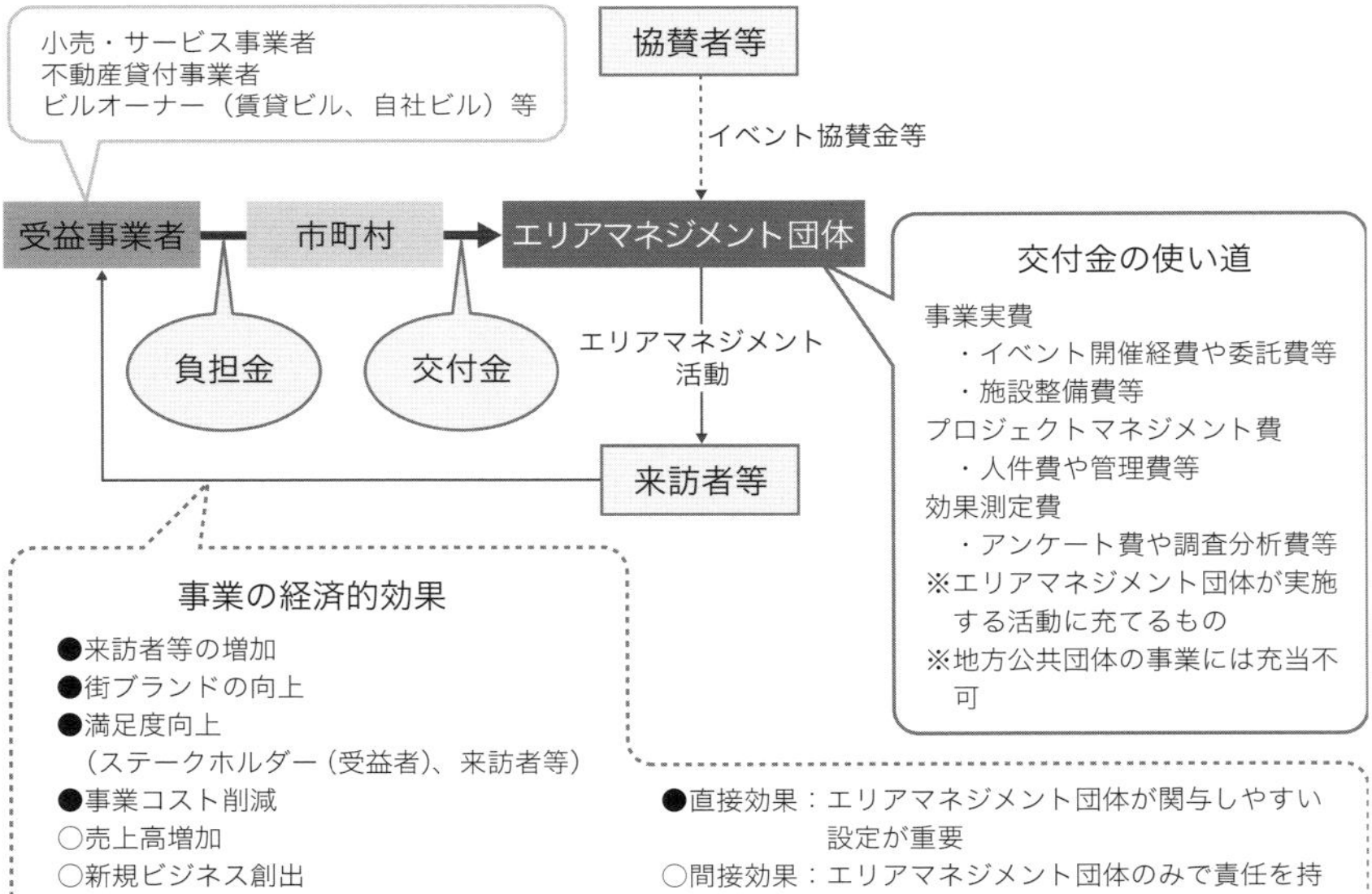

図 25　受益事業者、市町村、エリアマネジメント団体との関係（図 24 と同じ）

⑦負担金設定の考え方

地域来訪者等利便増進活動により受けると見込まれる利益を前提に、負担金の水準を設定する必要がある。受益事業者の負担に対する納得感が合意形成に繋がる。

⑧交付金で活用できる経費

市町村がエリマネ団体に交付する交付金は、事業費（イベントの開催経費、委託費など）、プロジェクトマネジメント費（スタッフの人件費や管理費）、効果測定費（各種調査費やレポート作成費など）などに活用できる。ただし、地方公共団体の事業費などには充てられない。

⑨公民連携の主体と役割

・行政（市町村）
　地域再生計画の作成、負担金条例の制定、負担金徴収と交付金の交付、エリマネ団体の監督等を行う。

・エリアマネジメント団体
　地域来訪者等利便増進活動計画の作成、活動の実施と市町村やステークホルダーに対する報告を行う。

・事業者（受益事業者）
　負担金を負担する。

●エリアマネジメントの効果および受益の把握・算定方法

①経済効果の基本的考え方

来訪者等の定義、経済効果の設定の考え方は、前項の③対象となるエリマネ活動と来訪者等を参照。定量的に把握すべき内容は以下のとおりである。

・経済効果：主に来訪者等の増加を目指すものなのか、あるいは来訪者等の利便増進を目指すものかによって異なるが、あくまでも将来の見込みであり、「推計」である。

・事業コスト：活動内容・活動量に応じ、全体コストとして算出する。

・個々の負担：全体コストを個々の事業者ごとに割り振る。均等に負担してもらうか、事業規模に応じて合理的な差を設けるかなど、状況に応じ整理する。

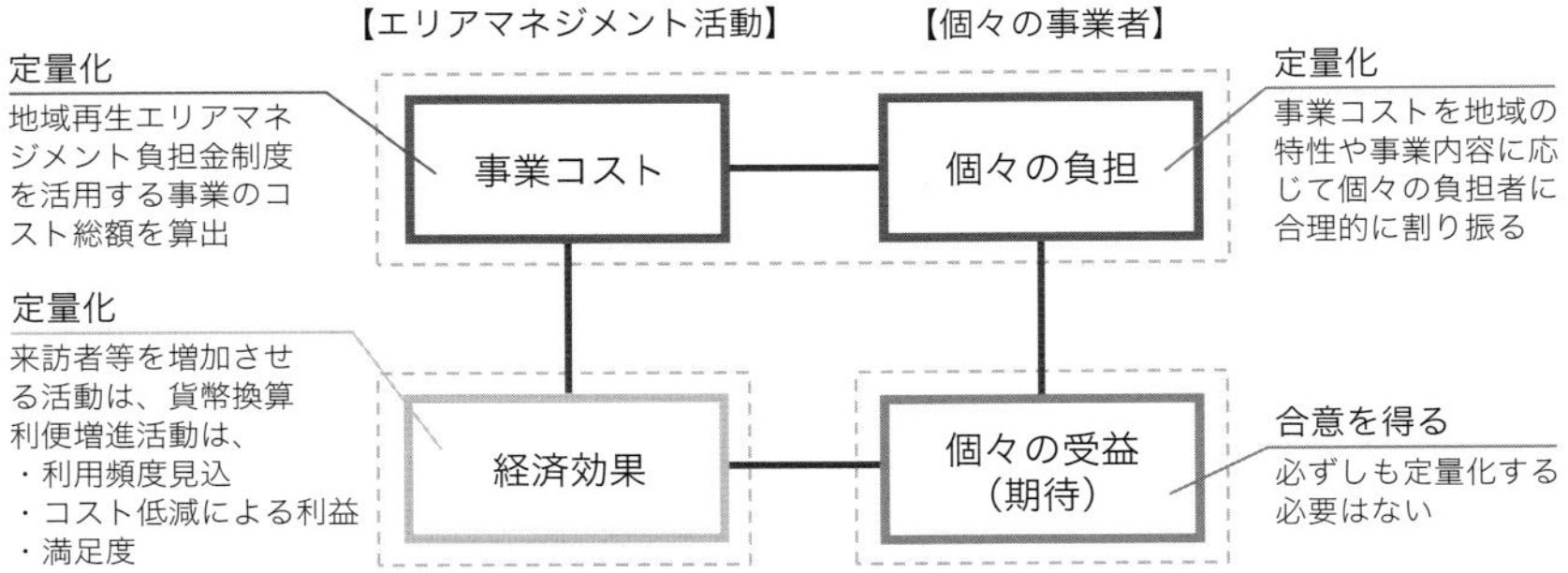

図 26　定量的に把握すべき内容の考え方（図 24 と同じ）

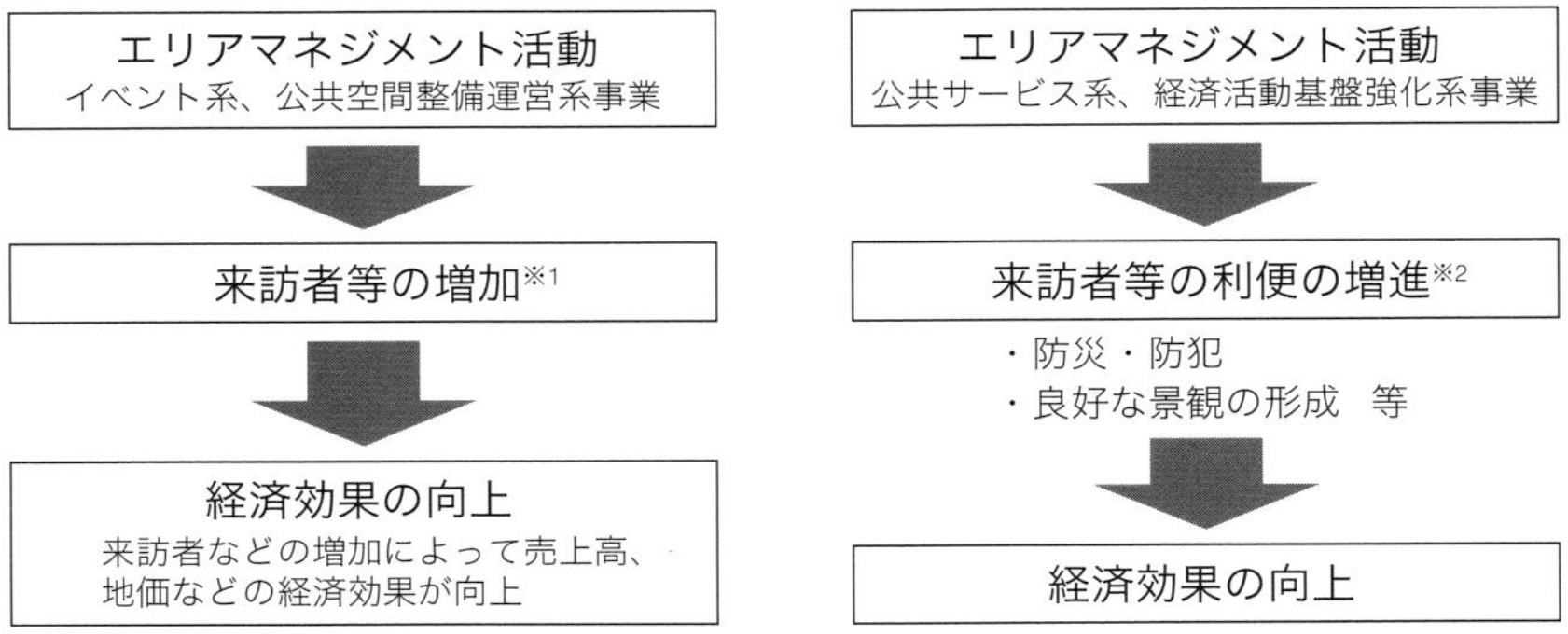

※1 指標
歩行者通行量や、イベント参加者数、来場者数、駐車場利用台数をもとにした換算など
※2 エリアマネジメントが防災・防犯・安全や住民等の意識向上・相互理解、まちなみや景観の形成に効果があるとしている調査結果、防災・防犯・安全や住民等の意識向上・相互理解、まちなみや景観の形成が地価に影響しているという研究成果がある

図 27　エリアマネジメント活動と経済効果の関係性（図 24 と同じ）

・個々の受益：個々の受益事業者の効果・利益に対してエリマネ活動は間接的に作用すると考えられるため、必ずしも定量化する必要はない。
定量化されたエリマネ活動の経済効果が事業コストを上回り、個々の負担額が事業者間で公平かつ妥当に算定できれば、負担は個々の事業者が受ける利益の限度内と解して良いと考えられる。

●エリアマネジメント活動と経済効果の関係性

来訪者等の増加と経済効果の関係性については、国土交通省都市局都市計画課「まちの活性化を測る歩行者量調査ガイドライン」（2018 年 6 月）において、

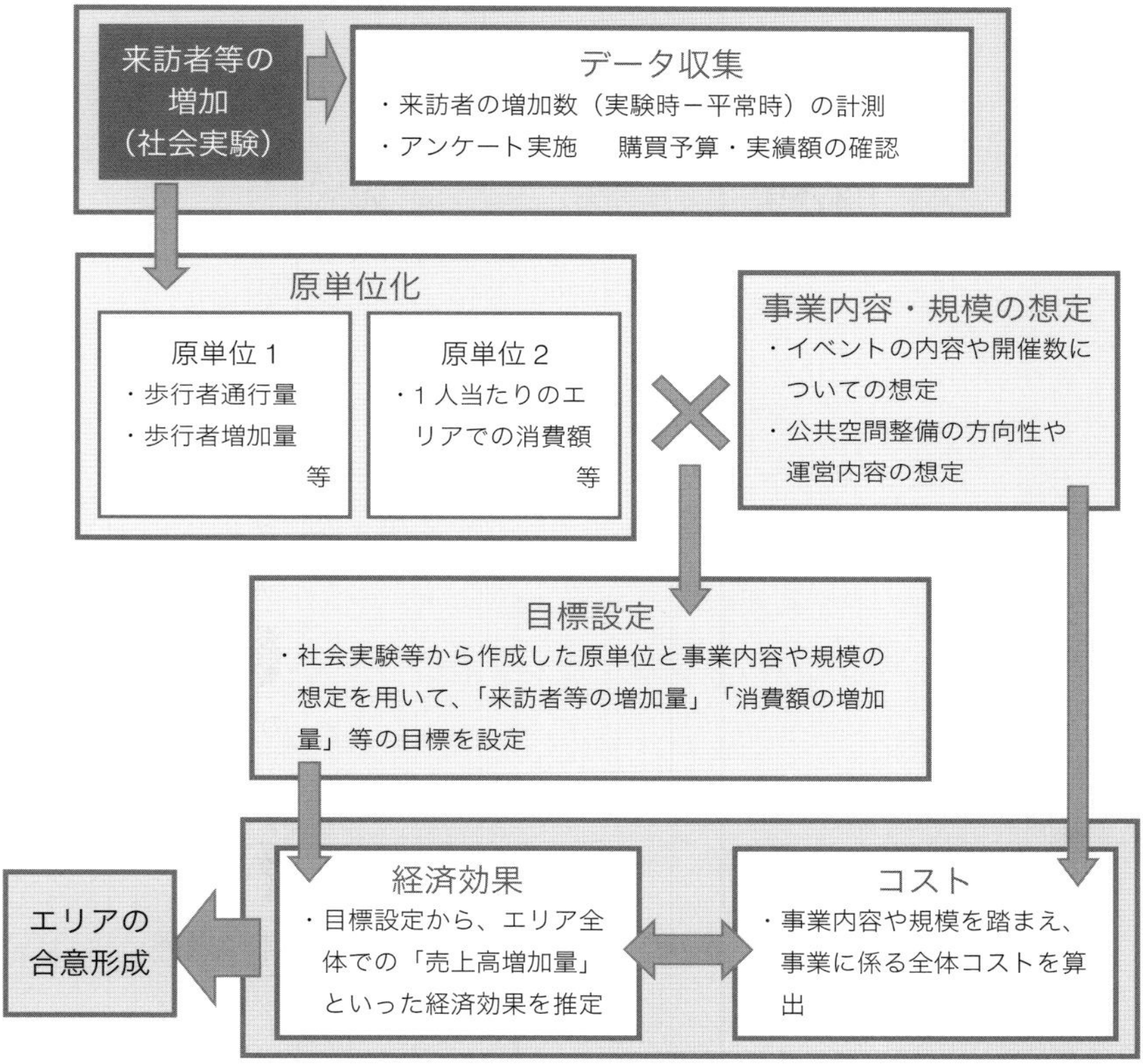

イベント系事業または公共空間整備運営系事業の実験を行う際に、
情報発信系事業と経済活動基盤強化系事業を同時に行う。

図 28　来訪者等の増加を図る活動による受益の把握・算定フロー（図 24 と同じ）

歩行者通行量増加と売上高、地価との関係が示されている。

また、エリマネ活動によって、防災・防犯・安全への効果、住民等の意識向上・相互理解、まちなみや景観形成への効果が一定以上認められるという調査結果もある。

●受益の把握・算定の留意点

①受益の算定にあたっては、エリアに応じて多様な手法を考えてみる。

②すでに多くの活動をしており、その経済効果が受益事業者に理解されている場合は、実績をもとに経済効果の見込みを貨幣換算するなど、定量的に

整理し、計画を作成し、受益事業者の賛同を得る。

③新しく活動を開始する場合や従来の活動について改めて経済効果を把握し、受益事業者の理解を得る場合は、社会実験等を通じて将来の受益を推計し、受益事業者の賛同を得るのが望ましい。

●受益の把握・算定

①来訪者等の増加を図る活動による受益の把握・算定

・具体的なイベントの実施や一時的な公共空間の改変（例：道路上でのオープンカフェ、パークレット設置）などを実施し、その際の歩行者通行量などを計測する。

・同時に、アンケートを実施し、来訪者等がそのエリアでどの程度の金銭を消費したか、または消費する予定かを把握する。

・アンケートにより把握した購買予算や購買実績の１人当たりの金額に、来訪者等の増加量（原単位）を乗じて、エリアの売上高増加を推定する。

②来訪者等の利便増進に寄与する活動による受益の把握・算定

・来訪者等の利便増進活動の場合、アンケート調査等により経済効果を把握する。

・たとえば、次のような視点から活動の必要性を明確にする。

→収益の向上ではなく来訪者や滞在者などの利便を増進させることが目的である。

→来訪者等が利用する頻度の高さがあらかじめ想定可能である。

→活動を個々に行うより、共同で行った方がスケールメリットなどによりコストが削減できる。

・社会実験の際に、活動の重要度やサービスによる満足度を聞き、そのデータを経済効果への寄与として説明に用いることが考えられる。

・CVM *6という手法により貨幣換算することもできる。

＊6 CVM（Contingent Valuation Method、仮想的市場評価法）調査とは、アンケート調査を用いて人々に支払意思額（Willingness to Pay, WTP）等を尋ね、市場で取引されていない財（効果）の価値を推定する。

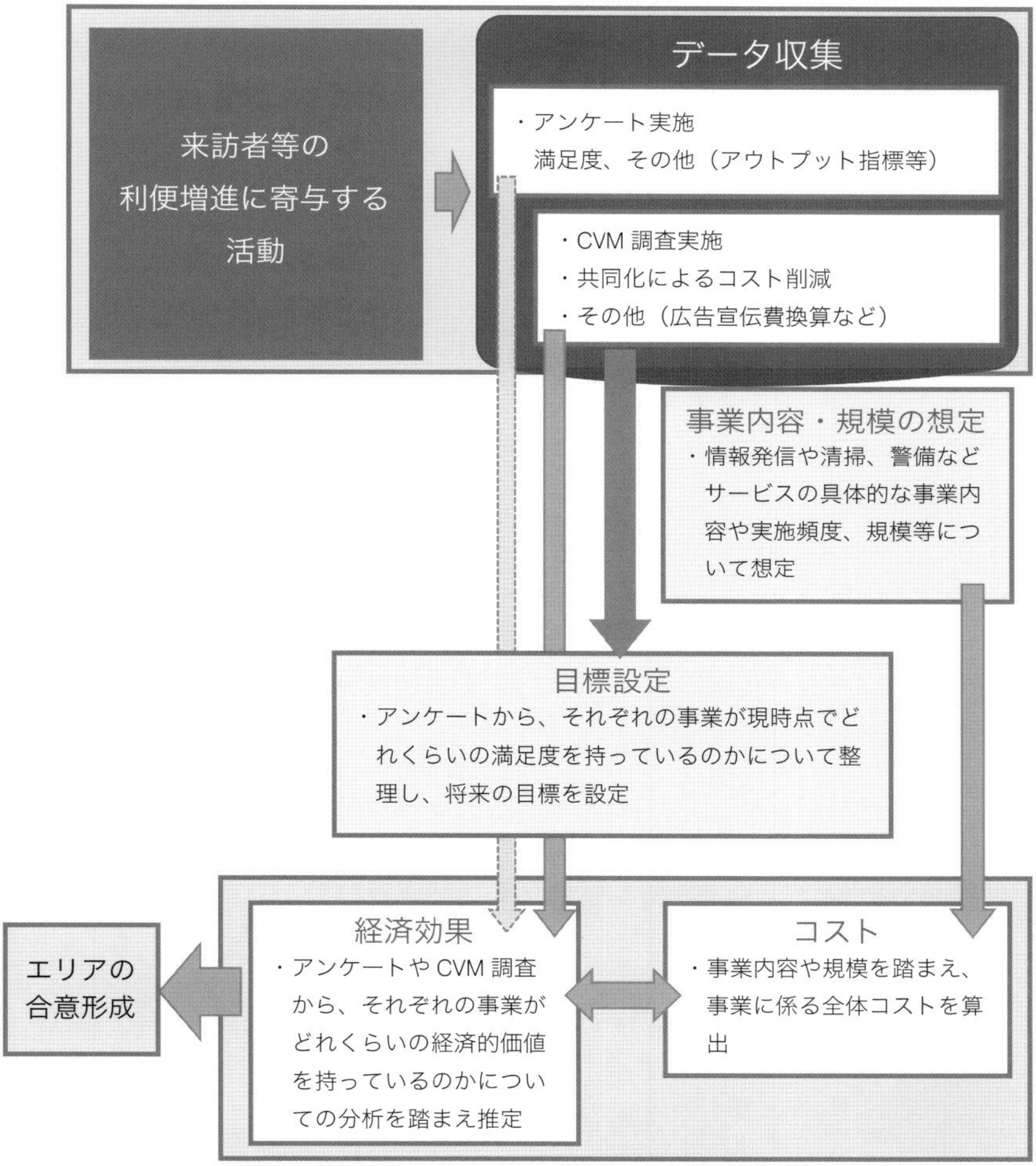

図 29　来訪者等の利便増進に寄与する活動による受益フロー（図 24 と同じ）

民間まちづくり活動の財源確保に向けた枠組みの工夫に関するガイドライン

●目的

このガイドラインは、2018 年 8 月に国土交通省都市局まちづくり推進課が作成した。目的は、「多くの民間まちづくり活動団体は、自主財源や専門人材の不足といった課題に直面している。そこで、本ガイドラインでは、このうち財源の確保に向けた対応に焦点を当て、地域内の民間まちづくり活動団体の連携を通じ、必要な財源を将来にわたって確保するための枠組みの工夫を関係府省の協力も得ながら提示すること」（本ガイドライン p.1 より引用）である。

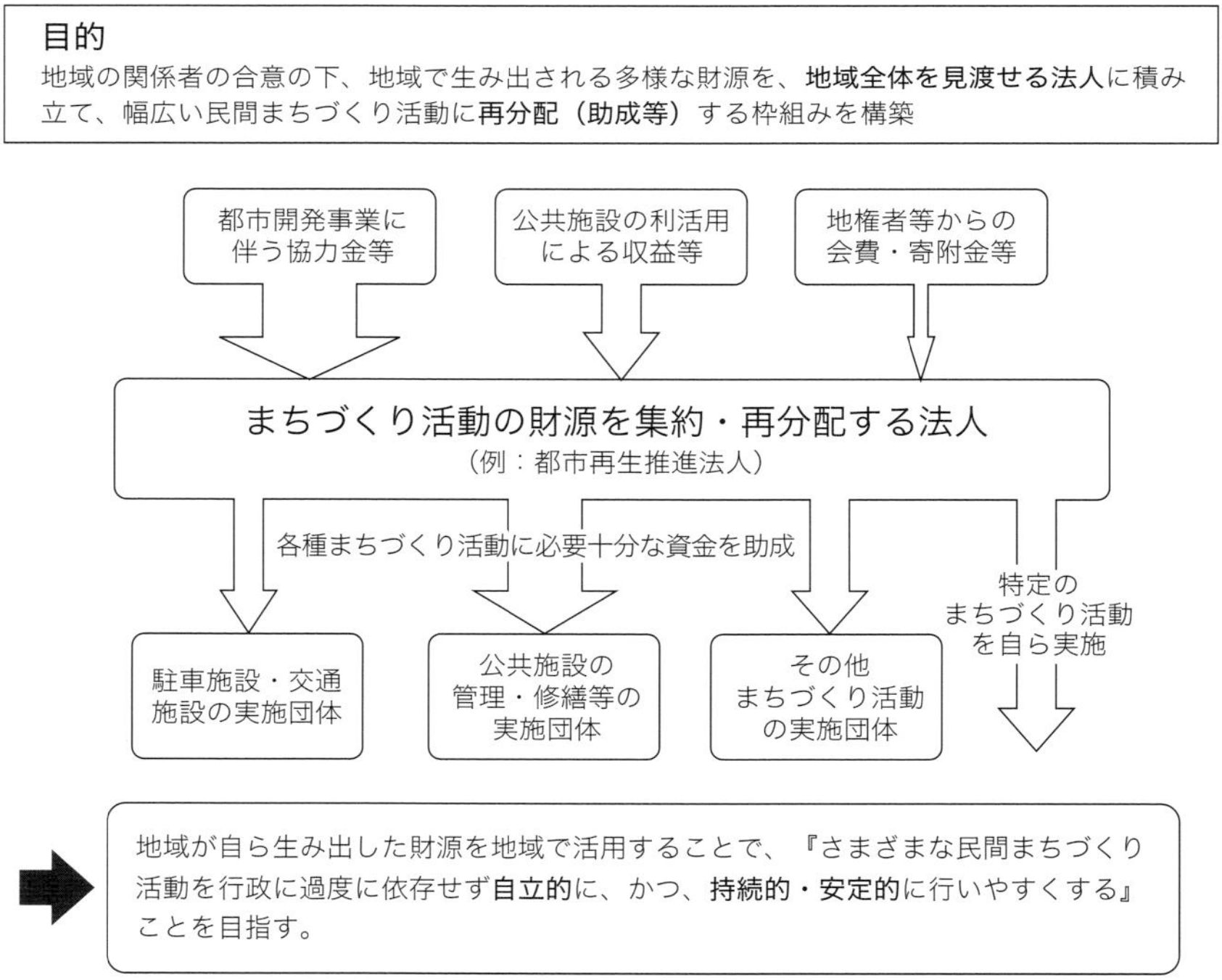
目的
地域の関係者の合意の下、地域で生み出される多様な財源を、地域全体を見渡せる法人に積み立て、幅広い民間まちづくり活動に再分配（助成等）する枠組みを構築
都市開発事業に伴う協力金等
公共施設の利活用による収益等
地権者等からの会費・寄附金等
まちづくり活動の財源を集約・再分配する法人
（例：都市再生推進法人）
各種まちづくり活動に必要十分な資金を助成
特定のまちづくり活動を自ら実施
駐車施設・交通施設の実施団体
公共施設の管理・修繕等の実施団体
その他まちづくり活動の実施団体
地域が自ら生み出した財源を地域で活用することで、『さまざまな民間まちづくり活動を行政に過度に依存せず自立的に、かつ、持続的・安定的に行いやすくする』ことを目指す。

図 30　民間まちづくり活動の財源確保に向けた枠組みの工夫に関するガイドラインの枠組み（国土交通省都市局まちづくり推進課資料より作成）

●概要

民間まちづくり活動団体の多くが、財源をどう確保するかが大きな課題となっている。一方で、その地域を見わたせば、まちづくり活動に活用できそうな財源や調達手法は多様に存在しており、地域で生み出される各種財源を集約し、地域全体で財源の過不足を調整することが有効である。本ガイドラインは、既存制度を組み合わせ、地域で生み出される財源を地域で効果的に活用できる枠組みとして「再分配法人」を提案し、その税務関係を整理したものである。

●主な特徴

①地域で生み出され、地域の民間まちづくり活動に活用できる財源を「地域まちづくり協力金」と称し、例示した。

・都市開発事業の施行に伴う開発事業者が拠出する協力金など
　例：付置義務駐車場の整備量緩和に伴う協力金

・公共空間（道路、広場、施設など）等の利活用による収入の一部
　例：イベント開催収入、広告物収入

・地域内外から拠出される資金
　例：会費、寄附金（クラウドファンディングも含む）

②地域まちづくり協力金を集約し、地域全体を見わたして財源の調整機能を担う法人を「再分配法人」と称し、再分配法人の業務内容や適した法人形態を明確にした。

・再分配法人の業務
　1）地域まちづくり協力金の集約・管理
　2）まちづくり活動への助成
　3）一定のまちづくり活動の自らの実施等

・再分配法人に適した法人形態
　一般社団・財団法人（非営利型）等、法人要件と効果を比較し、地域にとって効率的な法人形態を選択する。

・再分配法人は、自治体のまちづくりビジョンに沿った活動を促進するように、都市再生推進法人等であることを推奨。

③再分配法人の法人形態や業務内容に照らし、現行税制上の法人税の課税関係

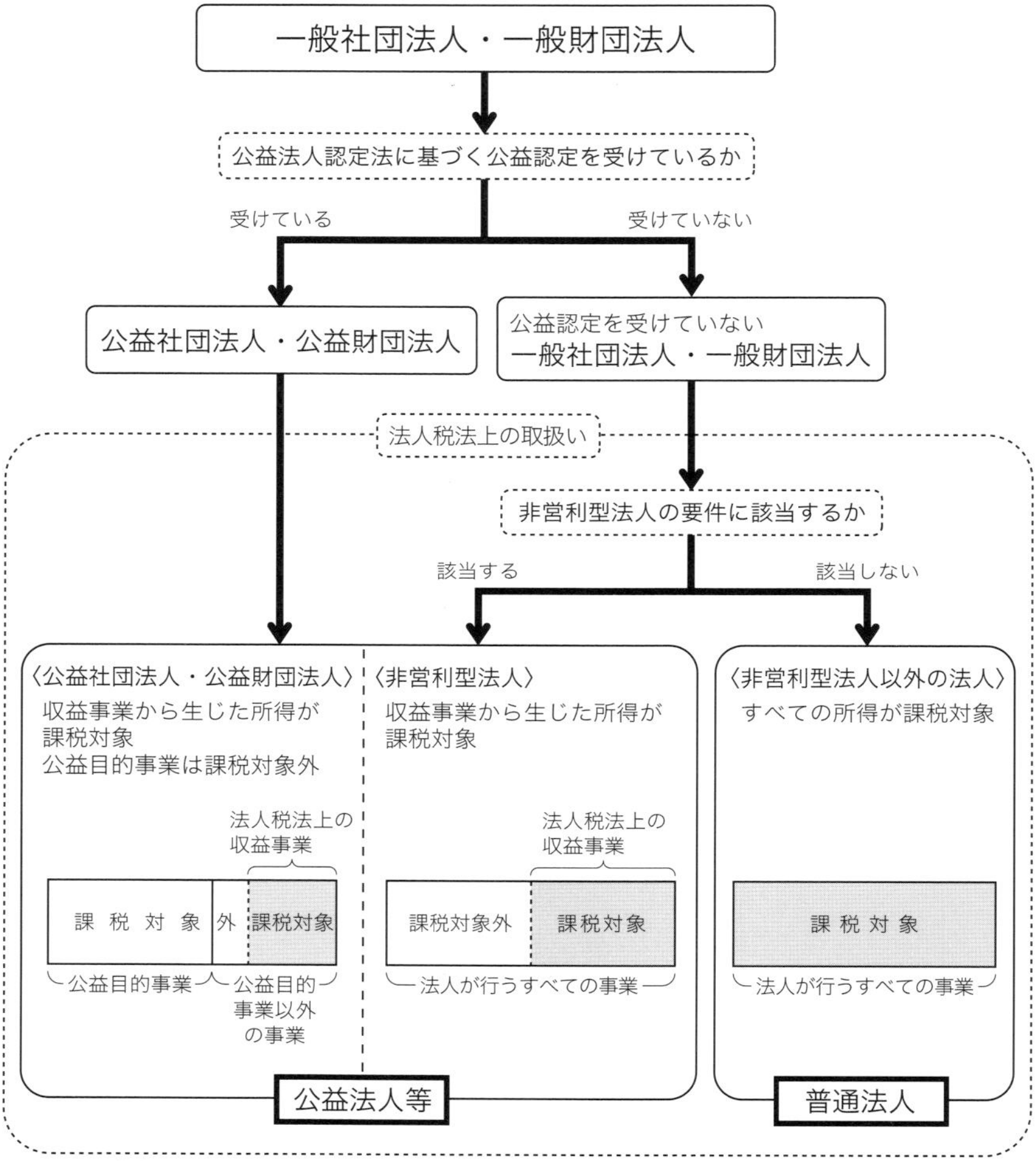

図 31　一般社団・財団法人、公益社団・財団法人における法人税の取り扱い（国土交通省都市局まちづくり推進課「民間まちづくり活動の財源確保に向けた枠組みの工夫に関するガイドライン」より作成
原出典：国税庁「一般社団法人・一般財団法人と法人税（2014.3)」）

を整理し、明示した。

・再分配法人が一般社団・財団法人（非営利型）である場合

1）助成業務は、収益を得る活動ではないことから収益事業には該当せず、課税が問題となるケースは少ない。（＝非課税）

2）自ら実施する業務[*7]は、収益事業に該当する可能性は低い。しかし、有料で実施する場合は税務署への確認が必要である。

・再分配法人が公益社団・財団法人である場合

行政庁から公益認定を受ける際、公益目的事業として認定を受けた事業については、税務上の収益事業のいずれかに該当するものであっても当該事業を収益事業として取り扱わず、法人税が非課税となる。

＊7 自ら実施する業務とは、①まちの将来像やルールの策定・運用、②まちづくりの情報発信・プロモーション、③公共公益施設の（再）整備・管理・修繕等、④コミュニティバス、コミュニティサイクルの運営、⑤まちづくりセミナー等の開催、⑥街並みの保全・緑化、⑦業務継続地区の構築・運営、⑧防犯・防災活動、⑨地域活性化に資する活動を例示

1-3

海外のエリアマネジメント（BID）の財源の実際

日本では、エリマネ活動の原動力と言える財源をいかに調達するかが大きな課題となっている。本節では、強制徴収の仕組みを活用するだけでなく、自助努力や官と連携しながら財源を確保している海外 BID の取り組みをアメリカ、イギリス、ドイツの事例を通して紹介する。

海外の BID 制度の特徴

海外では、業務・商業エリアの関係者（不動産所有者や事業者など）の合意のもと、行政が、清掃、防犯、商業振興、賑わい創出活動に必要な資金を、関係者から強制的に徴収し、それらの活動を行うエリマネ（BID）団体に交付する仕組みとして、BID（Business Improvement District）制度が広く活用されている。

BID 制度は、1960 年代にフリーライダー対策として、カナダの中心市街地で導入されたのをきっかけに、1970 年代にアメリカ、2000 年代にイギリスとドイツで相次ぎ導入され、現在は、その他のヨーロッパの国々、オーストラリア、ニュージーランド、ブラジル、南アフリカなどにも広がっている。

本制度の特徴の 1 つに、行政と BID 団体との役割分担がある。BID 団体は、本来行政が行う基礎的なサービスを行政の代わりに行うのではなく、行政サービスの付加的なもの、つまりエリアの価値を高めるグレードアップサービスを行うという考えが本制度の基本にある。そのため、資金は、地権者や事業者が行政に払う売上税、事業所税、資産税などの税金と切り離し、賦課金としてまたは既存の税金に上乗せするかたちで課税され、BID 団体に交付される。本制度は、二重課税や増税ではないかと思われがちだが、行政による最低限のサービスに満足することなく、エリアの関係者が納得して資金を出し合い、協力してまちを磨き、育てていくための制度であると認識することが重要である。

BID 団体のなかには、上記の BID 税（賦課金）だけに頼らず、助成金、寄附金、指定管理料、施設使用料などを活動財源に、エリアのさらなるグレードアップを図る団体もある。

また、アメリカの一部のエリアでは、BID 団体による活用が見込まれる公共空間を、行政が TIF（Tax Increment Financing）という都市開発の資金調達手法（エリマネ活動（BID 活動）により将来の増加する税収を担保に債券を発行する仕組み）により整備している例もある。TIF の適用エリアは、現在何らかの課題を有し、公共空間を整備することで、将来安定収入を生み出す可能性の高いエリアとされる。日本には TIF 制度はないが、同じような考え方により、エリマネ団体による活用を前提に、行政が整備した公共空間をエリマネ団体が活用し、エリマネ広告事業収入など安定収入を得ている例がある。

今後は日本でも TIF 制度のような財源確保の取り組みが期待される。ここでは、アメリカとイギリスの BID 団体の収入や財源構成を紹介する。

アメリカの BID と財源

●アメリカの BID 制度の特徴

アメリカでは、1970 年代に治安が悪化し荒廃した中心市街地を再生するため、民間団体が主体的に防犯や清掃などを進めていくなかで、各都市に BID が広がっていった。アメリカには2011年時点で1000以上のBIDが存在しているが（国際ダウンタウン協会調べ）、ここまで普及した理由の1つとして、住民が、学校教育や警察や道路等の部分的な行政サービスを行うのみの自治体を設置できる権利（ホームルーム権）を持っていることが挙げられる。

アメリカのBIDの大きな特徴は、①州法または市条例に特別区（準政府組織の一形態）として規定されていること、②BIDの対象エリアを明確にし、そのエリアの管理運営主体としてBID団体が位置づけられていること、③期間中に実施するプログラムや整備・管理する施設を明示し、財源の徴収方法や受益者負担の方法などが1つのパッケージとして法律に位置づけられていることにある。

BID団体は非営利の民間団体であり、税負担者の合意（アメリカは多数決）を前提として、特定のエリアや期間の限定などの条件のもと、法的に一定の権限が与えられている。また、BID団体は、対象地域の不動産所有者（一部地域は事業者を含む）から行政が徴収するBID税を主な財源として、清掃、防犯、魅力向上のためのイベント等の活動を行っている。負担者の税額は、BIDの設置期間中の活動費用を算出し、そのうち税で賄う金額を、負担者が有する不動産の課税評価額や延床面積等の割合で按分して算出される。

●ニューヨーク市BIDの収入規模と財源構成

多くのBIDがあるニューヨークでは、1981年にニューヨーク州のBID法が成立され、1982年にニューヨーク市議会によってBID条例が制定された。2018年現在、ニューヨーク市においては、76のBIDが運営されている。

ニューヨーク州法には、BIDの設立条件として、地権者数、対象区画の数、資産評価額、予定負担金額等に換算し不動産所有者の3分の2以上の支持が得られていること、公聴会後の反対署名提出機会において、不動産評価額と地権者数換算の両方において51％以上の不動産所有者の反対がないことと規定されているが、ニューヨーク市の場合、上記要件を明確に公表しておらず、公式な投票手続きがなく、十分な支持が得られるまで説明会等が繰り返し行われている。

ニューヨーク市の中小企業サービス局が発行するBIDレポート（NYC Business Improvement District Trends Report FY '18）によると、全BIDの2018年度収入合計が1.55億ドル（173.6億円、1$＝112円で換算）である。

収入構成は、74.0%がBID税収入、14.4%が資金調達活動収入（プラザ維持管理、指定管理、バナー、駐車場、ごみ箱）、8.6%が寄附金、1.6%が補助金、その他の収入が1.4%である。収入規模別のBID団体数を見ると、収入が50万ドル（5500万円）未満の中・小規模団体が34団体、50万ドル以上の大規模団体は40団体である。

●収入規模の大きなBIDの財源構成

ニューヨーク市のなかで収入規模が大きな4つのBID団体の収入は、大きな順に、アライアンス・フォー・ダウンタウン1891万ドル（21.84億円）、タイムズ・スクエア・アライアンス1815万ドル（20.96億円）、グランド・セントラル・パートナーシップ1366万ドル（15.78億円）、ブライアント・パーク1198万ドル（14.33億円）である。

収入に占めるBID税の割合は、高い順に、グランド・セントラル・パートナーシップ（93.0%）、アライアンス・フォー・ダウンタウン（84.1%）、タイムズ・スクエア・アライアンス（69.6%）、ブライアント・パーク（13.4%）となっている。タイムズ・スクエ

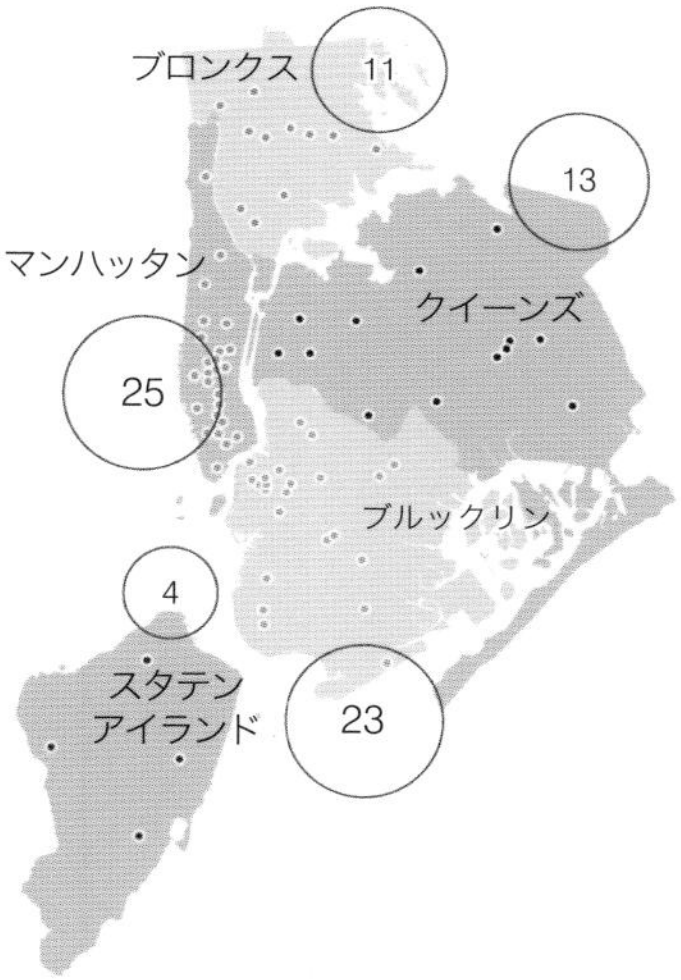

図32　ニューヨーク市のBID分布状況（2018年度）（NYC Business Improvement District Trends Report FY '18（The NYC Department of Small Business Services）より作成）

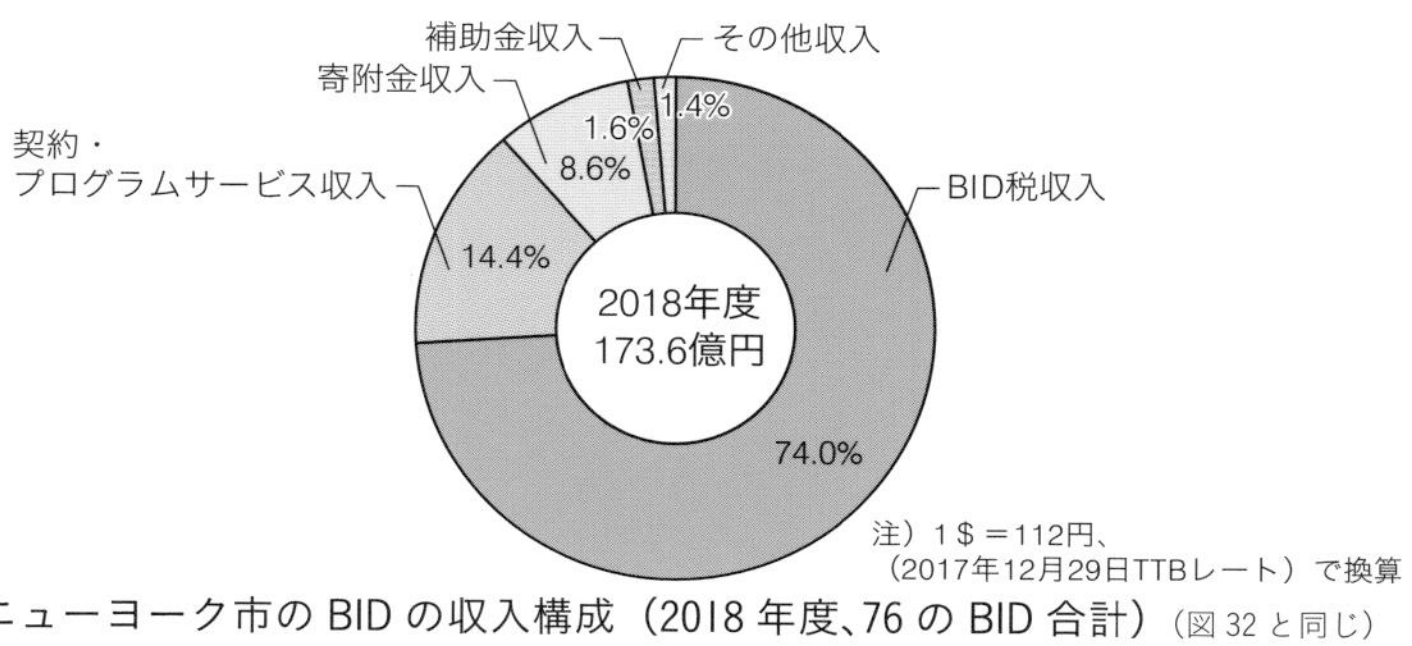

図33　ニューヨーク市のBIDの収入構成（2018年度、76のBID合計）（図32と同じ）

表8　ニューヨーク市の収入規模の大きなBIDの財源構成

注）各年度（12月）の円換算レートは、2015年度：1$ = 119.61円、2016年度：1$ = 115.49円を適用

アライアンス・フォー・ダウンタウン・ニューヨーク（2016年度）

収入項目	金額	構成比［%］
BID税収入	18億3629万円	84.1
その他収入	3億4742万円	15.9
合計	21億8371万円	100.0

（Alliance for Downtown New York, Inc. "Alliance for Downtown New York 2017 Annual Report" より作成）

タイムズ・スクエア・アライアンス（2016年度）

収入項目	金額［万円］	構成比［%］
BID税収入	14億5967万円	69.6
補助金収入	1675万円	0.8
寄附金・スポンサー収入	3億2657万円	15.6
現物寄附	1113万円	0.5
プログラムサービス収入	2億7921万円	13.3
利子収入	306万円	0.1
合計	20億9639万円	100.0

（TIMES SQUARE DISTRICT MANAGEMENT ASSOCIATION, INC. "Financial Statements and Auditors' Report June 30, 2017 and 2016" より作成）

グランド・セントラル・パートナーシップ（2016年度）

収入項目	金額［万円］	構成比［%］
BID税収入	14億6781万円	93.0
プログラムサービス収入	4971万円	3.2
パーシングスクエア賃貸収入	2874万円	1.8
投資収入	3126万円	2.0
合計	15億7751万円	100.0

注）パーシングスクエア賃貸収入はネット

（Grand Central Partnership "GRAND CENTRAL PARTNERSHIP ANNUAL REPORT 2017" より作成）

ブライアント・パーク（2015年度）

収入項目	金額［万円］	構成比［%］
BID税収入	1億9138万円	13.4
寄附金・スポンサー収入	5億8291万円	40.7
レストラン賃料	2億6682万円	18.6
公園使用料	1億8587万円	13.0
営業権収入	1億9003万円	13.3
利子収入	79万円	0.1
その他収入	1555万円	1.1
合計	14億3334万円	100.0

注）寄附金には奉仕サービスを含む。

（BRYANT PARK CORPORATION AND BRYANT PARK MANAGEMENT CORPORATION "Consolidated Financial Statements June 30, 2016 (with comparative financial information as of June 30, 2015)" より作成）

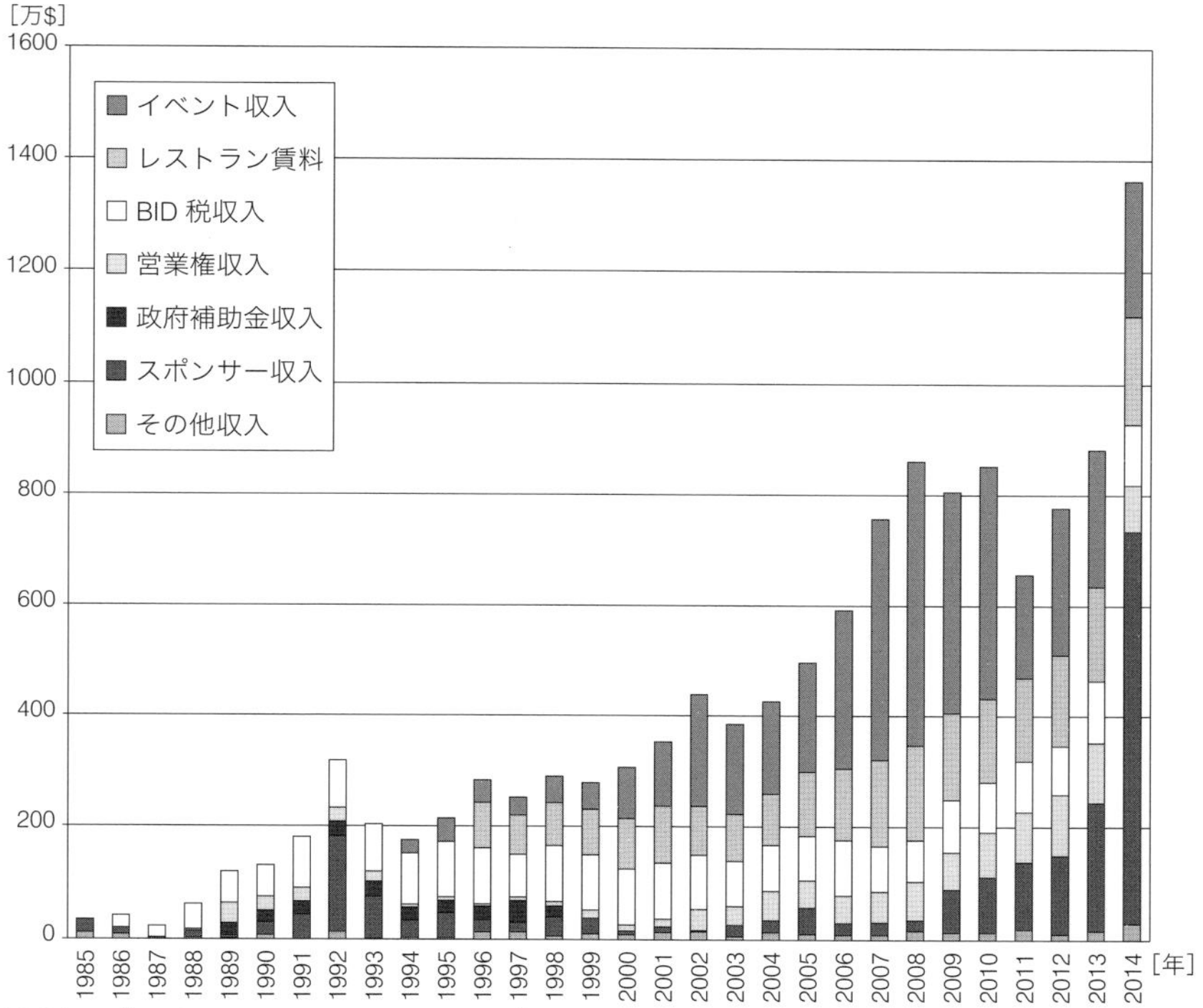

図 34　ブライアント・パーク・コーポレーションの収入構成推移（1985 年～ 2014 年）
（Bryant Park Corporation（ブライアント・パークの管理運営団体）プレゼン資料（2015 年 4 月受領）より作成）

ア・アライアンスの活動エリアは、ブロードウェイを含むエンターテイメントが盛んな繁華街であるため、寄附金も集まりイベントによる収入が多い。また、ブライアント・パークは、ニューヨーク市が所有する公園の維持管理を行っているが、その活動財源を BID 税に依存することなく、その多くを、市からの助成金やイベントスペース使用料やレストラン賃料で賄っている。ブライアント・パークの BID 税に依存しない傾向は、イベントフィー（公園使用料）や営業権収入が増え始める 2000 年ごろから続き、2014 年にはスポンサー収入が大きく増え、総収入が 1400 万ドルに迫った。

参考）大阪版BID制度による分担金とニューヨーク市のBID税平均単価

2014年に作られた、先述の大阪版BID制度もアメリカのBIDと同様、行政（大阪市）が関係者からエリマネ活動に必要な経費を分担金として徴収し、それをエリマネ団体に交付している。

なお、制度設計時、大阪市によりモデル的なエリアマネジメント分担金のオーダー試算が行われており、それによると、グランフロント大阪における分担金は、延床面積1m^2当たり年150円と算出されており、ニューヨーク市のBID税単価（延床面積1m^2当たり年185円、公共施設管理以外の費用や組織運営費を含む）と比べて、ほぼ同じ負担の想定となっている。

地区の仮定

延床面積	50ha
歩道	1ha
公園	0.5ha
地下道	0.3ha

管理費原単位の想定

歩道	4000円/m^2・年	歩道とファニチャー類の維持・管理、警備・清掃費、電気代等
公園	1000円/m^2・年	公園・植栽等の維持・管理、警備・清掃費、電気代等
地下道※	10000円/m^2・年	設備保守、警備・清掃、光熱水費、プランター管理等

注）管理費はグレードの高い施設のもの（ただし地下道は施設本体の一般的な維持管理費のウェイトが高い）。なお、管理費に経費、占用料は含まない。

※デッキの場合は、3000〜4000円/m^2程度

延床面積当たりの公共施設管理費＝分担金

	年間管理費計	延床当たり
歩道	4000万円＝1ha×4000円/m^2	80円/m^2
公園	500万円＝0.5ha×1000円/m^2	10円/m^2
地下道	3000万円＝0.3ha×10000円/m^2	60円/m^2

⇒ 延床面積1m^2当たり1年間に計150円程度の分担金が生じる

〈比較データ〉

○ニューヨーク市のBID税額平均

延床面積当たり185円/m^2

- 1BID当たり延床面積平均 88ha
- 平均グロス容積率 774%

出所：ニューヨーク大学「Evidence from New York, 2007年5月」掲載の「The Impact of BID on Property Values」より

換算：2007年平均のレート＝115円/ドルで円換算

注）BID税額には、公共空間管理以外の活動に充てる費用や組織運営費も含まれる（3〜4割程度）

図35　モデル的なエリアマネジメント分担金のオーダー試算（大阪市都市計画局「第3回大阪版BID検討会資料」（2013年11月）より作成）

イギリスのBIDと財源

●イギリスのBID制度の特徴

イギリスのBIDは、官民連携による中心市街地再生手法として活用されたTCM（Town Centre Management）がベースにある。TCMの継続的な財源確保に向けた動きがBID制度導入のきっかけとなった。1997年にBID設立方法の調査が行われ、2001年に民間事業者と地方公共団体の合意のもと、ビジネスレイト（事業用不動産の使用者に課す固定資産税）に上乗せするかたちでBID賦課金を課す法律「地方行政法」（第4章部分）が創設された。その後、2002年～2005年にBIDのパイロット事業がTCMの全国組織ATCM（Association of Town Centre Management）のコーディネートにより行われ、2004年にBIDの詳細な規定を定めたBIDイングランド法が成立した。British BIDsがまとめたNational BID Survey 2018によると、イギリスには2018年7月時点で305（8年前の3倍）のBIDがある（図36参照）。

イギリスのBIDの特徴の1つは、BIDを設立するには対象地域の事業者による公式の投票手続きが必要なことである。投票者の過半数以上の賛成かつ課税見積額の過半数以上の賛成によりBIDが設立される。設立後は活動財源のBID賦課金（課税課税見積額の1%～2%）を事業者（商業テナントを含む）が支払う仕組

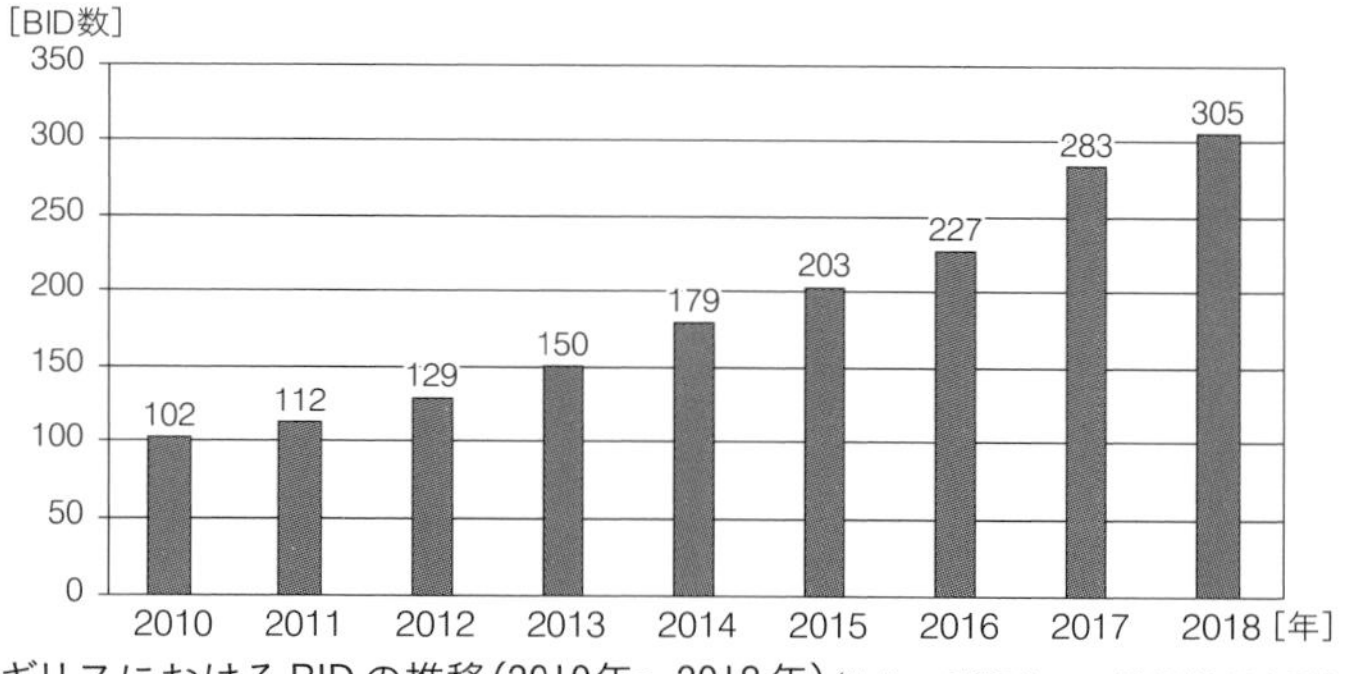

図36　イギリスにおけるBIDの推移(2010年～2018年)(National BID Survey 2018 (British BIDs)より作成)

みである。BID の活動期間は 1 期最大 5 年であり、更新には再投票が必要で、設立時と同様の条件が課される。そのため、BID の事業継続には、これまでの活動の実績を分かりやすく記した報告書を事業者向けに作成することが BID（団体）の重要な業務の 1 つとなる。投票者の過半数の賛成が得られなかった場合でも、再投票が可能で、過半の賛成が得られれば復活できる。

活動目的は、アメリカの BID が主に清掃、防犯を重視しているのに対し、イギリスの BID は、商業振興やまちの賑わい創出のイベントなど、賦課金を支払う事業者（小売店舗など）が利益を生む環境づくりに力点が置かれている。

●イギリス全体の BID 収入規模と財源構成

イギリスの 305 の BID 団体の総収入（2018 年）は、259.1 億円である。そのうち BID 賦課金の収入は 163.6 億円（構成比 63%）、BID 賦課金以外の収入は 95.5 億円（構成比 37%）である。安定的な財源としての BID 賦課金を元手に組織の強化と事業領域の拡大が進められ、それ以外の収入（BID 賦課金の 58% に相当）も少なからず生まれているのがイギリスの BID の特徴と言える。

BID 賦課金以外の収入には、直接付加収入（直接、BID 団体の財源になるもの）と間接収入（行政と民間が一緒に取り組む事業によるもので、直接、BID 団体の財源にならないもの）がある。直接付加収入には、公共事業やサービスへの対価としての業務受託料、特定のプロジェクトへの補助金、寄附金、公共空間を活用した広告事業収入、屋内外の空間の賃貸収入、イベント協賛金収入、防犯や建物管理に伴う備品等の共同発注による手数料などが含まれる。間接収入には、道路や川岸などの公共空間の改善や緑化など、行政と民間が一緒に取り組む官民連携型の事業が多い。

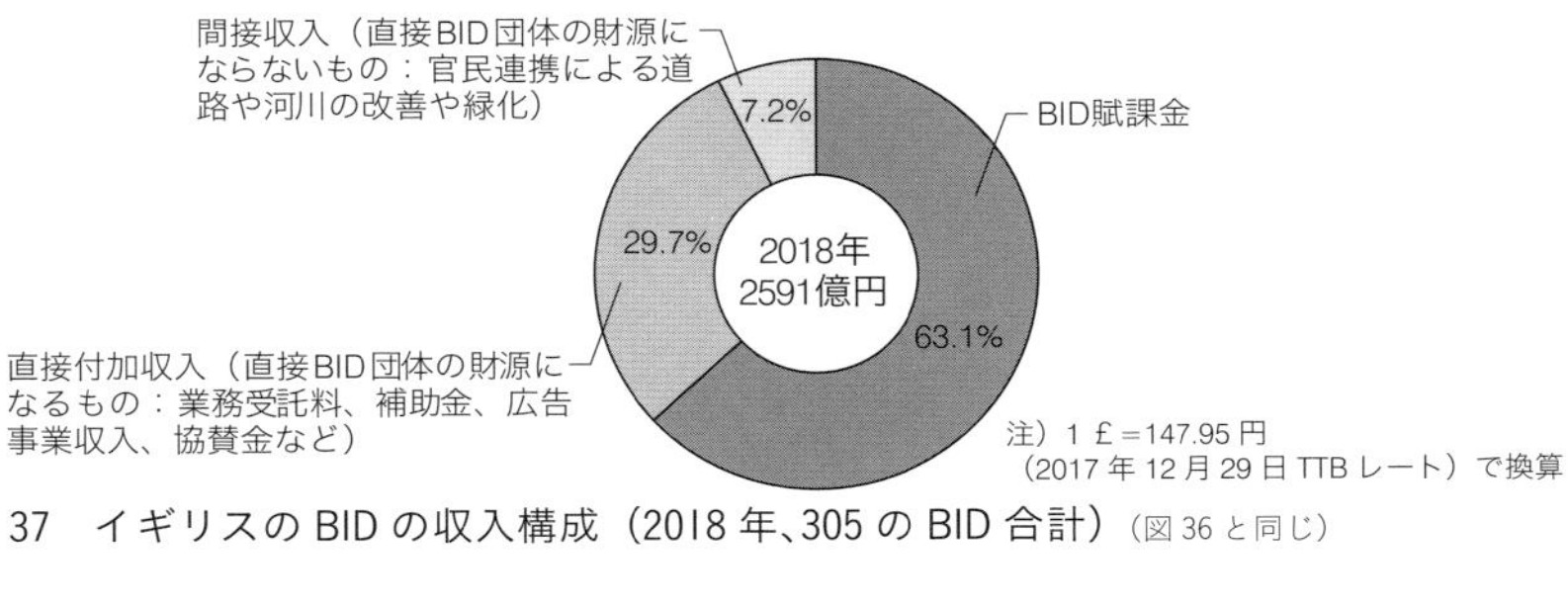

図 37　イギリスの BID の収入構成（2018 年、305 の BID 合計）（図 36 と同じ）

●ロンドンのBIDの財源

ロンドンの民間団体の2016年のレポート(The Evolution of London's Business Improvement Districts）によれば、ロンドンのBIDは、2005年から増え続け、2016年には50のBIDが稼働するに至っている。BID賦課金収入（2015年）は対2012年比71%も増え43.5億円（1ポンド＝174.78円換算）となっている。また、2014年のBIDエリア内の企業数、従業者数、売上高は、2年前に比べてそれぞれ89%、90%、394%も増えたと言う。

ロンドンの中心市街地には2015年時点で36のBIDが存在しており、うち年100万ポンド（1.75億円）以上のBID賦課金収入のあるBIDは、ウェストミンスター（Westminster）区の4つのBIDとカムデン（Camden）区のインミッドタウン（Inmidtown）とサザーク（Southwark）区のベターバンクサイド（Better Bankside）である。

とくにウェストミンスター（Westminster）区のニューウェストエンドカンパニー（New West End Company）はロンドンを代表する商業集積地を対象としており、BID賦課金（362万ポンド、6.3億円）だけでなく直接付加収入も他に抜きんでて大きいのが特徴である（図40)。

また、直接付加収入の内訳は、2015年調査で回答したBIDの多い順に、地方自治体（補助金等)、企業からの自発的な寄附金、不動産所有者からの寄附金、協賛金、その他、ロンドン交通局（補助金等)、警察（補助金等)、中央政府（補助金等）からの収入である（図41)。

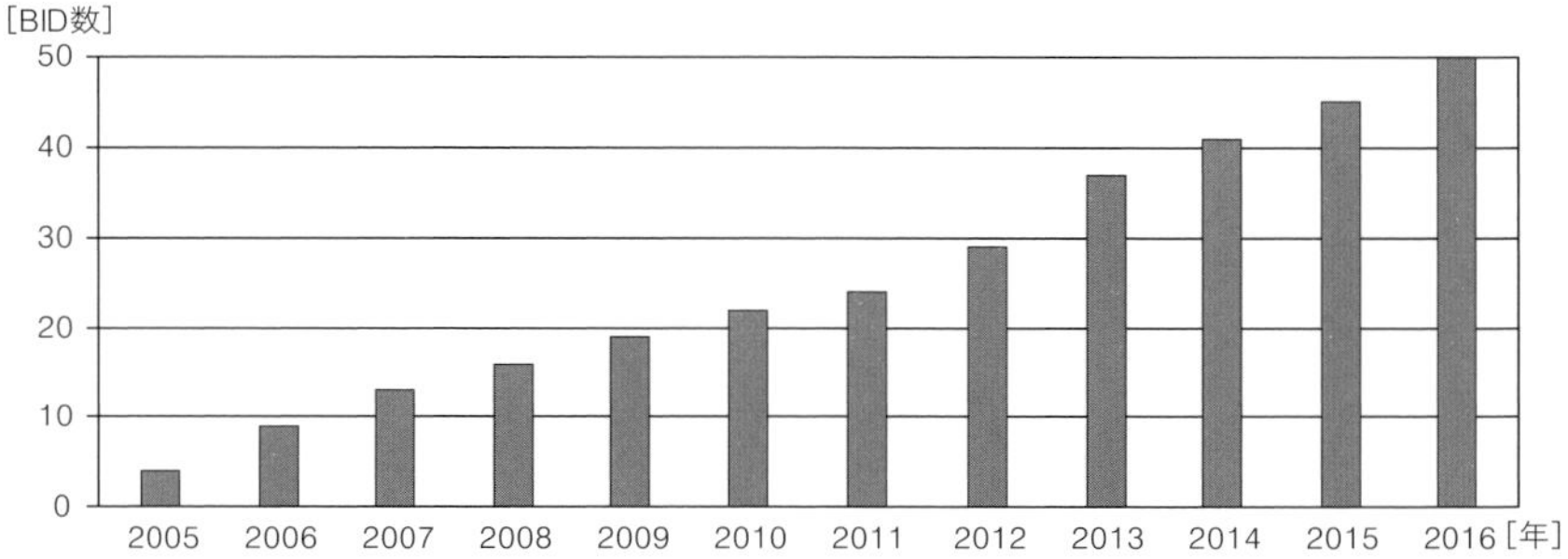

図38　ロンドンのBIDの推移 (Future of London & Rocket Science "The Evolution of London's Business Improvement Districts" (2016) より作成)

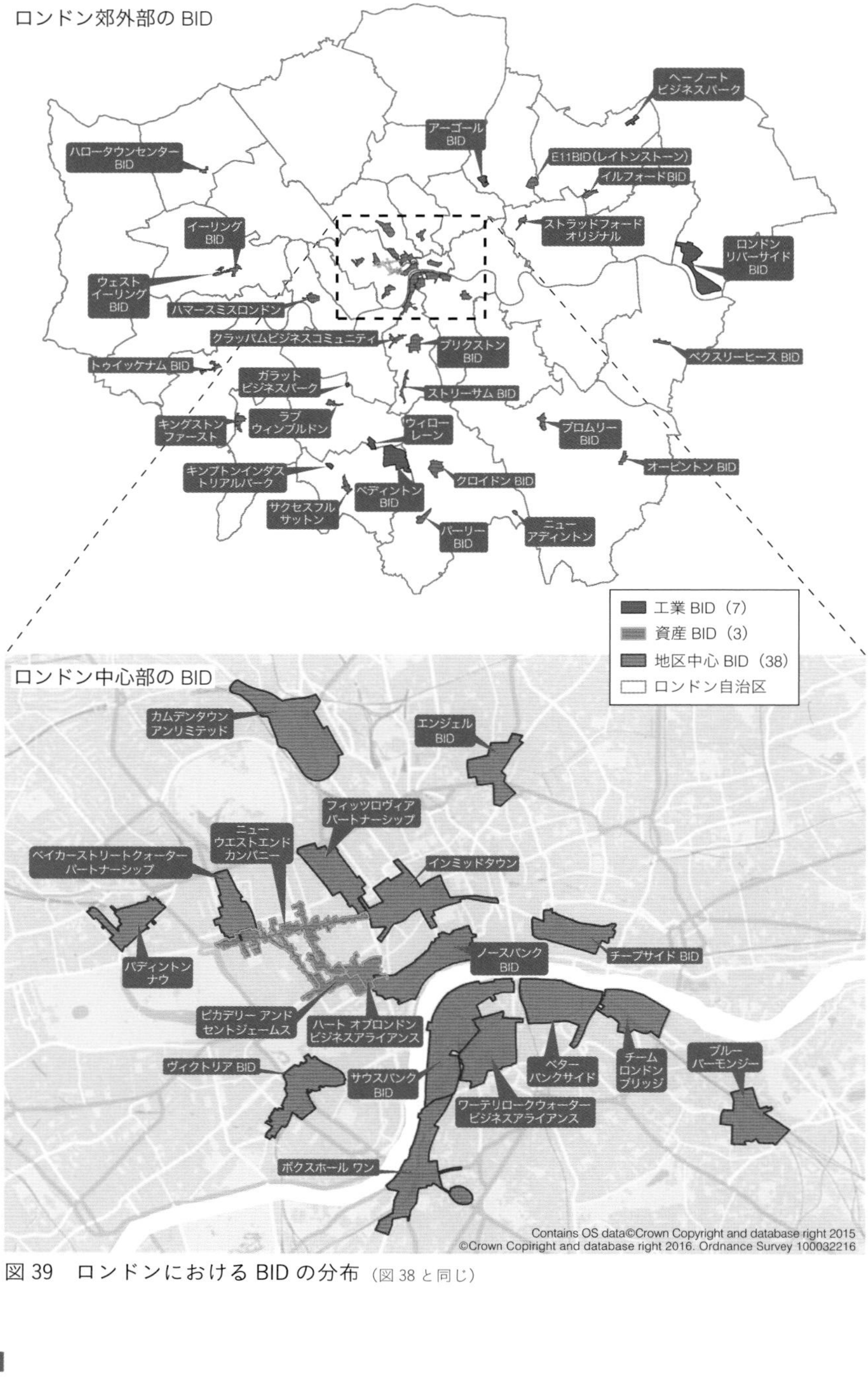

図 39　ロンドンにおける BID の分布（図 38 と同じ）

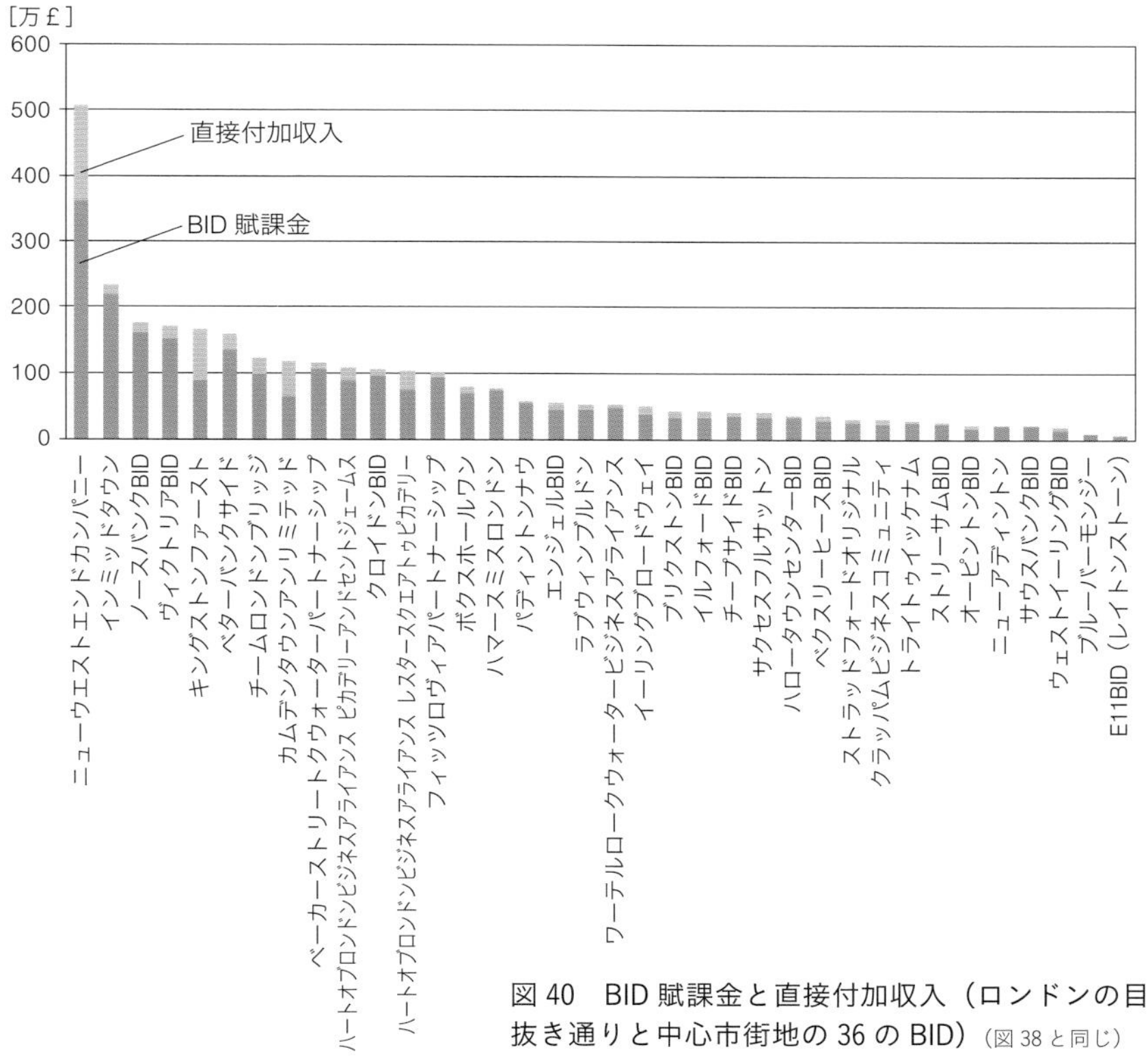

図 40　BID 賦課金と直接付加収入（ロンドンの目抜き通りと中心市街地の 36 の BID）（図 38 と同じ）

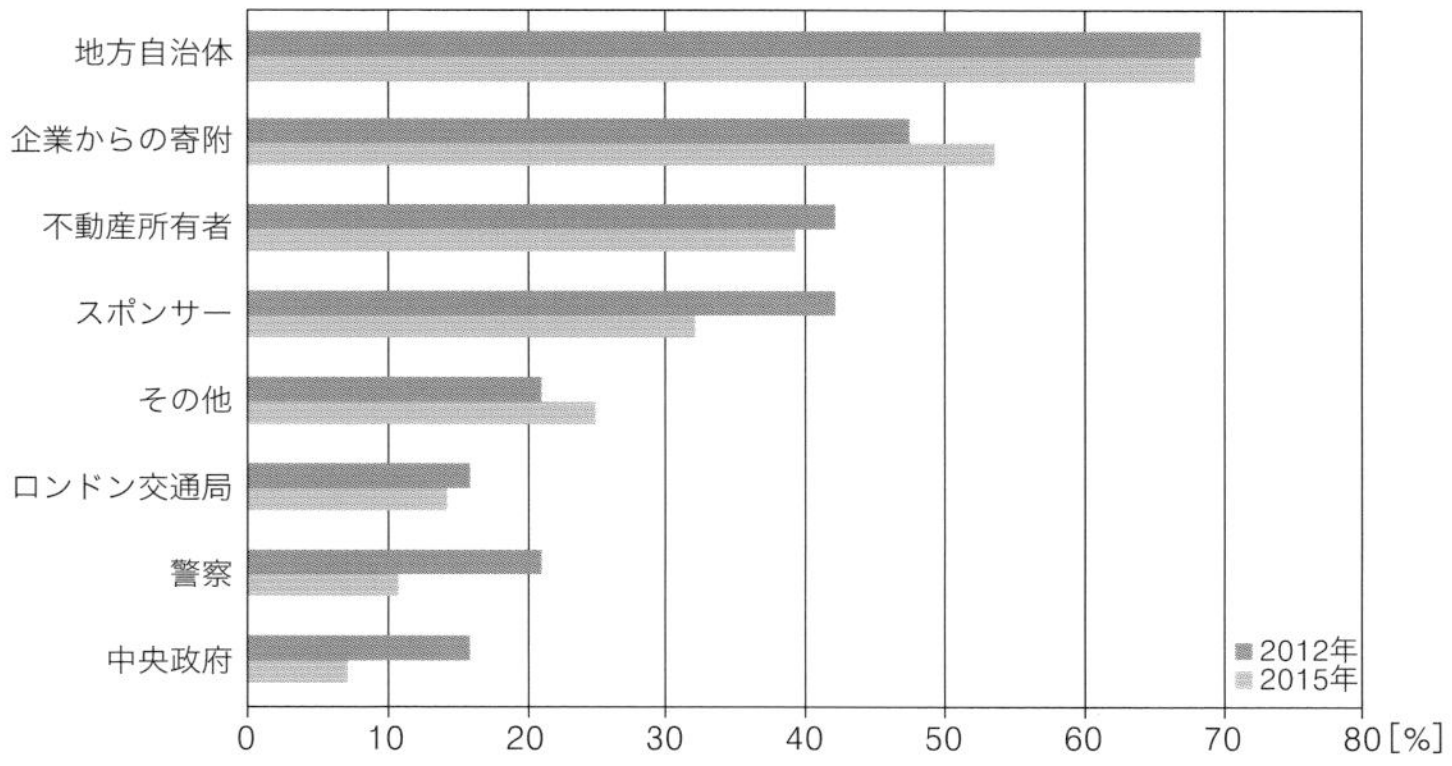

注）ロンドンの目向き通りと中心市街地の 36 の BID のうちアンケート調査に回答した 31 の BID による収入内訳の回答結果（複数回答）

図 41　直接付加収入の収入源（図 38 と同じ）

表 9　ロンドンの中心市街地 BID の賦課金（団体別）

BID 団体名	区名	設立年	BID 賦課金	
ニューウエストエンドカンパニー	ウェストミンスター	2005	362 万ポンド	6 億 3235 万円
インミッドタウン	カムデン	2005	220 万ポンド	3 億 8452 万円
ヴィクトリア BID	ウェストミンスター	2010	198 万ポンド	3 億 4655 万円
ノースバンク	ウェストミンスター	2013	160 万ポンド	2 億 7965 万円
ベターバンクサイド	サザーク	2005	127 万ポンド	2 億 2258 万円
ベーカーストリートクォーターパートナーシップ	ウェストミンスター	2013	105 万ポンド	1 億 8352 万円
チームロンドンブリッジ	サザーク	2005	97 万ポンド	1 億 7004 万円
クロイドン BID	クロイドン	2007	96 万ポンド	1 億 6799 万円
フィッツロヴィアパートナーシップ	カムデン	2012	93 万ポンド	1 億 6167 万円
ハートオブロンドンビジネスアライアンスピカデリー＆セントジェームス	ウェストミンスター	2012	89 万ポンド	1 億 5590 万円
キングストンファースト	キングストン	2005	88 万ポンド	1 億 5425 万円
ハートオブロンドンビジネスアライアンスレスタースクエアトゥピカデリー	ウェストミンスター	2005	74 万ポンド	1 億 2934 万円
ハマースミスロンドン	ハマースミス＆フルハム	2006	73 万ポンド	1 億 2742 万円
ヴォクスホールワン	ランベス	2012	69 万ポンド	1 億 2052 万円
カムデンタウンアンリミテッド	カムデン	2006	67 万ポンド	1 億 1710 万円
パディントンナウ	ウェストミンスター	2005	54 万ポンド	9371 万円
サウスバンク BID	ランベス	2014	49 万ポンド	8527 万円
ウィーアーワーテルロー	ランベス/サウスワーク	2011	47 万ポンド	8278 万円
ラブウィンブルドン	マートン	2012	44 万ポンド	7665 万円
エンジェル BID	イズリントン	2007	43 万ポンド	7516 万円
イーリングブロードウェイ	イーリング	2011	41 万ポンド	7079 万円
チープサイド	シティ オブ ロンドン	2015	35 万ポンド	6128 万円
ブリクストン BID	ランベス	2013	34 万ポンド	5855 万円
イルフォード BID	レッドブリッジ	2009	33 万ポンド	5733 万円
サクセスフルサットン	サットン	2012	33 万ポンド	5680 万円
ハロータウンセンター	ハロー	2013	31 万ポンド	5417 万円
ベクスリーヒース BID	ベクスリー	2011	27 万ポンド	4719 万円
トライトゥイッケナム	リッチモンド	2013	26 万ポンド	4544 万円
ストラッドフォードルネッサンスパートナーシップ	ニューハム	2015	23 万ポンド	4055 万円
ストリーサム BID	ランベス	2013	23 万ポンド	4020 万円
クラッパムビジネスコミュニティ	ランベス	2014	22 万ポンド	3845 万円
オーピントン BID	ブロムリー	2013	21 万ポンド	3684 万円
ウェストイーリング	イーリング	2014	14 万ポンド	2507 万円
ブルーバーマンジー	サザーク	2014	10 万ポンド	1783 万円
E11BID（レイトンストーン）	ウォルサムフォレスト	2007	7 万ポンド	1171 万円
ニューアディントン	クロイドン	2013	2 万ポンド	350 万円
		36 地区計	2536 万ポンド	44 億 3265 万円

注）ロンドンの中心市街地で 2015 年 10 月現在稼働中の BID。BID 賦課金（円）は 1 ポンド＝174.78 円（2015 年 12 月 30 日 TTB レート）で換算（図 38 と同じ）

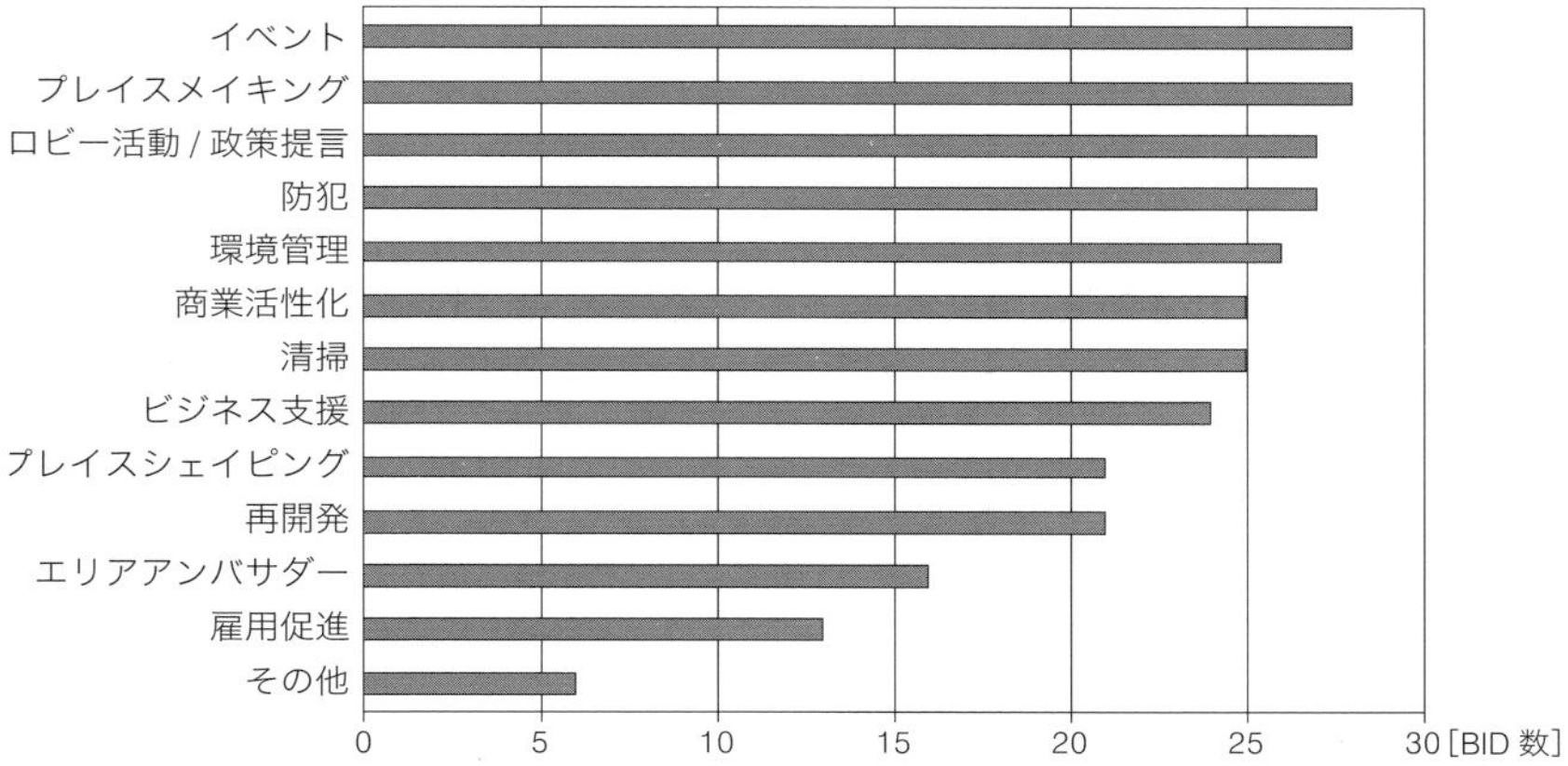

注）ロンドンの中心市街地で 2015 年 10 月現在稼働中の 36 の BID を対象に調査（複数回答）

図 42　ロンドンの BID 活動（図 38 と同じ）

●ロビー活動が盛んなロンドンの BID

ロンドンでは事業者から徴収する BID 賦課金を使ってどのような活動をしているのか。図 42 は、調査対象の 36 の BID が行う活動を多い順に並べたものである。ロンドンの BID は、日本のエリマネ団体もよく行っているイベントやまちのブランド戦略や防犯に加え、ロビー活動（私的な政治活動）や政策提言、環境マネジメントも多く行われているのが特徴である。ロンドンにおいてロビー活動が活発に行われているのは、先述のように、BID 活動の継続可否が投票を通じて問われるという制約のもと、ビジョンや計画等を作成し事業者から賛同を得る活動や、自治体等から経済的な支援や人的な支援を受けるための活動を重視しているためと考えられる。

カムデン（Camden）区の BID の 1 つであるカムデン・タウン・アンリミテッド（Camden Town Unlimited）の代表を務めるサイモン・ピッキースリ（Simon Pitkeathley）氏によれば、BID の人材には、上記の活動を行い効果を上げる、政治活動等の経験者を求めていると言う。同氏は、BID の継続可否の投票時に事業者が重視していることは、BID 団体が KPI（Key Performance Indicator: 重要業績評価指標）を達成できたかどうかではなく、地元の問題を解決してくれたかどうかという点にあるため、BID は政治に尽きるとも言っている。

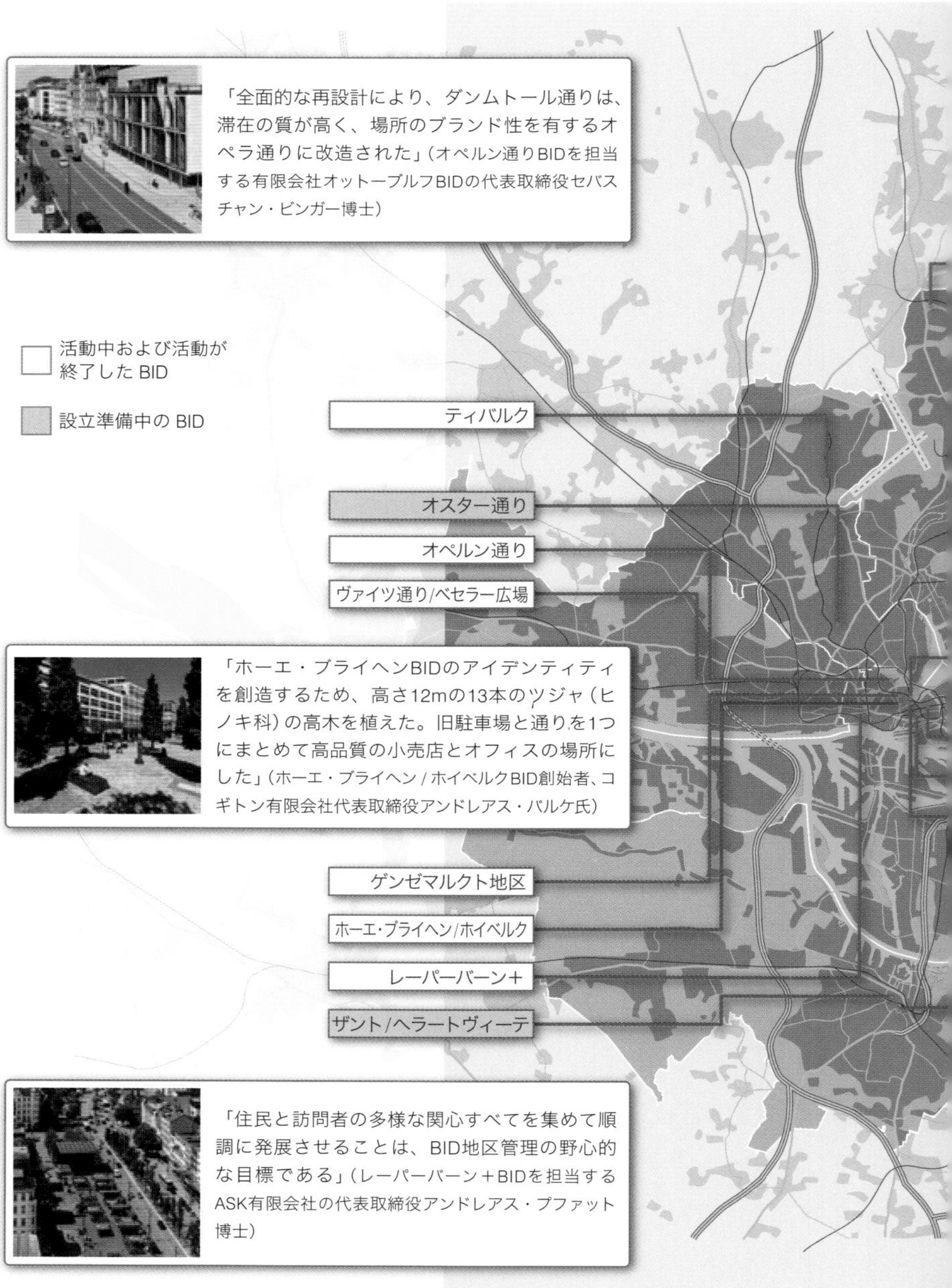
「全面的な再設計により、ダンムトール通りは、滞在の質が高く、場所のブランド性を有するオペラ通りに改造された」(オペルン通りBIDを担当する有限会社オットーブルフBIDの代表取締役セバスチャン・ビンガー博士)
活動中および活動が終了したBID
設立準備中のBID
ティバルク
オスター通り
オペルン通り
ヴァイツ通り/ベセラー広場
「ホーエ・ブライヘンBIDのアイデンティティを創造するため、高さ12mの13本のツジャ(ヒノキ科)の高木を植えた。旧駐車場と通りを1つにまとめて高品質の小売店とオフィスの場所にした」(ホーエ・ブライヘン/ホイベルクBID創始者、コギトン有限会社代表取締役アンドレアス・バルケ氏)
ゲンゼマルクト地区
ホーエ・ブライヘン/ホイベルク
レーパーバーン+
ザント/ヘラートヴィーテ
「住民と訪問者の多様な関心すべてを集めて順調に発展させることは、BID地区管理の野心的な目標である」(レーパーバーン+BIDを担当するASK有限会社の代表取締役アンドレアス・プファット博士)

Photos: Otto Wulff GmbH, BID Passagenviertel, Ulrich Perrey; graphics: Michael Holfelder

図43　ハンブルク市におけるBIDの概要 (Handelskammer Hamburg; Freie und Hansestadt Hamburg, Behorde fur Stadtentwicklung und Wohnen, Amt fur Landesplanung und Stadtentwicklung, "10 Jahre Business Improvemnet Districts in Hamburg" より作成)

「新しい大通りによってヴァンツベクは再びハンブルクの商業地の第一等リーグに戻った」
（ヴァンツベク・マルクトBIDの創始者であり、登録社団法人シティ・バンズベックのホルガー・ゲネコウ議長）

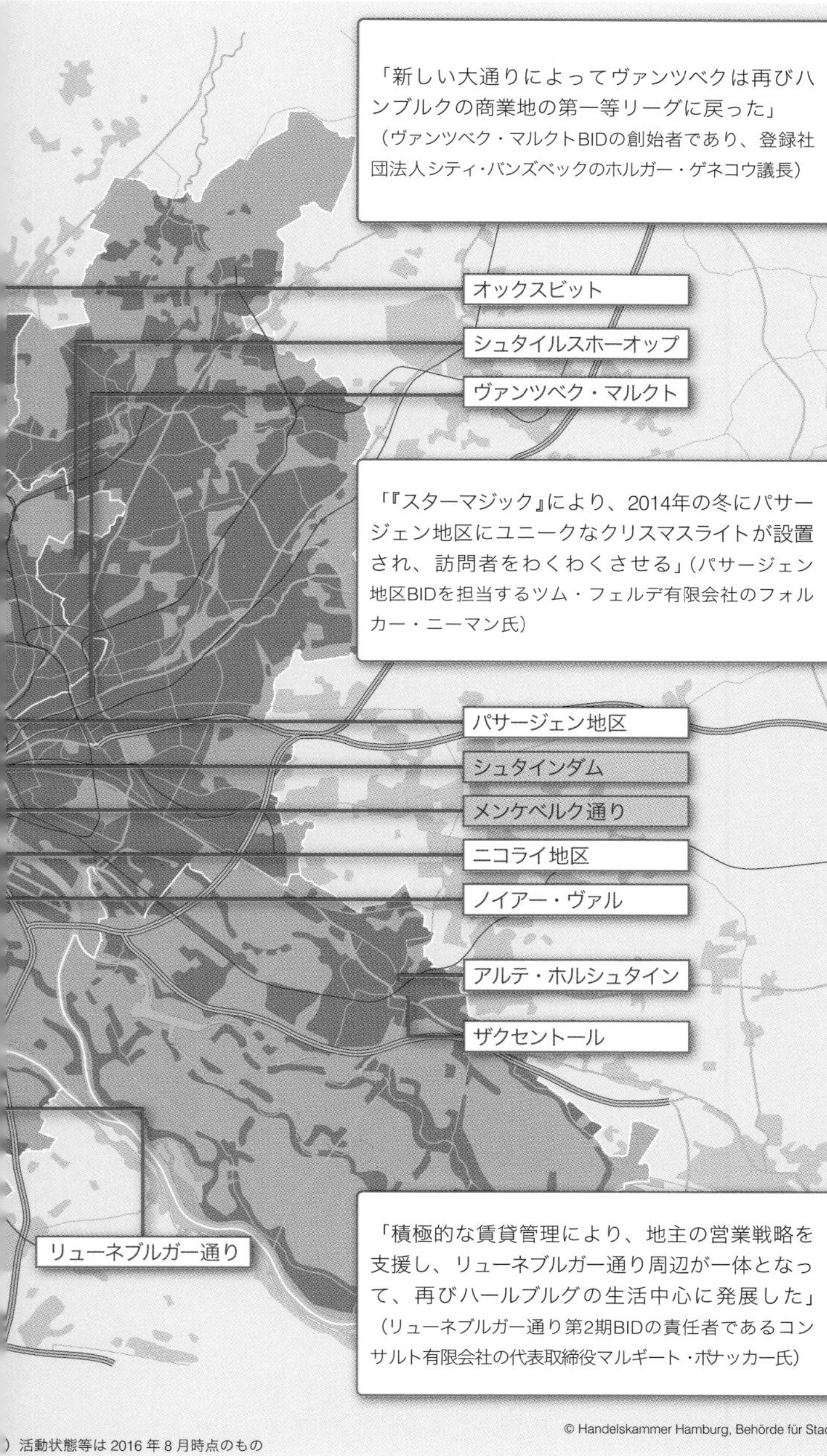

「『スターマジック』により、2014年の冬にパサージェン地区にユニークなクリスマスライトが設置され、訪問者をわくわくさせる」（パサージェン地区BIDを担当するツム・フェルデ有限会社のフォルカー・ニーマン氏）

「積極的な賃貸管理により、地主の営業戦略を支援し、リューネブルガー通り周辺が一体となって、再びハールブルグの生活中心に発展した」
（リューネブルガー通り第2期BIDの責任者であるコンサルト有限会社の代表取締役マルギート・ボサッカー氏）

）活動状態等は 2016 年 8 月時点のもの

ドイツのBIDと財源

ドイツのBIDは、2001年からハンブルク市で制度化の議論が行われ、公共空間の再整備と商業振興を目的として取り組まれたパイロットプロジェクトをへて、イギリスと同じ2004年に制度化された。

もともとは、ハンブルク市の内アルスター湖の沿岸部の地区で、地元の資産家等の寄附を受け、州の事業として湖岸や歩道の整備等が行われたのが始まりである。この整備がまちに賑わいをもたらし、市民や来街者の評判が良かったため、同様の整備を行おうという周辺地区の声に、アメリカのBIDの成功や中心市街地の魅力低下への対策の必要性が重なり、制定化されたと言う。

2007年に連邦法の建設法典にBID条項が加えられ、州法に基づくBIDが制度化された。現在ドイツでは30弱のBIDが存在し、多くはハンブルク市にある。

ハンブルク市の制度の特徴は、BID賦課金の負担者が不動産所有者であり、不動産所有者の15%の賛成があればBIDの設立が可能であること、不動産所有者が実際に事業を行う受託管理者（タスクマネージャー）を選定し、選定された受託管理者は賦課金交付団体の行政（ハンブルク州政府・行政区役所）と管理運営契約を締結すること、賦課金は不動産評価額の最大10%まで徴収できること（期間5年の賦課率は2%の場合が多い）、1期最大5年の期間が設けられていることが挙げられる。

ハンブルク市のBIDの予算規模は、2005年から2016年の11年間で拡大し、2016年時点では547万ユーロ（6億6296万円、1ユーロ＝121.20円で換算）となっている。ハンブルク市のウェブサイトには各BIDの予算（BID賦課金計）が掲載されている。ハンブルク市で予算規模がもっとも大きなメンケベルク通りは、2017年から2022年までの5年間予算が1030万ユーロ（12億2601万円、1ユーロ＝118.99円で換算）、年間換算で206万ユーロ（2億4520万円）である。なお、BIDの設置の準備段階では、BIDの専門家を雇い入れており、そのための資金を自発的に集めている不動産所有者もあると言う。

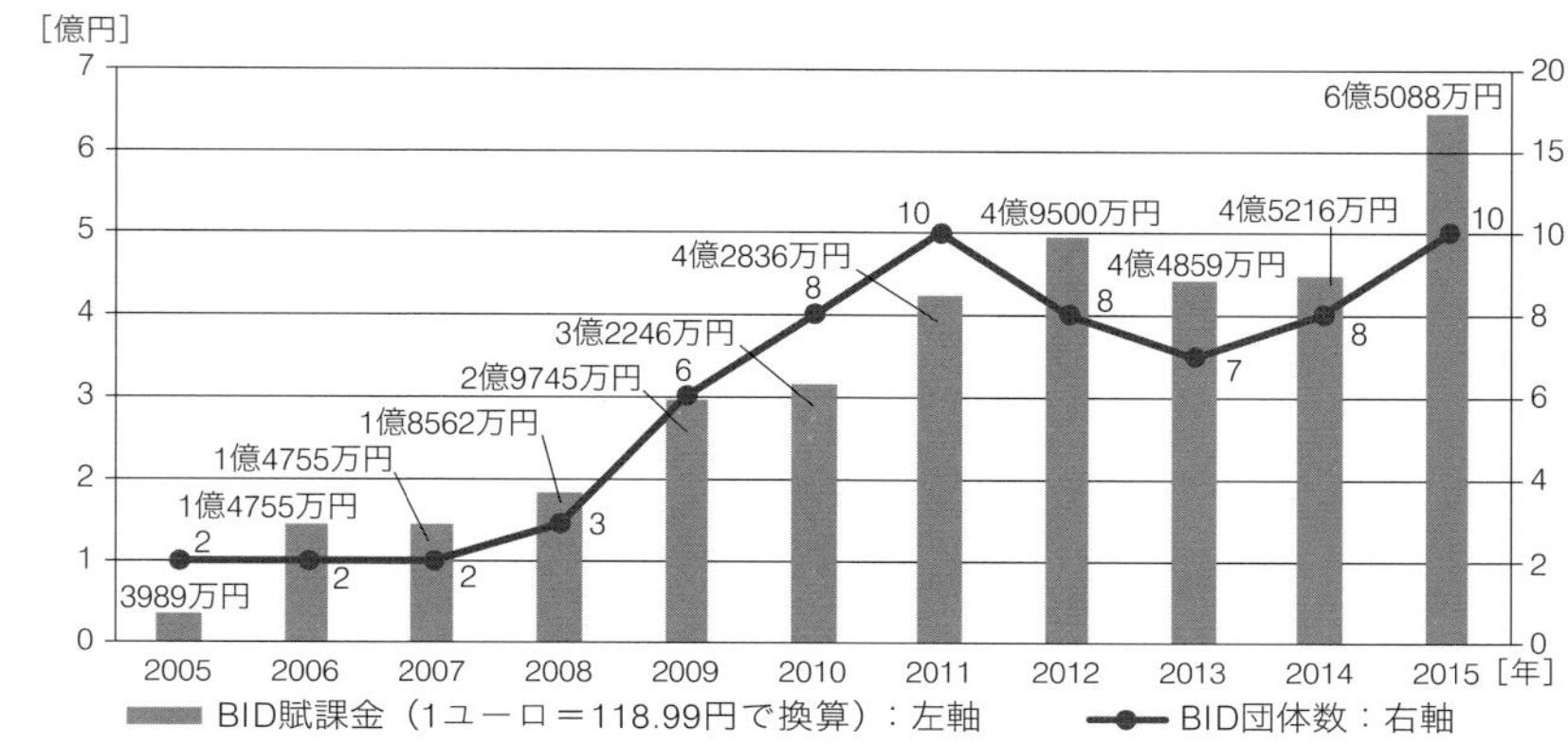

図 44　ハンブルク市の BID の団体数と賦課金（予算）の推移（図 43 と同じ）

表 10　ハンブルク BID の賦課金等（団体別）

BID 団体名	期間			区名	BID 賦課金（予算）	
ノイアー・ヴァル	1期	2005-2010	5年	ハンブルクミッテ	600 万ユーロ	7 億 1346 万円
	2期	2010-2015	5年		318 万ユーロ	3 億 7888 万円
	3期	2015-2020	5年		402 万ユーロ	4 億 7825 万円
ホーエ・ブライヘン / ホイベルク	1期	2009-2014	5年	ハンブルクミッテ	199 万ユーロ	2 億 3637 万円
	2期	2015-2020	5年		91 万ユーロ	1 億 807 万円
パサージェン地区	1期	2011-2016	5年	ハンブルクミッテ	506 万ユーロ	6 億 173 万円
	2期	2016-2021	5年		340 万ユーロ	4 億 498 万円
オペルン通り	1期	2011-2014	3年	ハンブルクミッテ	218 万ユーロ	2 億 5880 万円
	2期	2014-2017	3年		69 万ユーロ	8212 万円
ダムトール通りーオペルン通り	1期	2018-2021	3年	ハンブルクミッテ	67 万ユーロ	8004 万円
ニコライ地区	1期	2014-2019	5年	ハンブルクミッテ	932 万ユーロ	11 億 899 万円
ゲンゼマルクト地区	1期	2015-2019	4年	ハンブルクミッテ	412 万ユーロ	4 億 50 万円
メンケベルク通り	1期	2017-2022	5年	ハンブルクミッテ	1030 万ユーロ	12 億 2601 万円
レーパーバーン＋	1期	2014-2019	5年	ハンブルクミッテ	191 万ユーロ	2 億 2721 万円
オックスビッド	1期	2010-2013	3年	ハンブルクノルト	17 万ユーロ	2054 万円
ヴァンツベク・マルクト	1期	2008-2013	5年	ヴァンツベク	399 万ユーロ	4 億 7477 万円
ヴァイツ通り / ベセラー広場	1期	2015-2018	3年	アルトナ	65 万ユーロ	7711 万円
ザクセントール	1期	2005-2008	3年	ベルゲドルフ	15 万ユーロ	1785 万円
	2期	2009-2014	5年		60 万ユーロ	7139 万円
	3期	2016-2019	3年		43 万ユーロ	5156 万円
アルテ・ホルシュタイン	1期	2009-2012	3年	ベルゲドルフ	33 万ユーロ	3962 万円
	2期	2014-2019	5年		67 万ユーロ	7949 万円
ティバルク	1期	2010-2015	5年	アイムスビュッテル	171 万ユーロ	2 億 295 万円
	2期	2016-2021	5年		120 万ユーロ	1 億 4257 万円
リューネブルガー通り	1期	2009-2012	3年	ハールブルク	55 万ユーロ	6525 万円
	2期	2013-2016	3年		68 万ユーロ	8074 万円
ザント / ヘラートヴィーテ	1期	2016-2019	3年	ハールブルク	85 万ユーロ	1 億 63 万円

（ハンブルク市ホームページ（https://www.hamburg.de/bid/ 2019 年 8 月 9 日閲覧）より作成）

1-4

エリアマネジメント活動への課税の仕組みと課題

エリマネ団体への課税は、その組織形態と活動内容によって異なってくる。全体としては公益的な活動を行っていても、一般的には収益が上がるとその部分に着目して法人税課税がなされるので、多くのエリマネ団体が課題意識を持っている。認定NPO法人の制度改正により多少改善されたので、当面はその活用に期待する。

組織形態と財源・課税

エリマネ団体はさまざまな組織形態をとっている。活動財源もさまざまであり、行政からの補助金・交付金や会員からの会費・協賛金等以外に広告収入やオープンカフェによる収入をはじめ自助努力で収益を上げて財源拡大の努力をしている。

自ら努力をして稼いだお金を全体の活動経費に充てているが、全体収支はトントンか赤字ですらある。しかし、法人税法上は次のような仕組みで、法人の類型ごとに課税ルールがあり、公益的な活動を行っている団体であっても一定の場合には税が課される。

●法人税の課税ルール

法人税の課税のルールとしては、まず原則として、法人税法上「内国法人は、法人税を納める義務がある」とされている。内国法人とは、「公共法人、公益法人等、人格のない社団等、協同組合等、普通法人」である。ただし、公益法人等または人格のない社団等については収益事業を行う場合に限り法人税を納める義務があるものとされている（法人税法第4条）。すなわち、公益法人等や人格のない社団等であっても収益事業は課税対象となるのである。

「公益法人等」とは、財務省が作成した表11の「一般社団法人、一般財団法人」以外の法人である。一般社団法人・一般財団法人であっても「非営利型」

表11　法人と課税ルール

	公益社団法人 公益財団法人	学校法人 更生保護法人 社会福祉法人	宗教法人 独立行政法人 日本赤十字社 等	認定NPO法人 特例認定NPO法人	非営利型の 一般社団法人 一般財団法人(注1) NPO法人	一般社団法人 一般財団法人
根拠法	公益社団法人及び公益財団法人の認定等に関する法律	私立学校法 更生保護事業法 社会福祉法	宗教法人法 独立行政法人通則法 日本赤十字社法 等	特定非営利活動促進法	一般社団法人及び一般財団法人に関する法律 （法人税法） 特定非営利活動促進法	一般社団法人及び一般財団法人に関する法律
課税対象	収益事業から生じた所得にのみ課税 ただし、公益目的事業に該当するものは非課税	収益事業から生じた所得にのみ課税	収益事業から生じた所得にのみ課税	収益事業から生じた所得にのみ課税	収益事業から生じた所得にのみ課税	すべての所得に対して課税
みなし寄附金(注2) ※損金参入限度額	あり ※次のいずれか多い金額 ①所得金額の50% ②みなし寄附金のうち公益目的事業の実施に必要な金額	あり ※次のいずれか多い金額 ①所得金額の50% ②年200万円	あり ※所得金額の20%	あり （特例認定NPO法人は適用なし） ※次のいずれか多い金額 ①所得金額の50% ②年200万円	なし	なし
法人税率 （所得年800万円までの税率）(注3)	23.2% （15%）	19% （15%）	19% （15%）	23.2% （15%）	23.2% （15%）	23.2% （15%）
寄附者に対する優遇(注4)	あり	あり	あり （宗教法人等を除く）	あり	—	—

注1）非営利型の一般社団法人・一般財団法人：①非営利性が徹底された法人、②共益的活動を目的とする法人

注2）収益事業に属する資産のうちから収益事業以外の事業（公益社団法人及び公益財団法人にあっては「公益目的事業」、認定NPO法人にあっては「特定非営利活動事業」）のために支出した金額について寄附金の額とみなして、寄附金の損金算入限度額の範囲内で損金算入

注3）2012年4月1日から2021年3月31日までの間に開始する各事業年度に適用される税率

注4）特定公益増進法人に対する寄附金については、一般寄附金の損金算入限度額とは別に、特別損金算入限度額まで損金算入

一般寄附金の損金算入限度額：（資本金等の額の0.25%＋所得金額の2.5%）× 1/4

特別損金算入限度額：（資本金等の額の0.375%＋所得金額の6.25%）× 1/2

（財務省ホームページより作成）

であれば該当する。

●非営利型法人と収益事業

・**「非営利型」法人**とは、一般社団法人・一般財団法人のうち、次の①または②に該当するもの（それぞれの要件のすべてに該当する必要がある。）である（法人税法施行令第3条）。

① 非営利性が徹底された法人

1 剰余金の分配を行わないことを定款に定めていること。

2 解散したときは、残余財産を国・地方公共団体や一定の公益的な団体に贈与することを定款に定めていること。

3 上記1および2の定款の定めに違反する行為（上記1、2および下記4の要件に該当していた期間において、特定の個人または団体に特別の利益を与えることを含む。）を行うことを決定し、または行ったことがないこと。

4 各理事について、理事とその理事の親族等である理事の合計数が、理事の総数の3分の1以下であること。

② 共益的活動を目的とする法人

1 会員に共通する利益を図る活動を行うことを目的としていること。

2 定款等に会費の定めがあること。

3 主たる事業として収益事業を行っていないこと。

4 定款に特定の個人または団体に剰余金の分配を行うことを定めていないこと。

5 解散したときにその残余財産を特定の個人または団体に帰属させることを定款に定めていないこと。

6 上記1から5までおよび下記7の要件に該当していた期間において、特定の個人または団体に特別の利益を与えることを決定し、または与えたことがないこと。

7 各理事について、理事とその理事の親族等である理事の合計数が、理事の総数の3分の1以下であること。

・**「収益事業」**とは、法人税法施行令第5条に定められている次の34の事業で、継続して事業場を設けて行われるものである。

1 物品販売業 2 不動産販売業 3 金銭貸付業 4 物品貸付業 5 不動産貸付業 6 製造業 7 通信業 8 運送業 9 倉庫業 10 請負業 11 印刷業 12 出版業 13 写真業 14 席貸業 15 旅館業 16 料理店業その他の飲食店業 17 周旋業 18 代理業 19 仲立業 20 問屋業 21 鉱業 22 土石採取業 23 浴場業 24 理容業 25 美容業 26 興行業 27 遊技所業 28 遊覧所業 29 医療保健業 30 技芸教授業 31 駐車場業 32 信用保証業 33 無体財産権の提供等を行う事業 34 労働者派遣業

●組織形態の選択

エリマネ団体の通常の組織形態は、協議会等の「人格のない社団等」、社団法人、財団法人、特定非営利活動法人（NPO 法人）、株式会社などである。すなわち、エリマネ団体が株式会社や非営利型でない一般社団法人・一般財団法人の組織形態をとると、これらは普通法人に該当し、すべての所得に対して法人税が課税される。公益社団法人・公益財団法人・非営利型の一般社団法人・非営利型の一般財団法人・特定非営利活動法人・人格のない社団等のいずれかの組織形態をとると、収益事業から生じた所得のみに課税されることとなる。

いずれにしても現行の税制の下では、後述する「みなし寄附金」制度が適用されない限り、公益法人等や人格のない社団等の組織形態をとったとしても、収益事業を行うと組織全体としては経営が苦しくても収益事業の部分のみに着目して課税される仕組みになっている。

一方、株式会社や非営利型でない一般社団法人等の普通法人の組織形態をとり、年度ごとの法人全体の損益バランスをとることで税額を抑制するという方法もある。

みなし寄附金制度

「みなし寄附金制度」は、同一法人の内部で収益事業から公益目的事業（非収益事業）へ資金等を移動し、公益目的事業の資金不足を補う際に、収益事業の法人税の課税上、一定の特例を与えるものである。自ら稼いだお金を公益的な活動経費に充てられる仕組みだ。

後述する寄附金の優遇措置は寄附者に対する優遇措置だが、これは法人内部の課税計算上の特例である。

すなわち、法人税法上の収益事業に属する資産のうちから収益事業以外の事業で自らが行う公益目的事業のために支出した金額について、その収益事業に係る「寄附金」の額とみなして、一定額を損金算入することができるというものである（法人税法第37条第5項）。

この制度の対象は「公益法人等」のなかでもきわめて限定された法人となっている。エリマネ団体の組織形態を想定した場合、公益社団法人・公益財団法人・認定特定非営利活動法人（認定NPO法人）に限られる。非営利型の一般社団法人・財団法人は対象外で、特定非営利活動法人も認定をとらない限り対象外である。

公益社団法人・財団法人の場合、損金算入できるのは、収益事業の所得金額の50%またはみなし寄附金額のうち公益目的事業の実施のために必要な金額のいずれか多い金額、認定NPO法人の場合は、収益事業の所得金額の50%または200万円のいずれか多い金額を上限とされている。

寄附金の優遇措置

エリマネ団体の財源として個人や法人からの寄附金は重要である。団体の組織形態が株式会社等の普通法人の場合は、寄附金も収入とされ全体で法人税の課税対象となる。組織形態が公益法人等や人格のない社団等の場合は寄附金による収入は収益事業に充てられない限り法人税の課税対象とされない。

寄附金をできるだけ多く集めて団体の財源を充実したい。そのために寄附をする側に所得控除、税額控除、損金算入といった税制上の恩典を与える特例が用意されている。ただ、この特例を使えるのは限られた組織形態の団体である。

個人が寄附をする場合、相手の団体が公益社団法人・公益財団法人・認定 NPO 法人であれば、一定の所得控除または税額控除を選択することができる（寄附金額は所得金額の 40％相当額が限度）。税額控除で見ると所得税、住民税合わせて寄附額の最大 50％の控除が受けられることとなる。

所得控除：（その年中に支出した寄附金の額の合計額）－（2000 円）
＝（寄附金控除額）

税額控除：（その年中に支出した寄附金の額の合計額－ 2000 円）×40％
＝（寄附金特別控除額）

（特別控除は所得税額の 25％相当額が限度）

法人が寄附をする場合、財務省が作成した表 12 のように相手の団体が公益社

表 12　法人税に係る寄附税制の概要

	国・地方公共団体	指定寄附金	特定公益増進法人	認定特定非営利活動法人等	一般寄附金
寄附金の区分	に対する寄附金 〈例〉 ・公立高校 ・公立図書館 など	（公益を目的とする事業を行う法人等に対する寄附金で公益の増進に寄与し緊急を要する特定の事業に充てられるもの） 〈例〉 ・国宝の修復 ・オリンピックの開催 ・赤い羽根の募金 ・私立学校の教育研究等 ・国立大学法人の教育研究等 など	に対する寄附金で法人の主たる目的である業務に関連するもの 【特定公益増進法人】 ○独立行政法人 ○一定の地方独立行政法人 ○日本赤十字社など ○公益社団・財団法人 ○学校法人等 ○社会福祉法人 ○更生保護法人	に対する寄附金で特定非営利活動に係る事業に関連するもの	
寄附をした者の取扱い	全額損金算入（注1）	全額損金算入	以下を限度として損金算入 （資本金等の額の 0.375％＋所得金額の 6.25％）×1/2（注2）		以下を限度として損金算入 （資本金等の額の 0.25％＋所得金額の2.5％）×1/4

注 1）非認定地方公共団体のまち・ひと・しごと創生寄附活用事業に関連する寄附金については、全額損金算入に加えて、（寄附金× 20％－住民税からの控除額）と寄附金× 10％とのうちいずれか少ない金額の税額控除（法人税額の 5％を限度）ができる。

注 2）特定公益増進法人及び認定特定非営利活動法人等に対して法人が支出した寄附金のうち損金算入されなかった部分については、一般寄附金とあわせて（資本金等の額の 0.25％＋所得金額の 2.5％）× 1/4 を限度として損金算入される。

（表 11 と同じ）

団法人・公益財団法人・認定特定非営利活動法人であれば通常よりも大幅な損金算入が認められる。

エリマネ団体の財源として寄附制度を活用する場合、税制の特例を受けられる組織形態がきわめて限られているという環境にあるが、それでもNPO法人への寄附を一層促すべく2011年の特定非営利活動促進法の改正等により認定NPO法人の要件が緩和され、認定NPO法人を税額控除の対象にする等の措置がとられたことは大きな前進である。当面、認定NPO法人の選択も有効な選択肢であろう。

認定NPO法人への税制上の優遇措置

認定特定非営利活動法人制度（認定NPO法人制度）は、特定非営利活動法人（NPO法人）への寄附を促すことにより、NPO法人の活動を支援するために税制上の優遇措置として設けられた制度である。まず、NPO法人を設立するためには、所轄庁（都道府県知事または指定都市の長）から設立の「認証」を受けることが必要であり、その後「認定」を受けることとなる。

認定NPO法人制度は、当初は国税庁長官が認定を行うものであったが、2011年法改正により2012年4月1日から所轄庁が認定を行う新たな認定制度とされた。また同時に、スタートアップ支援のため、設立後5年以内のNPO法人を対象とする、仮認定NPO法人制度も導入され、2016年法改正により、仮認定NPO法人は特例認定NPO法人という名称に改められた。

認定NPO法人等になるための基準は次のとおり。

1. パブリック・サポート・テスト（PST）に適合すること（特例認定は除く）
2. 事業活動において、共益的な活動の占める割合が、50％未満であること
3. 運営組織および経理が適切であること
4. 事業活動の内容が適切であること
5. 情報公開を適切に行っていること

6. 事業報告書等を所轄庁に提出していること

7. 法令違反、不正の行為、公益に反する事実がないこと

8. 設立の日から1年を超える期間が経過していること

上記の基準を満たしていても、一定の欠格事由に該当するNPO法人は認定・特例認定を受けることができない。

パブリック・サポート・テスト（PST）とは、広く市民からの支援を受けているかどうかを判断するための基準であり、認定基準のポイントとなるものである。

PSTの判定にあたっては、「相対値基準」「絶対値基準」「条例個別指定」のうち、いずれかの基準を選択できる。

なお、設立初期のNPO法人には財政基盤が弱い法人が多いことから、スタートアップ支援として、特例認定NPO法人制度においてはPSTに関する基準が免除される。

パブリック・サポート・テスト（PST）の各基準等については、表13のようになっている。

PSTのうち条例による個別指定は、多数の寄附者を募らなくても自治体が認定にふさわしいと判断して条例で指定することで認定NPO法人になることができる制度である。その指定数は2018年6月末で67（例：横浜市の「黄金町エリアマネジメントセンター」）で、その実績はまだまだであるが、地方公共団体は、まちの価値を高めるエリマネ団体に対する支援の一環としてその活用を図るべきものであろう。

表13　パブリック・サポート・テスト（PST）の核基準等について

相対値基準	実績判定期間における経常収入金額のうちに寄附金等収入金額の占める割合が5分の1以上であることを求める基準
絶対値基準	実績判定期間内の各事業年度中の寄附金の額の総額が3000円以上である寄附者の数が、年平均100人以上であることを求める基準
条例個別指定	認定NPO法人としての認定申請書の提出前日までに、事務所のある都道府県または市区町村の条例により、個人住民税の寄附金税額控除の対象となる法人として個別に指定を受けていることを求める基準。ただし、認定申請書の提出前日までに条例の効力が生じている必要がある

（内閣府ホームページより作成）

なお、認定NPO法人の全体数は2011年3月末に198であったものが2019年5月末には1107となっている。

CHAPTER 2

エリアマネジメント活動の効果をどう伝えるのか

地域再生エリアマネジメント負担金制度（以下、エリマネ負担金制度という）は、エリアマネジメント活動（以下、エリマネ活動という）に伴い必要な資金を、エリアの関係者から調達する仕組みであり、たとえ反対者がいても、反対者を含めてエリア内の関係者全員から財源を調達する制度である。そのような制度の運用上、エリマネ活動の効果を評価する仕組みが必要である。

よく使われる評価の仕組みとしてPDCAサイクルがある。すなわちPLAN、DO、CHECK、ACTIONという一連の動きによりエリマネ活動の成果を確認し、それをエリアの関係者に年次報告のかたちで示し、次年度の活動に繋げてゆくことである。

海外のBID団体は、関係者に分かりやすく、的確な内容の年次報告書等を作成し、エリマネ活動の成果を関係者（ステークホルダー）に確認してもらい、次年度以降の活動に繋げている。その結果、エリマネ活動の持続性を高めると同時に、その持続可能性の根源にある活動財源の確保にも繋がっている。そこで、本書ではアメリカやイギリスのBID団体の報告書を紹介する。

ところでエリマネ負担金制度は、エリマネ活動の効果を、もともとは地価上昇あるいは売上の増加などを想定しており、まず数量的な確認が必要としている。しかし、エリマネ活動がもたらすエリアへの寄与は地価上昇あるいは売上の増加だけではなく、以下のようなさまざまな視点が考えられ、制度運用上も多様な評価の仕組みを考慮する必要があると考える。

エリマネ負担金制度では、ガイドラインを作成しエリマネ活動と経済効果の関係性を示している。そこではエリマネ活動を、イベント系、公共空間整備運営系、情報発信系、経済活動基盤強化系、新たな公共系サービスの5活動に分類し、イベント系、公共空間整備運営系活動はエリアに直接的に来訪者等の増加をもたらし、情報発信系、経済活動基盤強化系の活動は間接的に来訪者等の増加と来訪者の満足度向上に繋がるとしている。また新たな公共系サービスの活動は来訪者の利便増進に繋がるとしている。

本書では、上記の制度運用に示されている以外にエリマネ活動がもたらす効果として、3つの効果を示している。

第1が、エリアの多くの関係者がガイドラインなどによりまちづくりの考え方を1つにすることがもたらす地域価値の増加があることである。具体的には景観の統一や広告規制と広告事業の一体的マネジメントによる地域価値の増加である。

第2が、エリアの多くの関係者が信頼ある関係性（エリアマネジメント組織結成など）を結ぶことにより実現する具体的な利益であり、駐車時の共同利用による付置義務駐車場台数の低減などによる利益である。

第3が、エリアの関係者が信頼ある関係性を結ぶことによる個々の関係者の費用を低減し、エリアの組織に一定の利益をもたらすことである。具体的にはエリアの消費電力の契約を一体化することにより、電力会社との契約上優位に立ちコストを低減するなどである。

また、エリマネ活動の効果を測定する方法も多様にあり、研究ならびに手法開発が進んでいる。そのうちヘドニックアプローチ、仮想的市場調査法（CVM）、コンジョイント分析法などのいくつかは現実のエリアマネジメント効果測定に使われているので、紹介する。

2-1

期待する効果

エリマネ活動の効果として考えられる指標には、景気変動や事業者の自助努力によるものも含まれ、エリマネ活動によるものだけを正確に測ることは難しい。エリアマネジメント団体（以下、エリマネ団体という）が継続的に活動を行うには、ステークホルダーに効果を伝え納得してもらうことが求められる。活動継続に欠かせない効果の伝え方の前に、活動効果の側面について述べる。

エリアマネジメント活動の効果の3つの側面

エリマネ活動に期待する効果はさまざまあるが、ここでは効果をエリマネの3つの側面である「互酬性」と「公共性」と「地域価値増加性」に分けて整理する。

「互酬性」とは、エリマネ活動においてステークホルダー（活動資金の負担者や行政など）が活動により生まれる報酬（利益）を互いに受けることである。これは、内向きの性質であり、負担を免れつつ利益を受けるフリーライダーを限りなく減らす海外のBIDの考え方がベースにある。

「公共性」とは、ステークホルダー以外にも活動の利益が及ぶ外向きの性質である。ここに、民間のエリマネ団体が、行政に代わり（公的な活動を行う団体として認定され)、または行政の委託を受けてエリマネ活動を行う意義(公共貢献)を見出すことができる。ここでは、「互酬性」と異なり、一定のフリーライダーは許容せざるを得ないと考える。

「地域価値増加性」は、ステークホルダーが、エリマネ活動により受ける利益のもとになる、売上や地価(固定資産税)などが増加することをいう。

エリマネ活動の効果とは、自分たちが住むまち、働くまちを、より安全かつ快適で、楽しいまちにしたいという思いから出発し、関係者が特定のエリアで互いに連携・協力しながら活動を進めることにより、直接的または間接的に受ける恩恵と考える。

一連の流れを上記の3つの側面で整理すると、1つ目は、まちへの最初の思いをエリマネ活動を通して実現した結果、まちが良くなり、ステークホルダーや活動を進めるエリマネ団体の関係者全員がその恩恵に預かるという意味で「互酬性」の効果が発生する。一方、活動の効果がエリアの外にも及んだり、エリアの外からくる人にもエリマネ活動の効果が及ぶこともあるため「公共性」の側面もある。この場合、恩恵の大小はあれメリットが及ぶという意味で資金の負担者以外にもフリーライダーが発生する。この2つの効果は、主として効果の及ぶ範囲の大きさにより区分できる。

さらに、エリマネ活動の結果として、まちが良くなり、ステークホルダーが恩恵を受けるとととともに、エリアの地価や固定資産税が上昇したり、エリアへの満足度や期待値が上がり、自治体によっては税収増加に繋がるという意味で「地域価値増加性」の側面があることに留意すべきである。

3つの側面と地域再生エリアマネジメント負担金制度

1-2節で述べたとおり、日本では、海外のBID制度などを参考に、エリマネ活動の財源確保に関する国の制度が創設された。2018年6月にエリマネ負担金制度が創設され、翌年3月に本制度の活用の考え方を記したガイドラインが策定された。エリマネ負担金制度は、市町村（東京特別区を含む）がエリマネ活動(の全部または一部)に必要な資金(負担金)を、それにより利益を受ける事業者(以下、受益事業者という)から強制的に徴収し、エリマネ団体に交付する仕組みである。エリマネ負担金制度の特徴や課題を、先述のエリマネ（活動の効果）の３つの側面に照らして整理すると以下のとおりになる。

市町村は、エリマネ活動により受けると見込まれる利益、つまり、エリマネ活動に期待する効果を限度に負担金を徴収できるとされているが、本制度を活用するエリマネ団体が、この効果をいかに算出するかがエリマネ負担金制度の課題の１つと言える。エリマネ負担金制度の活用には、先述の「地域価値増加性」の定量的な把握が活動計画の策定の段階で求められ、かつその活動計画の認定等には市町村議会の議決が必要であるため、本制度は、官民連携の理想的な仕組みであるが、エリマネ団体や行政にとってはハードルが高い仕組みとも言える。

ガイドラインでは、見込み利益（効果）の算定方法が例示されている。たとえば、イベントの実施やオープンカフェの設置など、来訪者等の増加を図る活動による効果については、来訪者等の増加量とアンケートにより把握した来訪者１人当たりの購買予算等から売上高（増加量）を推計できるとしている。

また、情報発信、防災、警備、清掃などの来訪者等の利便増進に寄与する活動については、アンケート調査により各活動への支払意思額（Willingness to Pay:WTP)等を尋ね、市場で取引されていない財の価値を推計できるとしている。これらの推計結果をもとに、負担金を算出し受益事業者の合意を得て、負担金を徴収するという流れである。

また、エリマネ負担金制度は、フリーライダーの排除を目的とする「互酬性」の考え方のもとで作られた制度と言えるが、先述の「公共性」の効果、つまり周辺への滲みだしの効果等を考慮すると、本制度をもってしてもフリーライダーを完全に排除することはできないこと、また他と比べて明らかにエリマネ活動の利益を受けない事業者が存在する可能性があることから、エリマネ団体がエリアや受益事業者を特定したり、利益（効果）や負担金を算定する際は、実態にあわせて柔軟に対応する必要があると考える。

エリアマネジメント活動に期待するさまざまな効果

エリマネ活動がもたらす効果には、エリマネ負担金制度のガイドラインに示されたもの以外にもさまざまあり、大きく3つの効果に分けられる。

●エリアの多くの関係者が1つとなることがもたらす地域価値の増加

第1の効果は、景観統一や広告規制や緑あふれる歩行者空間網による効果など、エリアの多くの関係者が1つとなることがもたらす地域価値の増加である。

広告規制の例として、グランフロント大阪地区を示す。ここでは、まちなみ景観ガイドラインが策定され、法令に基づく自治体の審査と連携しながら、自主審査が行われている。広告を景観の重要な要素の1つに位置づけ、地区内にフラッグや壁面広告等の媒体を配置し、地域価値の維持・向上が図られている。

景観統一の例として東五反田地区を示す。約29haの広さを有する当地区は、大規模再開発が進められてきた地区であり、現在は、地元のエリマネ団体が作成したガイドラインに基づき、自主的な景観形成が行われている。再開発により、業務、住宅の複合施設が作られ、建物の高さや色彩、ファサードなどのルールのエリアへの組み込みにより地域価値の維持・向上が図られている。

緑あふれる歩行者空間網の例として、大阪船場魚の棚筋周辺地区がある。ここは、約80年前に高度利用や歩行者空間、景観確保を目的に船場建築線が指定された。これに基づき、建物の新築や建て替えの際は、中心線から5mまたは6mの壁面後退が必要となる。当地区では、1980年代半ば頃から近隣の地権者の連携が行われ、建築線による壁面後退を積極的にとらえ、総合設計制度等を活用しながら幅6mの歩道上空地の整備が行われ、緑豊かで快適な歩行者空間網が出来上がり、これが地域価値の維持・向上に繋がっている。

●エリアの多くの関係者が信頼ある関係性を結ぶことにより実現する具体的な利益

第2の効果は、駐車場の共同利用による附置義務駐車台数の低減の利益に代表される、エリアの多くの関係者が信頼ある関係性を結ぶことにより実現する

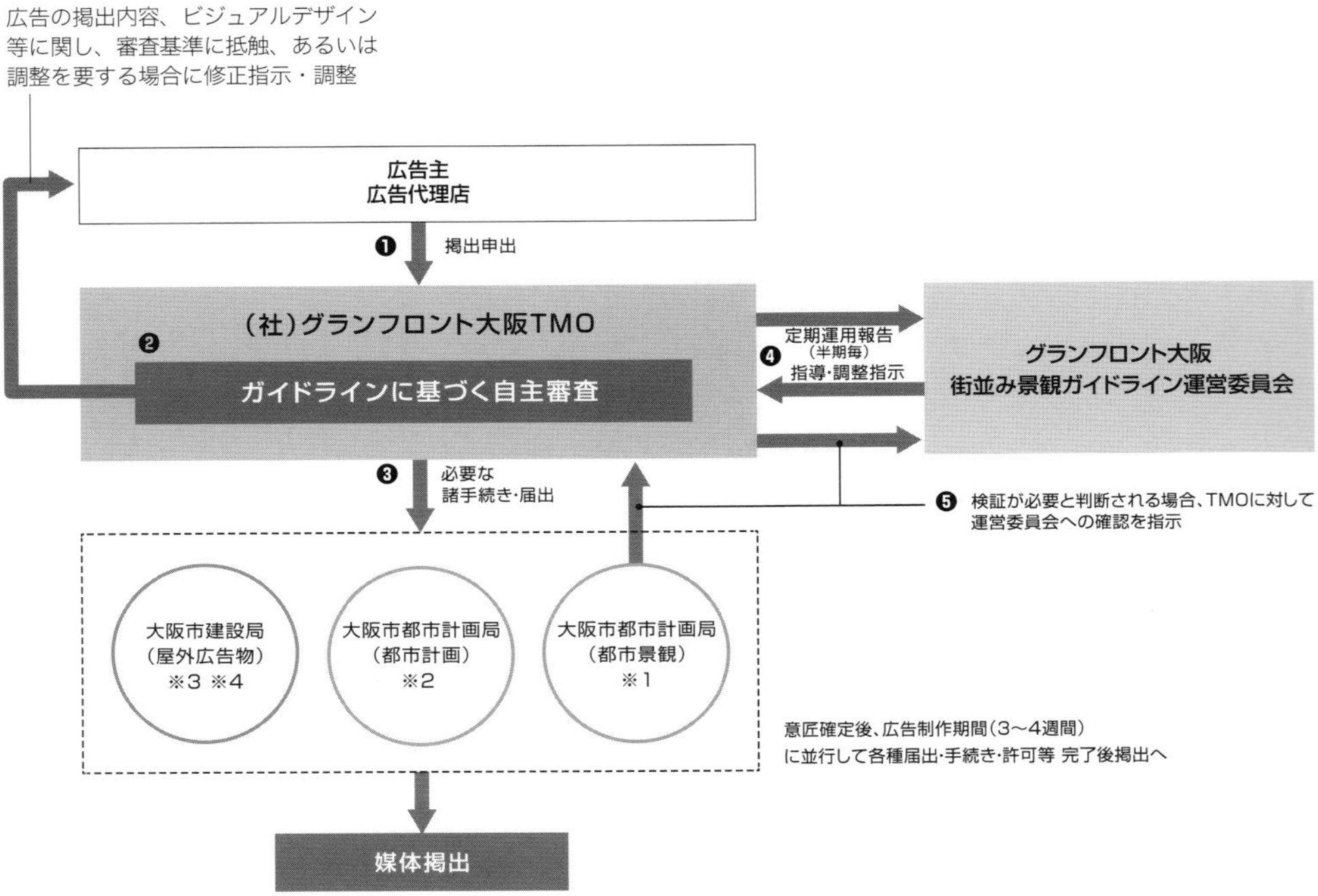

※1) TMOが管轄する媒体に関し、掲出事前報告が必要です。
※2) 地区計画区域内の行為の届出が、必要な以下の媒体について手続きが必要です。
　対象媒体：壁面の自社名サイン・商標サイン、東通りバナー、スーパーシート
※3) 大阪市屋外広告物条例対象となる以下の媒体の必要な届出の手続きが必要です。
　対象媒体：壁面の自社名サイン・商標サイン、東通りバナー、歩道バナーフラッグ・ポスターボード、エリア巡回バスのラッピング広告
※4) 歩道のバナー・ポスターボード、南館・北館間デッキバナーの広告媒体は、市屋外広告物条例に基づく「地域における公共的な取組み費用に充当する広告物」として位置付けられ、それに必要な手続きが必要です。

【街並み景観ガイドラインにおける広告媒体等審査の枠組みと届出の流れ】

図Ⅰ　広告規制による効果の例（グランフロント大阪地区）
(「グランフロント大阪　街並み景観ガイドライン」(2016年3月30日現在：グランフロント大阪TMO))

■対象となる景観構成要素

多機能照明柱・バナー広告・ポスターボード

■景観配慮事項

・歩行空間に諸設備が煩雑に配置されないよう、歩道照明柱を多機能化・一体化させ、快適な歩行者空間を確保します。
・歩道照明柱は高質な都市空間に相応しいように統一的で先進的なデザインとします。
・華やかで上質な賑わいを演出するよう、照明柱にバナーフラッグやポスターボードを一体化し設置します。
・街全体で統一感を持たせ、沿道空間の連続性を演出させるよう、バナー広告を掲出する配置を配慮します。
・広告の意匠デザインや掲出内容は本ガイドラインの広告媒体等審査基準を遵守し、所定の届出や手続きを行うこととします。
・広告の収益がまちづくりに還元される旨を照明柱に標記し、来街者に周知します。

【グランフロント大阪地区の街並み景観ガイドラインの対象と景観配慮事項】

【バナー広告等の設置状況】（提供：グランフロント大阪 TMO）

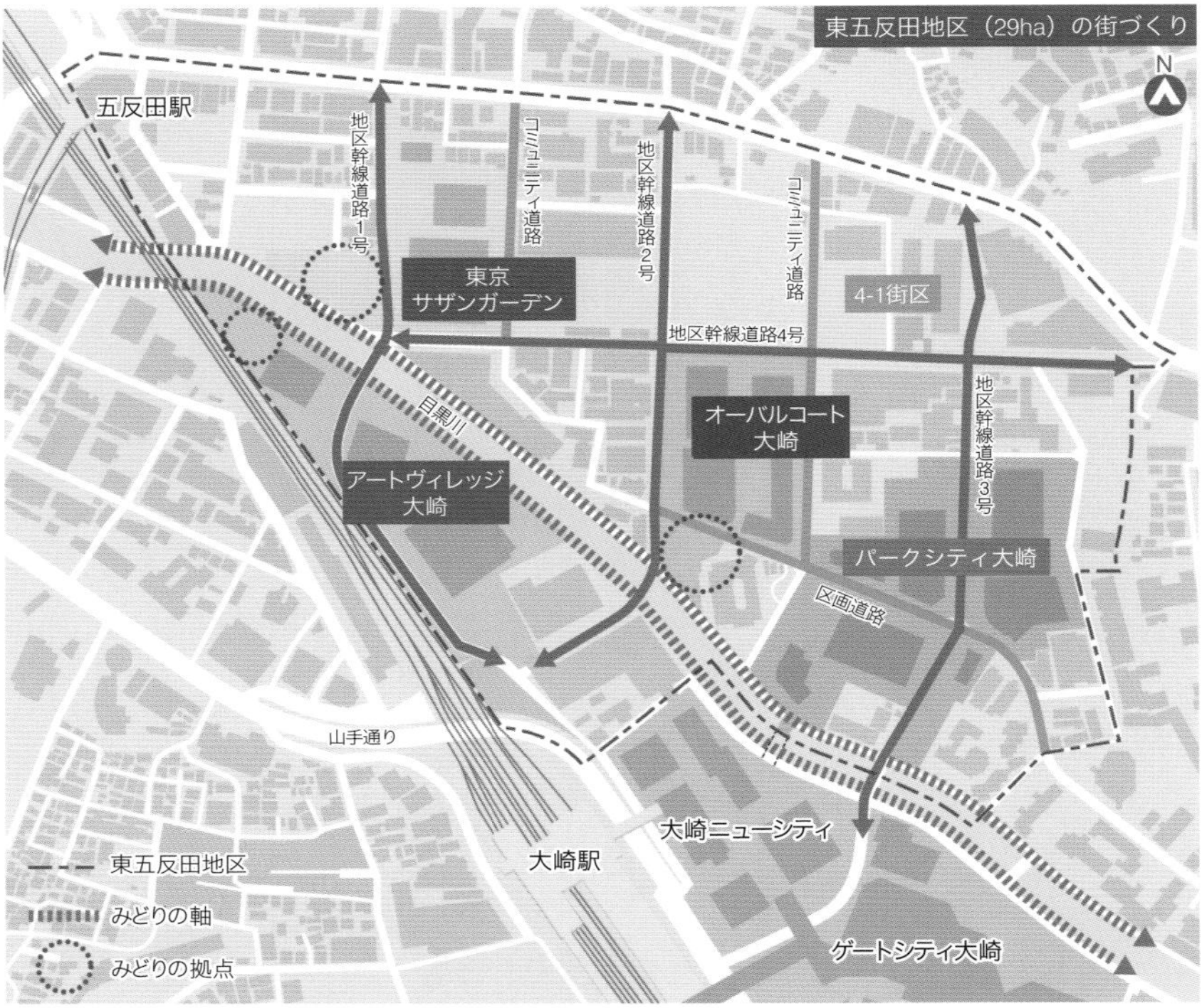

【東五反田地区における開発】

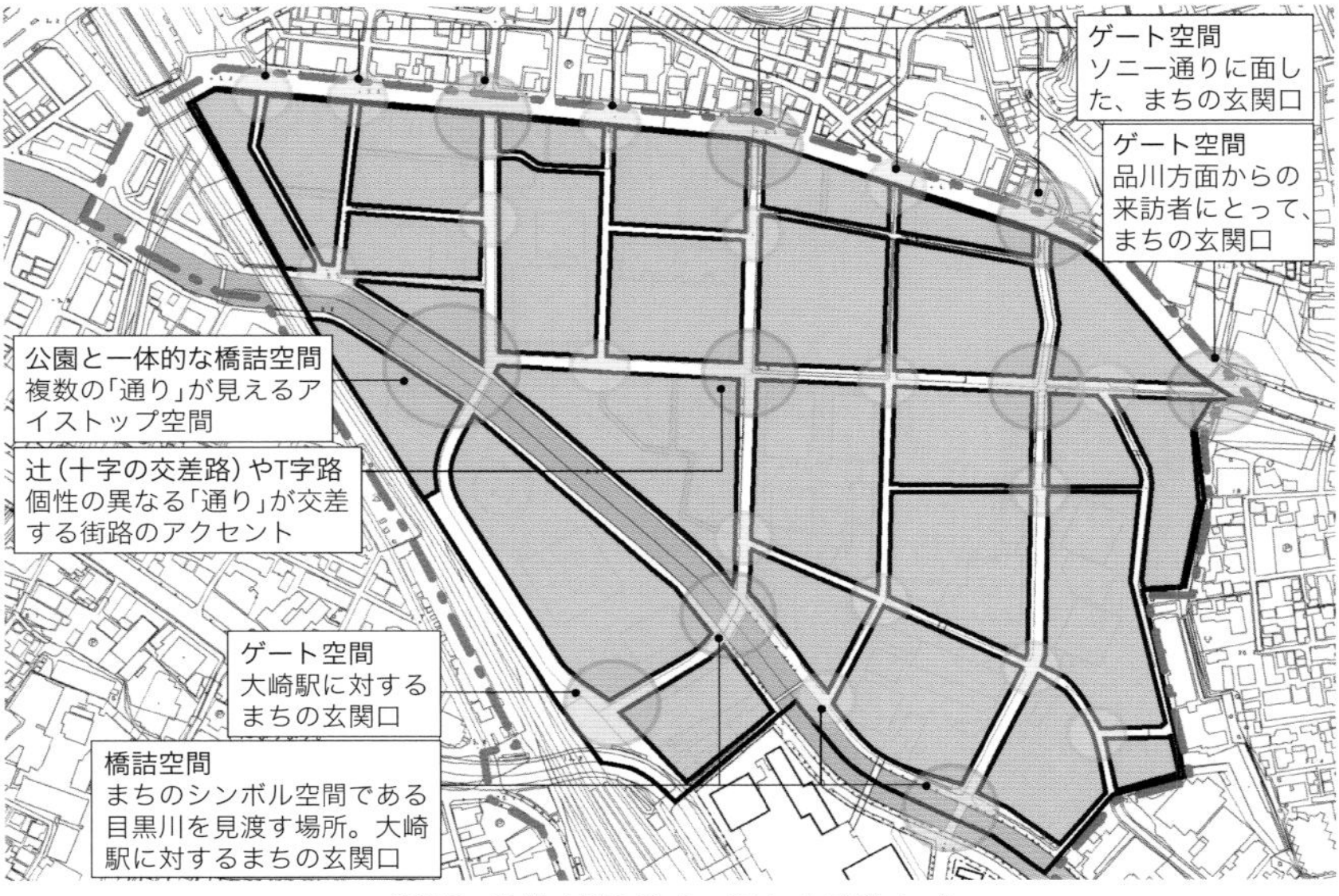

【場所の特徴を読み取り、活かすデザイン】

図２　景観統一による効果の例（東五反田地区）

（大崎駅周辺まち運営協議会「東五反田地区景観形成ガイドライン」（作成：東五反田地区街づくり協議会 2005 年 3 月 ※ 2014 年 7 月に大崎駅周辺まち運営協議会に統合）より作成）

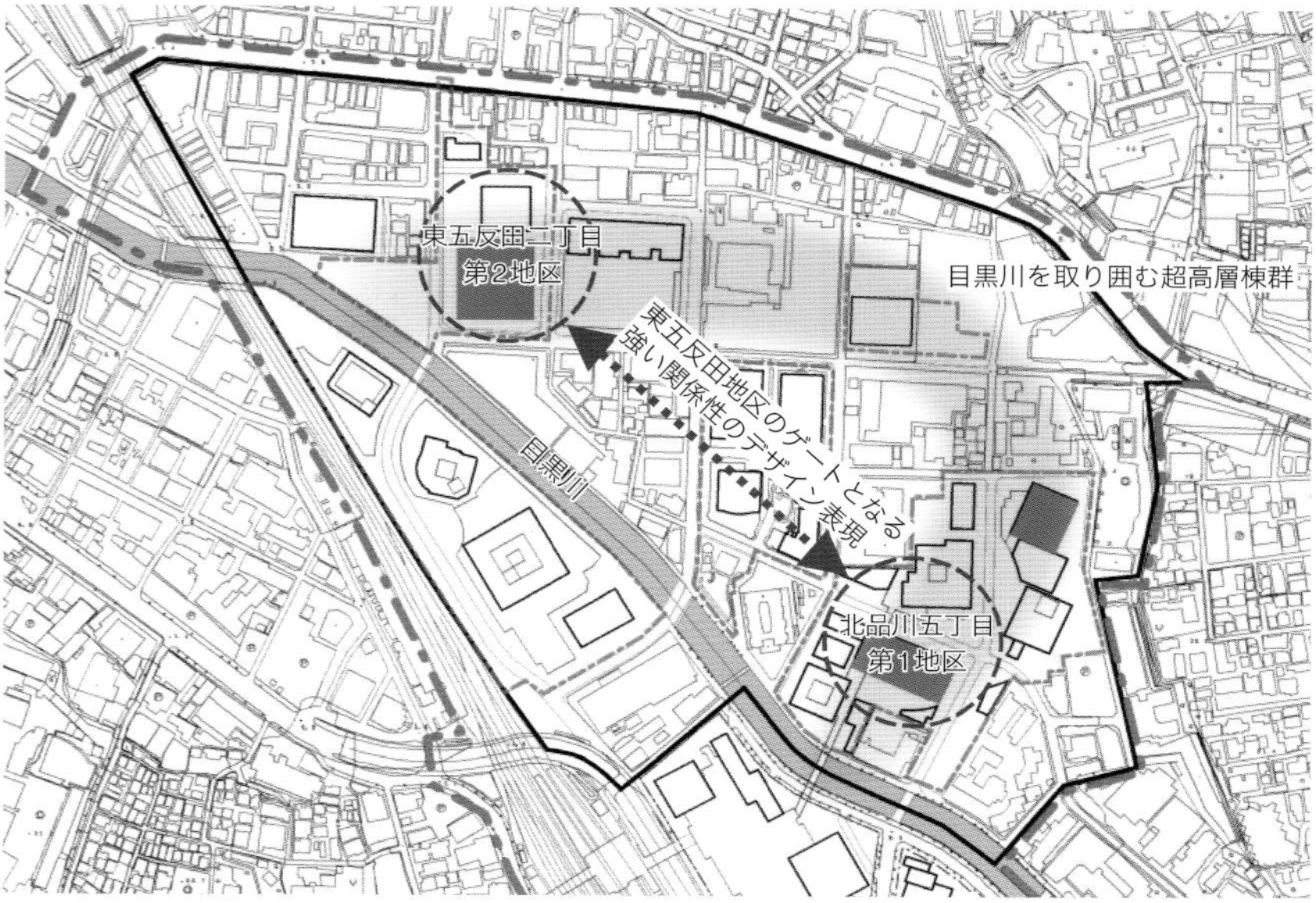
東五反田二丁目
第2地区
目黒川を取り囲む超高層棟群
東五反田地区のゲートとなる
強い関係性のデザイン表現
目黒川
北品川五丁目
第1地区

西側から見る景観

山手線から見る景観

【ランドマークとなる超高層棟群によって緩やかに囲むデザイン】

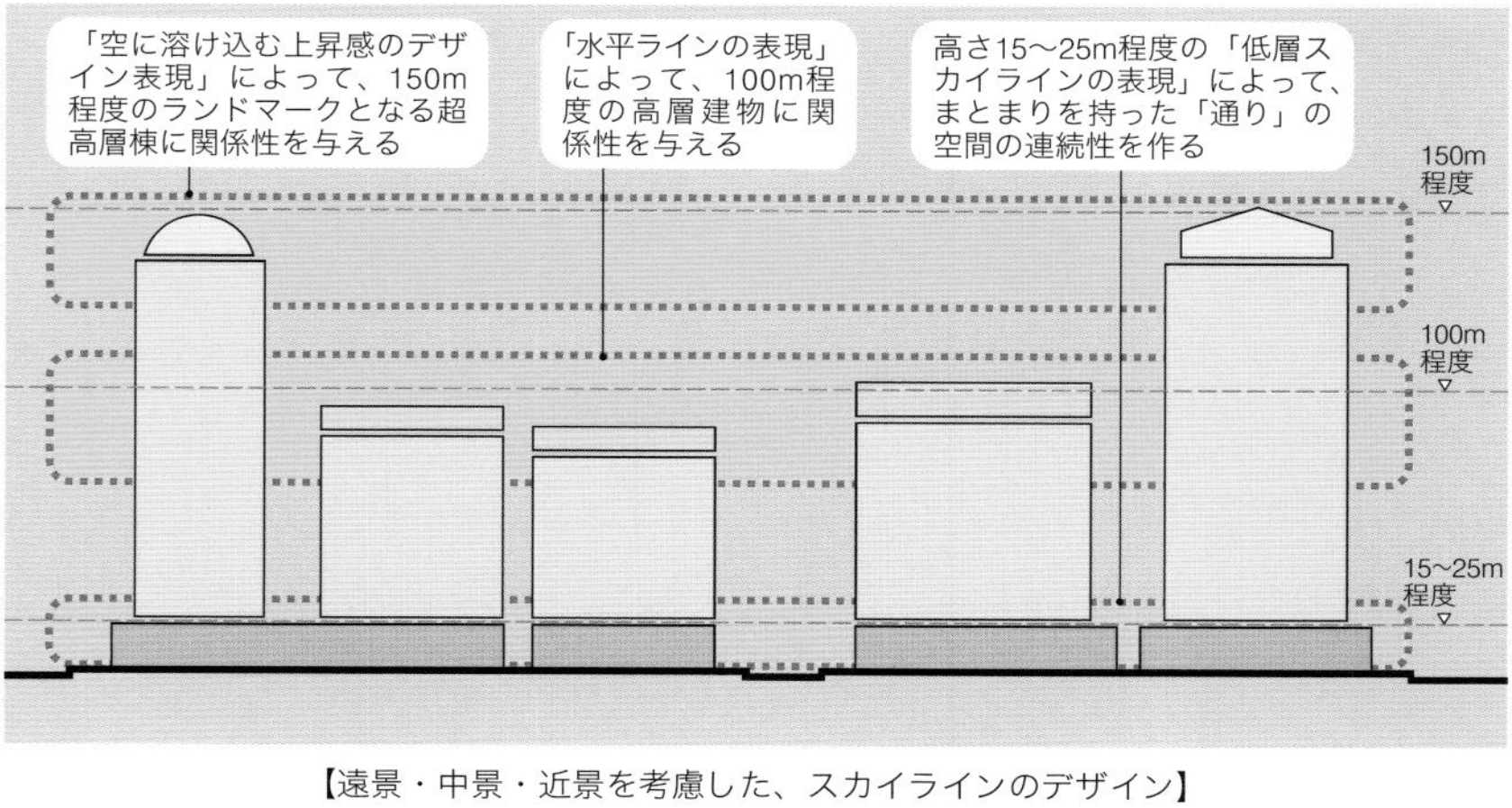
「空に溶け込む上昇感のデザイン表現」によって、150m程度のランドマークとなる超高層棟に関係性を与える
「水平ラインの表現」によって、100m程度の高層建物に関係性を与える
高さ15～25m程度の「低層スカイラインの表現」によって、まとまりを持った「通り」の空間の連続性を作る
150m
程度
100m
程度
15～25m
程度

【遠景・中景・近景を考慮した、スカイラインのデザイン】

具体的な利益である。事例として、横浜市の地域の実状にあわせた駐車場の整備ルールがある。駅周辺の大規模な複合開発において、画一的に原単位を定めて駐車場を算定することはせず、一定の地域ルールのもと、地域の実状に見合った駐車場の整備・運営が図られている。このルールが横浜駅の周辺で適用され、商業用と業務用の駐車場を共同利用することにより、駐車場必要台数が低減されている。また、新規に必要な駐車場を開発地にすべて整備せず、方面別の需要に応じて周辺の隔地駐車場を活用できる仕組みも用意されている。

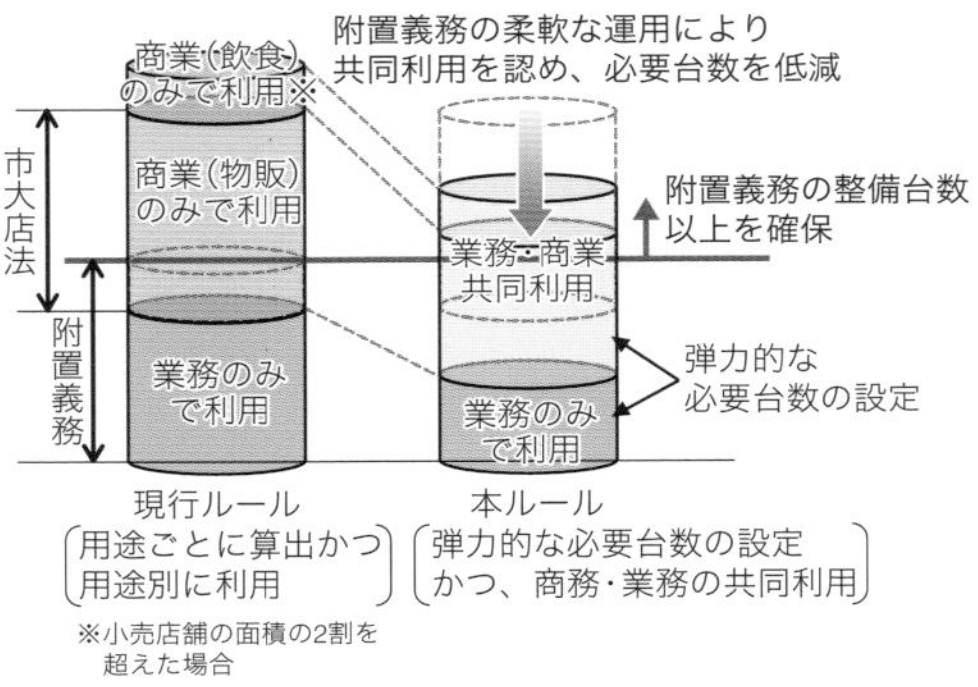

【商業用と業務用の駐車場の共同利用】

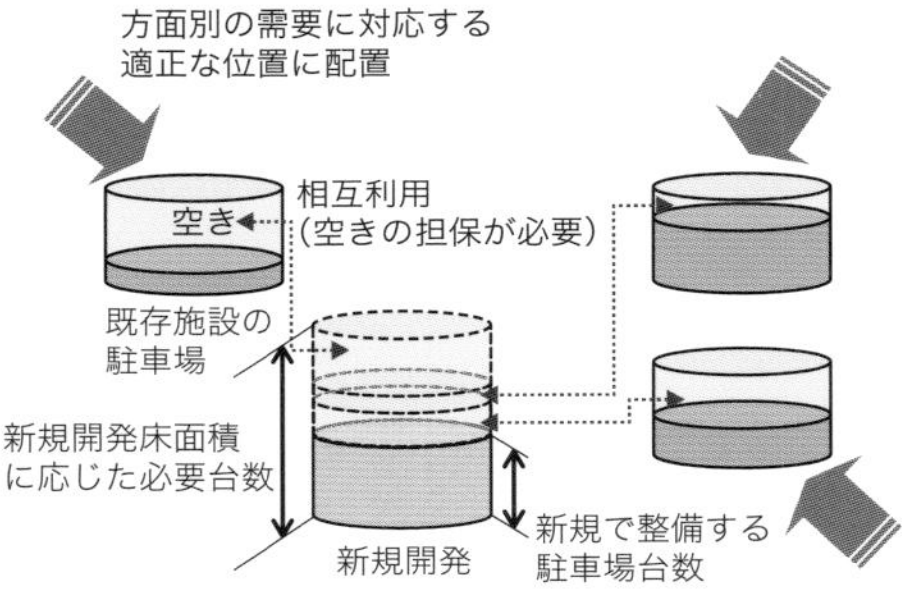

【周辺の駐車場との連携による空き駐車場の有効活用】

図3　附置義務駐車台数の低減による効果の例（横浜市）（横浜市ホームページ「エキサイトよこはま 22 駐車場整備ルール運用マニュアル」（https://www.city.yokohama.lg.jp/kurashi/machizukuri-kankyo/toshiseibi/toshin/excite22/unyo/parkingrule.files/0004_20180927. pdf）より作成）

空き駐車場を融通しあう取り決めが削減の鍵となる。地下の自走式駐車場の整備コストが、1台当たり数千万円かかると言われており、受益の1割でも負担金として徴収できれば、数百万円がエリマネの活動財源に充てられる。

●エリアの多くの関係者が信頼ある関係性を結ぶことによる個々の関係者の費用低減とエリアの組織にもたらす一定の利益

第3の効果は、エリアの多くの関係者が信頼ある関係性を結ぶことにより、個々の関係者の費用を低減し、エリアの組織にもたらす一定の利益である。

エリア内の個々の事業者が、防災、清掃、防犯等の業務や、熱供給システム等の整備を個別に業者と契約を交わして進めるよりも、エリマネ団体がとりまとめ、業者に一括発注した方がエリマネ活動によるコスト削減効果が期待できるというものである。また、コストを削減するだけではなく、スペックの高いシステムをエリア全体に導入し、管理をエリアで対応することで、個々の手間が省け、管理水準も一定になる、供給処理系のシステムで一元的に管理することで、非常時にも対応できるというメリットがある。

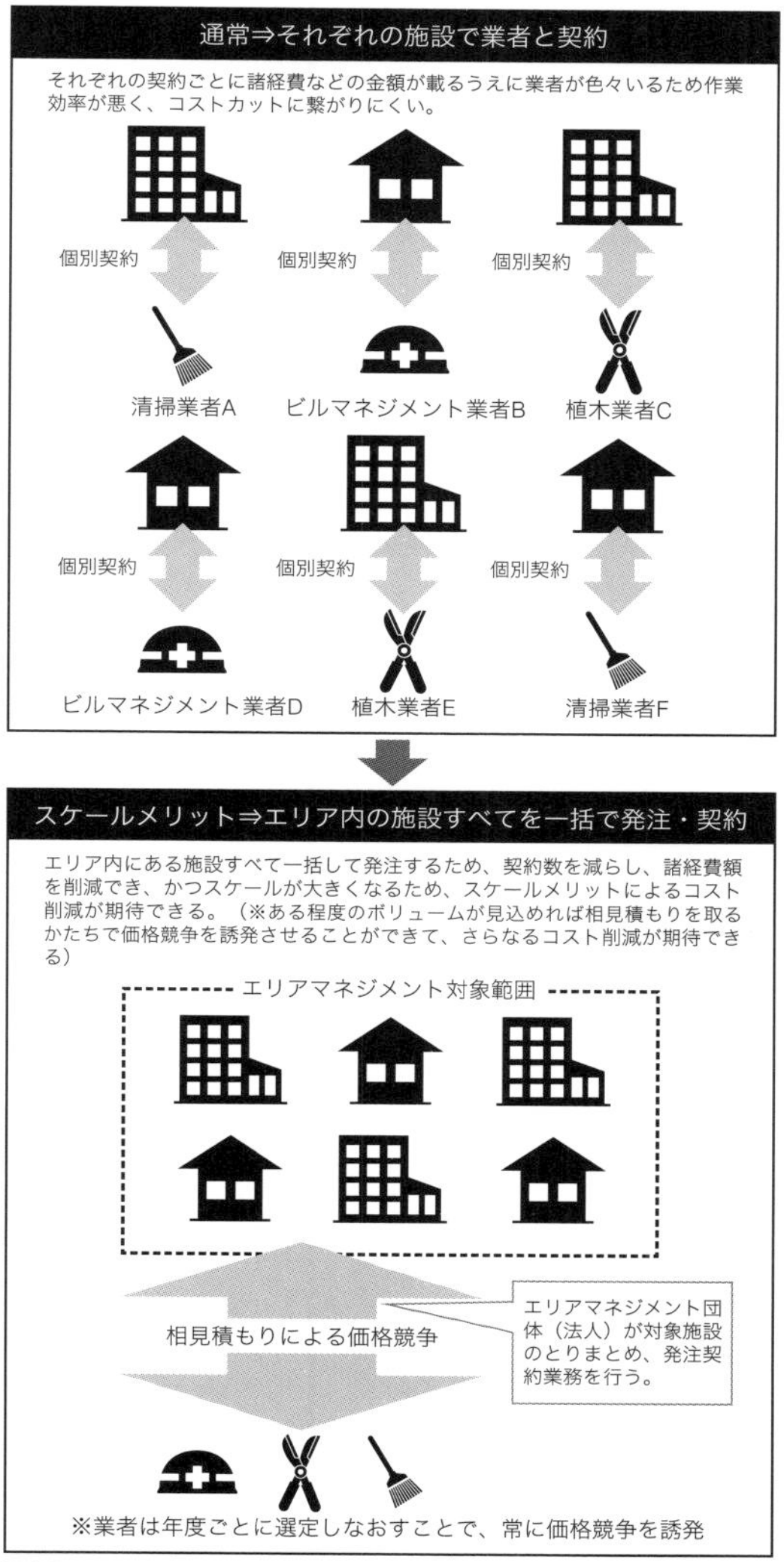

通常⇒それぞれの施設で業者と契約
それぞれの契約ごとに諸経費などの金額が載るうえに業者が色々いるため作業効率が悪く、コストカットに繋がりにくい。
個別契約
個別契約
個別契約
清掃業者A
ビルマネジメント業者B
植木業者C
個別契約
個別契約
個別契約
ビルマネジメント業者D
植木業者E
清掃業者F
スケールメリット⇒エリア内の施設すべてを一括で発注・契約
エリア内にある施設すべて一括して発注するため、契約数を減らし、諸経費額を削減でき、かつスケールが大きくなるため、スケールメリットによるコスト削減が期待できる。（※ある程度のボリュームが見込めれば相見積もりを取るかたちで価格競争を誘発させることができて、さらなるコスト削減が期待できる）
エリアマネジメント対象範囲
相見積もりによる価格競争
エリアマネジメント団体（法人）が対象施設のとりまとめ、発注契約業務を行う。
※業者は年度ごとに選定しなおすことで、常に価格競争を誘発

図４　エリアとしてのスケールメリットを活かしたコスト削減効果（イメージ）

●より大きな効果を生み出すには

図５に示すように、一定のエリアにおいて個々の主体が、ばらばらにエリマネ活動を行っても、エリア全体の活動効果はきわめて小さい（STEP1）。個々の主体が任意の協議会組織などを通じて緩やかにまとまり、同じビジョンや目的をもって活動を進めることにより、一定の効果が期待できる（STEP2）。

協議会組織としてエリマネ活動を拡大する過程において、エリマネ活動の資

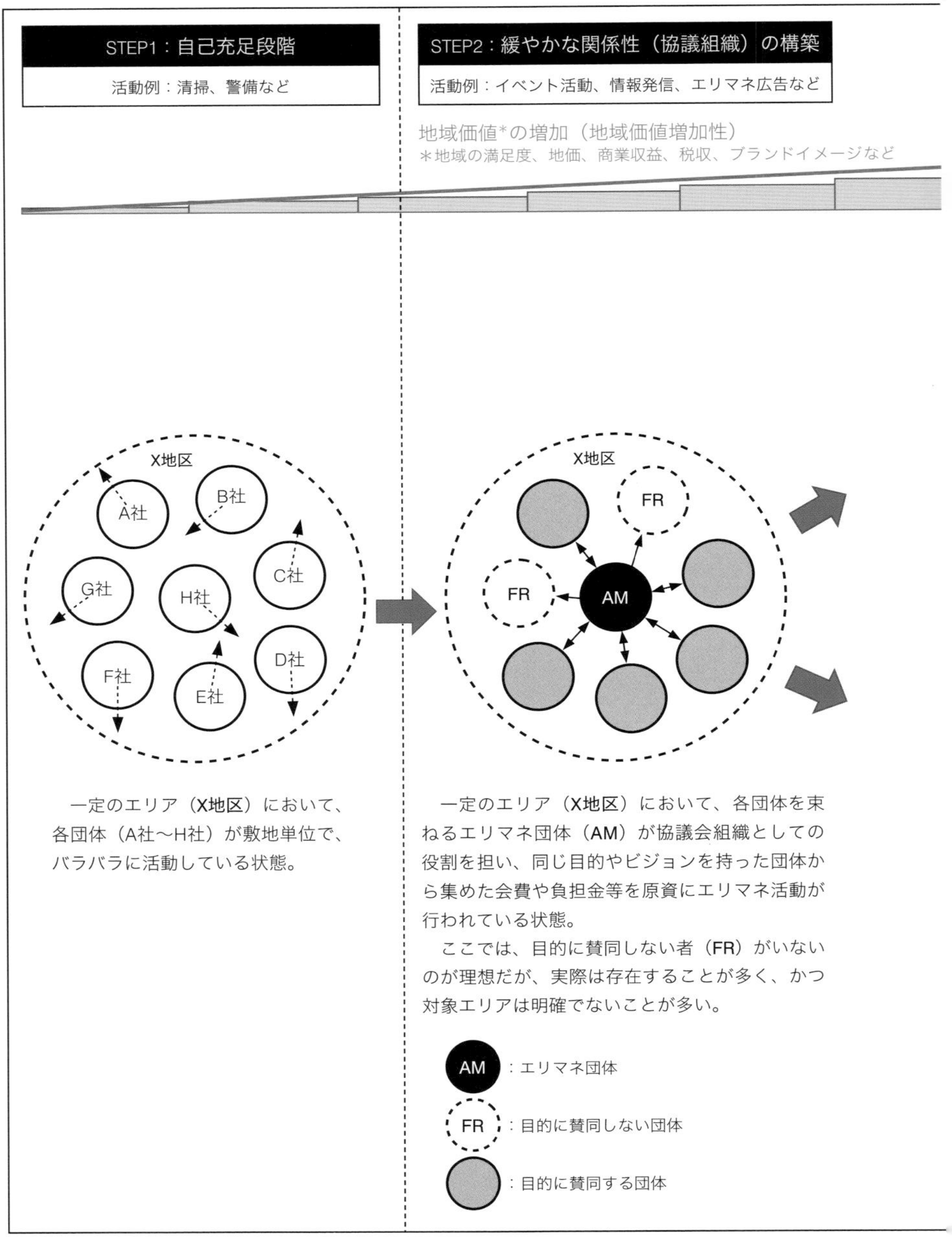

STEP1：自己充足段階
活動例：清掃、警備など
STEP2：緩やかな関係性（協議組織）の構築
活動例：イベント活動、情報発信、エリマネ広告など
地域価値*の増加（地域価値増加性）
＊地域の満足度、地価、商業収益、税収、ブランドイメージなど
X地区
A社
B社
C社
D社
E社
F社
G社
H社
一定のエリア（X地区）において、各団体（A社～H社）が敷地単位で、バラバラに活動している状態。
X地区
FR
FR
AM
一定のエリア（X地区）において、各団体を束ねるエリマネ団体（AM）が協議会組織としての役割を担い、同じ目的やビジョンを持った団体から集めた会費や負担金等を原資にエリマネ活動が行われている状態。
ここでは、目的に賛同しない者（FR）がいないのが理想だが、実際は存在することが多く、かつ対象エリアは明確でないことが多い。
AM：エリマネ団体
FR：目的に賛同しない団体
：目的に賛同する団体

図5　エリアマネジメントの3つの側面と効果の流れ（イメージ）

STEP3：強い絆による互酬性の実現

活動例：イベント活動、情報発信、エリマネ広告など

STEP4：公共性の実現

活動例：景観形成、防災、環境・エネルギー、交通など

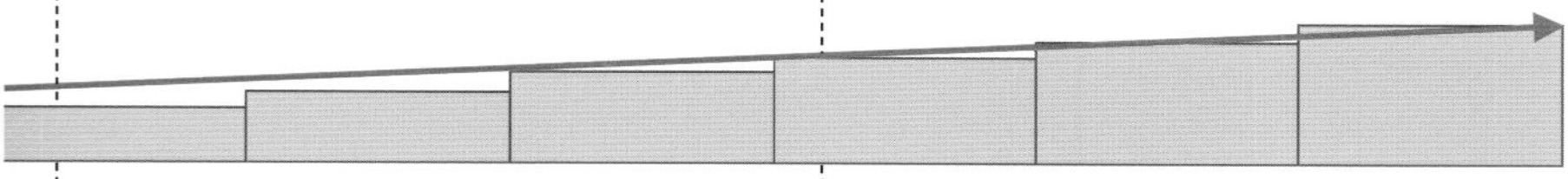

①目的に賛同するかどうかを問わずすべての関係者を対象にエリアを設定

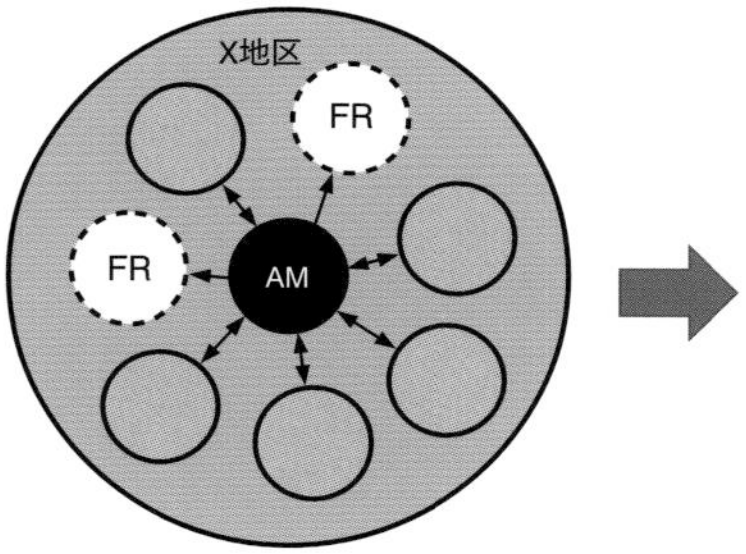

②将来賛同を得ることを前提に、目的に賛同しない者（一部）も含めてエリアを設定

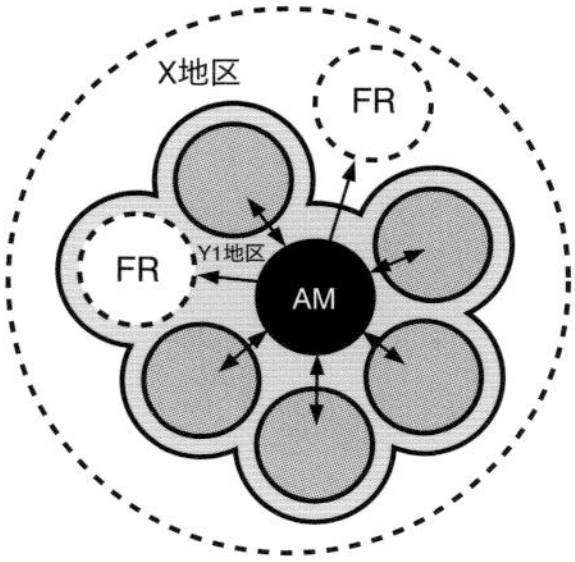

③目的に賛同する者のみを対象にエリアを設定

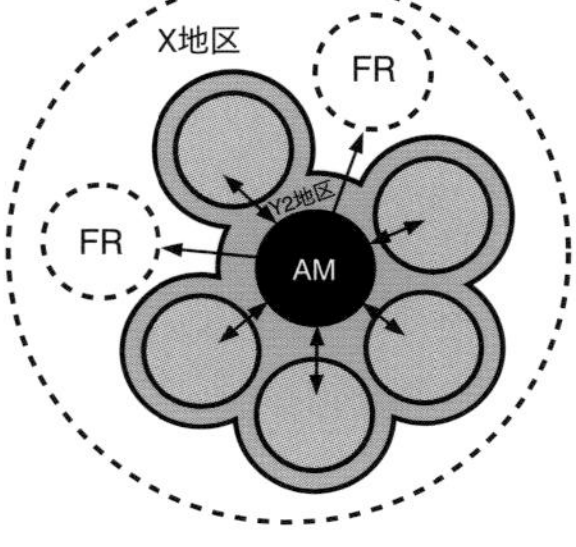

STEP3①の発展例

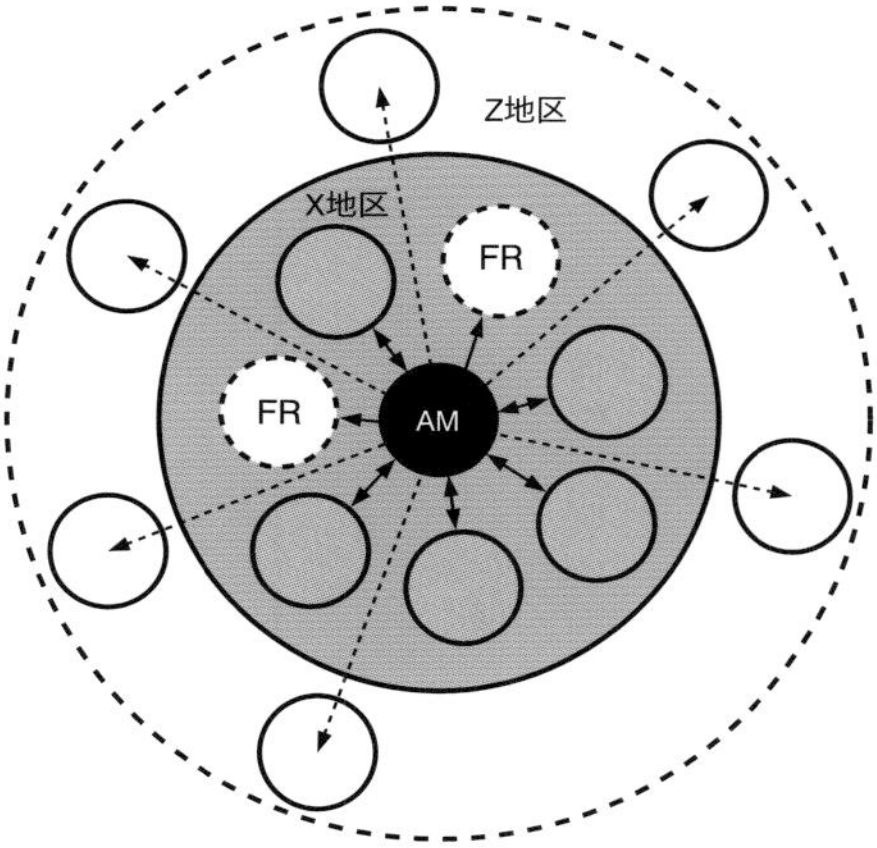

エリマネ団体の活動内容が拡大することにより、エリマネ活動が周辺部にも滲み出し、エリマネ活動の効果がエリアを超えて広範囲にわたり、公共性が実現した状態。目的に賛同しない者（FR）の一定の存在は、活動範囲の拡大または周辺の団体との連携の過渡期として許容するのが望ましい。

一定のエリア（X地区）において、エリマネ活動の資金調達に強制徴収の仕組み（地域再生エリアマネジメント負担金制度など）を活用する場合、主に、①目的に賛同しない者（FR）をすべて強制的に同じグループに組み込みエリア（X地区）を設定するか、②将来賛同を得ることを前提に、目的に賛同しない者（一部）も含めてエリア（Y1地区）を設定するか、③目的に賛同しない者を除いてエリア（Y2地区）を設定し、そのエリアで活動する実働組織を、協議会組織とは別に設立するかの3つが考えられる。いずれの場合も、対象エリアは特定される。

金調達に強制徴収の仕組みを活用する場合、主に、①目的に賛同しない者も強制的に同じグループに組み込みエリアを設定するか、②将来賛同を得ることを前提に、目的に賛同しない者（一部）も含めてエリアを設定するか、③目的に賛同しない者を除いてエリアを設定し、そのエリアで活動する実働組織を、協議会組織とは別に設立するかの3つが考えられる。この段階では、対象エリアが明確化され、また実働組織の設立等により関係者間の絆（結束力）が強まる。これをもとに活動が進められることにより大きな効果が期待でき、かつその効果は活動資金の負担者にも及ぶ（互酬性の実現）（STEP3）。

さらに、エリマネ団体が活動実績を積み上げることにより、活動への賛同者が増え、長期的には、負担に応じて、より多くの関係者にその効果がおよび（公共性の実現）、その結果、本当の意味での地域価値が増加する、つまり経済環境等の大きな変化があっても目減りすることのない強靭な価値が発生する（地域価値増加性の効果）と考える（STEP4）。

2-2

効果を見る視点

エリマネ活動の効果は一概にこれだと簡単には言えないが、効果を見るための4つの重要な視点がある。これらを考慮することが、エリマネ活動の効果をステークホルダーにいかに伝え、エリマネ活動を継続させていくかということと強く結びつく。エリマネ団体は、本節で述べる内容について、ステークホルダーにも共通認識を持ってもらえるよう務めるべきである。

4つの視点

さまざまな側面を持つエリマネ活動の効果を見るにあたり、「短期的な視点ではなく長期的な視点の重要性」「公民連携の視点の必要性」「エリマネ活動の強制力」「エリアの多様性と活動評価」の4つの視点に留意すべきであると考える。

●中・長期的な視点の重要性

エリマネ活動に短期的な効果のみを期待するのではなく、少なくとも5年以上の期間をかけることにより効果が発現されることがあるため、時間軸を考慮して効果を見極めることが重要である。

たとえば、まちづくりビジョンやガイドラインのもとに、まちの景観形成や緑化などを図る場合、短期的に敷地単位で部分改良するだけでは、地域価値が維持・向上しないことは明らかである。長い時間をかけ、各敷地の空地や緑や休憩施設や建物の外観デザインなどを面として繋げることにより、居心地の良い空間ができあがり、地域の価値が維持または向上するという一連の流れを認識すべきである。そのためには、エリマネ団体が、まちづくりビジョンやガイドラインの内容をステークホルダーと共有し議論する場（ビジョンやガイドラインがない場合は、それを作るための場）、それを実行に移すための計画づくりの場が必要である。

●公民連携の視点の必要性

また、民間によるエリマネ活動の効果が発現されるまでの間は、活動の継続性を担保する取り組みとして、必要に応じて、公（行政）によるインフラの整備や補助金や助成金の手当て、さらには規制緩和等が用意されることが重要である。

たとえば、インフラ整備については、エリマネ団体である札幌駅前通まちづくり㈱による広告媒体やイベント空間としての活用を前提とした、札幌市による札幌駅通地下歩行空間（チ・カ・ホ）の整備（2011年完成）が挙げられる。完成から約9年が経過した現在も、当該エリマネ団体の活動には欠かせない重要なインフラと言える。

また、すでに紹介した内閣府のエリマネ負担金制度においては、それを活用することにより交付される負担金とは別に、地域再生計画の作成費用や社会実験の実施費用などについては、内閣府の地方創生推進交付金による手当てが可能である。

●強制力をもった仕組みづくりの重要性

上記の2つを実現するには、エリマネ団体の組成を、エリア内の個々の任意の意向に基づいて行うだけなく、海外のBIDの事例にあるように、決められたルールに従い一定数以上の賛成に基づきシステマチックに実現させるような、強制力をもった仕組みづくりが重要である。

日本では、先述のように、海外のBID制度を参考に、エリマネ活動の負担金を強制する徴収の仕組みとして、エリマネ負担金制度が創設された。重要な決定に全員の賛成を要しない強制力をもった仕組みは、日本の法制度のさまざまな場面（都市再開発等の手続等）で見られるものの、これまで築き上げてきた信頼関係を維持していくために、一部の反対を押し切り、強制徴収に踏み切ることに抵抗感があるという声も聞く。ステークホルダーの信頼関係を崩すことなく、本制度を上手に活用するには、エリマネ活動から受ける効果等について、時間をかけて、さまざまな角度から議論することが重要である。

●エリアの多様性に即した活動効果の把握

エリマネ活動は、都市の大きさ、用途、大規模開発の有無等により異なると考える。大都市では大規模開発に伴い、その開発を担うデベロッパーが中心的な役割を担うかたちで活動が進められることが多いが、今後は既成市街地（業務商業系、住宅系、混在系）におけるエリマネ活動も増えると想定される。

エリアの多様性に応じて活動が多様化（環境・エネルギー、防災、知的創造、健康・食育など）することにより、活動効果の考え方も多様化すると考える。

つまり、エリマネ活動の効果の把握においては定量的に把握できるものだけでなく、定量的な把握が困難なものも考慮する必要があると考える。

効果を見る視点と効果の伝え方

効果を見る視点に関連して、エリマネ活動の効果をいかにステークホルダーに伝えるかという視点も重要である。仮に、先述の視点により効果を的確に把握できたとしても、それをステークホルダーに伝え、かつ納得してもらわなければ意味がない。効果の把握と説明、それに基づく納得感の醸成がエリマネ活動の肝である。

海外のBID制度は、賦課金等の強制徴収の仕組みが組み込まれているため、賦課金等の負担者に対して、事業継続の合意を得るための説明責任がBID団体に求められている。そのため、エリマネ活動の効果を視覚的にも分かりやすいかたちで事業者や行政などのステークホルダーに示し、納得感を醸成しているBID団体が多い。

たとえば、イギリスでは、日本のエリマネ負担金制度のように、活動による受益を算定することが制度上必須ではなく、5年を1期として、投票などにより活動継続の可否が問われるため、投票権を持つ事業者等をターゲットに、目標どおり達成できたかどうかを分かりやすく表現している。そのことが、BID団体に有期で雇われたプロのタスクマネージャーに課せられた重要なミッションでもあるため、目標の設定や効果の伝え方には細心の注意が払われている。

アメリカのニューヨーク市などのBIDも、投票を介し同意をとるか否かの違いはあるが、効果の伝え方は、基本的にイギリスと同じ考え方である。

効果を伝えるターゲットと明確な目標の設定、達成度の表現方法、さらにそれを重要な仕事の1つとして位置づけられるプロのタスクマネージャーの存在が、日本のエリマネ団体と比べたときの海外のBIDの大きな特徴と言える。次節以降で、海外と日本のエリマネ活動の効果の伝え方について紹介する。

2-3

海外 BID 団体の活動効果の伝え方

海外では、BID 団体が活動の効果を分かりやすくステークホルダーに伝えることが活動継続の鍵である。文字の多い年次報告書とは異なり、写真や図表を中心に要点を分かりやすく示しているのが、海外 BID の報告書に共通する特徴である。本節では、日本のエリマネ団体がステークホルダーへ活動の効果を伝える際に参考になるアメリカの 3 都市とイギリスの 3 都市の事例を紹介する。

アメリカ BID の年次報告書等

●デンバー市（ダウンタウン・デンバー BID、ダウンタウン・デンバー・パートナーシップ）

ダウンタウン・デンバー BID は、1992 年に設立された、デンバー市（人口 71.6 万人、2018 年 8 月推計）のダウンタウンの商業エリアを対象とする BID である。

2007 年にデンバー市（郡）、ダウンタウン・デンバーパートナーシップなどにより策定されたダウンタウン・エリア・プラン（世界でもっとも住みやすいまちにするためのビジョン「繁栄する（Prosperous）」「歩きやすい（Walkable）」「多様な（Diverse）」「特色ある（Distinctive）」「環境にやさいしい（Green）」を含む）に基づき、エリアの中央に位置するメインストリート 16 番ストリートモールを中心に、清掃や警備な

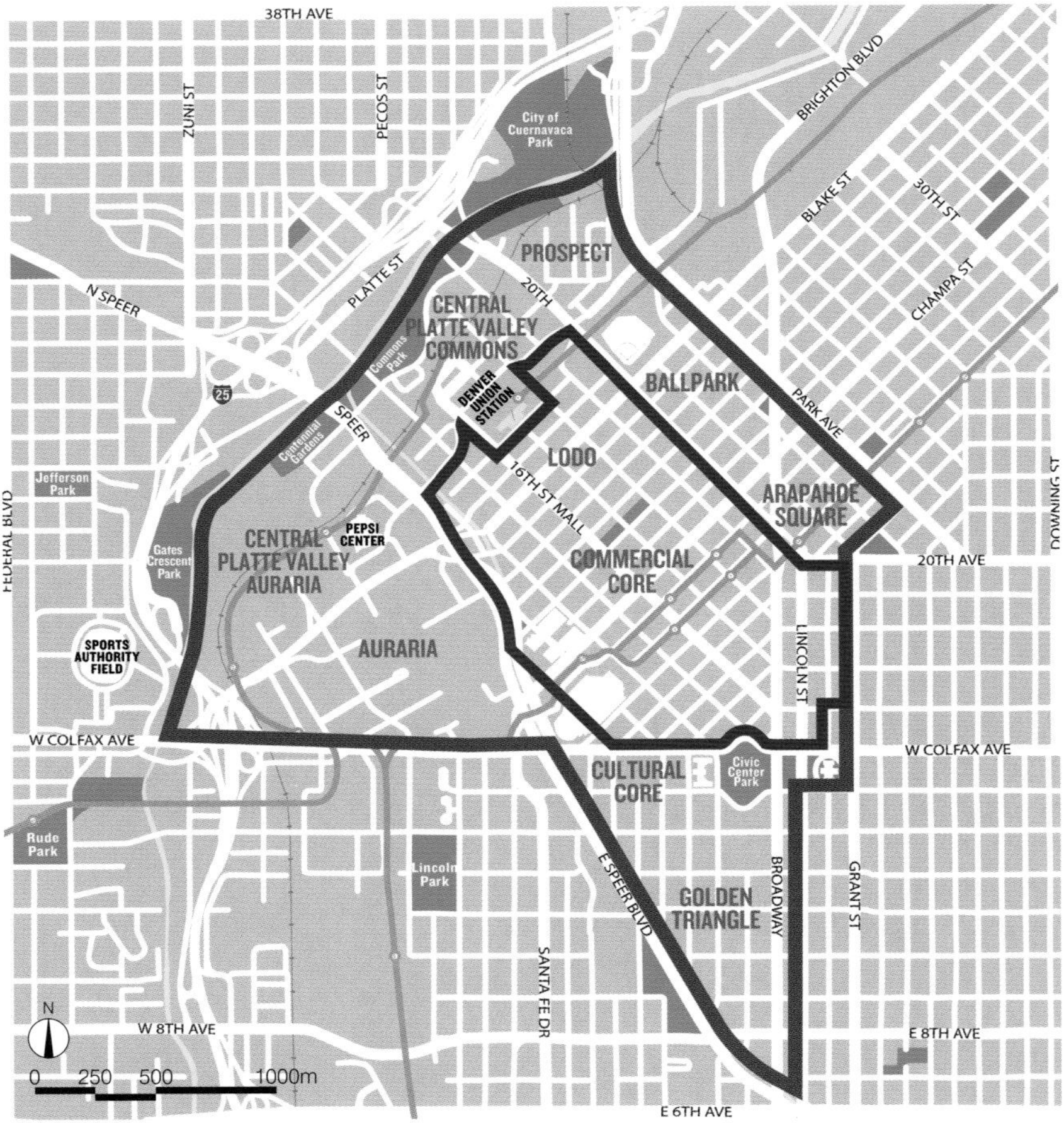

図6　ダウンタウン・デンバー BID（ダークブルー線内）とダウンタウン・デンバー・パートナーシップ（ダークグレー線内）の対象エリア（2016 State of Downtown Denver Report より作成）

どの活動が進められている。また、関連組織として、ダウンタウン・デンバー BID と協定を結び、このエリアを含む広域（ダウンダウンエリア）の管理・運営を行う組織（ダウンタウン・デンバー・パートナーシップ）などがあり、複数組織によるエリマネ活動の連携がこのエリアを特徴づけている（図6）。

ダウンタウン・デンバー BID の年次報告書（2016年）によると、BID の評価軸として、「魅力（Inviting）」「活気（Vibrant）」「繁盛（Thriving）」という3つの活動目標が掲げられ、この活動目標に対する実績が視覚的に示されている。

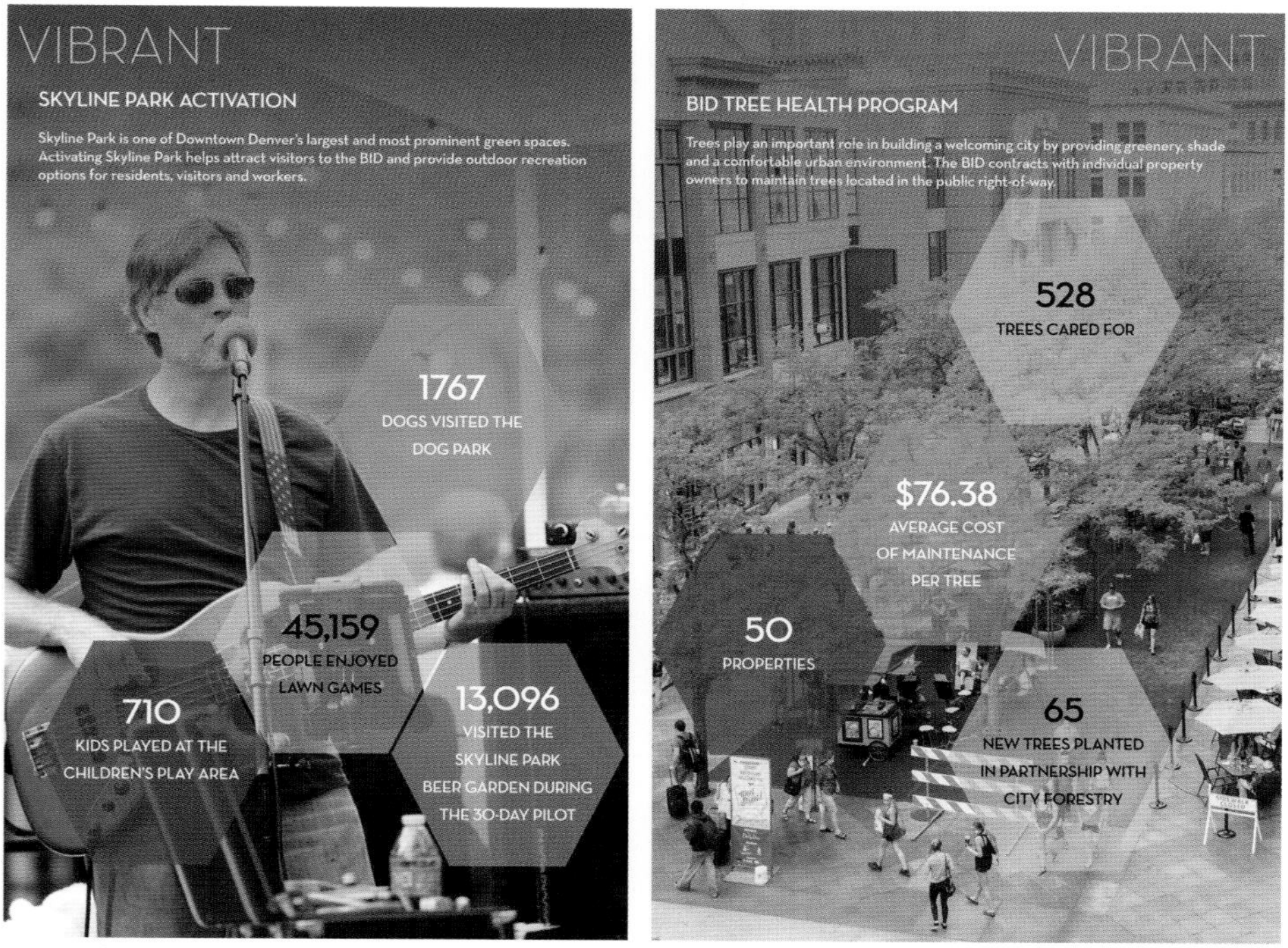

図 7　ダウンタウン・デンバー BID の年次報告書による活気（Vibrant）項目の実績の一部（2016 年）
（Downtown Denver Business Improvement District 2016 Annual Report）

「活気」の実績として、図 7 のように、写真と図を組み合わせ、スカイラインパーク内のドックパークに犬が 1767 匹来たとか、4.5 万人がミニゴルフやピンポンなどの芝生でできるゲームを楽しんだとか、ビアガーデンの 3 日間の利用者数が 1.3 万人だった、樹木の維持管理費は 1 本当たり 76 ドルかかったというようなことを、分かりやすく表現している。文字の量を極力少なくしているのが特徴である。

また、ダウンタウン・デンバー・パートナーシップの年次報告書（2016 年と 2017 年）を見ると、たとえば公共空間の活用の実績が分かりやすく表現されている。2016 年に、空間の種類や活用日数、実施イベント名とその参加者数がインフォグラフィック等で表現され、2017 年は、前年と異なり、実際に行われたイベント（一部は場所も表記）とその写真、イベントの参加者数がセットで表現されている。

PARK OR PUBLIC SPACE	DAYS ACTIVATED IN 2015	EVENT ATTENDANCE IN 2015 (EST.)	SAMPLE EVENTS 2015
16TH STREET MALL	153	MILLIONS	★Your Keys to the City★ ★Meet in the Street★ Zombie Crawl
CIVIC CENTER PARK	183	2,482,000	★Taste of Colorado★ Pride Fest Civic Center Eats
SKYLINE PARK BLOCK 1	78	221,270	★Movies in Skyline Park★ Denver Christkindl Market
SKYLINE PARK BLOCK 2	250	98,137	★Southwest Rink at Skyline Park★ ★Games at Skyline Park★
SKYLINE PARK BLOCK 3	68	+1,676 DOGS +701 KIDS 2,324	★Pop-up Dog Park★ ★Kid's Play Area★
WYNKOOP PLAZA	17◑	3,110◑	Farmers' Market Doors Open Denver

★ BID/DOWNTOWN DENVER PARTNERSHIP-PRODUCED ◑ PARTIAL YEAR

図8　ダウンタウン・デンバー・パートナーシップの年次報告書 における公共空間活用実績（2016年）
（2016 State of Downtown Denver Report）

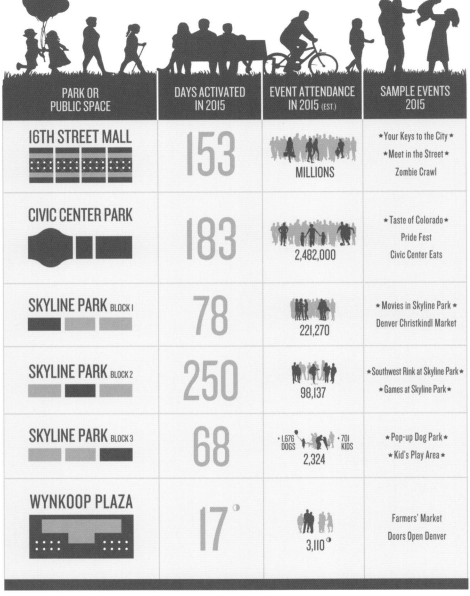

図 9　ダウンタウン・デンバー・パートナーシップの年次報告書における公共空間活用実績（2017 年）
（2017 State of Downtown Denver Report）

●ミネアポリス市（ダウンタウン・インプルーブメント・ディストリクト（DID））

ミネアポリス市（人口 42.5 万人、2018 年 8 月推計）には、市が管理・運営を行う市管理型特別サービス地区（City managed SSD（Special Service District））と、NPO が管理・運営を行う NPO 管理型特別サービス地区（Self-managed SSD）の 2 種類がある。

後者の例として、ダウンタウンを対象エリアとするダウンタウン・インプルーブメント・ディストリクト（DID）がある。2009 年に設立されたこの BID の特徴の 1 つは、BID のサービスレベルがエリアにより分かれていることである（図 10）。

具体的には、サービスレベルを歩行者の活動のパターンや熱心さにより、プレミアム（薄いオレンジ色）とスタンダード（空色）に分けている。レベルは、

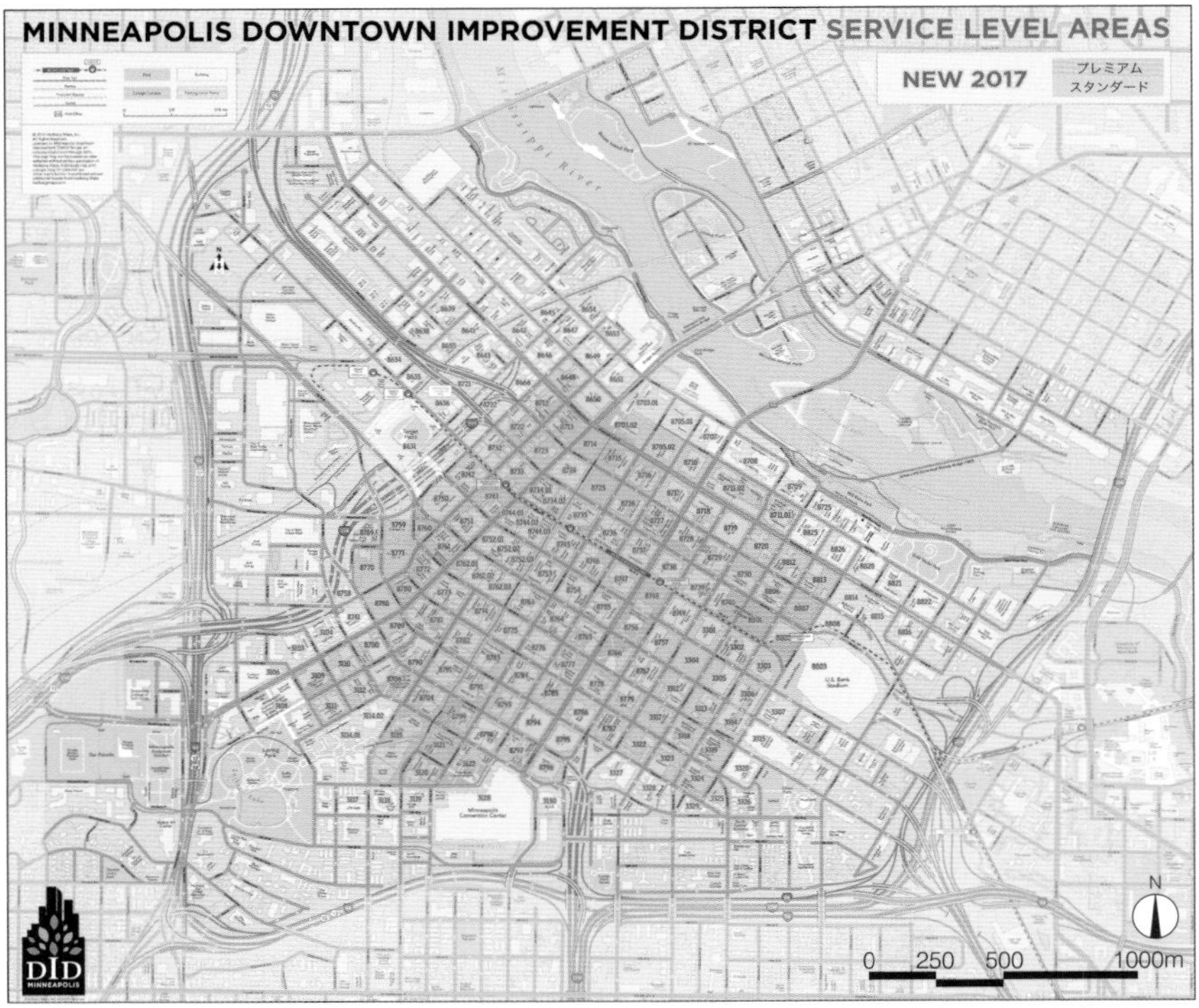

図 10　ミネアポリス市 ダウンタウン・インプルーブメント・ディストリクトの対象エリア
（ミネアポリス・ダウンタウン・インプルーブメント・ディストリクトホームページ（https://www.mplsdid.com/page/show/392100-maps）より作成）

図 11　ミネアポリス市 ダウンタウン・インプルーブメント・ディストリクトの年次報告書の一部（2016 年）（Minneapolis Downtown Improvement District 2016 Annual Report）

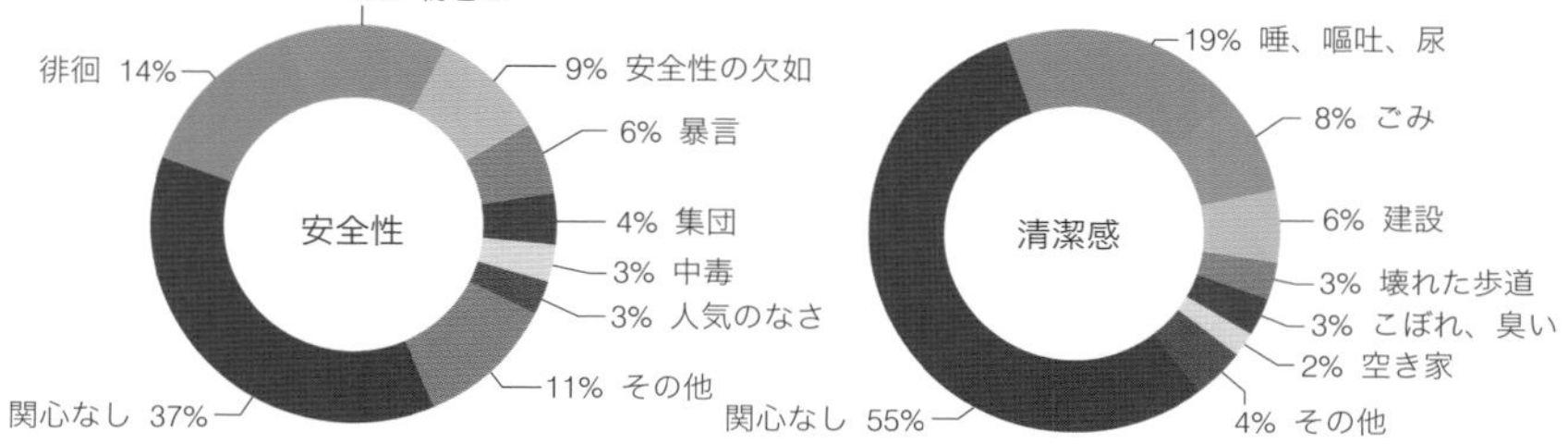

図 12　ミネアポリス市 ダウンタウン・インプルーブメント・ディストリクトのイメージ調査結果（2018 年）（Minneapolis Downtown Improvement District 2018 Annual Report より作成）

歩行者の活動に影響を及ぼす土地利用の変化により変更できるという。

ダウンタウン・インプルーブメント・ディストリクト（DID）の 2016 年の年次報告書では、最初に実行予定のプロジェクト、組織体制、実績等について記され、定量的なデータは最後にまとめて示されている。デンバーと同様に項目ごとに色分けし、アイコンを横に添えるなど、実績などが分かりやすく表現されているのが特徴である。

また、「イメージ調査（Perception Survey）」と称して、エリアの安全性と清潔さについてイメージされることを聞いた結果が毎年報告書に掲載されており、定性的な評価として参考になる。

●ボストン市（ダウンタウン・ボストン BID）

ボストン市（人口 69.5 万人、2018 年 8 月推計）では、2010 年にダウンタウン・ボストン BID が設立され、現在は、市の中心部（ダウンタウン・クロッシングを含み、トレモント通り、コングレス通り、コート通り、ボイルストン通り等に囲まれた 40.5ha のエリア）を対象に、エリマネ活動が進められている。

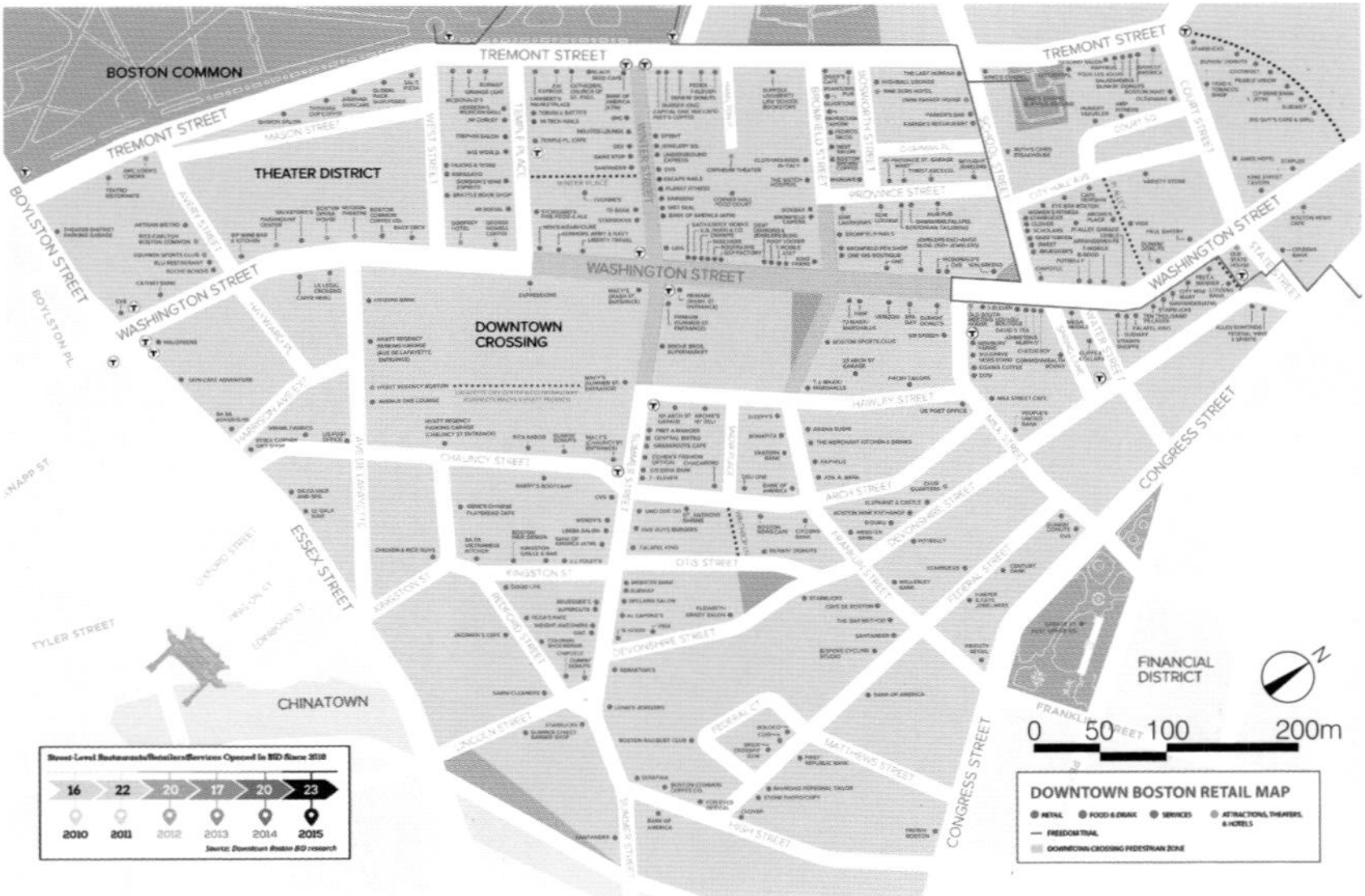

図 13　ダウンタウン・ボストン BID の対象エリア（The Transformation of Downtown Crossing "A Report from the Downtown Boston Business Improvement District 2016" より作成）

設立５周年を記念し作られた報告書には、「まちの美化（Beautiful）」「おもてなし（Welocoming）」「清掃（Clean）」「居住者の増加（Residential Renaissance）」「市場動向（Marcket Trends）」「ハイテク産業の伸び（Hi-Tech Growth）」という目標が示されており、大きな特徴は、時間軸を入れて、それぞれの指標がどれだけ変わったかが分かるようになっている。「おもてなし」にはとくに力を入れているようで、案内件数やBIDマップ配布数が４年間でそれぞれ1.8倍、13倍に増えてい

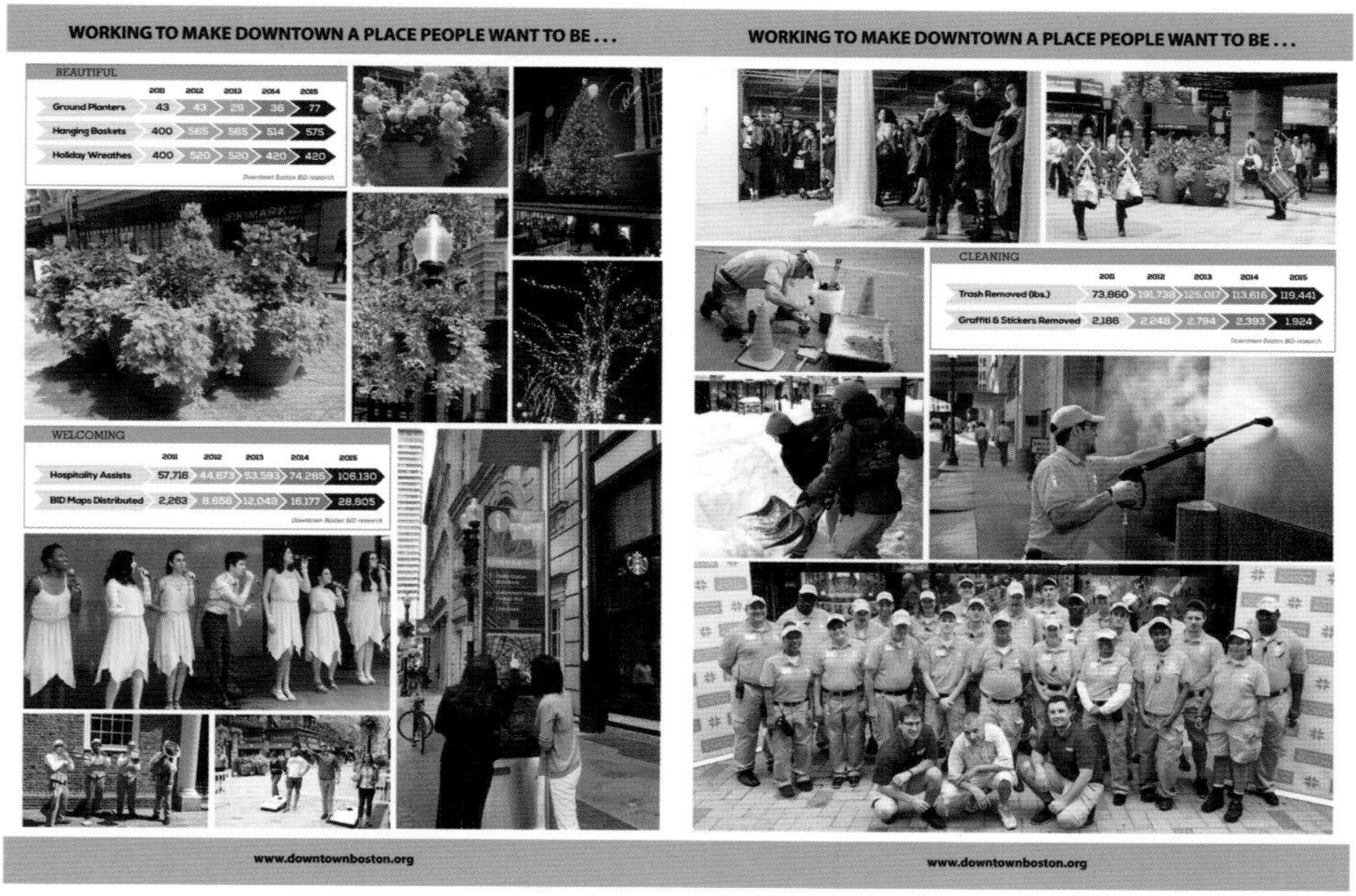

Downtown Boston Market Trends, 2011-2015

	2011	2012	2013	2014	2015	5-Year Trend or Average
商業不動産のBID評価額（約650区画）	$4.597 Billion	$4.670 Billion	$5.066 Billion	$5.386 Billion	$6.287 Billion	7.3% Average Annual Increase
空室率（オフィス床）	15.9%	11.7%	11.8%	11%	8.7%	1.44% Average Annual Decrease
平均募集賃料単価（オフィス床、スクエアフィート当たり）	$44.48	$45.41	$48.26	$52.09	$56.02	5.18% Average Annual Increase
平均客室稼働率（ダウンタウンエリアのホテル）	79.5%	79.5%	81.8%	83.1%	83.48%	81.48%

図14　ダウンタウンボストンBIDの報告書の一部（2011-2015年）（The Transformation of Downtown Crossing "A Report from the Downtown Boston Business Improvement District 2016" より作成）

ることが分かる。

「市場動向」の指標は、ステークホルダーが気になると思われるBID税額、事務所の空室率、事務所の募集家賃、ダウンタウンのホテルの平均稼働率が示され、それらの各年の実績値の推移が分かりやすく表現されている。一目して、いずれの指標も2011年から2015年にかけて好調に推移しているのが分かる。

●アメリカBIDの報告書等からの示唆

アメリカBIDの報告書等における活動効果の伝え方として、デンバー市とミネアポリス市とボストン市のBIDの例を紹介した。

デンバー市のBIDの例では、ダウンタウン・エリア・プランに掲げた明確なビジョンのもと、「魅力」「活気」「繁盛」という3つの活動目標が掲げられ、この活動目標に対する実績が視覚的に示されていた。

ミネアポリスのBIDの例では、エリア内でも歩行者の活動状況などによりサービスレベルが2つに分けられ効率的に活動が進められているダウンタウン・インプルーブメント・ディストリクトの例を紹介した。活動効果として、写真と数字以外にアイコンを上手に使い、誰でも分かりやすくまとめ紹介されている。あわせて、安全性や清潔感などについての定性的な調査（イメージ調査）が行われているのが大きな特徴であった。

ボストン市の事例では、「まちの美化」「おもてなし」「清掃」「居住者の増加」「市場動向」「ハイテク産業の伸び」という目標が示され、実績が時間軸で写真などとともに分かりやすく示されていた。

これらに共通することは、読ませるターゲットをはっきりさせ、ビジョンや目標や実績など、彼らにとって必要な情報をコンパクトにまとめていることである。さらにインフォグラフィック等により、視覚的にもターゲットの興味を引く工夫がなされている。これらは、負担金や事業継続にかかわる合意形成のプロセスにおいて欠かせないものであるため、日本のエリマネ団体も参考にすべきではないかと思われる。

英国 BID の年次報告書等

英国の BID は、5 年ごとに更新される仕組みとなっている。活動を継続するためには、投票で過半数の同意を得る必要があり、ステークホルダーからの支持を得るために、内容の充実した分かりやすい年次報告書を発行することで、活動内容およびその効果の見える化を試みている。投票前に発行・配布される次期の BID の 5 カ年計画には、これまでの活動効果・時期の目標・収支報告等が含まれている。

英国 BID の年次報告書は、アメリカ BID と比べてインフォグラフィックを使用した効果の視覚化よりも、活動内容の詳細な記述に重きを置いている。たとえば、賛成（YES）への投票を促す選挙活動に似た内容や、BID 活動を評価する現場の声が盛り込まれている点が特徴である。（図 15 と図 16）

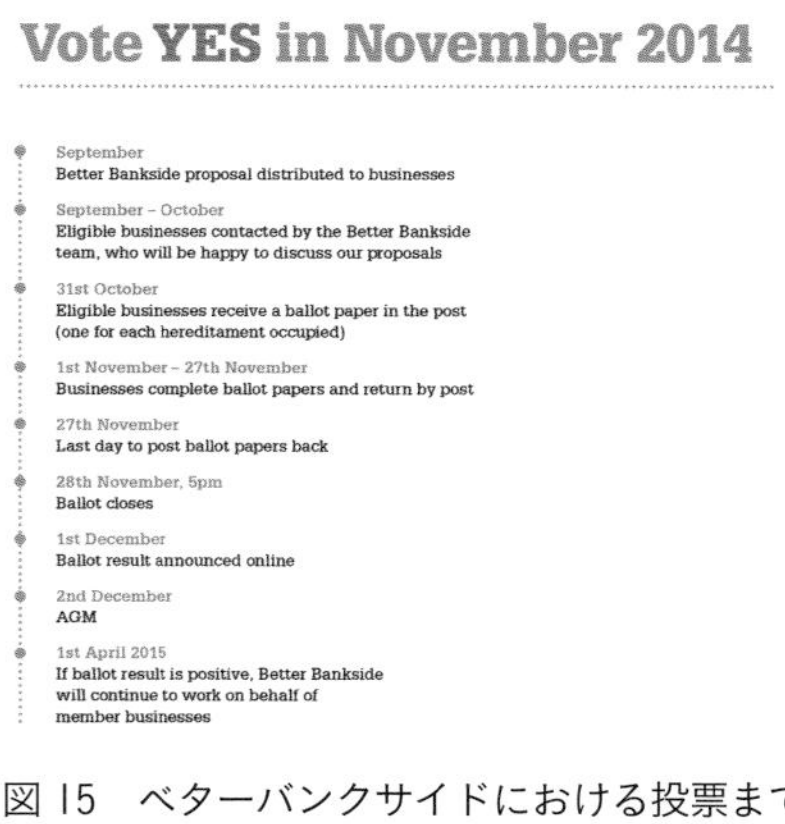

図 15　ベターバンクサイドにおける投票までのスケジュールをグラフィカルにデザイン
(Better Bankside "Renewing and Extending Better Bankside: A Proposal for 2015-2020")

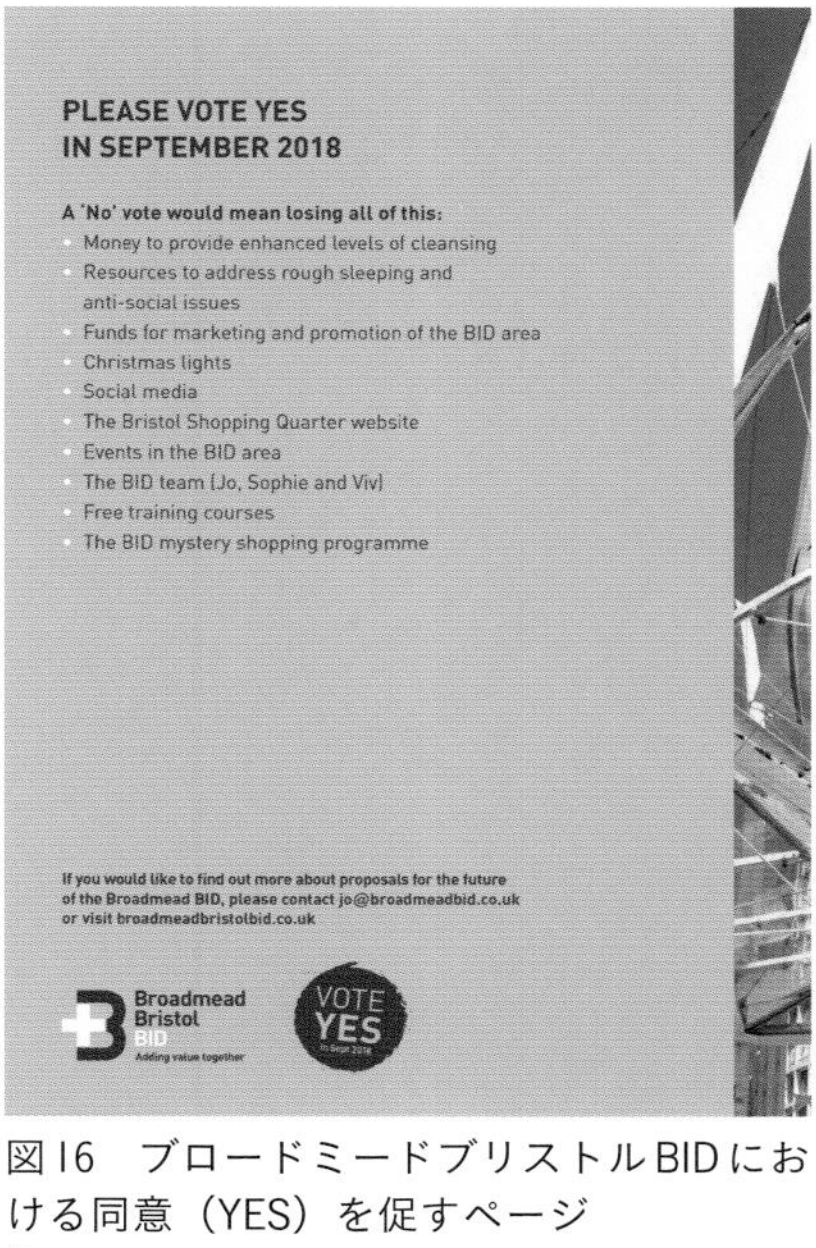

図 16　ブロードミードブリストル BID における同意（YES）を促すページ
(Broadmead Bristol BID "Broadmead Bristol Business Improvement District Prospectus 2018-2023")

これらについて、2018年に来日講演を行ったロンドンのBIDの1つである「カムデン・タウン・アンリミテッド（Camden Town Unlimited）」の最高経営責任者サイモン・ピッキースリ（Simon Pitkeathley）氏は、BIDエリア内の関係者から賛成を得るためのロビー活動の重要性を強調した。また、ユニヴァーシティ・カレッジ・ロンドン（University College London）のクラウディオ・デ・マガリャエス（Claudio de Magalhães）教授は、ロビー活動は、ロンドンの中心から外れ、人のあまり集まらない場所だからこそ必要とされる可能性を指摘している。これらの専門家の意見からも、英国BIDでは、ロビー活動での使用を念頭に置いた活動効果の伝達が行われていると考えられる。

●ベターバンクサイド（Better Bankside）

ブリティシュBID（British BIDs）がまとめた「世界BID調査2018」（"National BID Survey 2018"）によると、英国の首都ロンドンには305のBID団体が存在している。そのなかで今回取り上げるベターバンクサイドは、ロンドンの中心部

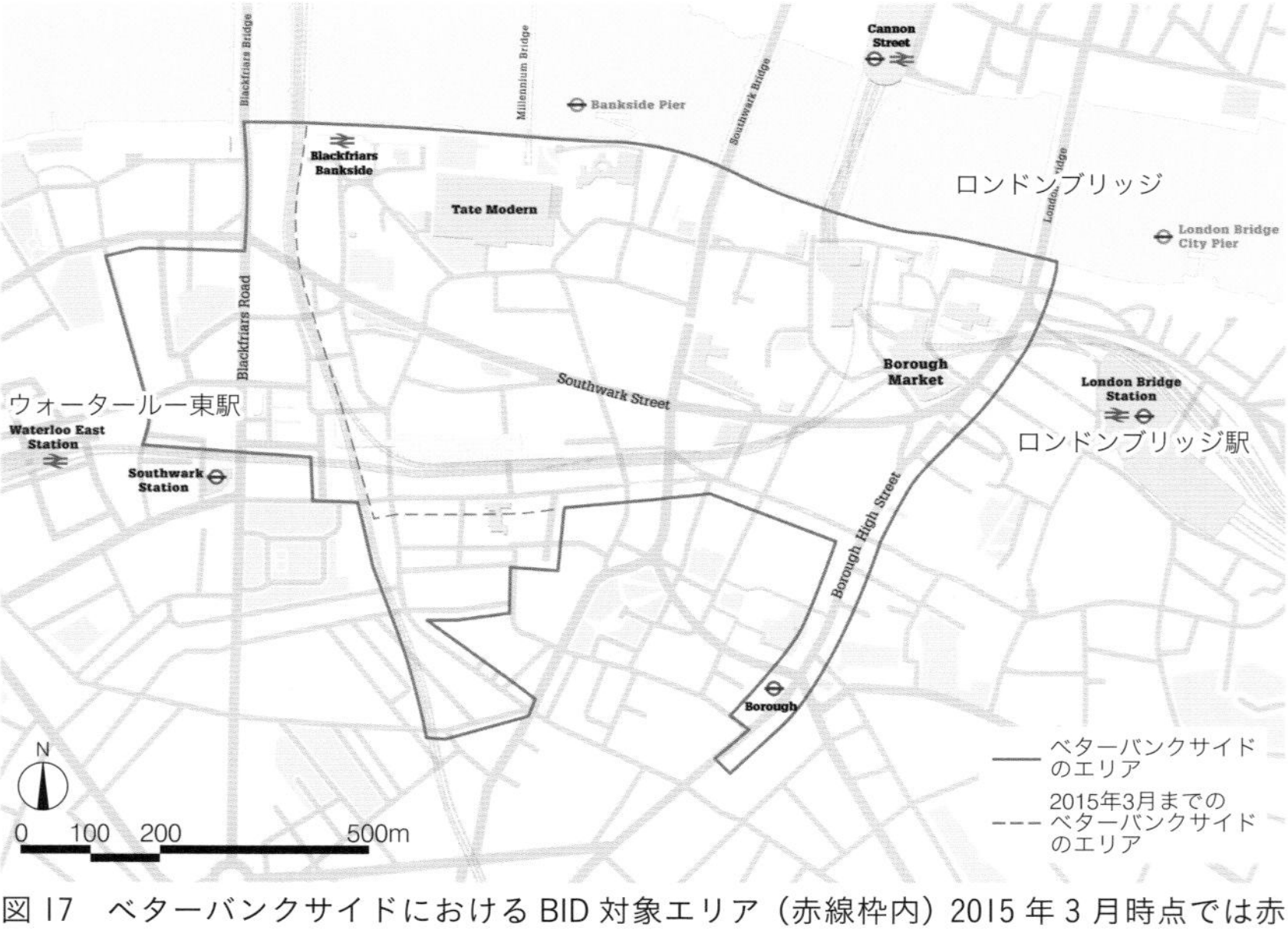

図17　ベターバンクサイドにおけるBID対象エリア（赤線枠内）2015年3月時点では赤点線枠内だったが、その後対象エリアが広がっている。（図15と同じ）

を流れるテムズ川の南岸で2000年に設立された。本BID団体はその立地から、就労者と来街者が満足できるまちづくりを念頭に置き、幅広い活動を行っている。

ベターバンクサイドは2015年4月に第3期（2015年〜2020年）に入り、現在620を超える企業がメンバーとして名を連ねている。BID団体の更新を問う投票が2014年11月末に行われ、この際にはじめて5カ年計画が承認された。投票に向けて発行された5カ年計画書（“Renewing and Extending Better Bankside: A Proposal for 2015-2020”）では、「ビジネス（Better for business）」「通り・空間（Better streets and spaces）」「就労環境（A better place to work）」「観光（A great destination）」のカテゴリーに分け、活動内容やその実績報告を行っている。

たとえば、働きやすい場所を目指して行う 「就労環境」のページ（図18）では、BIDエリア内の人々による通勤時の自転車利用が増加していることに言及したうえで、月1回の無料安全点検、メンテナンス講習、安全な駐輪場の提

A better place to work

We make Bankside a place where people want to be

Your employees are your greatest asset – keeping them happy is a serious business. We make this the best neighbourhood to work in, with imaginative ways to get involved.

Feeling at home makes work a great place to be. We give your teams the inside track to feeling local. Guided lunchtime walks reveal Bankside's stories and our weekly speedwalks explore it all, but faster.

Investing locally is good for everyone. The Bankside Buzz card is a huge success, so we keep the offers and interest fresh. Connecting your teams with local charities builds commitment and strengthens a sense of belonging.

400 over 400 cyclists have been trained in HGV safety since 2010

“At first some of our people were apprehensive about moving ‘south of the river’. Better Bankside came in and told them lots about what was on offer in the area, and created a sense of excitement about the move to Blackfriars Road. They have helped us to settle in to our new area.”

Stella Smith, Business Development Director, Boodle Hatfield

Over 1000 Bankside people took part in volunteering initiatives facilitated by Better Bankside in 2013-14

Bankside speedwalkers have covered 390 miles together since January 2013

Activities should be things people value. More Banksiders now cycle to work and we helped that happen. Cycling is a smarter way to travel and our free monthly safety checks, maintenance training and secure bike parking make it safer and more reliable. Not sure it's for you? Try one of our fleet of pink Brompton folding bicycles.

It should be easy to get to work. We're innovating with new technology – like our online Travel Tool with real time travel information across Bankside – and in winter our snow and ice-clearing service makes sure Bankside gets to work.

Being in Bankside is fun. From Pancake Day races and football socials to pub quizzes and parties, we put the wellbeing into work.

84% of employees state that good transport links are important in making Bankside a good place to work

1st on-street free cycle repair station – our Pink Pitstop is 100m from the cycle superhighway

272 bicycles had free maintenance checks in 2013-2014

8 Better Bankside Proposal 2015-2020

Vote YES in November 2014 9

図18　第3期（2015年〜2020年）活動計画書の一部（就労環境に関するページ）（図15と同じ）

表1　第3期（2015年〜2020年）活動計画書における評価項目および評価指標

評価項目		評価指標
ビジネス	ネットワークづくり・スキルワークショップ	開催件数、参加者の満足度（%）
	地元居住者への求人情報提供	件数
	制服着用警備員による見回りサービス	雇用主の満足度（%）
通り・空間	公共空間の改善	面積（m^2）
	通りの清掃	就労者の満足度（%）
	緑化・植樹	面積（m^2）、植樹数（本）
勤労環境	重量物運搬車に対する安全研修	研修参加サイクリスト数（人）
	ボランティア活動	参加者数
	交通利便性の良さがもたらす就労環境の改善	就労者による満足度（%）
	自転車無料メンテナンス	無料メンテナンス数
観光	来街者	来街者数（人）
	インフォバイクによる情報提供サービス	スタッフが1日に話しかけた来街者数（人）

（図15をもとに作成）

供を報告している。また、エリア内の交通情報（バークレイズ（Barclays）のレンタサイクルスポット、駐輪場、渋滞、充電スポット、バス・水上バス停）をリアルタイムで伝えるオンラインのトラベル・ツール（Travel Tool）の運用や冬季における除雪・除氷サービスの実施についても紹介し、エリア内就労者に寄り添ったBIDの効果を、コンパクトになおかつ包括的に伝えている。

また、5カ年計画内でKPIをまとめて示した箇所はなかったが、表1のとおり評価指標の実績報告が見られた。なかには、エリア内の雇用主50人への電話調査およびエリア内の就労者434人への街頭調査からの収集結果をもとに評価した指標もある。

●ブロードミードブリストルBID（Broadmead Bristol BID）

ブリストルは、ロンドンから約190km西に位置し、約45万人の人口を抱えるイングランド南西部最大、かつ英国第8の都市である。ウェールズの首都カーディフまでは約72kmと比較的近い。ローマ時代から港湾都市としての機能を果たしてきたこの都市は、2015年に英国ではじめて「欧州グリーン首都賞

＊8 2008年より欧州連合（EU）の欧州委員会環境局が創設・主催している。12の指標に基づき、環境に配慮した都市に与えられる賞。ブリストルは、2005年以降の経済成長と二酸化炭素排出量の削減、低炭素産業・クリエイティブ産業・デジタル産業における雇用増大が評価された。

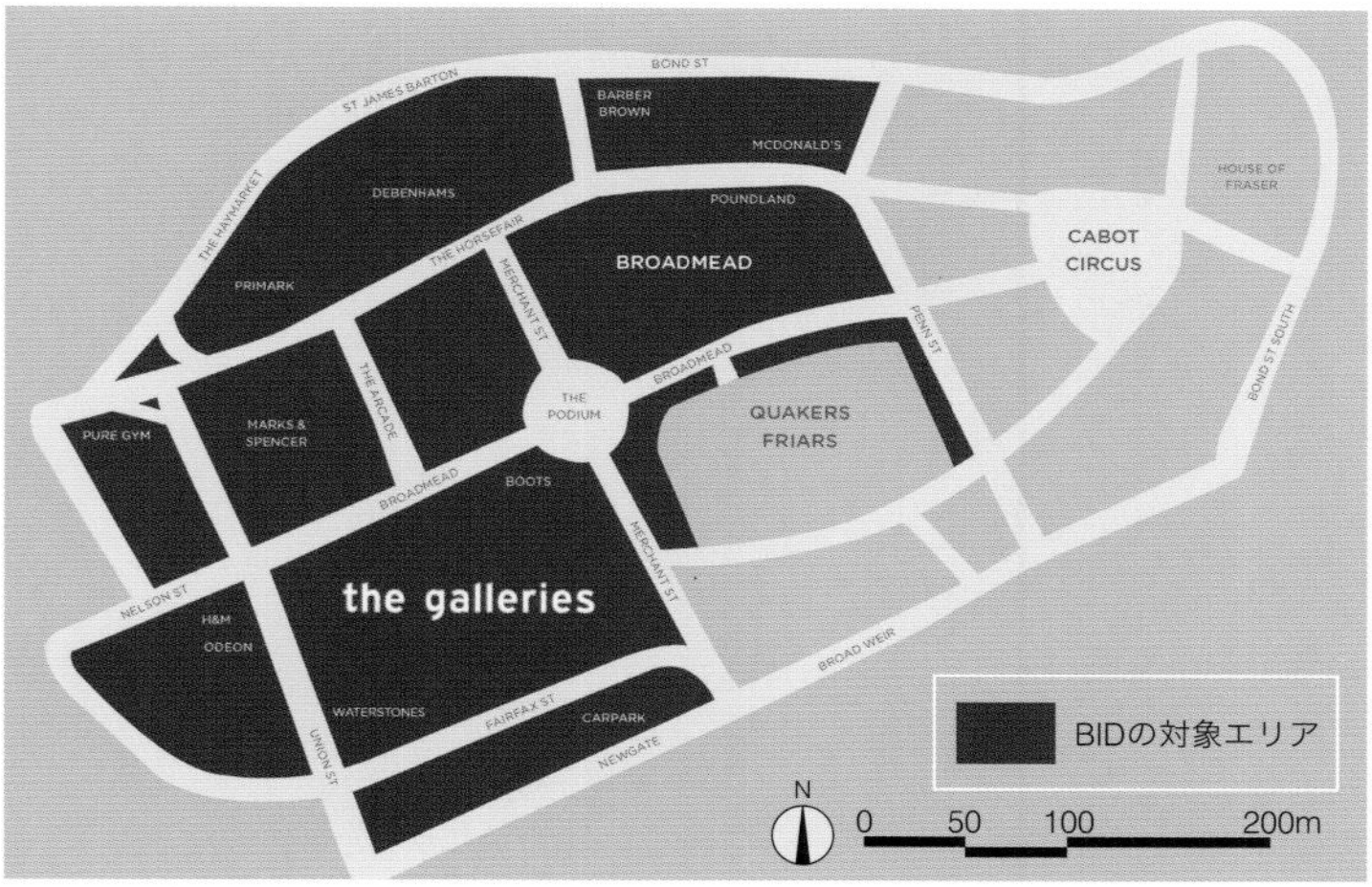

図 19　ブロードミードブリストル BID の対象エリア（図 16 と同じ）

(European Green Capital Award) *8」 を受賞した。

この都市では 4 つの商業系 BID 団体が活動している。そのなかでも中心市街地の中でとくに商業施設が集積するブリストル・ショッピングクォーター（Bristol Shopping Quarter）を対象エリアとするのが、2005 年にデスティネーション・ブリストル（Destination Bristol、官民連携の観光・商業推進 NPO 団体）の提案で設立されたブロードミードブリストル BID である。2008 年に 5 カ年計画が承認されて以来、小売業者からの支持を得て活動を継続している。現在は 2018 年 10 月に始まる第 4 期にあたり、活動の幅をますます広げている。

第 4 期の 5 カ年計画を著した 2018 年～ 2023 年の事業計画書（"Broadmead Bristol Business Improvement District Prospectus 2018-2023"）では、「清掃 & おもてなし (Clean & Welcoming)」「反社会的問題への対応 (Addressing Anti-Social Issues/Safety)」「マーケティング & プロモーション（Marketing & Promotion)」「ビジネスサポート (Business Support)」というカテゴリーごとに活動内容が示されている。その他、次期の BID 活動の目標のみならず、賦課金、予算、担当者までが分かりやすく明示されており、賦課金支払者を対象に実施している活動内容ごとのアンケート調査の結果が充実しているのも特徴である。各プロジェクトに対する支持率が一目で分かるよう示されているのも、BID 更新に向けての支持獲得への試み

図 20　2018 年～ 2023 年事業計画書の一部（図 16 と同じ）
カテゴリーごとに活動内容がまとめられ、アンケート調査による具体的な数値がグラフィカルに表されている。

表 2　ブロードミードブリストル BID 第 3 期 3 年目（2015 年 11 月～2016 年 10 月）における KPI

KPI		結果	計画
マーケティング	マーケティングキャンペーン	26	26
	イベント日数	112	85
	ラジオ広告日数	98	98
	印刷広告日数	77	75
小売業者との関係	BID チームによる来客数（直近 12 か月）	3008	3250
	覆面調査員活動に参加する店	86	75
清掃＆維持	チューインガムはがしの日数	246	260
	2 日間以内で対処した落書きやそれに付随する件数	567	—
	ストリートファニチャの修復	26	—
ソーシャルメディア効果（2016 年 1 月から）	ウェブサイトへのアクセス	+9%	—
	フェイスブックページへの「いいね」の数	+23%	
	ツィッターのフォロワー数	+9%	
	インスタグラムページのフォロワー数	+105%	

（"The Broadmead Business Improvement District BID 3 Year Three (Ending October 2016)" より作成）

と読み取れる（図 20）。

また、ブロードミードブリストル BID では 5 カ年計画の他に年次報告書を毎年発行しており、ここには 5 カ年計画と異なる特徴が見て取れる。5 カ年計画ほど支持率や賛成率といった具体的な数字は掲載されていない代わりに、BID 団体の活動内容の全貌がカテゴリーごとに紹介されている。また、より地元の住民を意識した内容になっており、第 3 期の 3 年目から加わった反社会的問題への対応は、全国的にそういった問題が増えたことを受けて導入された。2018 年の投票で継続が決定した暁には、エリア内の小売業者からの声をもとに、警察やブリストル・シティカウンシルと協働して小売業における犯罪の減少に取り組むとしている。

このようにその時々の問題に敏感に対応ができるのも、定期的にエリア内関係者からの声を聞き、KPI の見直しを行っているからである。それらの KPI は、前年比とともに年次報告書上で実績が報告されているほか、BID チームによってモニタリングされ、隔月開催の BID マネジメントミーティングにて賦課金支払者へ報告されている。その他、翌年の簡単な活動計画や収支報告も含まれている。

●スウォンジー BID（Swansea BID）

スウォンジーは、ウェールズの首都カーディフから鉄道で約 1 時間（55km）北北西に位置しているウェールズ第 2 の都市である。良港に恵まれたことから古くから港湾産業が盛んであり、産業革命以降、良質の石炭鉱山が次々と発見され、当時の銅産業の世界シェアは 90％にのぼった。その後、無数の煙突から吐き出される煤煙により大規模な汚染が問題となり衰退の一途をたどるも、今ではウェールズ最大と言われる市場や新しいショッピングモール等が建ち並び、活気に満ちた都市となっている。

2006 年にウェールズ初の BID として設立されたスウォンジー BID は、2016 年 8 月に第 3 期を迎えた。メンバーである 836 の企業・組織に第 3 期継続を問う投票（2016 年 2 月 25 日）の前には、第 2 期の活動報告と第 3 期の 5 カ年計画書（“Swansea BID Business Plan 2016-2021”）を発行した。そこでは、具体的な数字を出し、BID がプラスの活動をしていることが客観的に分かるようにしてい

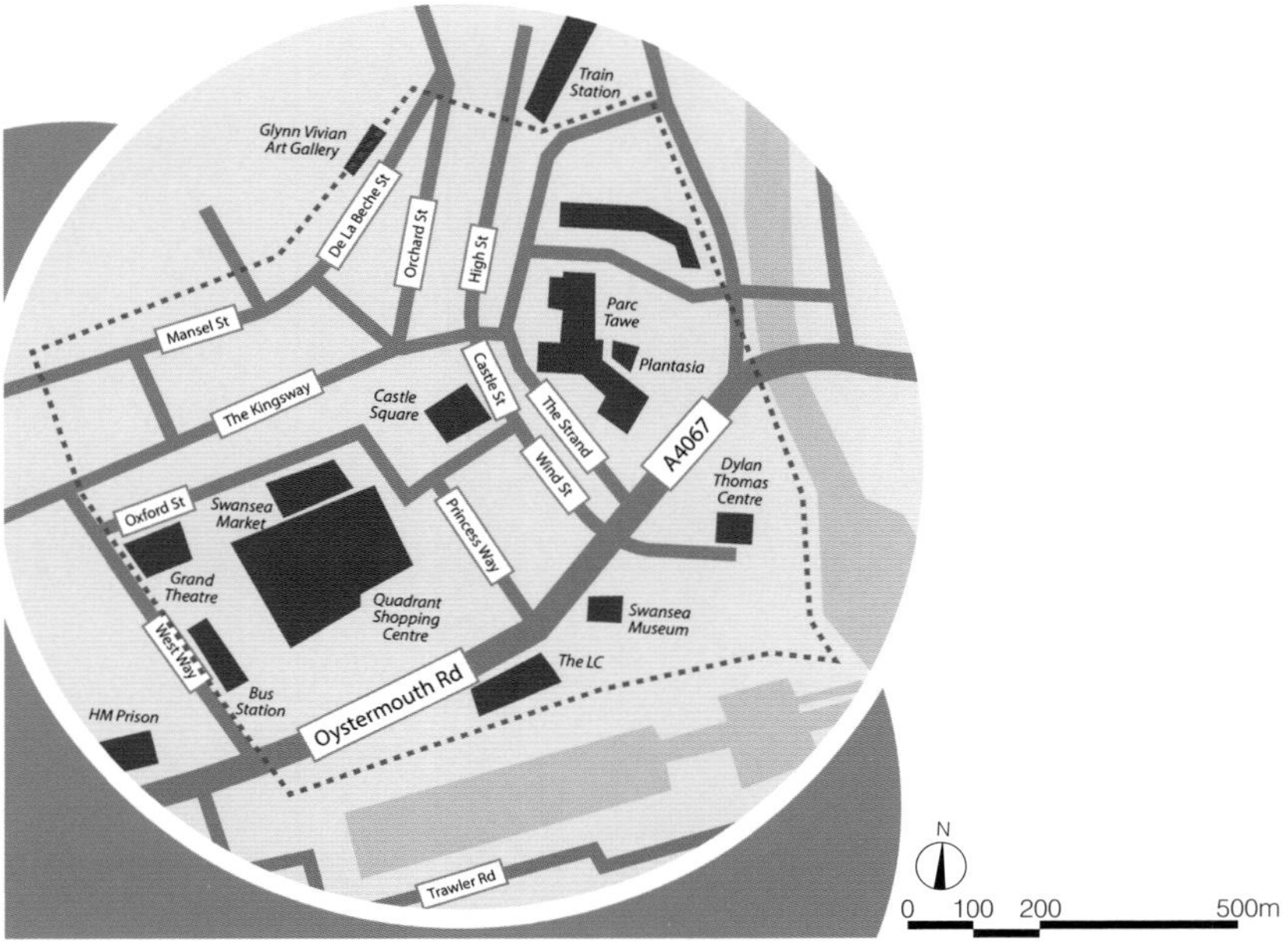

図 21　スウォンジー BID の対象エリア（赤点線内）(Swansea BID Business Plan 2016-2021)

る（図 22)。

また、活動ごとの詳細ページは別に設けられ、第 2 期開始時（2011 年）に掲げた目標、第 2 期を通しての達成事項およびその効果、第 3 期の目標を掲載している。「駐車場と交通機関」に関する活動を例に挙げると、「まちの中心部で無料の駐車場を提供する」という目標に対し、目標以上に駐車場や公共交通機関でサービスを向上した結果、駐車場の利用率が 30％上昇し、まちの中心部への滞在時間が増え、買い物客や訪問客の利便性が向上し、まちの中心部におけるワーカーの駐車場利用料の節約に貢献したと報告している。(表 3 と図 22)

具体的な数字を含めた報告に加え、現場から寄せられた BID の活動を評価する声にも説得力がある。さらに、目標達成の有無のみならず、活動を通してもたらされたプラスの効果を横並びで示すことで、「駐車場と交通機関」に関する取り組みにおける包括的な効果の伝達にも一役買っている。

一方、スウォンジー BID においても、5 カ年計画の他に年次報告書が発行され

表 3　第 3 期（2016 年～ 2021 年）事業計画における評価項目および評価指標

評価項目	評価指標	数値
駐車場利用	増加率（%）	30%
駐車場利用時間	増加率（%）	4%
ワーカーの駐車場利用料の節約	1 日当たりの総額（ポンド）	1000 ポンド
飲酒に起因する反社会的行為	減少率（%）	45.7%
反社会的行為	減少率（%）	20.6%
警備員による見回り	時間	1000 時間増
マーケティングキャンペーン	見聞き人数（人）	260 万人
ロイヤリティカード	使用数	10 万件増
ロイヤリティカード申込み	件数	70 件増
イベント・歩行者	開催数（件）、歩行者数（%）	60 件
チューインガムはがし	チューインガム数	200 万個
資金調達	確保総額（ポンド）	29 万ポンド
直接投資	総額（ポンド）	230 万ポンド

（図 21 と同じ）

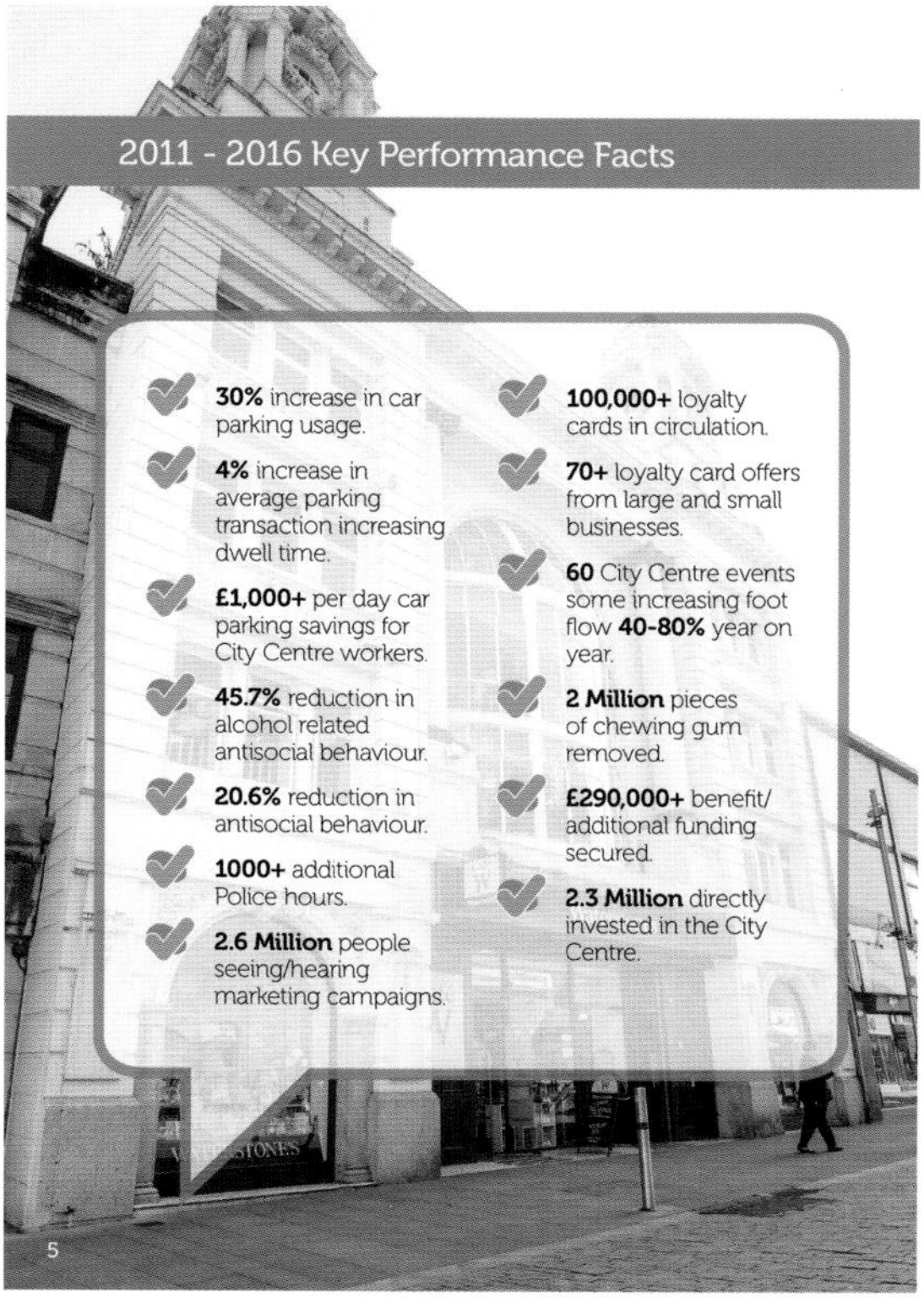

図 22　第 2 期（2011 年～ 2016 年）における主な活動効果（図 21 と同じ）

Car Parking & Transportation

2011: What we said

That we would deliver free car parking promotions in the City Centre.

What we delivered

We not only delivered 1 hour **FREE** car parking at all NCP car parks and **FREE** car parking on Independents Day and Small Business Saturday but we also delivered £3 for 3 hours at all NCP car parks all year round. Additionally, we have secured a BID City Centre worker saver ticket. PLUS worked with First Cymru Bus operator to provide discounted bus travel into the City Centre by showing our loyalty card.

1. Since introducing the £3 for 3 hours and free parking initiatives, we have increased the usage by an average of 30%.
2. Whilst lowering car parking prices the average transaction value has risen by 4%, so more people are parking and staying longer, increasing the dwell time.
3. Bus offers into the City Centre used by 1000's of shoppers/visitors.
4. BID car parking saver cards for City Centre workers are saving over £1,000 per day, helping recruit and retain businesses staff by cutting parking costs.

Our pledge

1. Provide consistent car parking offer/s.
2. Provide bespoke car parking offer/s.
3. Provide public transport offer/s.

The Swansea BID performs a valuable role for all City Centre retailers both as a voice to the local authorities on issues that can make a difference and also in terms of being a catalyst to drive footfall into the City Centre shopping areas. Organisation and delivery of key events throughout the calendar and the support of cheaper parking have both made a difference to Swansea City footfall with its latest moving average currently at +2.7%.

James Loxdale, Store Manager, Debenhams Swansea

図 23　「駐車場と交通機関」における第 2 期の活動効果および第 3 期（2016 年～ 2021 年）の目標（図 21 と同じ）

ている。年次報告書では、収支報告に加え、「駐車と交通機関（Parking & Transportation)」「安全と保障（Safety & Security)」「マーケティングとイベント（Marketing & Events)」「商業ビジネスと円滑化（Commercial Business & Facilitation)」「清掃と強化（Cleaning & Enhancement)」の 5 つのカテゴリーごとに活動およびその効果（実績）が具体的な数字とともに記されている。第 2 期では文字が大半を占めていた年次報告書も、ここ数年で写真が入り、より視覚的に訴えかけやすいものとなった（図 24）。

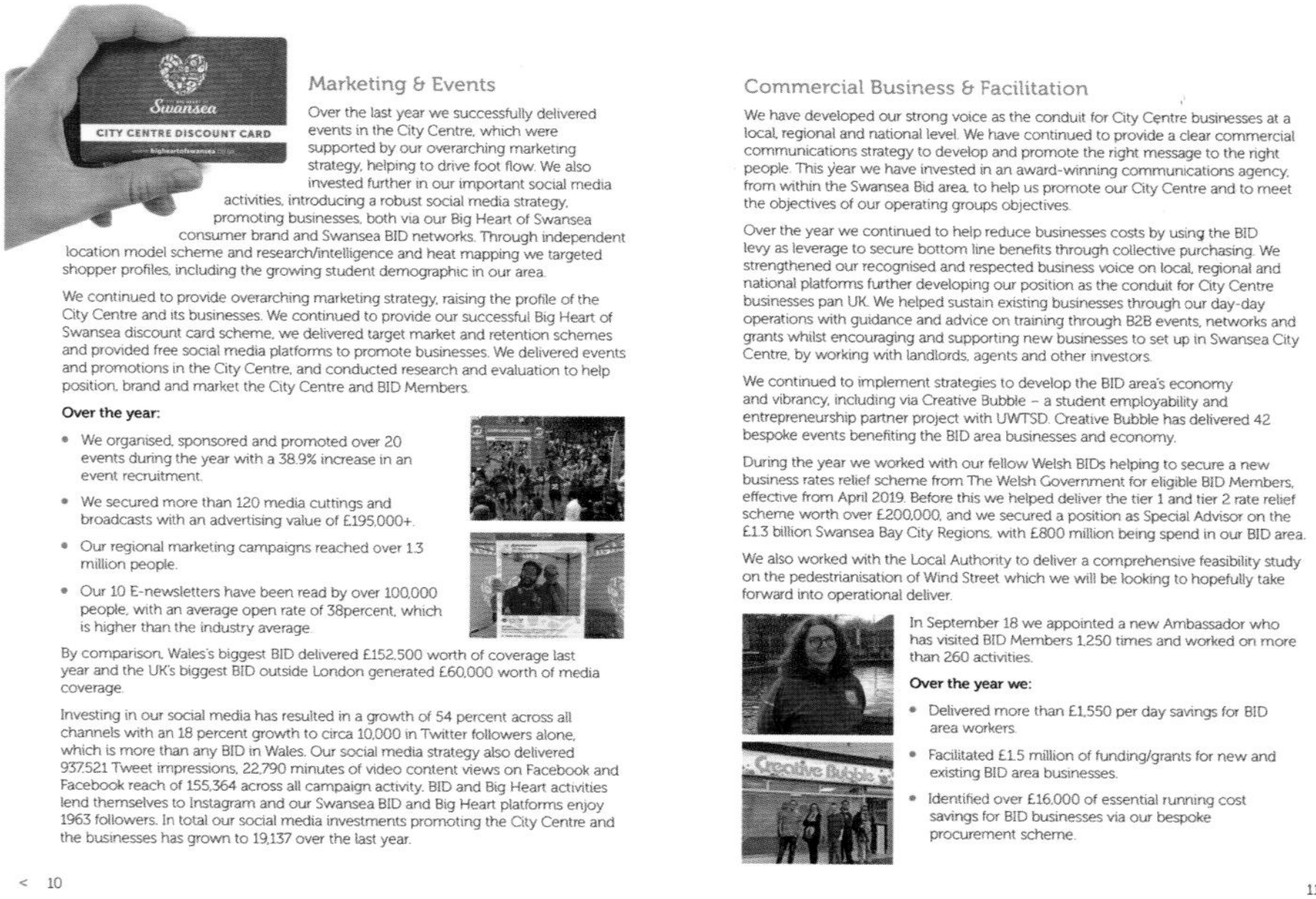

Marketing & Events

Over the last year we successfully delivered events in the City Centre, which were supported by our overarching marketing strategy, helping to drive foot flow. We also invested further in our important social media activities, introducing a robust social media strategy, promoting businesses, both via our Big Heart of Swansea consumer brand and Swansea BID networks. Through independent location model scheme and research/intelligence and heat mapping we targeted shopper profiles, including the growing student demographic in our area.

We continued to provide overarching marketing strategy, raising the profile of the City Centre and its businesses. We continued to provide our successful Big Heart of Swansea discount card scheme, we delivered target market and retention schemes and provided free social media platforms to promote businesses. We delivered events and promotions in the City Centre, and conducted research and evaluation to help position, brand and market the City Centre and BID Members.

Over the year:

- We organised, sponsored and promoted over 20 events during the year with a 38.9% increase in an event recruitment.
- We secured more than 120 media cuttings and broadcasts with an advertising value of £195,000+.
- Our regional marketing campaigns reached over 1.3 million people.
- Our 10 E-newsletters have been read by over 100,000 people, with an average open rate of 38percent, which is higher than the industry average.

By comparison, Wales's biggest BID delivered £152,500 worth of coverage last year and the UK's biggest BID outside London generated £60,000 worth of media coverage.

Investing in our social media has resulted in a growth of 54 percent across all channels with an 18 percent growth to circa 10,000 in Twitter followers alone, which is more than any BID in Wales. Our social media strategy also delivered 937,521 Tweet impressions, 22,790 minutes of video content views on Facebook and Facebook reach of 155,364 across all campaign activity. BID and Big Heart activities lend themselves to Instagram and our Swansea BID and Big Heart platforms enjoy 1963 followers. In total our social media investments promoting the City Centre and the businesses has grown to 19,137 over the last year.

< 10

Commercial Business & Facilitation

We have developed our strong voice as the conduit for City Centre businesses at a local, regional and national level. We have continued to provide a clear commercial communications strategy to develop and promote the right message to the right people. This year we have invested in an award-winning communications agency, from within the Swansea Bid area, to help us promote our City Centre and to meet the objectives of our operating groups objectives.

Over the year we continued to help reduce businesses costs by using the BID levy as leverage to secure bottom line benefits through collective purchasing. We strengthened our recognised and respected business voice on local, regional and national platforms further developing our position as the conduit for City Centre businesses pan UK. We helped sustain existing businesses through our day-day operations with guidance and advice on training through B2B events, networks and grants whilst encouraging and supporting new businesses to set up in Swansea City Centre, by working with landlords, agents and other investors.

We continued to implement strategies to develop the BID area's economy and vibrancy, including via Creative Bubble – a student employability and entrepreneurship partner project with UWTSD. Creative Bubble has delivered 42 bespoke events benefiting the BID area businesses and economy.

During the year we worked with our fellow Welsh BIDs helping to secure a new business rates relief scheme from The Welsh Government for eligible BID Members, effective from April 2019. Before this we helped deliver the tier 1 and tier 2 rate relief scheme worth over £200,000, and we secured a position as Special Advisor on the £1.3 billion Swansea Bay City Regions, with £800 million being spend in our BID area.

We also worked with the Local Authority to deliver a comprehensive feasibility study on the pedestrianisation of Wind Street which we will be looking to hopefully take forward into operational deliver.

In September 18 we appointed a new Ambassador who has visited BID Members 1,250 times and worked on more than 260 activities.

Over the year we:

- Delivered more than £1,550 per day savings for BID area workers.
- Facilitated £1.5 million of funding/grants for new and existing BID area businesses.
- Identified over £16,000 of essential running cost savings for BID businesses via our bespoke procurement scheme.

11

図 24　第 3 期 3 年目（2018 年～ 2019 年）の年次報告書の一部より（Swansea Business Improvement District ANNUAL REPORT 2018/2019）
視覚的に訴えかけやすい紙面づくりを目指している。

●英国 BID の報告書等からの示唆

わが国のエリマネ団体と比べて英国 BID は、具体的な受益者を特定し、身近かつ現実味を持った効果の検証が行われている点が特徴である。日本のエリマネ団体では、「来街者・来場者・利用者数」を用いてエリマネ効果の測定が行われることが多いが、英国 BID では「雇用主」「就労者」「居住者」「BID 会員」のように、各属性が投票を意識できるよう、より身近かつ現実味を持った指標を構築し、効果検証を行っている。つまり、BID 活動による効果が、各属性が持つ期待値を上回るか否かという視点を持っている。効果を数字やインフォグラフィック等で美しく伝えることも重要であるが、「受益者を細分化・具体化すること」は、日本のエリマネ団体にも参考になる。ビジネス街やビジネスパーソンを対象とした活動が徐々に増えている昨今、エリア内の漠然とした効果では

図 25　スウォンジー BID におけるイベントの様子（https://www.swanseabid.co.uk/marketing-promotions-events/（2020 年 1 月 31 日））

なく、雇用主や就労者が享受するメリットをデータとともに示すことにより、フリーライダーの削減にも繋がると考えられる。データ収集についても、エリア内の企業およびその従業員へのアンケート調査の実施が、低コストで、なおかつ作業の手間が省け有効であろう。

また、日本のエリマネ団体の多くは「安全・安心」や「環境・エネルギー」等とカテゴライズして活動報告を行っているが、海外の BID では活動別ではなく受益者別（雇用者、就労者、居住者、来街者等）に活動効果を伝えている。これにより、自らの属性が享受するであろう受益に該当する箇所が分かりやすくなっている。

2-4

エリアマネジメント団体の活動内容と効果の伝え方

日本のエリマネ団体の活動報告の対象は、団体のステークホルダーであり、内容は団体の情報や活動内容の記載に留まっている。エリマネ負担金制度を取り入れエリマネ活動を行う場合、海外の BID の報告書のように、活動を継続するよう、さまざまなデータを分かりやすく記載し、ステークホルダーに示すとともに、広く市民にその効果を明示するものに変える必要がある。

ステークホルダー向けの報告書

● NPO 法人大丸有エリアマネジメント協会（リガーレ）［東京都千代田区］

2018 年度活動概況報告書の構成は表 4（p.133 参照）のとおりとなっており、協会の会員に向けた活動報告になっている（p.132、図 26 参照）。

【1】協会の構成

・会　員：法人 95 社、個人 54 名（2019 年 3 月末時点）
・総　会：1 回開催（5 月 31 日）
・理事会：5 回開催（第 97 回〜101 回）

【2】賑わいづくり

①公的空間活用

行幸通り

・NO LIMITS SPECIAL2018 東京丸の内（5 月 5 日〜6 日）
・日枝神社神幸祭お練り（6 月 8 日）
・丸の内 de 打ち水、丸の内盆踊り　（7 月 27 日）
・東京味わいフェスタ（10 月 5 日〜7 日）
・ツール・ド・ニッポン（10 月 28 日）
・ドリームよさこい（11 月 4 日）
・東京ミチテラス（12 月 24 日〜28 日）※樹木のみ 12 月 14 日〜
・東京マラソン（3 月 3 日）

丸の内盆踊り

丸の内仲通り

・丸の内警察交通安全パレード（4 月 4 日）
・ハンドクラフトマーケット by Creema（4･5･6･7･9･10･11･12 月）
・ラフォル・ジュルネ・オ・ジャポン 2018（5 月 3 日〜5 日）
・スターバックスキッチンカー（5 月 8 日）
・丸の内ラジオ体操（5 月 7 回・10 月 7 回）
・ブルームバーグ スクエア・マイル・リレー（5 月 17 日）
・大手町・丸の内・有楽町綱引き大会（5 月 21 日〜25 日）
・キャンピングオフィス丸の内（5 月 24 日〜26 日）
・英国フェア（6 月 4 日〜10 日）
・日枝神社神幸祭お練り（6 月 8 日）
・クナイプ×ロンドンバス（6 月 15 日〜17 日）
・東京音楽の祭日（6 月 18 日〜22 日）
・MARUNOUCHI SPORTS FES 2018（8 月 3 日〜16 日）
・アーバンテラスサマーナイト（8 月 6 日〜10 日）
・プロジェクト FUKUSHIMA！大風呂敷ピクニック（8 月 16 日）
・ビジネス酒場関連（9 月 22 日）
・Tomorrow Land 40th アニバーサリー（9 月 22 日〜24 日）
・東京味わいフェスタ（10 月 5 日〜7 日）
・BEYOND FES. 丸の内（10 月 13 日〜14 日）
・藝大アーツイン丸の内 2018 関連（10 月 22 日・28 日）

丸の内仲通りアーバンテラス

大手町・丸の内・有楽町綱引き大会

図 26　NPO 法人大丸有エリアマネジメント協会活動状況の一部（2018 年 4 月〜 2019 年 3 月）（提供：NPO 法人大丸有エリアマネジメント協会（リガーレ））

表 4　リガーレの活動報告書の構成

1. 協会の構成　会員数、総会開催回数、理事会開催数
2. 賑わいづくり　①公的空間の活用　②公開空地の活用 ③エリアマネジメント広告
3. エリア内の交流促進　①野球大会　②夏祭り　③ラジオ体操など
4. 広報　①パンフレットの更新　②エリアマネジメントレポートの更新 ③イベントリリースなど
5. DMO 東京丸の内の立ち上げ
6. 全国エリアマネジメントネットワークとの連携

●一般社団法人 TCCM（豊田シティセンターマネジメント）[愛知県豊田市]

豊田まちづくり株式会社が発行する「2019 年度版　中心市街地活性化への歩み」の構成は表 5 のとおりとなっており、このなかの 5. 豊田市中心市街地活性化協議会と 6. 豊田市の取り組みのなかに（一社）TCCM の活動が記述されている（p.134 ～ 137 参照）。

表 5　豊田まちづくり株式会社「2019 年度中心活性化への歩みの構成」

1. ごあいさつ
2. 沿革
3. 豊田まちづくり株式会社について ・概要　・決算状況の推移　・主な業務内容の説明
4. 豊田まちづくり株式会社の事業
5. 豊田市中心市街地活性化協議会
6. 豊田市の取り組み
7. 豊田市、豊田まちづくり株式会社、その他のまちづくり団体との連携事業等
8. 資料

豊田まちづくり株式会社の業務だけでなく、連携する豊田市、中心市街地活性化協議会や（一社）TCCM、その他のまちづくり団体などと、豊田まちづくり株式会社の業務がどのように係わっているか、経緯的にも、組織的にも、さまざまなデータ的にも詳細に網羅された年報である。ステークホルダーである株主や研究者から理解を得られやすい。一般の市民や地元の方々向けではもともとないので、彼らにとっては、詳細なので活動のアピールポイントがはっきりしない面があると思われる。

2018年度の主な活動実績

□とよたまちパワーフェスタ2019春の開催
開催日:2019年3月23日(土)～24日(日)

□豊田JAZZキャラバンの開催
開催日:2018年5月27日(日)、7月15日(日)、11月20日(火)、
2019年3月24日(日)

□恐竜ワールドフェスティバル
開催日:2018年7月13日(金)～26日(木)

□シネチケdeサービス

□まちなかサポーター店
(豊田マラソン)

(ラグビー(TOPリーグ、日本代表)、グランパス)

図 27　豊田市中心市街地まちなか宣伝会議の活動の紹介（豊田まちづくり株式会社『あなたの「好き」がまちのチカラに。 中心市街地活性化の歩み 2019 年度版』p.39）

豊田市の取組み　　豊田市より資料提供

あそべるとよたプロジェクト　とよたのまちなかを本気であそぶ、つかいこなす!

豊田市駅周辺にある開けた空間“まちなかの広場”を、“人”の活動やくつろぎの場として開放し、さらにはとよたの魅力を伝え、とよたに愛着を持てる場所として、使いこなしていく取組み。
現在は日常的なにぎわいが少なく、発表の場として使うことも難しい、まちなかの広場。そんな場所で、市民・企業・行政が一体となってアイデアを出し合い、みんなの“やってみたい”ことを実現しながら、より使いやすい広場に生まれ変わるための継続的な仕組みを創る。

あそべるとよたプロジェクト
ASOBERU TOYOTA PROJECT

あそべるとよた推進協議会

- 公と民の広場管理者などが構成員となり、まちなかの広場の活用やその仕組みづくりを推進する組織
- 構成メンバー
  豊田市中心市街地活性化協議会・(一社)TCCM、
  豊田喜多町開発(株)、豊田市駅前開発(株)、豊田市駅前通り南開発(株)、
  豊田市駅東開発(株)、豊田まちづくり(株)、豊田市崇化館地区区長会、
  豊田市(公園緑地管理課・都市整備課・土木管理課・商業観光課)、
  (株)こいけやクリエイト
- 事務局
  商業観光課、(一社)TCCM(事務局支援)

あそべるとよたDAYS(2018年3月1日～)

- 管理者が異なる7か所の広場の窓口や使用料金を統一し、2018年度には44団体(168件)が広場を活用

《実施例》

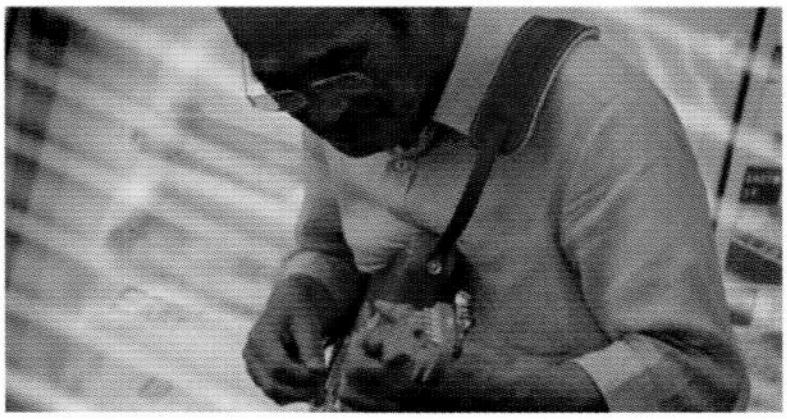

ギター演奏

英国フェスティバル(参合館)

アカペラライベント

図 28　あそべるとよたプロジェクトの紹介 (図 27 と同じ、p.46)

豊田市中心市街地活性化協議会　(一社)TCCMより資料提供

一般社団法人TCCMとエリアマネジメント

豊田市中心市街地活性化協議会・TCCM(豊田シティセンターマネジメント)は2017年2月に法人格を取得し、『一般社団法人TCCM(以下、(一社)TCCM)』として公益性を持ったまちづくり組織として、中心市街地のエリアマネジメント事業を推進する。

(一社)TCCMの事業目的

地域住民・事業者等との連携のもと中心市街地の活性化をめざし、エリアマネジメントの推進事業実施により自立した組織をめざすとともに、事業収益を新たなまちづくり事業に還元。

- まち・エリアの価値を維持・向上させるまちづくり事業の推進
- まちの賑わい・楽しさを創造し、魅力を発信するプロモーション事業の実施

(一社)TCCMの事業方針

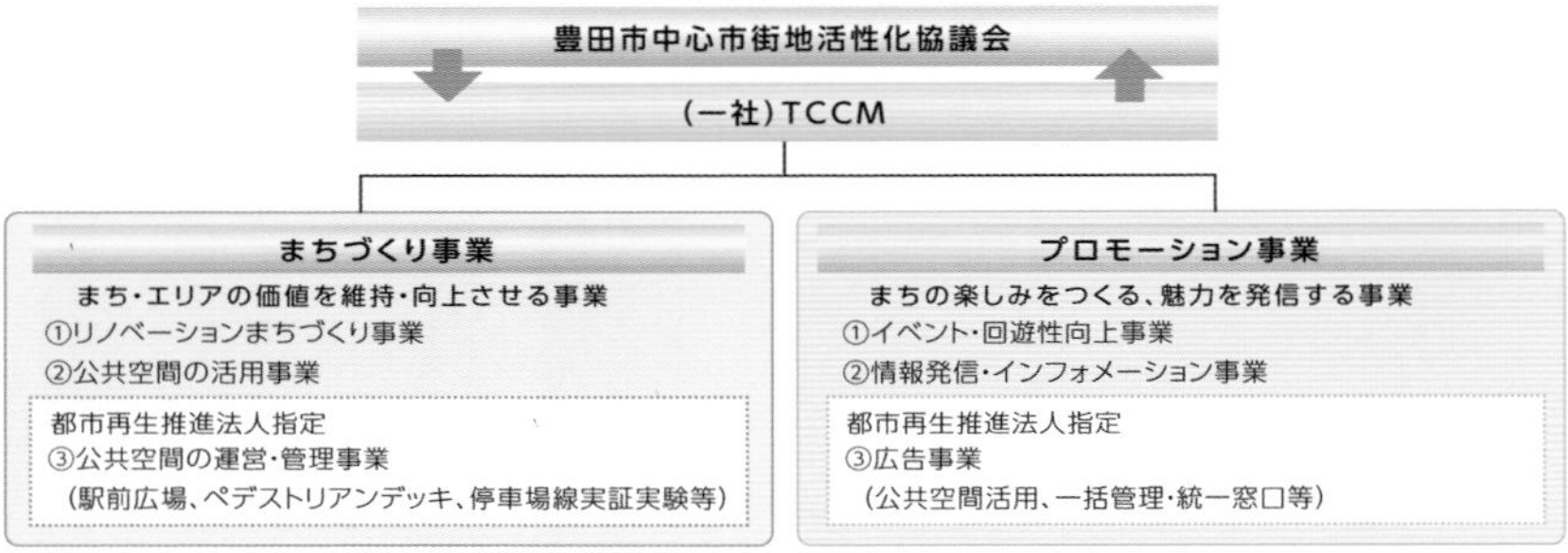

(一社)TCCMの組織

設立時期:2017年2月28日　(一社)TCCM設立　所在地:豊田市小坂本町1丁目25番地 豊田商工会議所4階
組織体制:2019年4月1日現在

役　職	主な役割	位置づけ
代表理事	組織の代表、事業統括	豊田まちづくり(株)代表取締役社長
理事	代表理事の補佐	豊田商工会議所専務理事
		豊田市商業観光課長
監事	理事の業務執行財産監査	豊田商工会議所会頭
事業統括部長	事業の統括	専任職員
運営会議チーム	TCCM事業の推進・サポート・事務局業務	豊田市商業観光課・都市整備課、豊田商工会議所、豊田まちづくり(株)　各担当者

(一社)TCCMへの都市再生推進法人の指定及び役割

- (一社)TCCMはまちづくりの推進を活動目的とし、まちづくりの実績がある法人として豊田市より『都市再生推進法人』の指定を受ける。

指定日: 2018年3月23日
業　務: 1.遊休不動産等の利活用と新たな事業者の発掘と支援
2.遊休不動産等の利活用に向けたプランニング
3.中心市街地の活性化に寄与する事業の提案と実施
4.賑わい創出、回遊性向上等をめざすプロモーションの実施
5.都市利便増進協定にもとづく公共的空間の運営・管理

- 停車場線等都市利便増進協定を豊田市と締結。

締 結 日:2019年5月20日
締結内容:停車場線等協定区域において都市利便増進施設の一体的な整備及び管理を行うことができる。

図 29　一般社団法人 TCCM とエリアマネジメントの紹介（図 27 と同じ、p.40 ～ 41）

(一社)TCCMの主な事業等

まちづくり事業

- 都市再生推進法人としての公共的空間の活用事業(実証実験 Toyota Street Market 等)
- 豊田市中心市街地における官民連携のエリアマネジメントの仕組みづくりの研究(豊田市エリアマネジメント研究会)
- ペデストリアンデッキ広場の運営管理(あそべるとよたプロジェクト)

プロモーション事業

- 豊田市中心市街地まちなか宣伝会議
  商業活性化推進3ヵ年計画を豊田市に提案し採択される。事務局を担う。
- 映画を活かしたまちづくり実行委員会
  映画文化の醸成、及び映画・シネマコンプレックスを活かした賑わいづくりを市と共同で事務局の運営。

収益事業

- 公園、広場、道路等公共的空間活用等事業
  『STREET&PARK MARKET』(桜城址公園)、『MUSEUM MARKET』
  (豊田市美術館)、『EHONMARKET』(とよたエコフルタウン)の開催
- 参合館アトリウムを日常的に活用した『CAFE』SHOP
- 駅西ペデストリアンデッキ広場での飲食店、広場管理
- まちなか案内「ウェルカムセンターコンテナーエヌロク」事業
- 北部駐車場運営管理業務
- 調査、事務局業務等の受託事業
- レストえきまえ運営・管理事業

一般向けの報告書

●大手町・丸の内・有楽町地区エリアマネジメントレポート［東京都千代田区］

リガーレと、一般社団法人大手町・丸の内・有楽町地区まちづくり協議会（大丸有まちづくり協議会）と一般社団法人大丸有環境共生型推進協会（エコッツェリア協会）の三者で作成した「大手町・丸の内・有楽町地区エリアマネジメントレポート」は、ステークホルダーだけでなく、一般の人を対象とし、大丸有地区が日本の中枢管理機能を有し、国際ビジネス街の色彩がきわめて強いエリアでもあるので、和文と英文併記で外国人をも対象として、非常に分かりやすい表現で作成されている。

「大手町・丸の内・有楽町地区エリアマネジメントレポート」の構成は表6のとおりである。

表6 「大手町・丸の内・有楽町地区エリアマネジメントレポート」の構成

表紙 「こんにちは。大丸有です。」
新たな価値が生まれ続けるまちへ。
まちづくり団体と行政、JR東日本、まちづくりを支える各種団体との連携
大丸有ではまちづくり団体を通じてさまざまな活動が展開されています。
共生する、まちへ。 心地よい、まちへ。 発信する、まちへ。
刺激的な、まちへ。 つながる、まちへ。
数字で見る大丸有。（図30参照）

大丸有地区がどのようなエリアか、どんな活動が行われてきて、その結果事業所数が4300事業所もあり、28万人の人々が働き、賑わいが平日、土曜日、日曜日でどのぐらい変化してきたか、もしもの災害時、帰宅困難者を受け入れる体制がどのぐらいできているかなど、このエリアに事業所を持ちたいと思う企業や、このエリアで働きたいと思う人、このエリアで週末遊ぼうと思っている人々の心を動かすはずである。来訪者等の当事者の気持ちになって、まちを表現していると言って良いだろう。

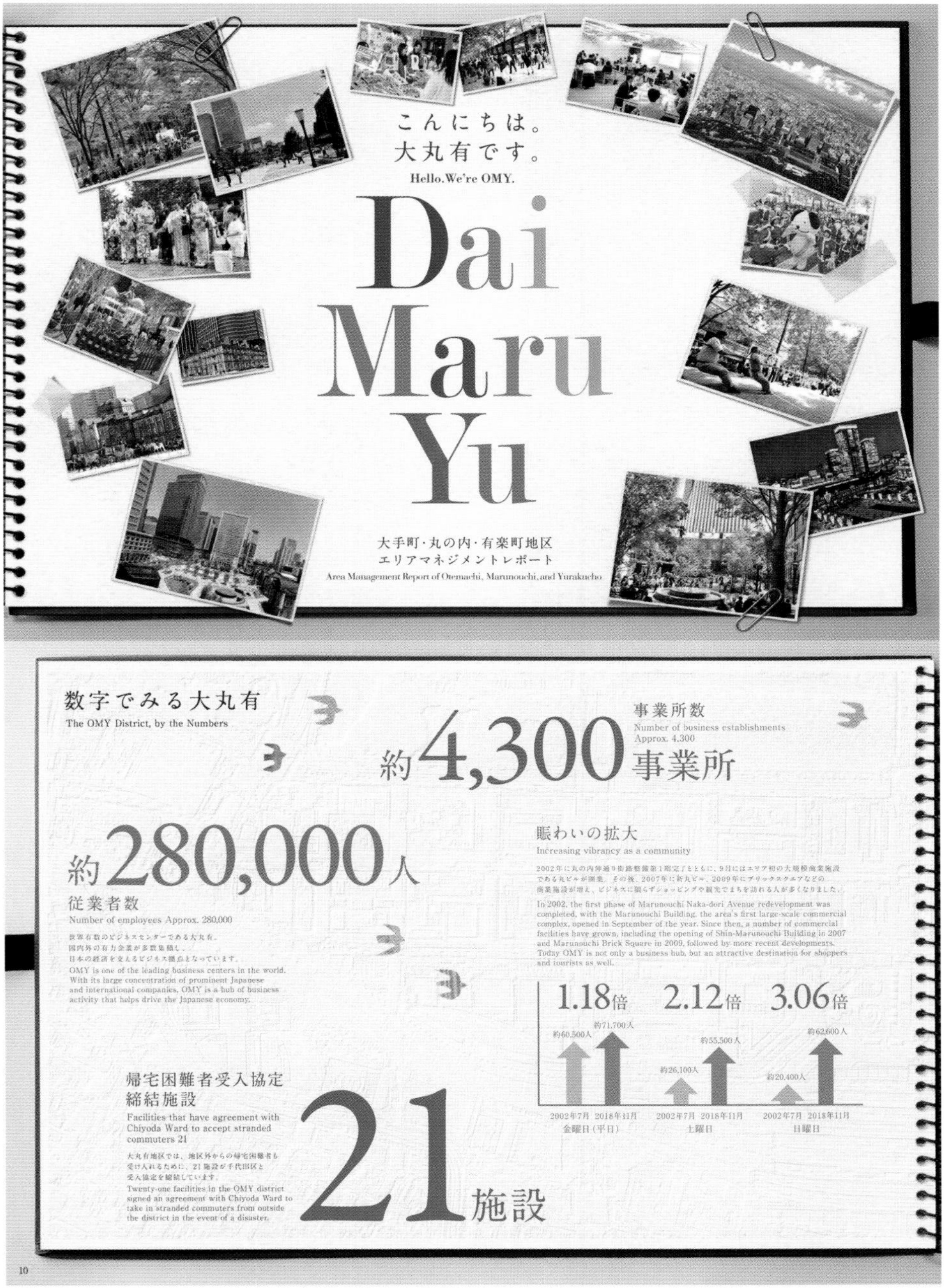

図30　大手町・丸の内・有楽町地区エリアマネジメントレポート　表紙と数字で見る大丸有の一部
（提供：大丸有まちづくり協議会、エコッツェリア協会、リガーレ）

負担金制度を取り入れたときの活動報告書に必要なこと

エリマネ負担金制度など強制力のある徴収制度を導入した場合、エリマネ活動を継続して行っていくためには、強制徴収の対象となるステークホルダーだけでなく、広く一般の人々にもエリマネ活動の効果を分かりやすく伝える必要がある。将来を見越してどんなまちにしたいか分かるように、場合によっては国際的に注目の集まるような内容を目指すことが望まれる。より積極的に行政や他のまちづくり団体との連携を行って、まちに来る人々や働いている人々にとって意義ある活動を行い、周辺地域や国内だけでなく、国際的にも人を集める磁力の一部を担っている内容にしていくべきであろう。

●積極的な活動報告書を作る

積極的にエリマネ活動の効果を伝えるために活動報告書の内容は以下のように作成することが求められる。

①多様なデータを記載する

エリマネ活動およびその効果を明確にするために活動の実施内容だけではなく、その活動を通してエリアの状況（まちの様子）やエリア内の人々の意識がどう変化したかについて明らかにすべきである。

そのためにエリマネ団体は、来訪者等にアンケート調査と歩行者通行量調査を同時に実施し、来訪者等の満足度などの定性的データと、消費（予定）額および通行量の増加数など定量的なデータを収集し、あわせて市町村などが発表するデータを参照しながら、表やグラフで提示して、多面的にまちのデータを提示し、このまちで、人々がどんなことができそうか想像させることが大切である。

②分かりやすく発信する

多くの人々にエリマネ活動の多様なデータを理解してもらい、共感を得て、当事者意識を育んでもらうためには、写真やインフォグラフィックス、ピクトグラムなどの目に訴える手法を使って分かりやすくすることが大変重要である。

③経年的にデータを蓄積し紹介する

エリマネ活動の成果は、短期的には捉えきれないことや、経済的な効果に限らず、さまざまな価値を生み出すので、さまざまなデータを経年的に収集し、エリマネ団体の活動の経年的記録とあわせて見ることができるようにして、活動の経過とその結果を明示することも大切である。

④エリマネ団体だけでなく連携して作る

活動報告書を作る主体はエリマネ団体になる。しかし、エリアの事業者や市町村や行政組織、外部の専門家や地元の大学などの教育機関と連携し、データの収集・分析、発信を行う。

エリアの事業者に対してデータの提供を依頼するだけでなく、活動報告書の作成をともに行うことにより、エリマネ団体とエリアの事業者の信頼関係をより確かなものにしていくこととなろう。

専門家や大学などの研究者が参画することで、外部の目が活動報告やエリマネ活動に対する評価に加わることとなり、その信頼性が高まる。効率的な調査手法のアドバイスや活動に対する新たなアイデアを醸成する可能性も高まり、活動報告書を読んだ一般の人々の共感が高まることが期待される。

2-5

活動の効果測定に関する調査・研究

近年、エリマネ活動によってどれほどの経済効果があるのかについて注目が集まっている。効果の度合いを示すためには、エリマネ活動とその効果がどのように関連しているのかを理解することが重要である。本項では、これまでに行われきた社会実験や学術的な研究から、エリマネ活動が地価等へ及ぼす影響や通行量による賑わい測定に関する調査事例を紹介する。

社会実験における調査事例

エリマネ活動と来訪者等の増加の関係については、既存のエリマネ団体の活動実績からも検証されており、エリマネ活動は歩行者通行量等の指標を介して経済効果に繋がってくると考えられている。平常日とイベント日の歩行者通行量を比較・増加率を計測し、イベント開催時に来訪した人々に対してアンケート調査を行うなど、エリアの環境やイベントに対する満足度が評価されている。これらのデータを収集し、蓄積していくことでエリマネ活動を継続できるかを判断する根拠としている。社会実験では、アクティビティ調査や通行量調査など、さまざまな手法を組み合わせた複合的な評価が行われている。

●駅前広場利活用の社会実験　［横浜駅西口中央駅前広場］

横浜市は、2020年のJR横浜タワーの開業にあわせて西口駅前広場の暫定的な利用を進めている。駅前広場を魅力ある「まちの顔」とするため、エリアマネジメントによる利活用のあり方が検討されている。

2019年3月には、「FUTURE PUBLIC WEEK まちの未来の実験広場」と称した社会実験が開催された。社会実験では、市民が求める駅前でのアクティビティの確認、駅前広場利活用に向けたルールづくりの確認、活用エリアと歩行者動線の確認などを目的に、「アンケート調査」「アクティビティ調査」「歩行者交通量調査」が行われた（図31）。1300件以上の市民の声を集め、滞留スペース創出が市民から好意的に受け入れられていることが分かった。また、多様なタイプのファニチャーに対する滞留行為について調査されている。調査を通して、家具の設置・撤去などの運営管理方法について検討が必要であることや、歩行者動線を保持したまま適切なスペースを活用できることが分かった。

さまざまな調査を組み合わせることにより人の意識・行為を定量的に把握することができ、社会実験の成果を分かりやすく伝えることができる。

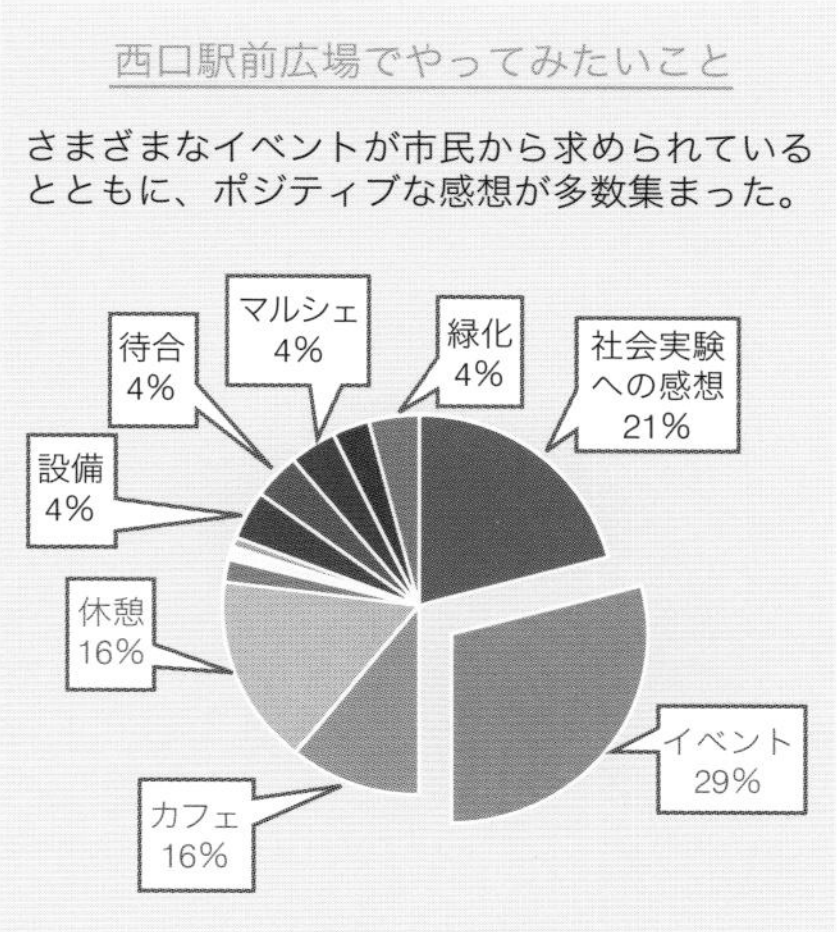

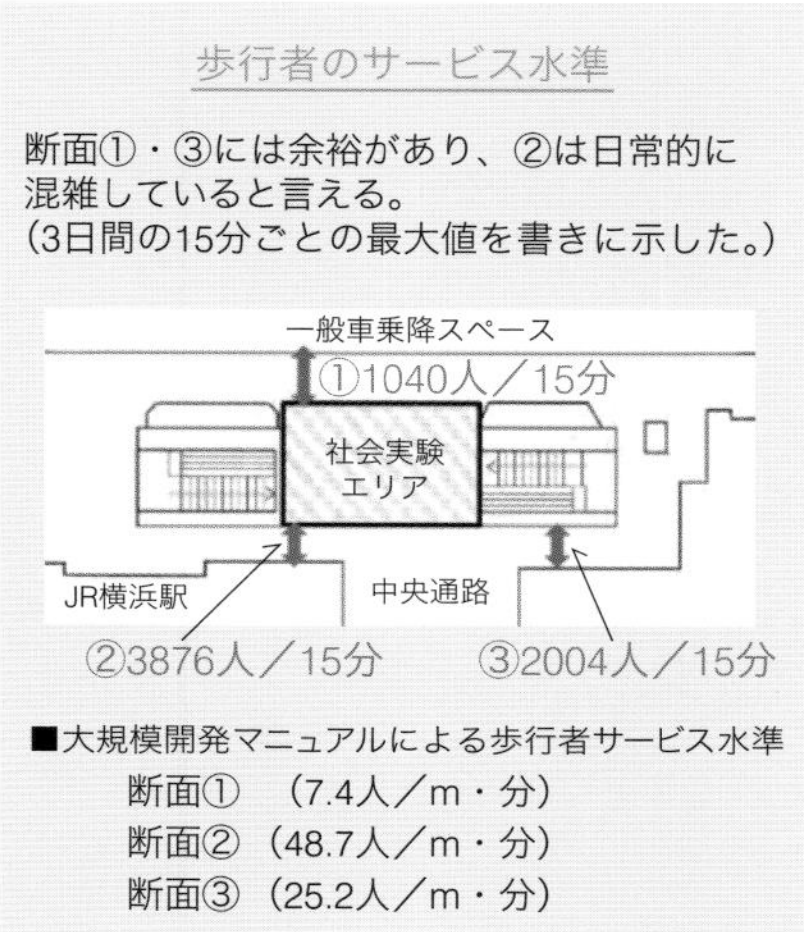

図31　社会実験における調査概要（一般社団法人横浜西口エリアマネジメント、エキサイトよこはまエリアマネジメント 協議会『横浜駅西口社会実験報告書概要版、2019』より作成）

●歩道空間における社会実験［グランフロント大阪］[11]

大阪市梅田地区の道路占用許可特例を受けたグランフロント大阪では、北館西側歩道空間の一部を対象に、社会実験が行われた。このエリアは、当地区段階整備の過渡期にあることから、人通りが少なく賑わいにかける面があるとともに、同地区の従業員など近隣の利用者が気軽に飲食利用できる休憩場所が少ないことが課題であった。そのため、2017年10月からパラソル等を9セット（36席）設置し、利用者の滞留と空間の賑わいを誘発する「仕掛け」が施された。

この社会実験の特徴は、アクティビティの季節的な変化を捉えるために、通年にわたって座具を設置し、その使われ方を観察している点（調査期間2017年10月～2018年10月）である。また、社会実験中はイベントを行い、アクティビティの出現効果について検証を試みている。通年変化について分析した結果、アクティビティには季節的な要因による影響が関係していることが分かり、夏は配慮が必要だとしている。また利用者属性を平日と休日とで比較した結果、季節に関係なく、平日は男性1人や単身利用の割合が高く、休日は団体利用の割合が増加することが明らかとなった。また、座具を通年設置したことにより、リピーターの出現や定着効果による利用者の増加やアクティビティの多様化が見られ、イベントの挿入等により利用者自らが連鎖的に多様な行為を起こす様相を把握することができる。社会実験から得られたデータを活かして、公共空間の質の向上に向けた知見を蓄積している。

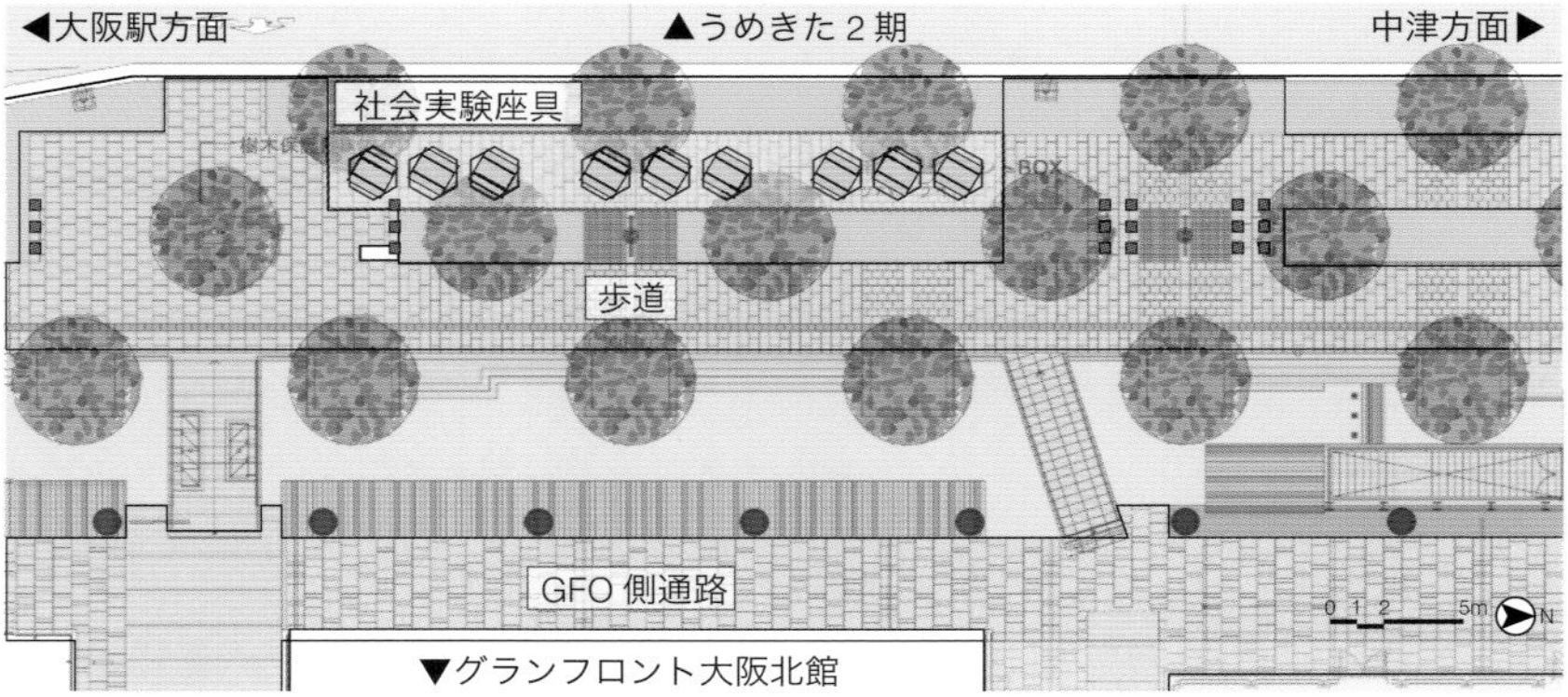

図32　グランフロント大阪の北館西側歩道空間（遠矢晃穂氏提供の図面を一部改変）

エリアマネジメントの費用便益分析

エリマネ関連政策を企画・立案・運用する行政にとっても、地域でエリマネを推進するエリマネ団体、民間企業にとっても、エリマネ費用に対する便益を定量的に把握することは重要である。ここでは、エリマネの効果測定をする1つの手法として費用便益分析（ヘドニック法、コンジョイント分析法、CVM（仮想評価法））を取り上げ、それぞれの手法の説明や研究事例を解説したい。

川口氏によれば費用便益分析とは、主に「プロジェクトの費用と、それによる便益の比較からプロジェクト推進の可否を判断するというもの」である[12)]。費用便益分析の考え方は、アカウンタビリティ（説明責任）に大いに関係があると言われており、会社組織だけではなく、エリマネ団体会員、地域住民などに対するものである。費用便益分析は、便益と費用を金額に換算するので分かりやすく、判断しやすいこと、複数のプロジェクトそれぞれを比較できるというメリットがある。しかしながら、費用や便益の推定が難しく、便益を誰が受け取るのかという分配の公平性に欠ける、アンケート調査を行う際には質問文や使用するデータによってバイアスが生じるというデメリットが存在することに注意が必要である。

これらの分析手法は、主に環境評価の分野で発展した研究手法である。生物多様性や生態系サービスなどの自然環境は、市場で取引される価格が存在しない。そのため価値をお金に換算して、市場価値の存在する別のものに置き換えたり、人々に支払い意思額を尋ねたりするなど、さまざまな評価手法が開発されている。対象とする価値は、人々が直接または間接的に利用することで得られる「利用価値」、利用しなくてもその自然を守ることで発生する「非利用価値」に分けられる。「利用価値」には、直接利用価値、間接利用価値、オプション価値があり、「非利用価値」には、遺産価値、存在価値が含まれる。

ヘドニック・アプローチは図33に示す「顕示選考法」に属している。顕示選考法とは、実際の行動に基づいて分析を行う手法であり、データの信頼性が高

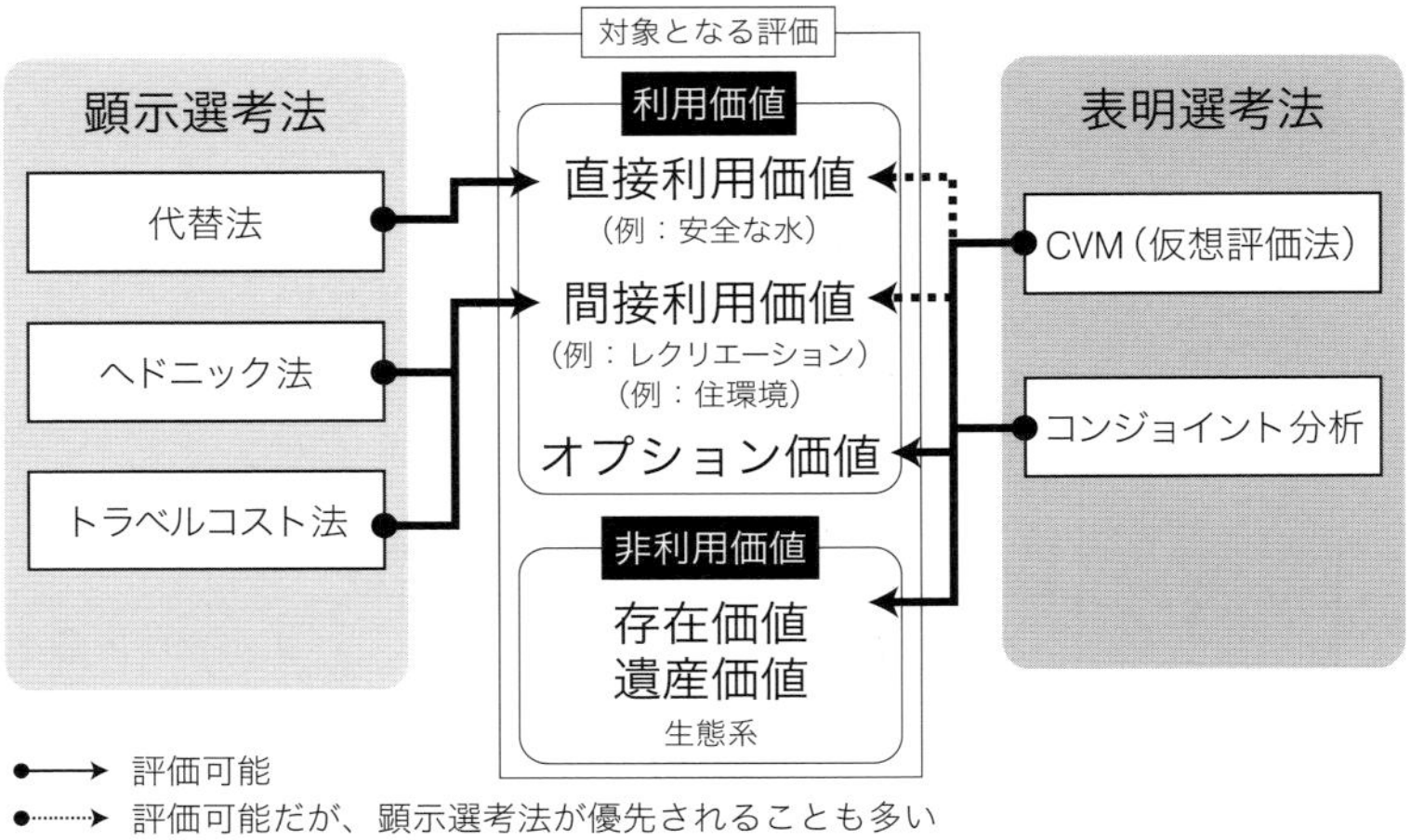

図 33　環境価値と環境評価手法（栗山浩一・柘植隆宏・庄子康『初心者のための環境評価入門』勁草書房（2013）をもとに筆者編集）

いが、非利用価値を評価することができない方法である。一方、CVM、コンジョイント分析は「表明選考法」に属している。表明選考法とは、人々の表明する意見に基づいて評価を行うため、非利用価値も評価することができる。

●ヘドニック法（HPM）

①手法の説明

ヘドニック法（Hedonic pricing method）とは、不動産価格（住宅価格や地価など）のクロスセクション*9・データを用いて、その価値の差から特定の施設整備や環境の価値を計測する手法である。アプローチは、施設の整備により社会資本が高まった結果、土地からの収益が増加し、地価上昇に繋がるというキャピタリゼイション仮説を背景に持つ。環境条件の違いがどのように地価等に反映されているかを観察し、それをもとに環境の便益の推定を行うという手法である。

この手法は、まちづくりの制度や取り組みの有効性の検証を目的として用いられ、いくつかの既往研究がある。エリマネ活動が地価に正の影響を及ぼして

*9「クロスセクション」とは、ある時点で時間を止めて、対象を評価する分析手法である。費用便益分析は、時系列的な分析評価（時系列分析）なのか、クロスセクションによる分析評価なのかによって分析手法が異なる。

いることや、賃貸借の契約期間が長いほどエリマネ活動の費用対効果に正の影響が反映されにくい傾向にあることなどが示されている。

②研究事例

都市計画やまちづくりに関する研究では、和泉氏による市街地再開発事業等の公共事業の事業評価、地区計画の策定の効果検証[13]のほか、保利氏らによる特定街区制度を用いた容積移転による歴史的環境保全の効果分析[14]などがある。また、高氏らによる緑地への接近性などを含むミクロ的住環境要素の効果の定量化[15]などの研究も進められている。

エリマネに特化した研究としては、平山氏らによりエリマネが地価にもたらす影響のメカニズムに関する分析が行われている。また平山氏らは、京都大学経営管理大学院等が実施したアンケート*10を用いてヘドニック・アプローチによってエリマネによる地価への影響を推定し、定量的な効果を導き出している[16]。調査分析によって、住宅地についてはクロスセクション分析とパネル分析との場合で異なった結果となったものの、商業地についてはいずれの分析においてもおおむね正の影響があることが分かった。また商業地について団体特性を考慮した分析を行った結果、活動の効果が高いと思われる団体のある地点ほど、地価が有意に高いという結果が得られている。また、「まちなみや景観への効果」が地価に正の影響があり、とくに、「まちづくりに関するルール・協定」「緑化・美化・清掃・駐輪対策」「指定管理以外の公共空間の整備・管理」、「消費・売上・雇用等への効果の改善」（とくに、「イベント・アクティビティ」「指定管理」「民間施設の公的利活用」）は、地価に正の影響を与えると分かった。

また、エリマネ活動における費用対効果の検証についても研究が進められている（図34）。北崎氏は、ニューヨーク市フラットアイアン地区BIDを対象にエリマネ活動の効果を分析しており、BID内外の商業不動産の賃料を比較することで、BID内の賃料増加分が負担金を上回っているかを検証した[17]。オフィ

---

*10 エリアマネジメントの実態や課題、市町村が講じている施策エリアマネジメントの効果の把握等を目的として、2014年11月から2015年1月にかけて実施された。対象は、全国の都市再生整備計画を策定済みの市区町村のうち、2012年までに計画が終了した地区等計826市区町村（対象地区1524地区）である。そのうち、回答市区町村数は746（90.3％）、回答地区数は1322（86.7％）であった。なお、国土交通省都市局まちづくり推進課、および和歌山大学経済学部と共同で実施した。

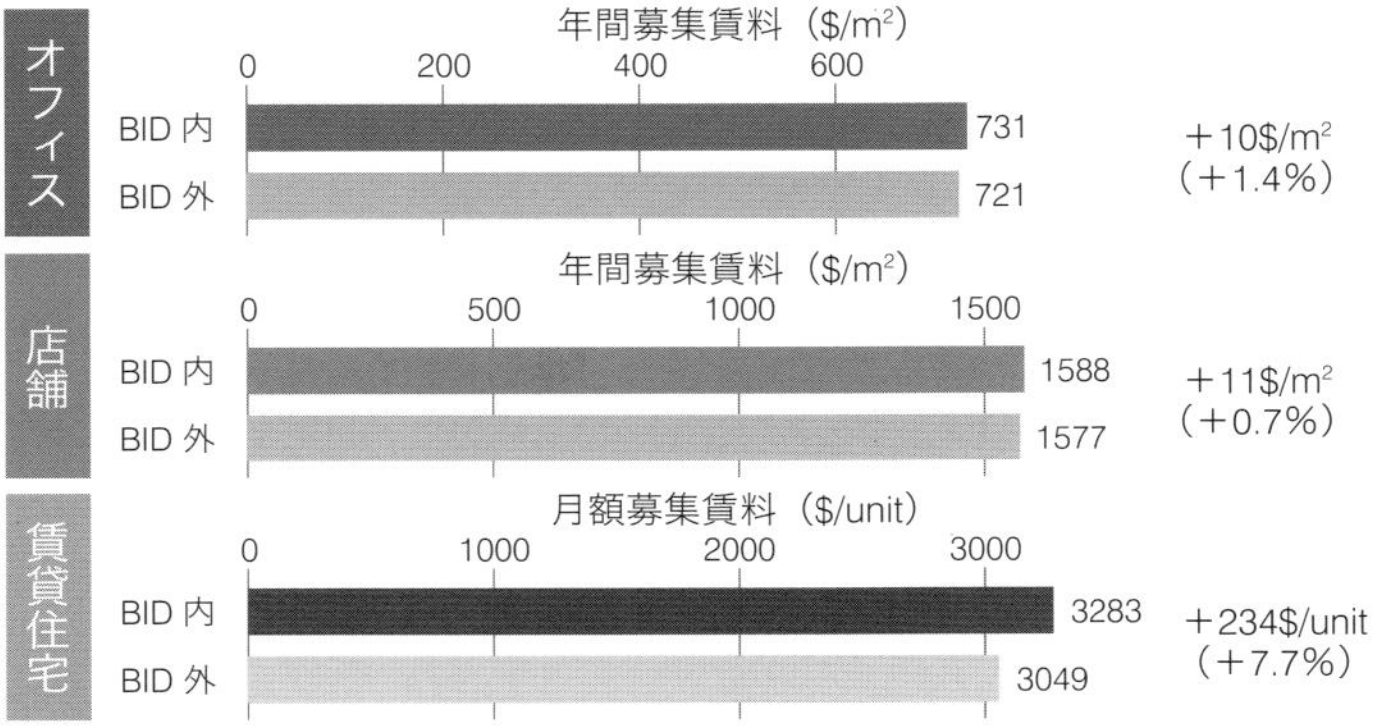

図34　ニューヨーク市フラットアイアン地区BIDの平均的物件における募集賃料推計値（2016年）比較（北崎朋希「エリアマネジメント活動における費用対効果の検証―ニューヨーク市フラットアイアン地区BIDを対象として―」『都市計画報告集』16（2018）をもとに編集（＄/sfから＄/m²へ変換））

スや店舗の一般的な賃貸借の契約期間が15年間であるのに対して、住宅の契約期間は2年間が一般的であるため、エリマネ活動の効果が契約更新ごとに顕在化されることで賃料差が他の用途と比べて大きくなっていることを示している。オフィスや店舗と比較して大きな便益を受けている賃貸住宅への負担金の増加が大きな論点となるのではないかと述べている。

● CVM法

①手法の説明

CVM（Contingent Valuation Method）とは、仮想評価法とも呼ばれており、アンケート調査を用いて人々に支払意志額等を訪ね、市場で取引されていない財（効果）の価値を推定する調査方法である。存在価値を含めた全体の価値を計測できる一方、評価対象の持つ個々の属性を個別に評価することが困難であり、相当数のサンプルを確保する必要があるなど、留意する点が多い。そのため現時点では本手法を用いたエリマネの効果測定・把握の学術的研究は少ない。

②研究事例

吉田氏は、2018年10月に大阪梅田駅周辺の5つのエリア（阪急梅田駅・茶屋町エリア、JR大阪駅エリア、JR大阪駅南エリア、西梅田エリア、うめきたエリア）を対象に、インターネットアンケートを実施しCVM法によるエリマネ活動の評価を試みている。大阪府在住20～69歳の340名（男女各170名）に、シナリオ

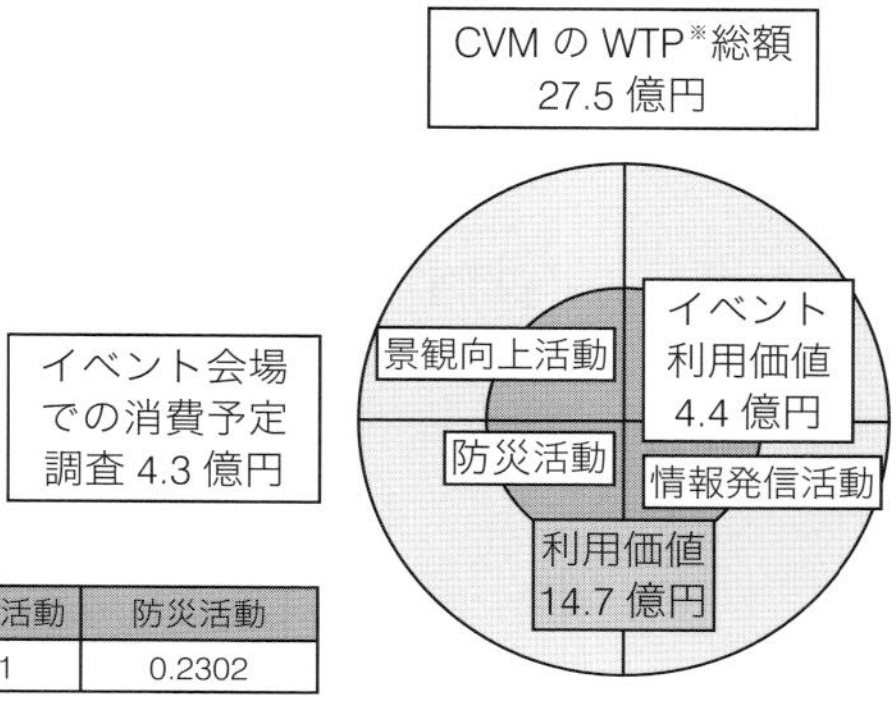

利用価値	非利用価値
0.5367	0.4671

イベント活動	情報発信活動	景観向上活動	防災活動
0.2961	0.1742	0.3051	0.2302

※ WTP：Willingness to pay（支払意思額：「これくらいまでなら払ってもいいかな」と思える金額）

図 35　大阪梅田駅周辺エリアにおける CVM 調査結果（「負担金ガイドライン」より作成）

（環境変化を記述した仮想的な説明内容）を提示し、大阪梅田駅周辺のエリマネ活動に対する支払意志額について尋ねた。支払意志額の総額を算出したうえで、追加的なアンケートで利用価値と非利用価値を分け、活動種類ごと（イベント活動・情報発信活動・防災活動・景観向上活動）の価値を算出した（図 35）。

●コンジョイント分析法

①手法の説明

コンジョイント分析（Conjoint Analysis）とは、主にマーケティング・リサーチの分野で開発され発展してきた手法である。たとえば、人が商品を購入するときには、価格だけではなく、品質、性能、形状などのさまざまな属性を組み合わせることにより総合的な判断をしている。コンジョイント分析は、こうした特性を分解し、複数の異なる属性を記入したプロファイルを回答者へ提示し、それを好ましい順番に並べてもらったり、選択してもらう。これにより、評価対象全体の価値の評価ではなく、評価対象の持つ属性別の評価を行うことができる。

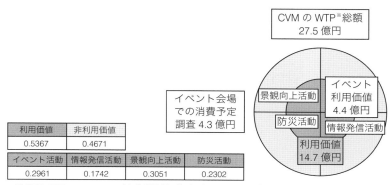

②研究事例

都市・まちづくりに関する既往研究として、たとえば都市公園を対象にコンジョイント分析を用いた経済的評価が行われている。武田氏らは、身近な公園の価値を明らかにするため、周辺環境や被験者属性との関係を詳細に分析することにより、公園評価に影響を与える要因を探っている[18]。年齢層によって比較したところ、老年層（60歳以上）は若壮年層（40歳以下）と比較して、効用の最大値が著しく高いことが分かった。また、若壮年層では、「子どもの遊び適性」に対する評価が高いこと、老年層はすべての項目で有意に高い評価であることが分かった。また、緑が多い地域よりも緑が少ない地域において限界支払い意思額が高いなど、周辺環境や被験者の属性による評価の違いを示している。

エリマネに特化した既往研究はまだ確認できないが、エリマネ活動をコンジョイント分析で評価することにより、属性に応じた比較や活動の価値を算出することができるだろう。今後の研究に期待したい。

効果検証のための研究者と実務者の共同が重要

エリマネ活動の経済的評価を実施することにより、エリアの受益者がどのような活動に対して支払意思額を示すのかを算出したり、エリマネ活動の目的や機能、対象とする世代や属性との関係を分析することにより、信頼性の高いエリマネ活動の効果を導くことができる。

しかしながら、エリマネ活動の効果測定は発展途上である。さまざまな調査の複合による成果の見せる化、他領域で用いられてきた分析手法をエリマネに適用する試みがようやく始まった段階とも言える。エリア内の受益者を定め、受益者からエリマネ負担金制度活用上の合意を得るためには、エリマネ活動の効果をできるだけ定量的に示すことが求められる。

エリマネ団体は財源確保の課題を抱えており、効果測定のための資金を新たに確保することは難しいと想定できる。そこで、大学や企業の研究者とエリマネを推進する実務者が共同して、わが国のエリマネ活動を定量的に評価できる手法を試行錯誤しながら議論・構築していくことが重要である。

CHAPTER 3

効果を生み出す組織と公民連携のあり方

エリマネ団体はさまざまな組織形態をとるが、活動内容や段階によって異なるものとなる。活動初期のエリアビジョンやガイドライン等を話し合っているときは任意団体である「協議会」形式をとることが多いが、コストを伴う事業段階になると法人格を持った組織形態が必要になってくる。とくに財源確保のための収益事業を行うようになると法人格を持った組織でも、事業の柔軟性・機動性と課税負担の軽減という相反する観点から、組織形態の検討が必要となる。柔軟に活動するうえでは一般社団法人、株式会社が適するが、法人課税等の面では公益財団法人・社団法人や認定 NPO 法人が優れている。

エリア内に協議会と社団法人が併存したり、活動目的に応じて重層的に組織が構築されることもある。その場合、エリアやメンバー構成が多少異なるといった柔らかな対応がとられるのがエリアマネジメントの特徴の1つでもある。

また、法律や条例で指定や認定を受ける仕組みがいくつも制度化されているので、その活用を考慮した組織形態の選択も必要となってくる。それぞれの仕組みごとに対象となる組織の要件が定められているからである。

さらに、エリア単位の組織にとどまらず、複数のエリマネ団体の連携が行われ始めている。エリアごとで見たときには競争関係にすらある場合でも、連携して活動した方が良い場合があるとの認識が根底にある。行政に対する要望活動や市民に対する啓発活動、対外的なプロモーション等である。

エリアマネジメントは「新たな公」の側面も持っており、活動の効率化やその充実のためには公民連携が不可欠である。とくに、エリアマネジメント担当の行政窓口を一本化し「公」の支援を強化することは多くのエリマネ団体の願いである。

行政の誘導やサポートの下で発足したエリマネ団体もあるし、民で自発的に立ち上げたがその活動を進めるうえで行政との協調を迫られるものもある。

道路・公園・河川等の公共空間の利活用での連携や、とくに新たに整備される公共空間が最大効用を発揮するためにエリマネ団体が必要とされることがある。行政投資・民間投資の効果を上げることになるからである。またそれ以外にも観光、景観形成、地方創生等においても両者の連携は不可欠である。

これからのまちづくりや地域活性化にとってエリアマネジメントが中心となって公民連携を行うことは必須のファクターであると言える。

3-1

効果を生み出す組織のあり方

エリマネ団体は活動内容や目的、活動エリア、参加メンバー、さらには活動段階に応じて、任意団体、社団法人、NPO 法人、株式会社等のさまざまな組織形態を取る。先に述べたように法人税課税等の適用は組織形態によって異なるのでその点も考慮しなければならない。また、国や地方公共団体のサポートを受けられる仕組みも作られてきているのでその活用も視野に入れて考えるべきであろう。

エリアマネジメント団体の組織形態

●組織形態の選択

エリマネ団体は柔軟な組織である。基本的に任意加入であり、エリアの価値を高めるための諸活動を行うことを目的として設立される。総体的に幅広くエリアの価値を高めることを目的とするものもあれば、観光や産業振興等目的を絞ったものもある。構成員については、エリア内の地権者が中心となるものや、権利にかかわらずエリア内の住民や事業者が中心になるものもある。エリアについては、再開発等の新規開発が行われた地区で大多数の関係権利者等を包含して設立されるものや、既成市街地で志のある人や企業が中心となって設立されるもの、さらには新規開発地区と既成市街地の混合したものもある。いずれにしても当該エリアの価値を高める諸活動を協同で行うための絆や信頼関係を基本としている。

たとえば、六本木ヒルズのエリアマネジメント（タウンマネジメント）では、2003年に竣工した市街地再開発事業の区域内の権利者や管理組合すべてが参加する六本木ヒルズ協議会が設立され、統一管理者である森ビル株式会社に業務を委託して実施されている。その１つとして、年末に多くの人を集める六本木けやき坂通りのクリスマスイベントのイルミネーションなどでは、バナーフラッグやポスターなど六本木ヒルズ全体でイメージを統一した事業が展開されている。

一方、新虎通りのエリアマネジメントは、2014年の虎ノ門ヒルズ完成後に開

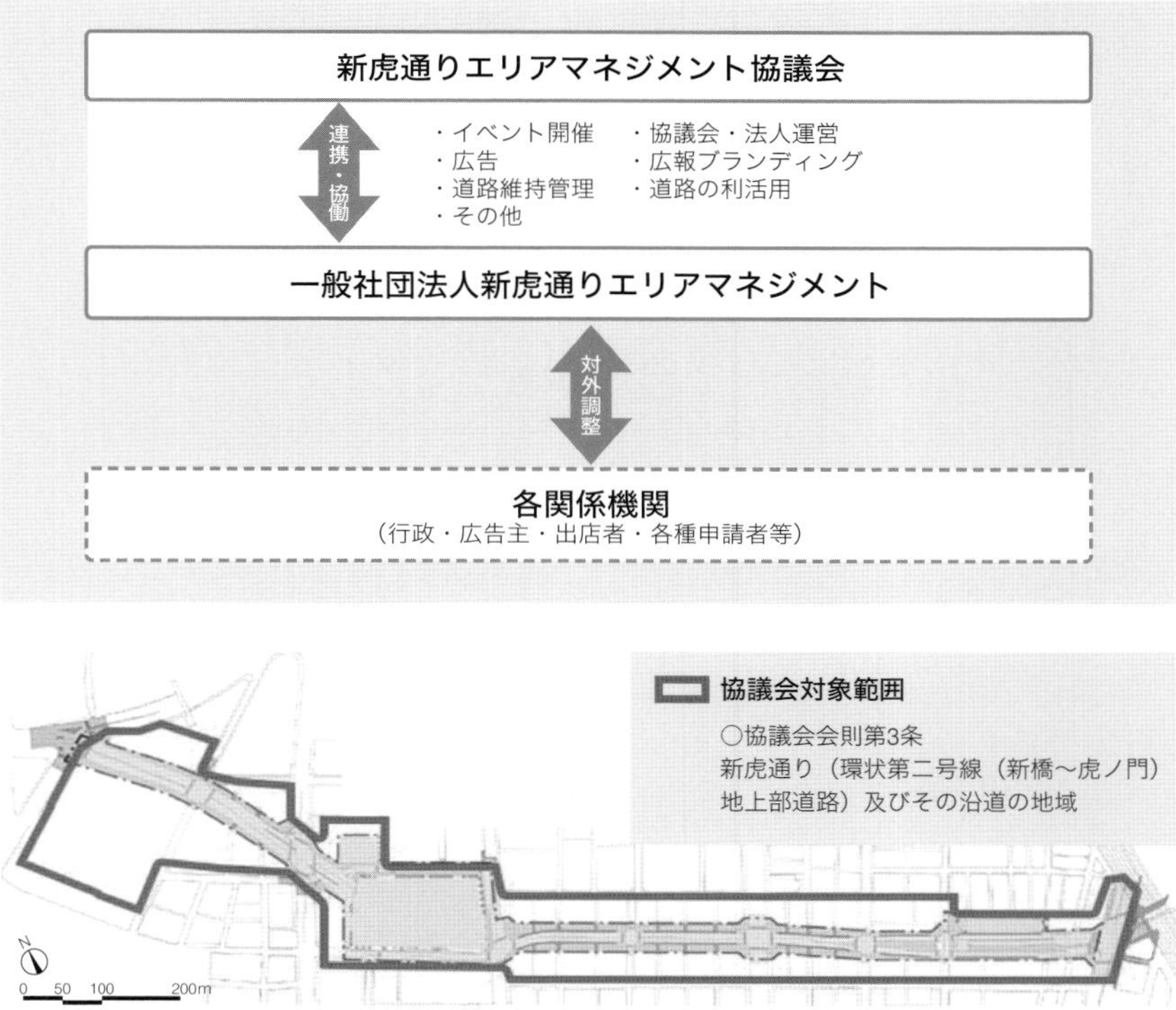

図１　新虎通りのエリアマネジメント組織の概要（新虎通りエリアマネジメントホームページより作成）

発区域を含めた新虎通り（環状２号線）の周辺地区の地権者等で任意団体の新虎通りエリアマネジメント協議会を立ち上げて、エリアビジョンを共有し、別途、一般社団法人新虎通りエリアマネジメントを2015年に設立してイベント等の事業を行っているが、参加しているのはエリアの地権者等の一部である。

また、神田淡路町地区では、2013年の淡路町二丁目第一種市街地再開発事業（ワテラス）の竣工にあわせて周辺地区も含めた地区を対象に一般社団法人淡路エリアマネジメントを設立している。

組織構成図

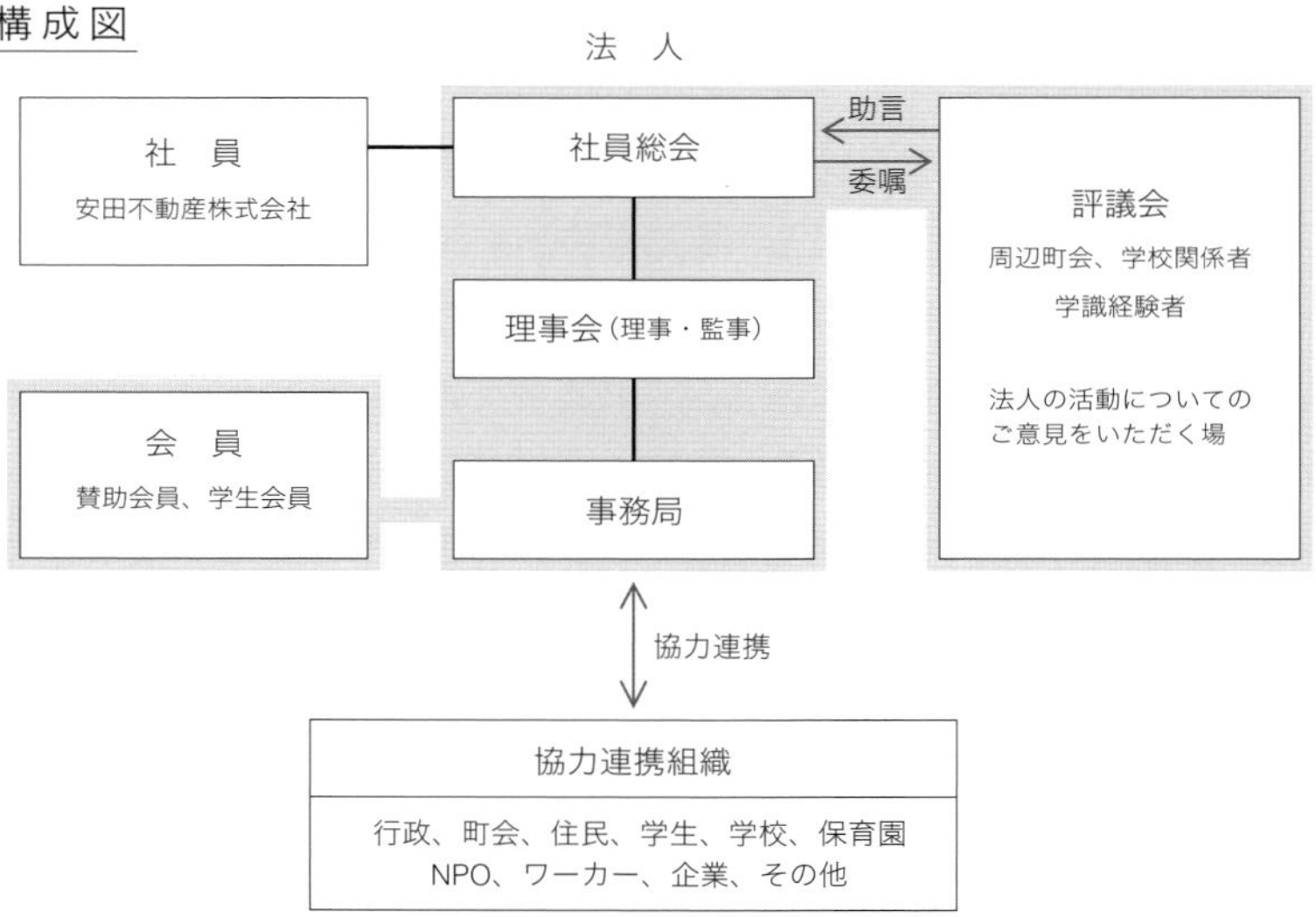

運営スキーム

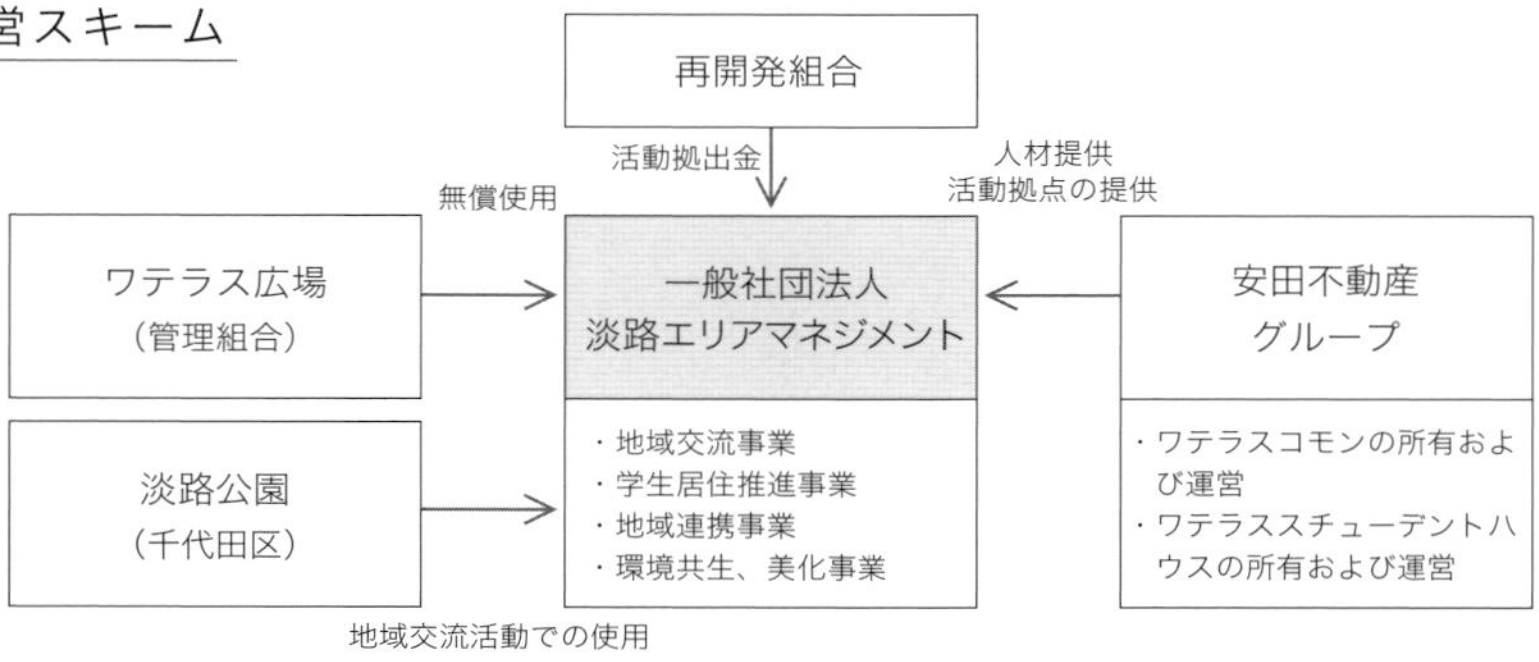

図２　淡路エリマネの仕組み（淡路エリマネハンドブックより作成）

●法人格を持つ組織形態の選択

エリマネ団体の組織形態はさまざまである。法人格を持たない任意の協議会から、法人格を持つ一般社団法人、NPO 法人、株式会社等多岐にわたる。任意の団体でガイドラインを策定したり、イベントを行うこともあるが、契約を締結したり資金の出し入れを行う際は団体に権利義務が帰属しないため理事長名義になったり事務局を担う法人名義にならざるを得ない。行政からの補助金も任意団体には交付しづらい面もある。そこで協議会組織をベースに実働部隊として一般社団法人を設ける例が増えている。

たとえば、大丸有地区においてはさまざまな組織形態が変遷してきている。

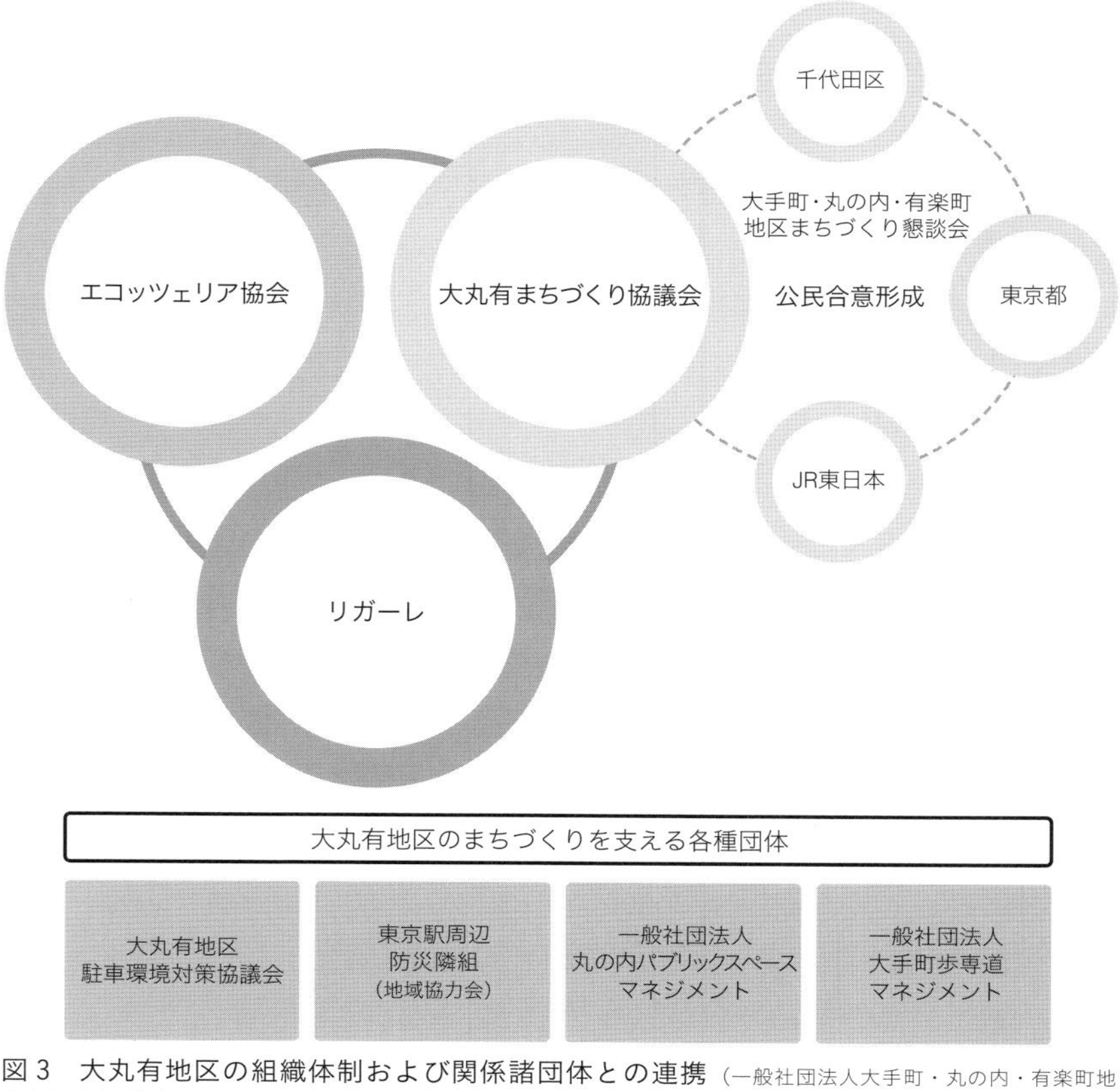

図 3　大丸有地区の組織体制および関係諸団体との連携（一般社団法人大手町・丸の内・有楽町地区まちづくり協議会ホームページより作成）

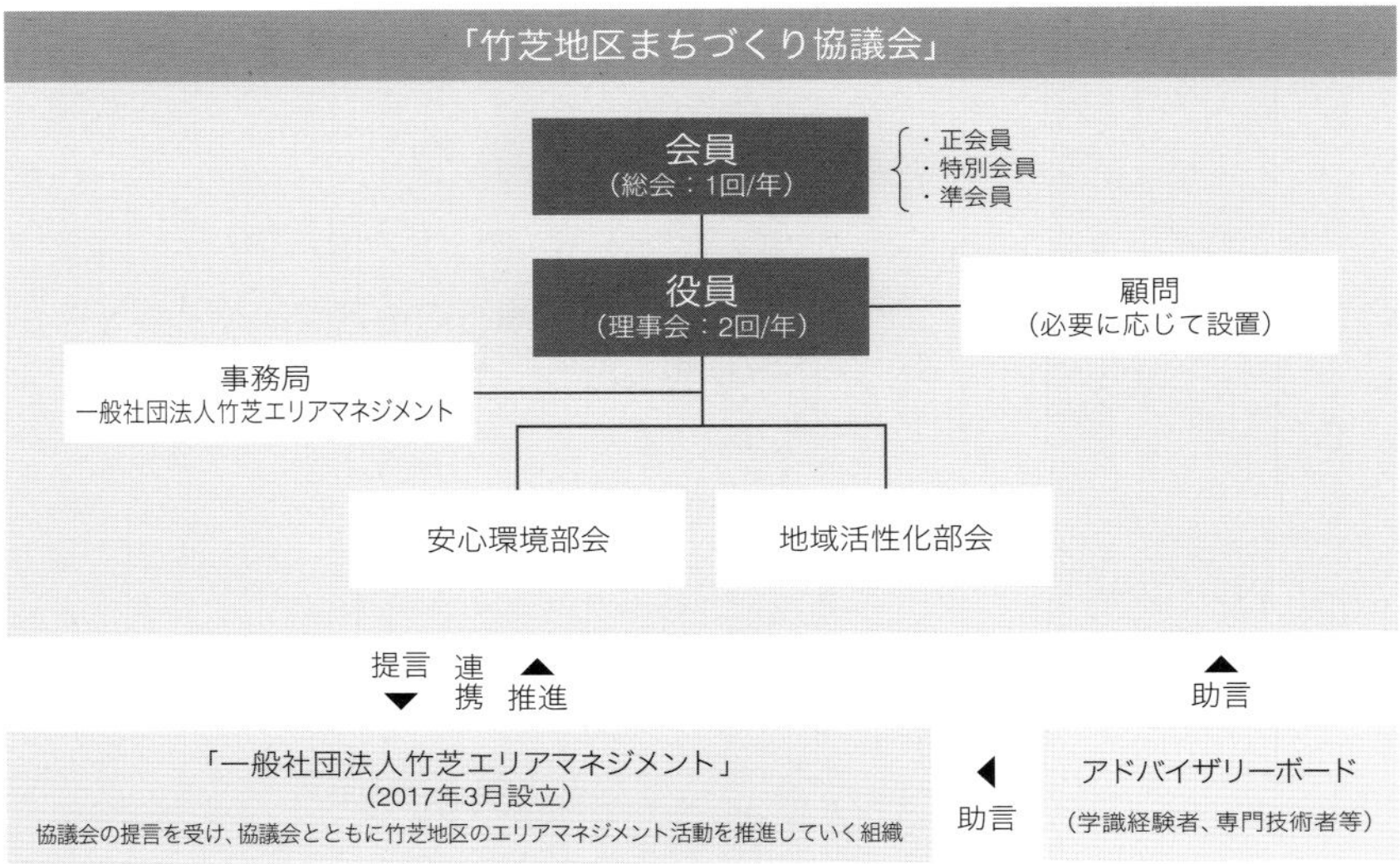

図4　竹芝地区のエリアマネジメント推進体制（竹芝地区まちづくり協議会ホームページより作成）

1988年に任意団体の大手町・丸の内・有楽町地区再開発計画推進協議会（2012年に一般社団法人大手町・丸の内・有楽町地区まちづくり協議会へ組織変更）を立ち上げ、その後2002年にNPO法人大丸有エリアマネジメント協会（リガーレ）を設立、さらに2007年に環境共生型まちづくりを推進することを目的とした一般社団法人大丸環境共生型まちづくり推進協会（エコッツェリア）を別途設立している。

新虎通りと同様に、竹芝地区でのエリアマネジメントにおいては、まず協議会組織を立ち上げ（竹芝地区まちづくり協議会）、そこで方針やビジョンを策定し、実働部隊として一般社団法人（一般社団法人竹芝エリアマネジメント）を設立している。

●組織形態の選択と課税

エリマネ団体の組織形態は、活動が進化する段階に応じて活動に相応しいものが選択されるのが通常である。あまりコストをかけずにビジョンやガイドラインを策定する段階は任意の協議会組織での対応が可能だが、事業段階になると法人格をもった社団法人、株式会社等の組織形態が必要となる。

そして、次第にコストをかけたイベントや事業を指向するようになると公益的な活動とあわせて「収益事業」を実施し、自助努力により少しでも活動財源を充実する必要に迫られる。この際、収益事業にかかる法人税を軽くしようとすると、前述したように公益社団法人・公益財団法人・認定 NPO 法人という組織形態を選択せざるを得ない。しかしこれらの組織形態の選択は必ずしも容易でないという実態がある。組織形態としてあえて株式会社を選択して、年度ごとの損益バランスを考慮し、収益に見合った範囲で公益的活動を行うということも考えられる。

現状では、寄附者に税制上の優遇措置があり「みなし寄附制度」の適用がある「認定 NPO 法人」を選択するか、もしくは、これらの優遇措置はないものの団体が寄附金を受けても原則として課税対象とならない「非営利型の一般社団法人」を指向するのが一般であろう。

エリアマネジメント団体の活動を支援する諸制度

エリマネ団体のさまざまな活動を支援すべく国や地方公共団体で法律・条例等に基づく諸制度が生み出されてきている。

エリマネ団体は、それぞれの制度の内容・メリットを理解のうえ、おおいに活用することが望まれる。そのために、これらの制度は、使い勝手も含めさらなる進化が期待される。

●都市再生推進法人

都市再生推進法人とは 、都市再生特別措置法に基づき、地域のまちづくりを担う法人として、市町村が指定するものである。2018 年 12 月末で 50 団体が指定されている。

都市再生推進法人になれる法人は、①まちづくり会社② NPO 法人③一般社団法人（公益社団法人を含む）④一般財団法人（公益財団法人を含む）である。

都市再生推進法人のメリットは、都市再生特別措置法に基づく公的な位置づ

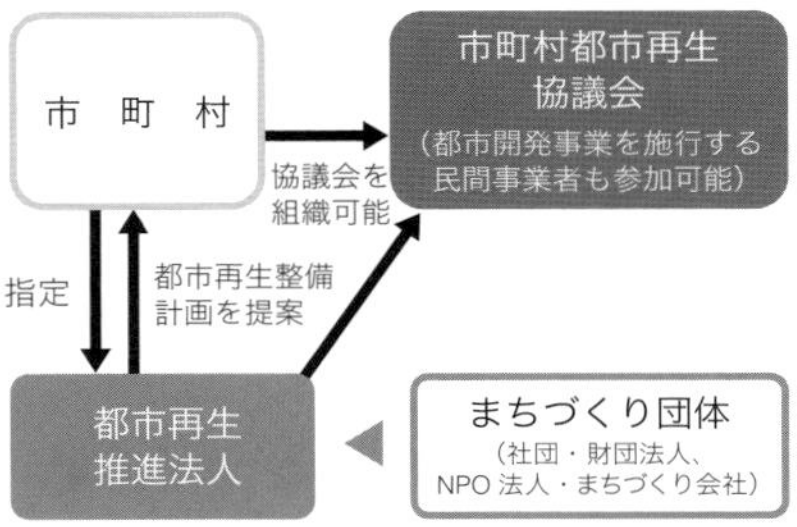

都市再生推進法人のメリット

・まちづくりの担い手として、公的位置づけを付与
・市町村に対する都市再生整備計画の提案が可能
・都市利便増進協定を締結することが可能

実施する事業イメージ

・オープンカフェ
・自転車共同利用事業
・広告塔等の整備管理
・まちなか美化清掃活動
・歩行者天国等でのイベント開催

図５　都市再生推進法人の関係フロー（国土交通省ホームページより作成）

けが得られ、主に以下の事項ができるようになることである。

①都市再生整備計画の提案：都市再生整備計画の作成や変更を市町村に提案できる。都市再生推進法人が行おうとしている事業を都市再生推進法人の発意により公的な計画である都市再生整備計画に位置づけることが可能となり、円滑な事業の推進に繋がる。

②都市計画の決定等の提案：自らの業務として公共施設の整備等を適切に行うために必要な都市計画の変更を市町村に提案することができる。

③都市利便増進協定への参画：土地所有者等とともにまちの魅力を高めるための施設の整備や管理に関する協定を結ぶことができる。

④低未利用土地利用促進協定への参画：低未利用土地の所有者と協定を結び、都市再生整備計画に記載された居住者等利用施設の整備・管理を行うことができる。

⑤跡地等管理協定への参画：立地適正化計画に記載された跡地等管理区域内で跡地の所有者等と管理協定を締結して、当該跡地等の管理を行うことができる。

⑥市町村や国等による支援：市町村や国からの積極的な支援（情報の提供や助言）を受けることができる。

⑦土地譲渡にかかる税制優遇：都市再生推進法人に土地を譲渡した個人・法人に対して、一定の条件のもと譲渡所得にかかる税制優遇がある。

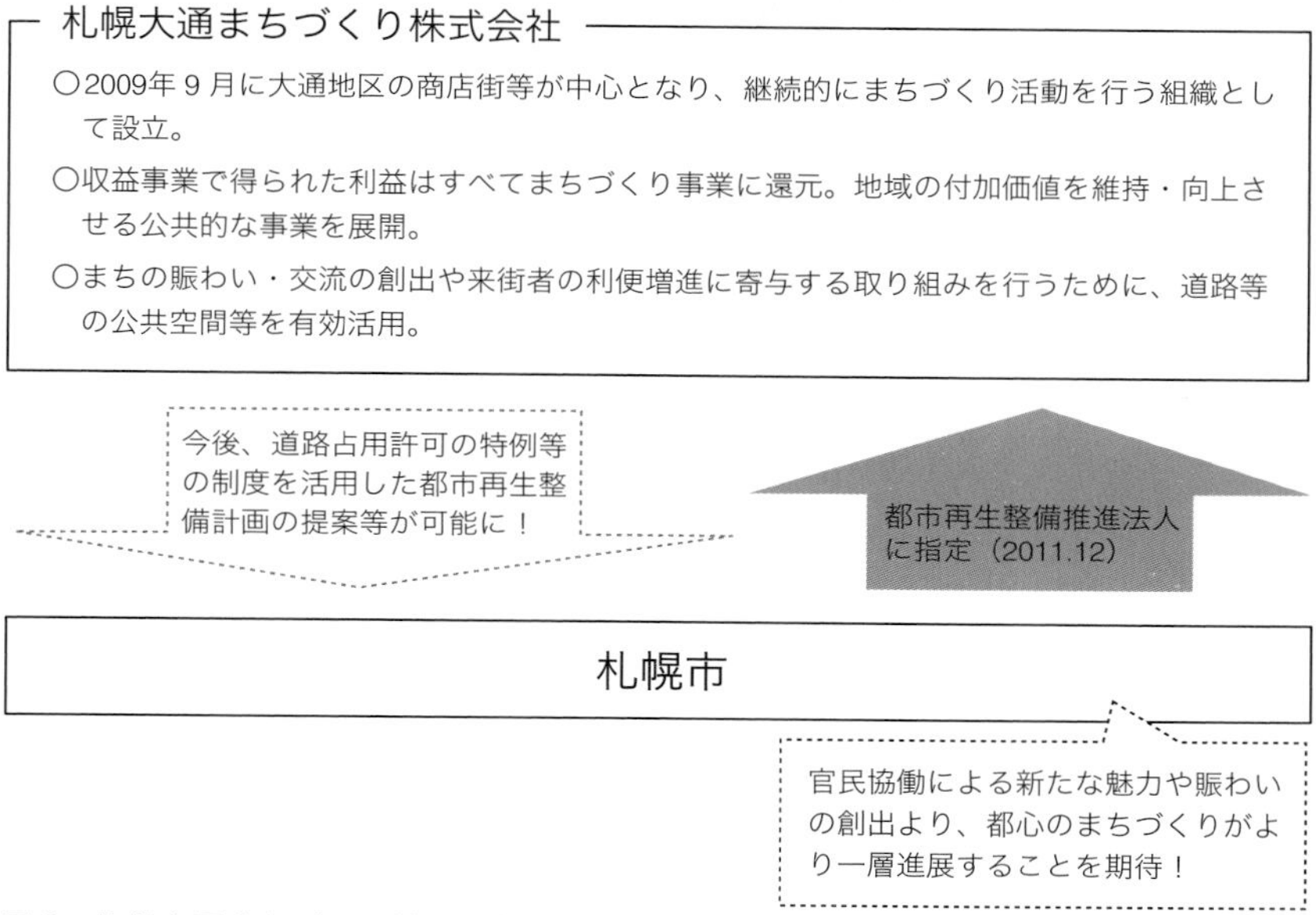
札幌大通まちづくり株式会社
○2009年９月に大通地区の商店街等が中心となり、継続的にまちづくり活動を行う組織として設立。
○収益事業で得られた利益はすべてまちづくり事業に還元。地域の付加価値を維持・向上させる公共的な事業を展開。
○まちの賑わい・交流の創出や来街者の利便増進に寄与する取り組みを行うために、道路等の公共空間等を有効活用。
今後、道路占用許可の特例等の制度を活用した都市再生整備計画の提案等が可能に！
都市再生整備推進法人に指定（2011.12）
札幌市
官民協働による新たな魅力や賑わいの創出より、都心のまちづくりがより一層進展することを期待！

図６　札幌大通まちづくり株式会社の例（図５と同じ）

⑧エリアマネジメント融資：エリアマネジメント融資の融資対象となる。

⑨民間まちづくり活動促進事業による支援：都市再生推進法人が主体となったまちづくり計画・協定に基づく施設整備等に対する補助制度がある。

⑩民間都市開発推進機構による支援：まちづくりファンド支援事業のうち、クラウドファンディング活用型支援の場合において、都市再生推進法人がまちづくりファンドの組成主体となることができる。

上記の他にもメリットは増えつづけており、市町村が公的に指定することにより、市町村にとっても、地域のまちづくりの担い手として、積極的な支援が可能となる。

図６が、都市再生推進法人指定第一号の札幌大通まちづくり株式会社の例である。

●道路協力団体

道路協力団体制度は、道路空間を利活用する民間団体と道路管理者が連携して道路の管理の一層の充実を図る目的で、2016年の道路法改正により創設された制度である。

エリマネ団体をはじめ民間団体の道路空間を活用した活動のニーズに裏付けられた活力を、道路管理の適正化・充実と道路空間の活用推進に活かそうというもので、団体の申請に基づき道路管理者が審査・指定するものである。

団体が業務を行うにあたり、道路占用が必要な場合、手続きが円滑・柔軟化されることとなる。

2019年1月末で、直轄国道においては32団体が指定されている。

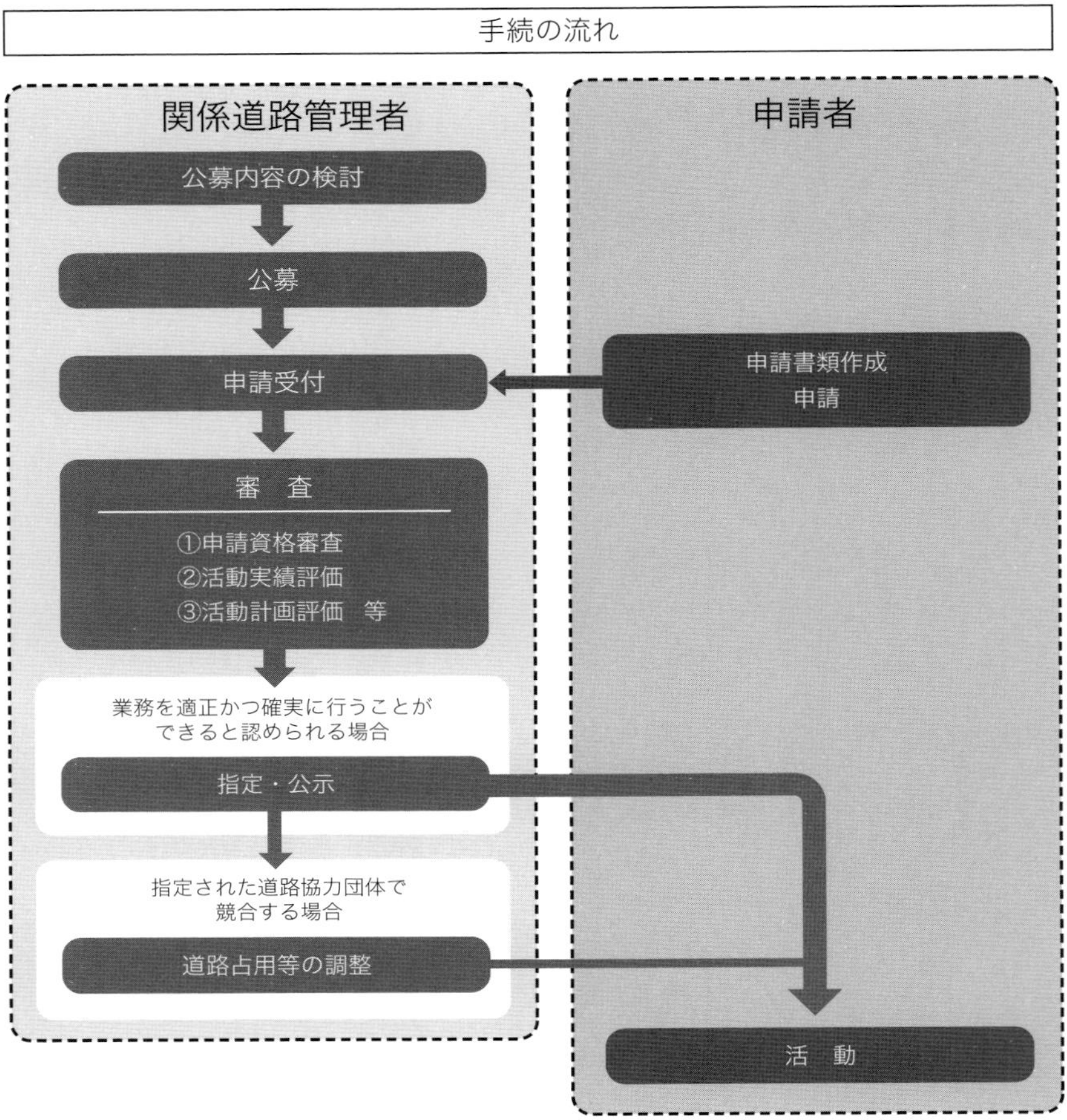

図7　道路協力団体の手続きの流れ（図5と同じ）

一般社団法人横浜西口エリアマネジメントは、横浜駅西口の市道において業務を行う道路協力団体として横浜市から指定を受けている（2018年8月)。エリマネ活動の一環として、道路に関する工事・維持、安全かつ円滑な道路の交通の確保、道路の通行者・利用者の利便の増進に資する工作物・物件の設置管理などを行っている。

●地域来訪者等利便増進活動実施団体

2018年の地域再生法の改正によって地域再生エリアマネジメント負担金制度が導入されたが、この制度の適用を受けるエリマネ団体が法律上「地域来訪者等利便増進活動実施団体」である。この団体が地域来訪者等利便増進活動計画を作成し、市町村の認定を受けると、当該市町村の条例に基づいて市町村が受益事業者から負担金を徴収できるようになる。

この団体は、

①特定非営利活動法人

②一般社団法人若しくは一般財団法人その他営利を目的としない法人

③地域再生の推進を図る活動を行うことを目的とする会社

であることを要する。

●条例や要綱での法人の位置づけ

地方公共団体では、エリアマネジメントを含むさまざまなまちづくりを行う団体を条例や要綱等に位置づけ、その活動をオーソライズするとともに支援している。いくつかの事例を紹介する。

①「鎌倉市まちづくり条例」における「まちづくり市民団体」

条例に定めた要件に該当する団体を「まちづくり市民団体」と定義し、当該団体が「自主まちづくり計画」を市長に提案したり、「自主まちづくり協定」の締結を市長に求めることができることとしている。団体の要件として、一定地区の住民の大多数により構成されていること、その活動が住民の大多数の支持を得ていると認められること等とされている。

②「小田原市街づくりルール形成促進条例」における「地区街づくり基準形成協議会」

市に登録されている「街づくりプロデューサー」が代表を務め一定の地区の

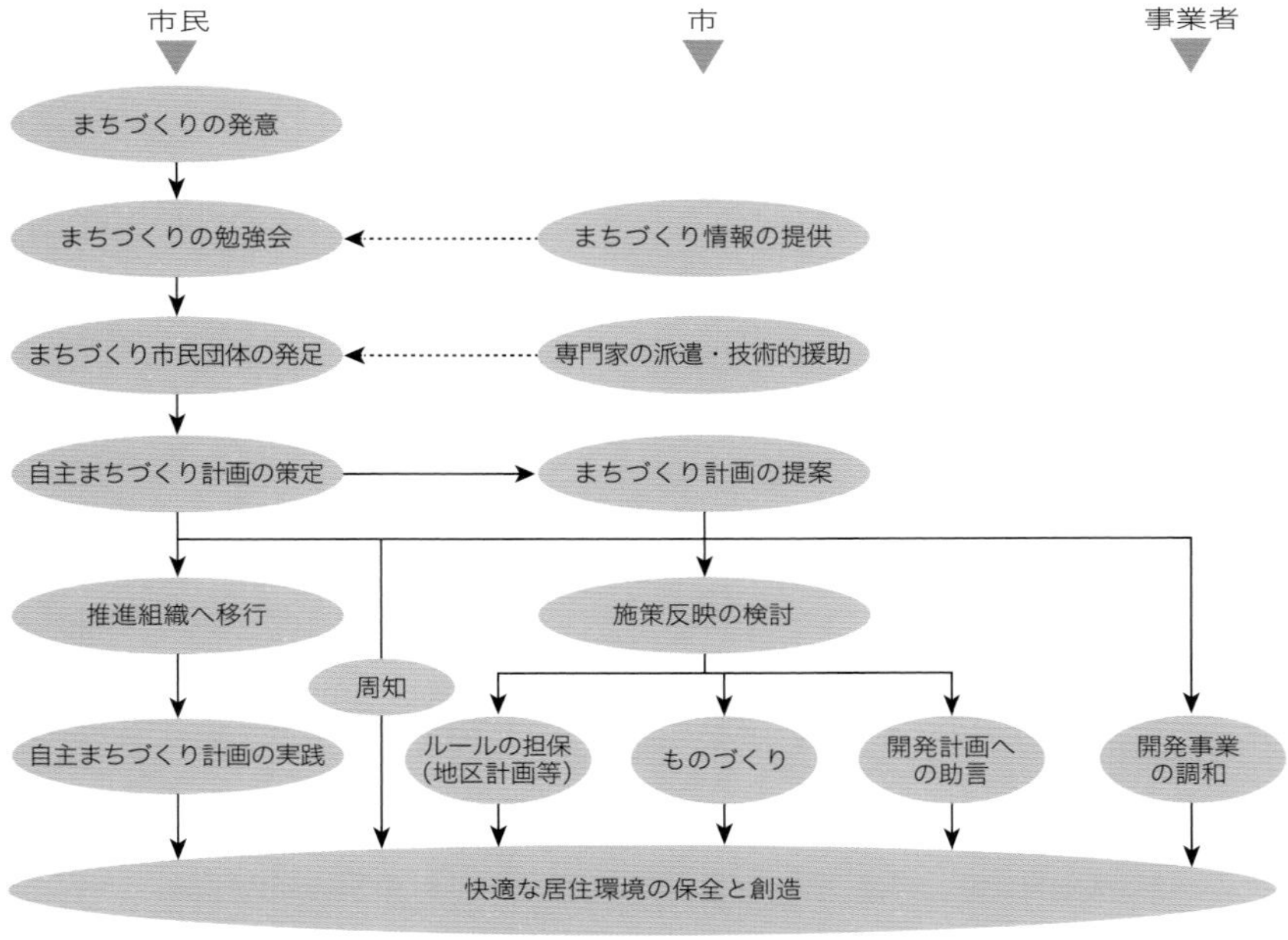

図 8　鎌倉市の自主まちづくり計画の流れ（鎌倉市ホームページより作成）

表 1　鎌倉山町内会の自主まちづくり計画

まちづくり市民団体名称		鎌倉山町内会
自主まちづくり計画を市へ提案した日		2000 年 4 月 11 日
計画位置		鎌倉山一丁目（一部を除く）、二丁目、三丁目、四丁目
都市計画上の内容	風致地区	風致地区内（一部風致地区外）
	種別	市街化調整区域（一部、第一種低層住居専用地域）
	容積率／建ぺい率	80 ／ 40
自主まちづくり計画の主な内容（土地利用規制に係るもの）	用途	一戸建ての専用住宅
	高さの規制	高さは、8m 以内とする。 敷地が傾斜地のときは、見付けの高さ（※）とする。 ※見付けの高さとは……建物が接する地盤の一番低いところから建物の一番高いところまで 人工的に建設した地盤の下には、居住スペースを設けない
	敷地面積の最低限度	敷地の分割について：200m^2（約 60 坪）以上
	壁面後退	建築物と隣地境界との距離：1m 以上
		建築物と道路との距離：1.5m 以上
その他		地区のシンボルである桜並木の保存と育成に努めます。

（図 8 と同じ）

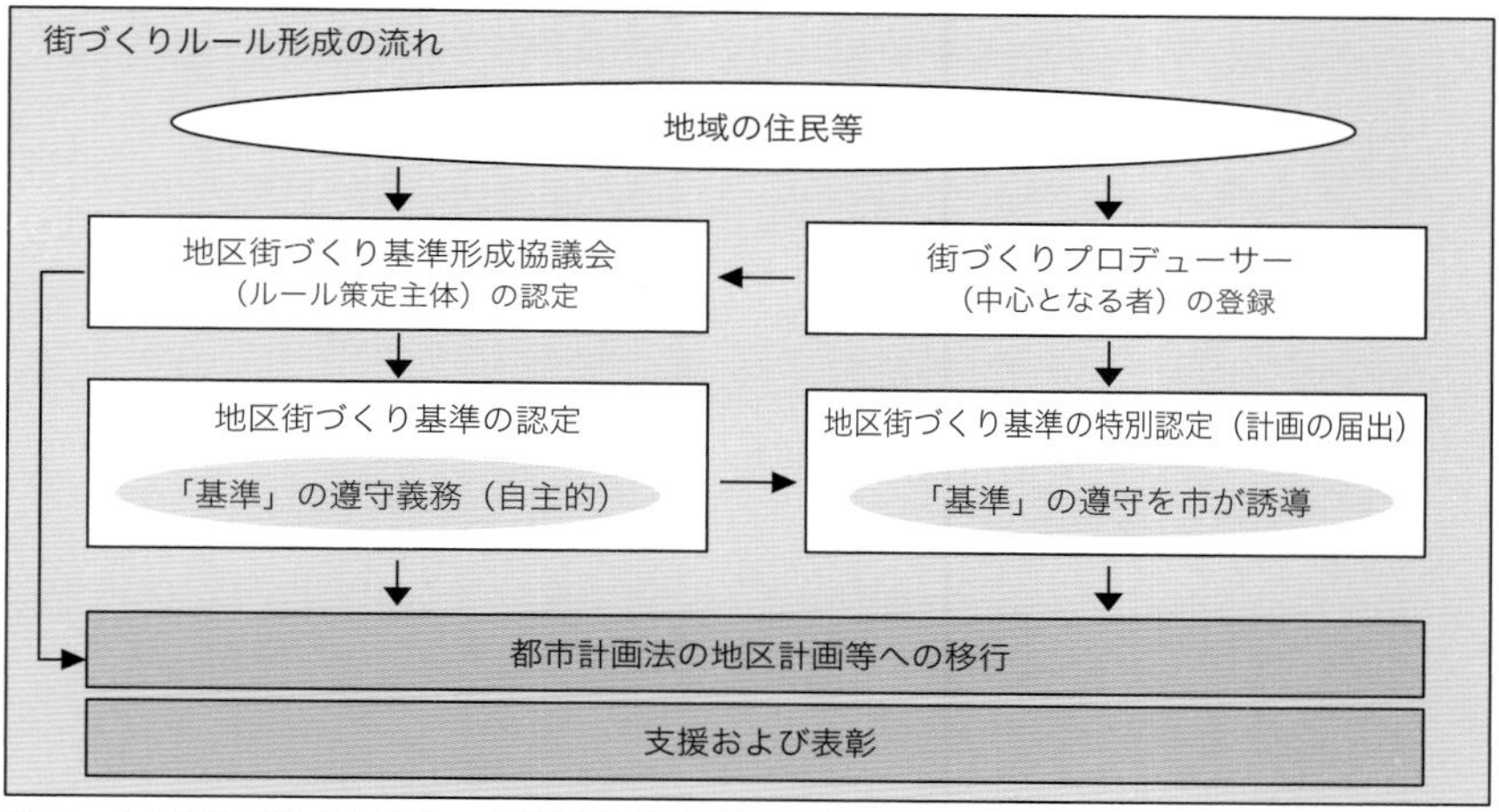

図 9　小田原市街づくりルール形成促進条例の概要（小田原市ホームページより作成）

地権者の 2 分の 1 以上が構成員となっている等の要件のもと市長が「地区街づくり基準形成協議会」を認定する制度が条例で定められている。協議会は「地区街づくり基準」を策定し、市長の認定を受け、地区のルールとすることができる。

③「横浜市エリアマネジメントに関する協定等の事務取扱要綱」

要綱に基づいて「エリアマネジメント組織」が「エリアマネジメント計画」を策定し、市長の同意を求めることができることとされている。同意を受けた計画は市に登録・公表され、エリアマネジメント組織は計画の実現に向けた協定を市と締結することができる。

④「東京のしゃれた街並みづくり推進条例」における「まちづくり団体」

条例に基づく「まちづくり団体登録制度」により登録された団体は、一定の都市開発プロジェクト等で生み出された公開空地等を活用して「賑わい創出活動」を行うことができる（『まちの価値を高めるエリアマネジメント』p.156 ～ 157 参照）。

まちづくり団体は、NPO 法人、一般社団法人、株式会社など法人格を有する団体であることを要する。

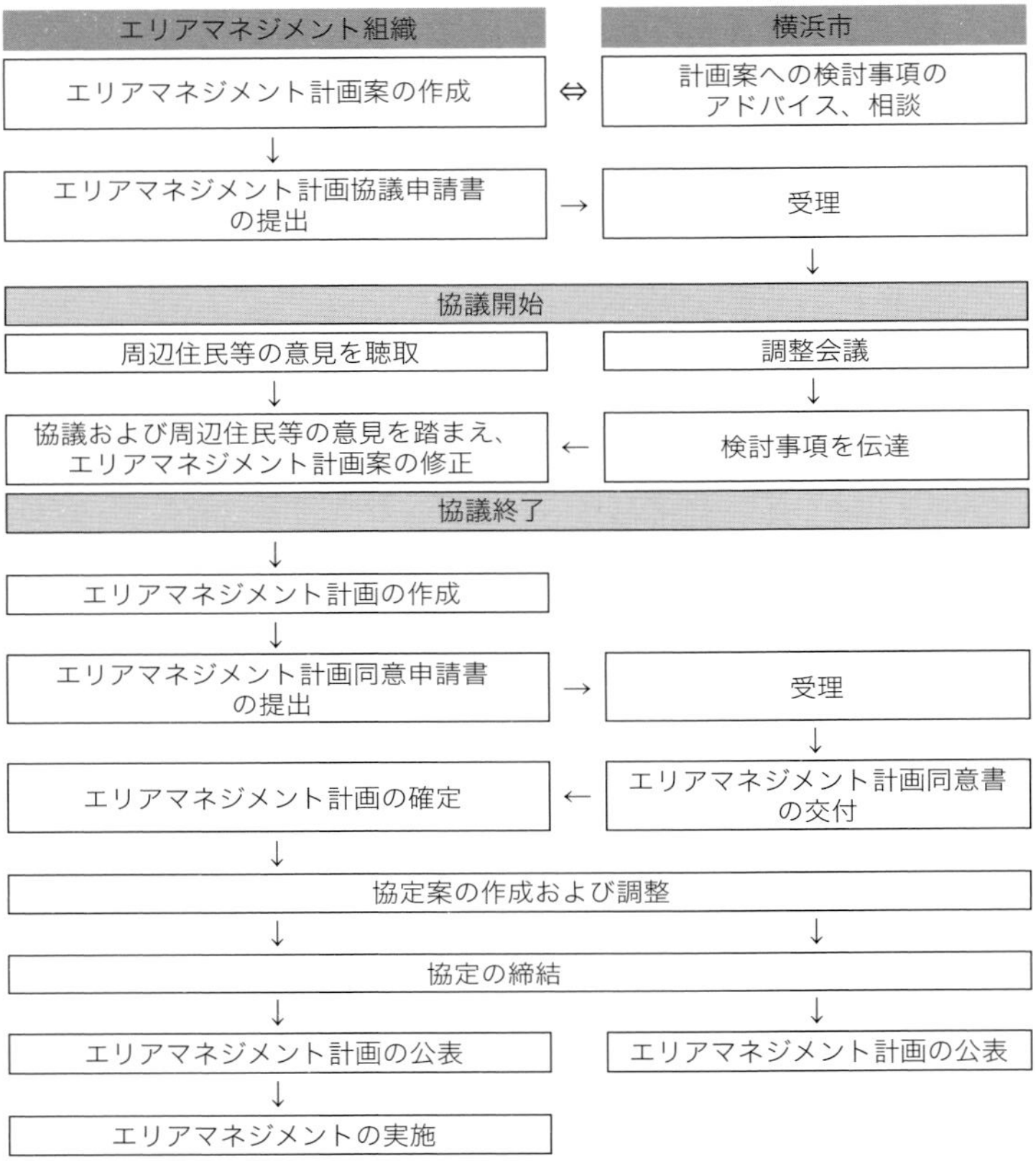

図 10　横浜市エリアマネジメントに関する協定等の事務取扱要綱の手続きの流れ
(横浜市ホームページより作成)

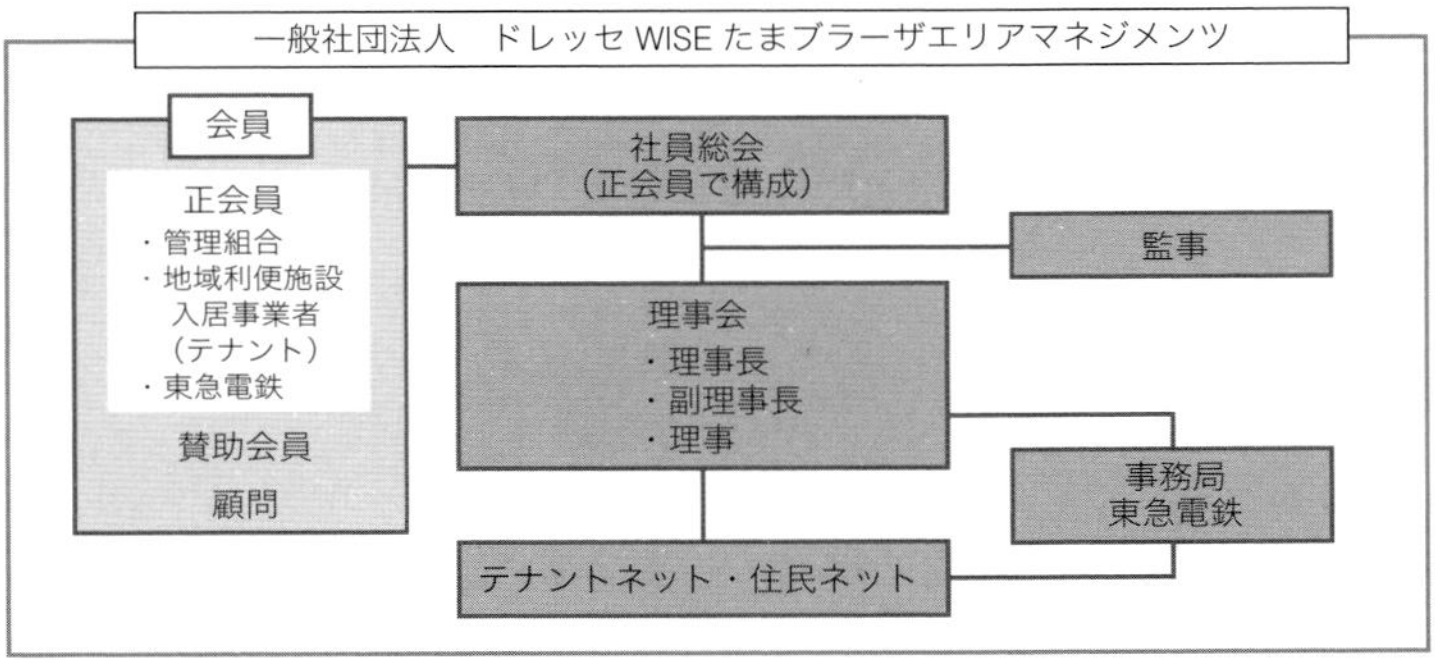

図 11　横浜市ドレッセ美しが丘のエリマネ組織図 (図 10 と同じ)

エリアマネジメント団体の重層性

エリアマネジメントはその活動の目的や内容また段階によってさまざまな組織形態を選択する。先に述べたように、初期段階は緩やかな法人格を持たない「協議会」組織をとり、事業段階になるとその実働部隊として「一般社団法人」を立ち上げる例が多い（例：新虎通り地区、竹芝地区）。

広いエリアで協議会を立ち上げ、より絞ったエリアで法人を組織することもあれば、協議会組織から法人組織へ移行するものもある。大阪市の御堂筋まちづくりネットワークは、2017 年に任意のエリマネ団体から一般社団法人に移行し、賑わいづくり等の活動を強化している。

同じエリアで目的別に組織を作る場合もある（例：大丸有のリガーレとエコッツェリアなど、p.157 参照）。

最近では、エリマネ団体同士の連携が広く行われている。大阪市では 2017 年に市内で活動しているエリマネ団体と大阪市が「大阪エリアマネジメント活性化会議」を立ち上げている。

2009 年には梅田地区で一般社団法人グランフロント大阪 TMO と西日本旅客鉄道株式会社、阪急電鉄株式会社、阪神電気鉄道株式会

図 12　大阪エリアマネジメント活性化会議
（大阪市ホームページより作成）

社が「梅田地区エリアマネジメント実践連絡会」を立ち上げエリア全体の価値を高める活動をしている。

さらに広くとらえれば、2016 年に発足した「全国エリアマネジメントネットワーク」はエリマネ団体の全国的な連携組織である（2019 年 10 月で 43 団体加入）。全国のエリマネ団体そのものの価値を高め、活動全体を推進する大きな原動力となっている。また、目的を絞ったエリアマネジメントと言える DMO（Destination Management /Marketing Organization）については、東京都心地区で MICE 誘致

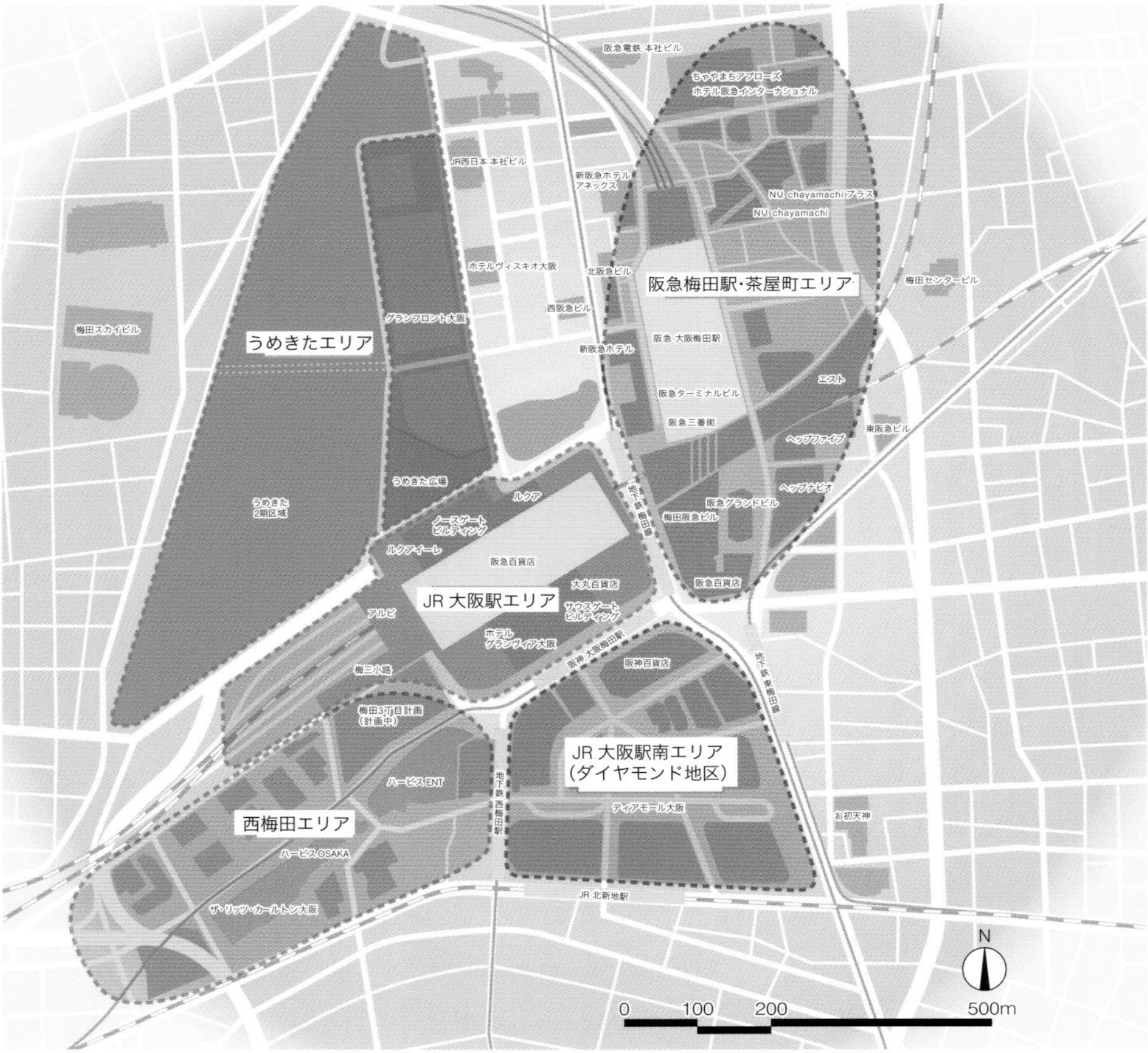

図 13　梅田地区エリアマネジメント実践連絡会の活動エリア（提供：梅田地区エリアマネジメント実践連絡会）

に向けて対外的に協力してプロモーション等を行うため「(仮称) 東京エリアMICE ネットワーク」という新たな連携組織が、六本木・虎ノ門・大丸有・竹芝等を中心に構築されようとしている。

表 2　全国エリアマネジメントネットワークの会員内訳

種別		団体数
正会員	エリアマネジメント団体（企業会員中心）	4
	エリアマネジメント団体（地域中心）	39
	法人	20
	個人	44
	正会員小計	107
一般賛助会員		17
オブザーバー		27
合計		151

正会員の団体一覧

団体名	団体名
梅田地区エリアマネジメント実践連絡会	中之島まちみらい協議会
一般社団法人大手町・丸の内・有楽町地区まちづくり協議会	長浜まちづくり株式会社
	名古屋駅地区街づくり協議会
一般社団法人渋谷駅前エリアマネジメント	名古屋駅太閤通口まちづくり協議会
NPO 法人大丸有エリアマネジメント協会	錦二丁目まちづくり協議会
秋葉原タウンマネジメント株式会社	博多まちづくり推進協議会
一般社団法人荒井タウンマネジメント	浜松まちなかマネジメント株式会社
一般社団法人淡路エリアマネジメント	広小路セントラルエリア活性化協議会
一般社団法人大阪ビジネスパーク協議会	広島駅周辺地区まちづくり協議会
エキキタまちづくり会議	二子玉川エリアマネジメンツ
烏丸通まちづくり協議会	株式会社富山市民プラザ
栄東まちづくり協議会	まちづくり福井株式会社
ささしまライブ 24 まちづくり協議会	NPO 法人　御堂筋・長堀 21 世紀の会
札幌駅前通まちづくり株式会社	一般社団法人　御堂筋まちづくりネットワーク
一般社団法人新虎通りエリアマネジメント	ミナミまち育てネットワーク
仙台駅東エリアマネジメント協議会	ミナミ御堂筋の会
一般社団法人遠野みらい創りカレッジ	名駅南地区まちづくり協議会
一般社団法人竹芝エリアマネジメント	横浜駅西口振興協議会
千葉市中心市街地まちづくり協議会	一般社団法人横浜みなとみらい 21
デポアイランド通り会	NPO 法人　KAO（カオ）の会
一般社団法人ドレッセ WISE たまプラーザエリアマネジメンツ	一般社団法人ＴＣＣＭ(豊田シティセンターマネジメント)
特定非営利活動法人とめタウンネット	We Love 天神協議会

（全国エリアマネジメントネットワークホームページより作成）

3-2

効果を高める公民連携のあり方

エリマネ活動は民間主体という認識がわが国では強いが、エリマネ活動の内容は公共性の高いものが多いことから、行政はその活動をサポートし公民連携を進めていく必要がある。行政の公共投資をエリマネ団体の活動が活かし、その結果エリア価値が上昇し、税収の拡大に繋がり、市民にフィードバックされるという好循環を生み出す仕組みとしての公民連携も重要である。

民間まちづくりを後押しする行政組織へ変わる

●公民連携まちづくりの流れ

日本のエリアマネジメントの多くは、大都市中心部において、エリアの有力な民間企業が中心になり進められて来た経緯ある。また地方都市にあっても中心部の商業活動の一環として、民間が行うものという認識が強かった。このため市町村などの行政との係わりは、エリマネ活動のうちで道路空間、公開空地空間、水辺空間、公園空間などの活用の許認可に限定されることが多かった。

近年、これらの活動を担うエリマネ団体の人々は、まちの賑わいづくりを行い、まちの活性化に繋がる活動を行っている。海外ではこのような活動に対して行政が係わり、支援する事例が多く見られるようになっている。また日本のエリマネ団体は、まちの安全性を強く意識し、防犯活動、防災や減災活動を視野に入れて、環境やエネルギー問題に対しても積極的にかかわろうとしている。これらの活動は、公益性、公共性が高く、エリアの課題解決にかかわっていると言っても良い。エリマネ団体と行政の公民連携は欠かすことができないものである。

●民間まちづくりを後押しする行政の対応

公民連携まちづくりをどのように立ち上げ、誰が先導するかは、地域の状況や、取り組む活動によって変わってくる。公民連携まちづくりが広がりを見せ、持続的に継続するには、エリマネ団体が主体的に自由に活動し、市町村はそれを後押ししながら連携することが望ましい。

民間のエリマネ団体が、エリマネ活動において公共空間などを活用するとき、行政の担当が応援するか否かでその結果は明らかに違ってくる。行政の担当部局がこうしたまちづくりに対し、円滑に対応している取り組みを以下に挙げてみる。

①エリアマネジメント担当部局の設置［大阪市］

大阪市では、まちづくり活動の初期段階からエリマネ団体の支援まで、行政手続等の相談・支援や助成、全国初の大阪版BID制度を全市に展開するために、一元的な窓口を2016年4月都市計画局開発調整部に「エリアマネジメント支援担当課」として設けた。

2016年3月までは、都市計画局のなかに、1つは、計画部都市計画課があり、2014年「エリアマネジメント活動促進制度（大阪版BID制度）」を創設し、2015年からうめきた先行開発区域で適用を開始した。

もう1つは、同局のなかに、開発調整部まちづくり支援担当課があり、1996年から2016年3月までに45のまちづくり団体に対し、まちづくり活動の初期段階の活動費の助成や専門家の派遣などを行って支援してきた。

これら2つを統合してエリアマネジメント支援担当課が生まれた。街の魅力向上を地域とともに考え支援していく体制を強化し、地域の多様なニーズに対応した幅広い施設展開を実施できるようにしたものであり、まちづくりに係る複数の行政手続きの相談窓口のワンストップ化を実現した。

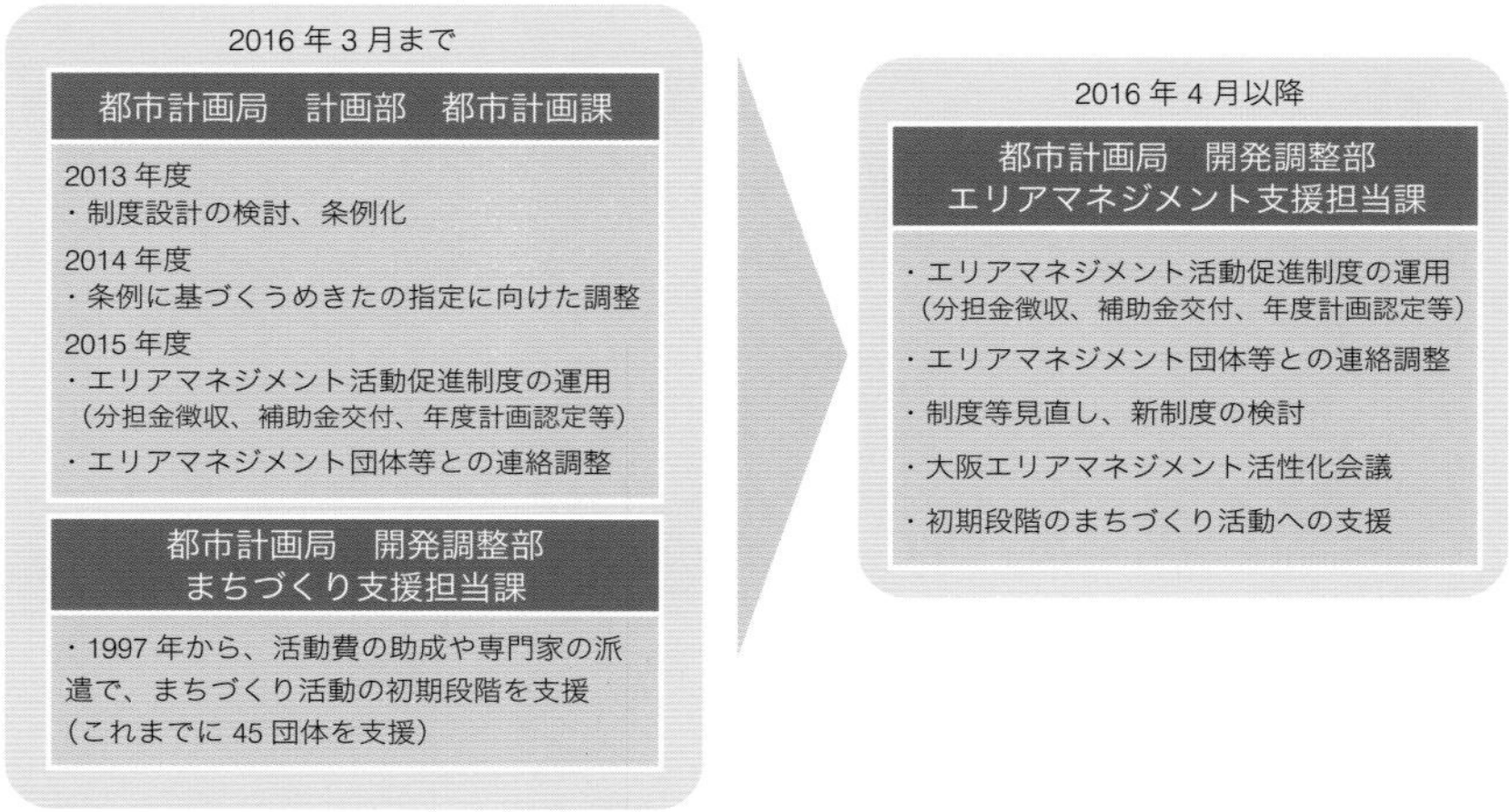

図14　大阪市のエリアマネジメント担当部局の設置（「森記念財団2018年度第1回エリアマネジメント制度小委員会資料」高田孝（大阪市都市計画局エリアマネジメント支援担当課長）の提供資料より作成）

②都心のまちづくりを総合的に展開するための窓口組織の設置［札幌市］

札幌市は、都心エリアのまちづくりを総合的に所管・調整する組織「都心まちづくり推進室」を2002年に設置した（その後、機能拡張）。エリア内における民間主体のプロジェクト（エリアマネジメント・開発事業）の支援・調整窓口の役割も担う。

札幌市がこの推進室を設置した背景には、市の長期展望から将来の人口減少を予見するなか、市街地の拡大を抑制し、既存都市基盤を活用して都心エリアを中心としたコンパクトなまちづくりへの転換を目指したこと、またまちの活力を高める中心拠点として、都心エリアの機能強化の必要性が高まったことがある。また、札幌都心エリアのまちづくりは、民間主体の都市開発、ソフトプログラムなどを主に展開すべきと考えられた。これらを誘発・支援するために、札幌市は、民間活動への対応を一元化し、迅速化するための新たな室を設置したのである。

「都心まちづくり推進室」が行う事業の方向性を示すものとして、札幌市は都心エリアの中長期的なまちづくりのあり方や将来像を示した「都心まちづくり計画」を2002年に策定した。その後2016年にこれを改定し「第2次都心まち

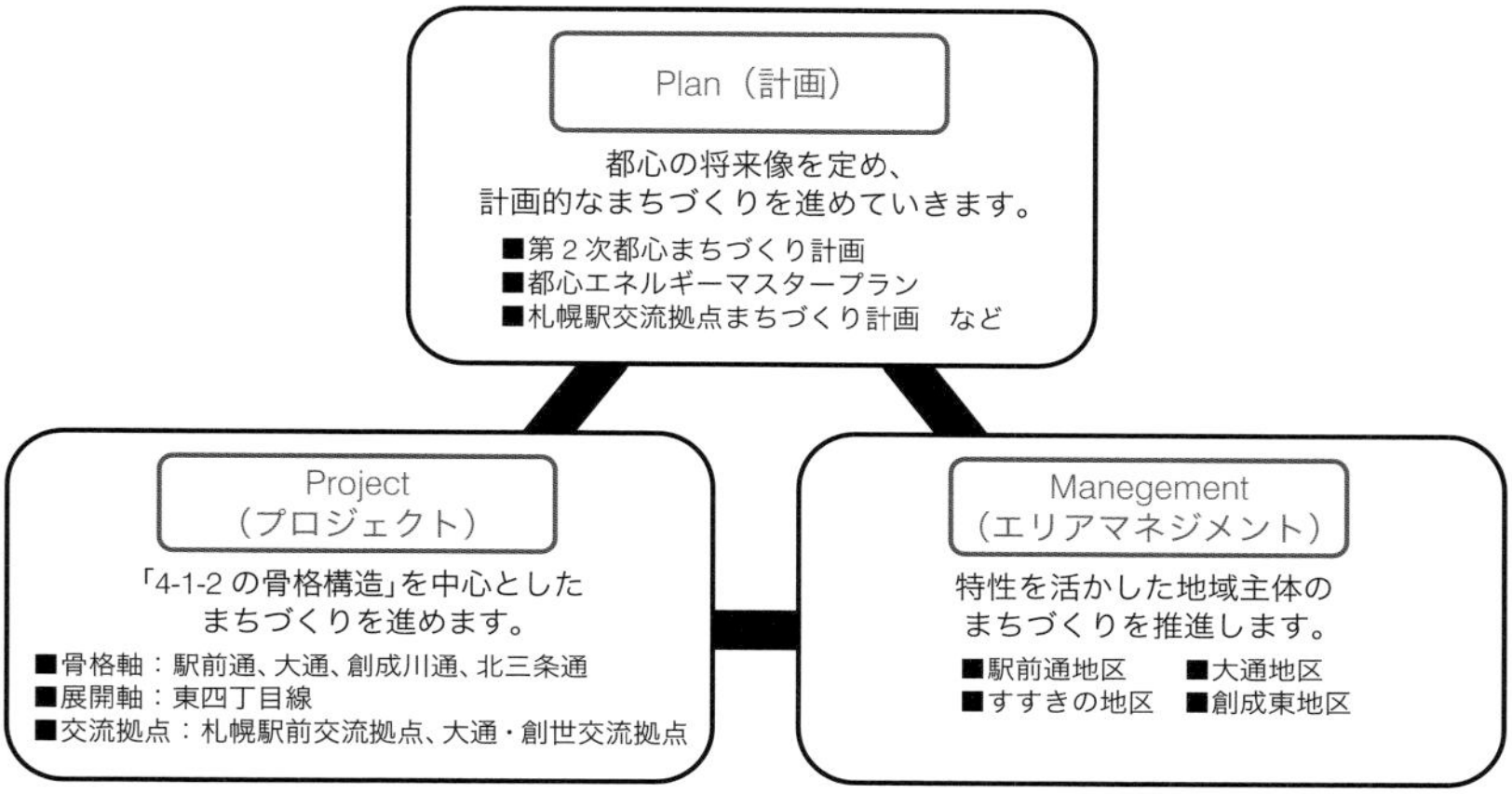
Plan（計画）
都心の将来像を定め、
計画的なまちづくりを進めていきます。
■第 2 次都心まちづくり計画
■都心エネルギーマスタープラン
■札幌駅交流拠点まちづくり計画　など
Project
（プロジェクト）
「4-1-2 の骨格構造」を中心とした
まちづくりを進めます。
■骨格軸：駅前通、大通、創成川通、北三条通
■展開軸：東四丁目線
■交流拠点：札幌駅前交流拠点、大通・創世交流拠点
Manegement
（エリアマネジメント）
特性を活かした地域主体の
まちづくりを推進します。
■駅前通地区　■大通地区
■すすきの地区　■創成東地区

図 15　札幌市都心まちづくりの考え方（札幌市ホームページ「都心のまちづくり」より作成）

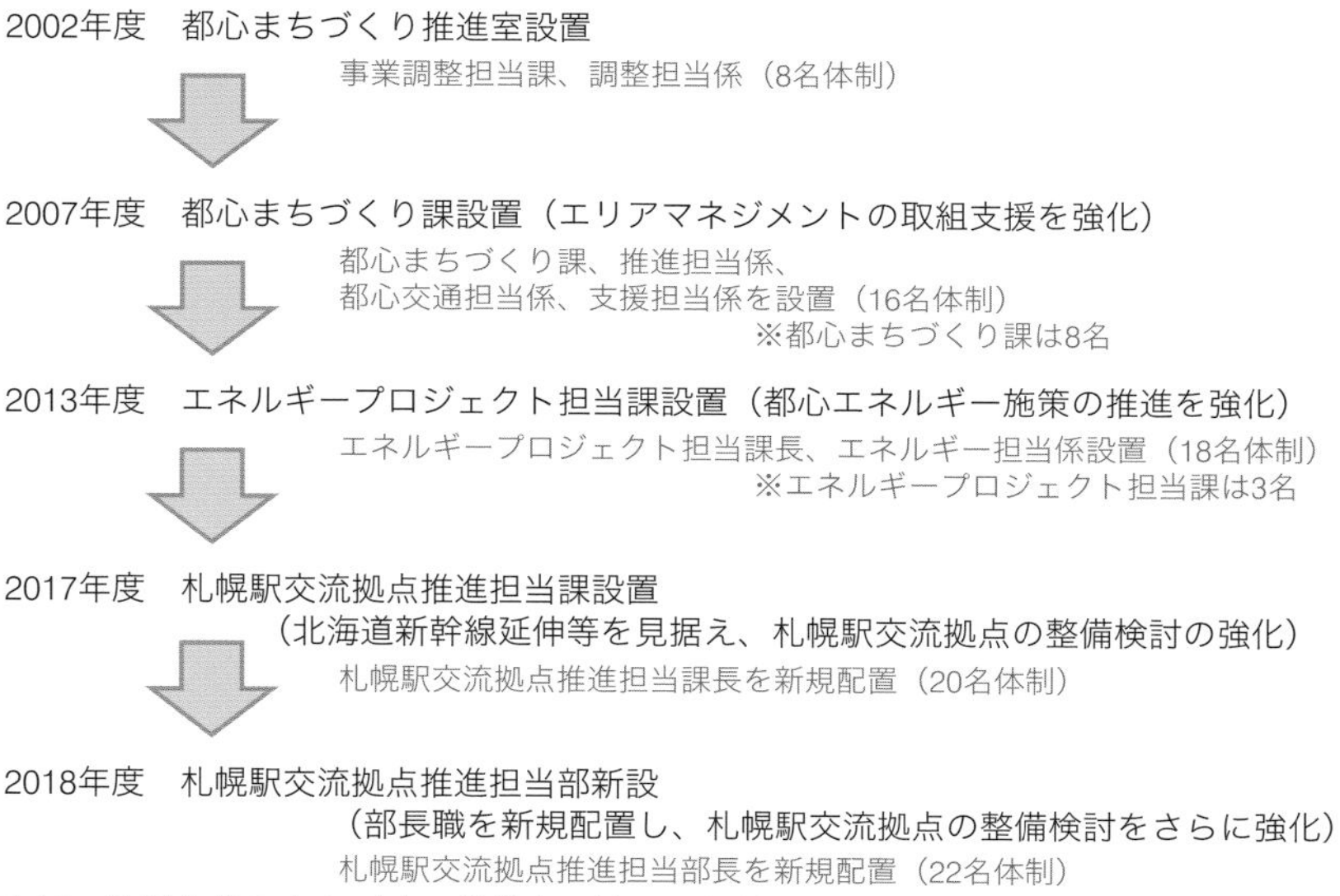
2002年度　都心まちづくり推進室設置
事業調整担当課、調整担当係（8名体制）
2007年度　都心まちづくり課設置（エリアマネジメントの取組支援を強化）
都心まちづくり課、推進担当係、
都心交通担当係、支援担当係を設置（16名体制）
※都心まちづくり課は8名
2013年度　エネルギープロジェクト担当課設置（都心エネルギー施策の推進を強化）
エネルギープロジェクト担当課長、エネルギー担当係設置（18名体制）
※エネルギープロジェクト担当課は3名
2017年度　札幌駅交流拠点推進担当課設置
（北海道新幹線延伸等を見据え、札幌駅交流拠点の整備検討の強化）
札幌駅交流拠点推進担当課長を新規配置（20名体制）
2018年度　札幌駅交流拠点推進担当部新設
（部長職を新規配置し、札幌駅交流拠点の整備検討をさらに強化）
札幌駅交流拠点推進担当部長を新規配置（22名体制）

図 16　札幌市都心まちづくり推進室の拡張の経緯（国土交通省都市局まちづくり推進課官民連携推進室「自治体等による民間まちづくり支援の取組み事例（2018 年度版）」より作成）

づくり計画」として総合的な見直しを行った。また、都心エリアのまちづくりと一体的に展開する環境エネルギー施策のあり方、将来像を示す「都心エネルギーマスタープラン」を 2018 年に策定した。

都心まちづくり推進室では、主に、次に挙げる３つの施策を実施している。

・都心エリア各地区におけるエリアマネジメントによるまちづくりを推進

　まちづくり組織の組成、まちづくり指針の策定支援

　都市計画案の作成支援、市民参加事業の展開支援　など

・民間主体の都市開発プロジェクトを調整し、事業化を支援

　市街地開発事業の計画調整、公共空間・公共施設の計画・活用

　民間都市開発事業（ハード開発）の調整と支援

　都市計画決定権者と事業者間の調整　など

・民間イベントの際に、公共施設管理者・交通管理者等との調整

③みなとみらい２１公共空間活用委員会［横浜市］

横浜市のみなとみらい２１地区では、2010年度より国の補助を受け、エリアの公共空間であるグランモール公園、公開空地、汽車道・運河パーク等の港湾緑地、内水域を活用し、賑わい創出の社会実験を実施した。この実験を通して公共空間の占用等に関する条例への適合性の確認や許可基準の緩和を所轄行政へ求めた。2013年９月から、公開空地の一時使用について「横浜市市街地環境設計制度」の運用基準が一部改正され、また、地区内のグランモール公園にお

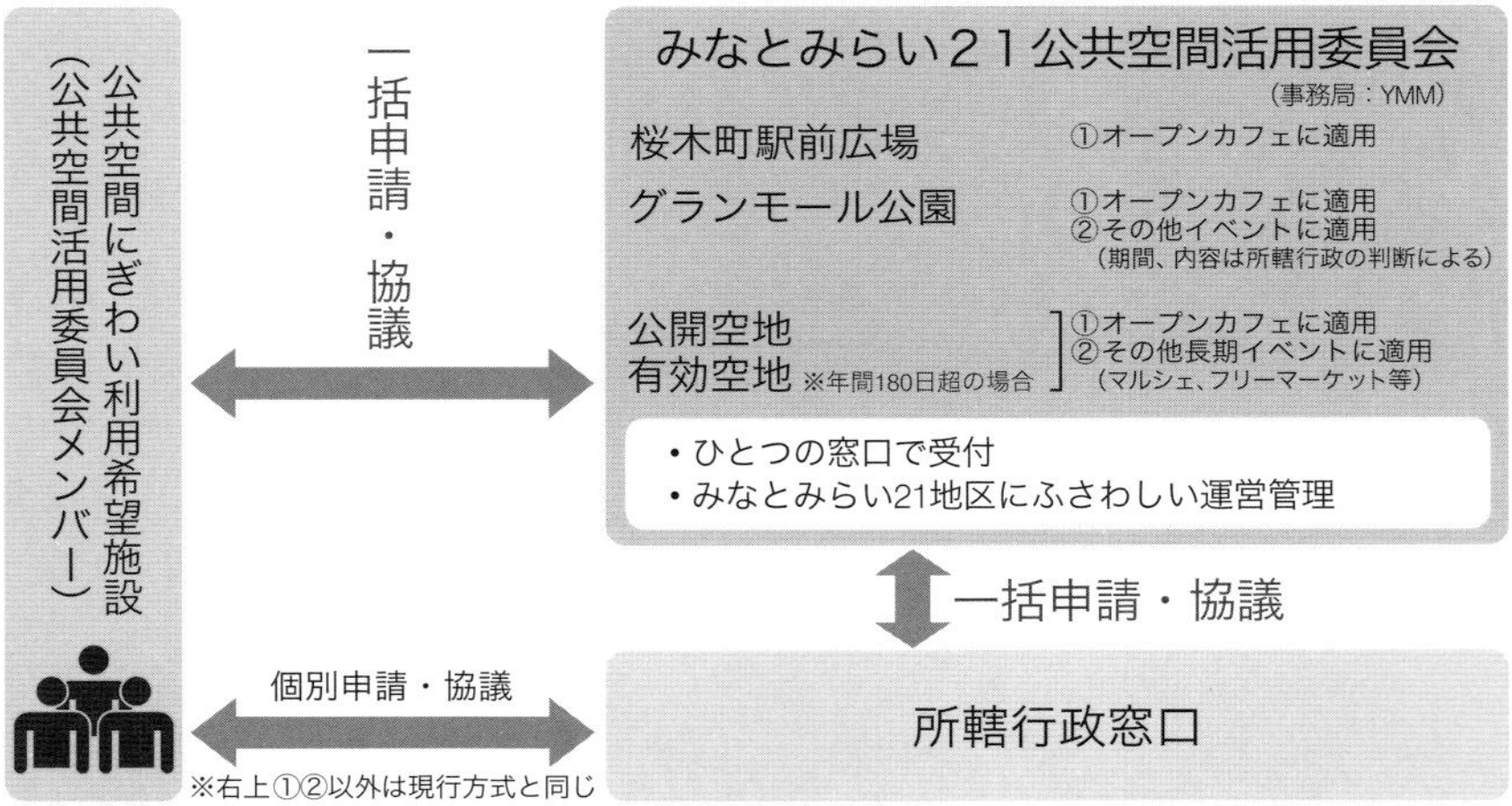

図17　みなとみらい２１公共空間活用委員会による一括申請・協議の仕組み
（みなとみらいエリアマネジメントホームページより作成）

けるオープンカフェ等に限り都市公園法の設置基準を適用して運用基準が緩和され、公共空間の活用が可能となった。

この制度改正等を受け、エリアの公共空間をエリマネ活動の一環として活用し、賑わいや憩いの場を生み出し良好な都市空間を形成することを目的に、2013年9月、一般社団法人横浜みなとみらい21および公共空間の活用を希望する当社団法人の会員企業を委員とする「みなとみらい21公共空間活用委員会」を設立した。当委員会に参加する委員による公開空地およびグランモール公園の利用については、一定の審査基準により当委員会での承認を得たうえで、当委員会にて一括して許認可手続きをすることができるようになった。従来の個別手続きでは許可されなかったイベントの実施が可能となったのである（詳しくは、『まちの価値を高めるエリアマネジメント』p.190～191を参照）。

公民連携による公共施設整備とエリアマネジメント活動

高度成長期などの開発が中心の時代には、市町村は都市全体を考慮しながら公共施設整備を行って来た。しかしながら、人口減少・少子高齢社会にあっては、地域活性化、空き地・空き家問題、コミュニティの維持、働く場の確保、労働力の確保、子育て支援、介護支援、防災、防犯など、いずれの課題も公共施設を単に整備すれば良いという時代ではなく、公民連携でエリアの運営管理を伴わなければ成り立たなくなってきている。

このような状況下で、行政は都市の中にエリアを絞って公共施設の再整備などの公共投資を行い、完成した公共施設を最大限活用してエリマネ団体やまちづくり会社がエリマネ活動を行っていくことにより、まちの価値を高めていくことが必要である。

言い換えれば、行政の公共投資をエリマネ団体の活動が活かし、その活動の結果としてエリア価値が上昇し、税収の拡大に繋がり、市民にフィードバックされるという好循環を生み出すということである。その効果が最大限になるようなエリアを中心に公共施設の整備を行うことが必要になっている。

たとえば、前著『まちの価値を高めるエリアマネジメント』p.30の図3横浜駅大改造計画でのエリマネ活動と地域価値の上昇などの考え方が挙げられる。この他の例を以下に挙げていく。

●シカゴ市におけるBIDとTIFの連携による都心再生

シカゴ市におけるBIDとTIFの連携による都心再生は、メインストリートであるループ地区のステイトストリートにおいて、TIFを設定し、街路の再整備を行い、エリアのBIDであるシカゴ・ループ・アライアンスが地区を活性化するため清掃、警備、美化、官民施設の改変、建築デザインコントロール、アートプログラムなどのイベント、店舗の多様化を行っている（詳しくは、前著p.30〜32を参照）。

●ミルウォーキー市のリバーウォーク事業

ミルウォーキー市は、かつて重工業を中心に栄えており、中心部を流れるミルォーキー川沿いは水上輸送の拠点として賑わっていた。しかし1980年代に工場の閉鎖により水上輸送は衰退し、エリアには空いたビルや倉庫が立ち並ぶ状況にあった。中心市街地再生のためには、ミルウォーキー川沿いの再生が課題であった。

① TIFと補助金等によりリバーウォークを建設

市は、川沿いにプロムナードを新設し、歴史的建築物と公共施設、河川を利用している事業をネットワーク化するリバーウォーク事業を実施した。

リバーウォークの建設には、建設費の78%をTIF制度で、22%を補助金や寄附金で賄った。

②デザインガイドラインによるリバーウォーク沿いの開発コントロール

1992年、リバーウォークに対し、市は川の護岸から15m以内の開発をすべて審査対象するデザインガイドラインを設けた。ガイドラインは、川に対しての4つのアクセスを義務付けていることに特徴がある。

1つは、物理的アクセスで、リバーウォークを24時間開放すること。2つ目は、心理的アクセスで、歩行の快適性を向上すること。3つ目は、視覚的アクセスで、リバーウォーク沿いにショーウィンドーやエントランスなどを設置する

図 18　リバーウォーク事業の従前従後（国土交通省『土地利用の転換の機会を捉えた 都市再生推進手法に関する検討調査報告書』(2008 年 3 月)）

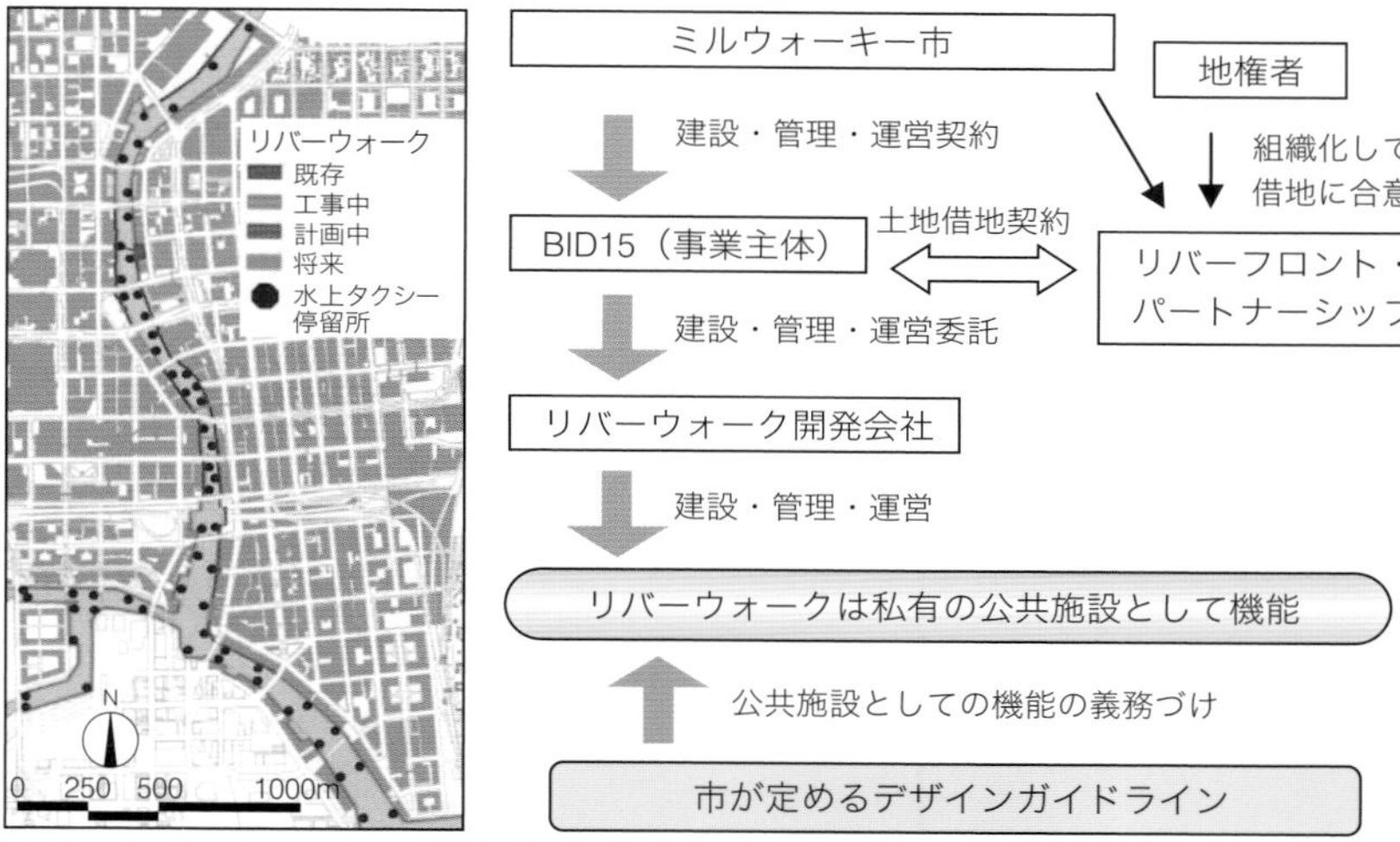

図 19　リバーウォークの配置図と事業スキーム（図 18 と同じ）

こと。4 つ目は経済アクセスで、川を観光資源として活用し川沿いの環境整備を行って活性化を促進することである。

③ BID による竣工後の管理・運営

建設されたリバーウォークに面する全地権者と市の間でリバーフロント・パートナーシップを結んだ。1994 年に市はミルウォーキー川沿いに BID 15 を指定した。リバーフロント・パートナーシップと BID 15 は、99 年間の土地の租借権を付与する借地契約を締結した。BID 15 の評議会の下に「リバーウォーク開発会社」を設立し、プロムナードの増設、管理・運営、ストリートファニチャーやサインの整備、イベント企画・宣伝などを BID 特別課税で実施している。

ミルウォーキー市のTIFによるリバーウォークの整備は、BID 15のエリマネ活動により活かされ、エリアの価値を高めていると言って過言ではない。

●オール大阪で進める「水と光のまちづくり」の動き

大阪市によれば、大阪では、2001年から2015年までの15年間、行政・企業・市民が連携し、水都大阪の再生に取り組んできた。その結果、都心部の河川に遊歩道や船着場が整備され、それらを活かしたクルーズや規制緩和を活用した水辺の民間ビジネスが生まれ、大阪の水辺の風景は劇的に変化し、日常的な水辺の利用が進み、大阪は日本でもっとも水辺に賑わいのある都市となった。また、公民が協力して進めた護岸・橋梁・高速道路橋脚の日常的なライトアップや、年々規模が拡大し、冬の風物詩として定着した「大阪・光の饗宴」など、大阪は日本でも有数の美しい光の景観を楽しめる都市となった。

こうした取り組みの成果をさらなる大阪の「成長」へと繋げ、水と光の魅力で世界の人々を惹きつける「水と光の首都大阪」を実現するため、2020年に向けて以下の方針を掲げ、府・市・経済界のオール大阪で取り組んでいる。

・世界に誇る「水と光のシンボル空間」の実現

・水と光の広がりと厚みによる新たな魅力創造

・誰もが憧れる「水と光の首都大阪」ブランドの確立

・多彩な民の参画とビジネスの創出・活性化

大阪商工会議所によれば、水と光のまちづくりの推進は、大阪商工会議所会頭が会長を務める「水と光のまちづくり推進会議」が、基本方針の策定と事業実施する次の3団体に対する活動支援を行う。

「水都大阪コンソーシアム」は、大阪商工会議所が委員長を務め、水都大阪の取組推進を目指す公民共通のプラットフォームとして2017年より新たな推進体制で築いている。水都事業の企画立案、魅力創出の実践、規制緩和に向けた調整等を行う。

「大阪・光の饗宴実行委員会」は、大阪府都市魅力創造局が委員長を務め、中之島や御堂筋のほか、民間プログラムもあわせ、イルミネーション事業を展開している。

「光のまちづくり推進委員会」は、橋爪紳也大阪府立大学特別教授が委員長を

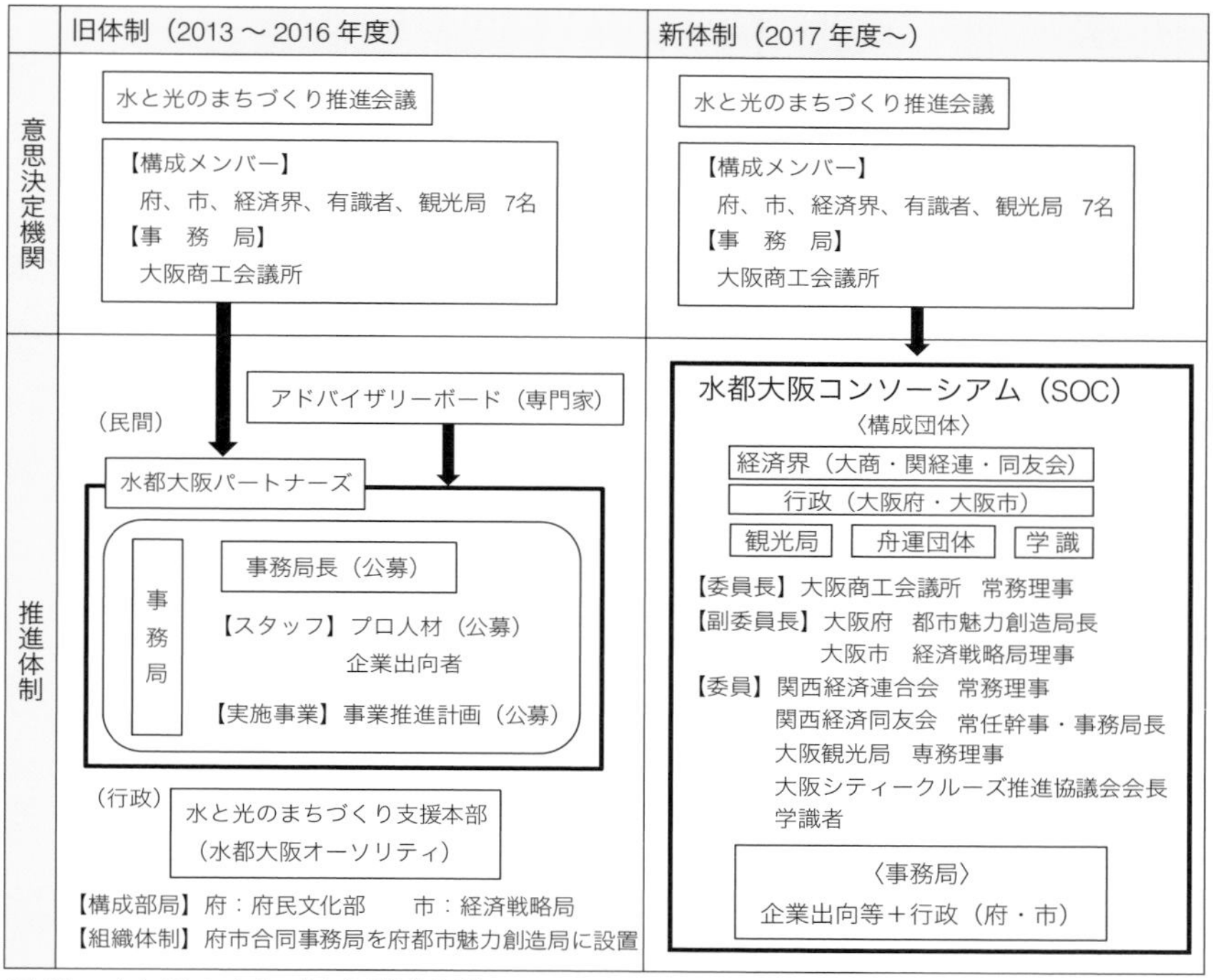

図 20　水と光のまちづくり推進体制（大阪市ホームページ（https://www.city.osaka.lg.jp/keizaisenryaku/page/0000274420.html）より作成）

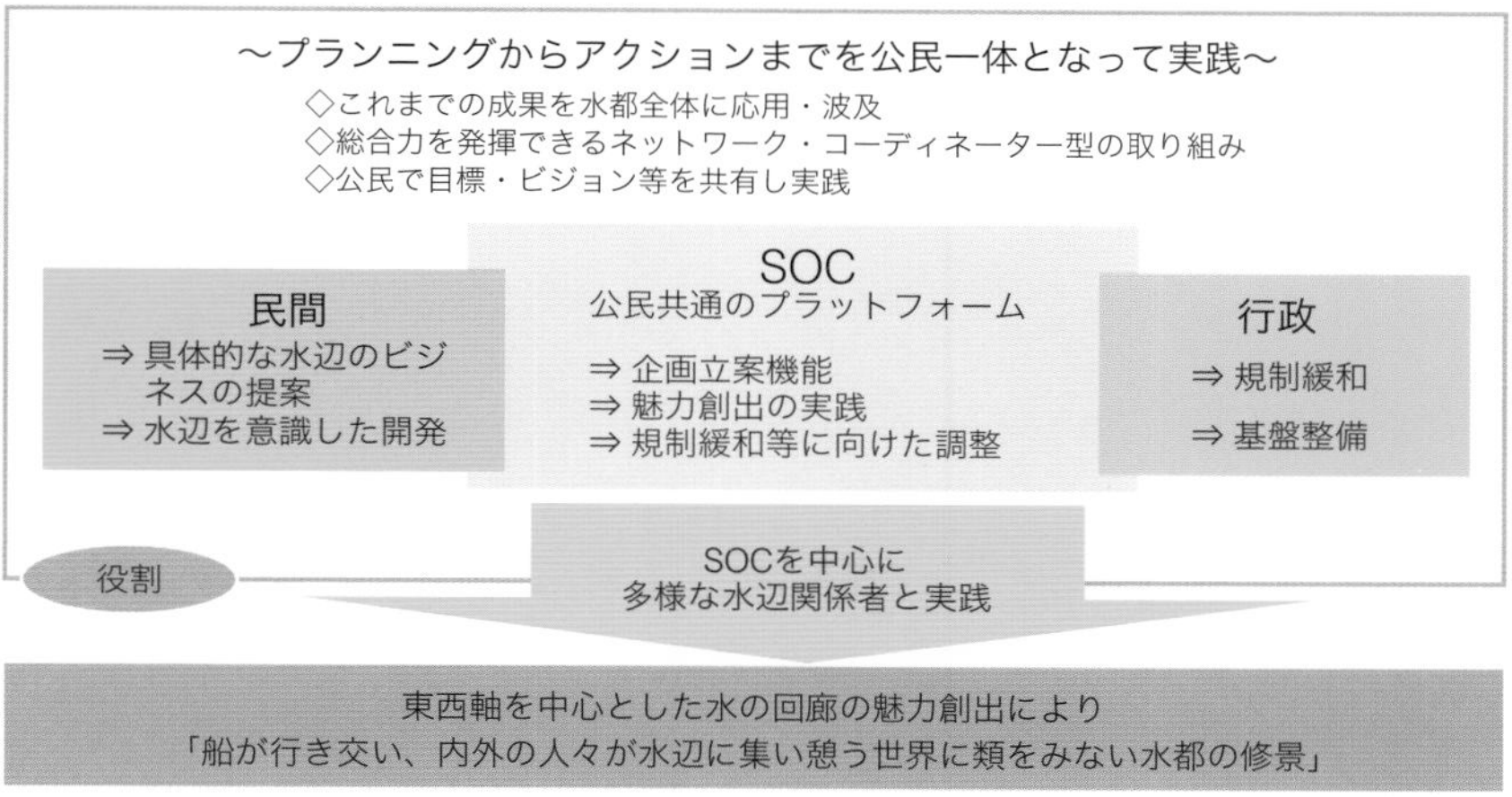

図 21　水都大阪コンソーシアム（SOC）の役割・取り組み
（水都大阪コンソーシアム 2019 年 1 月第 10 回水と光のまちづくり推進会議資料「水都大阪の取組み」より作成）

務め、官民一体となって、恒常的な光のまちづくりを推進する。

ここでは、「水都大阪コンソーシアム」について詳しく述べる。

①公民共通のプラットフォーム「水都大阪コンソーシアム」

・2013 年度　水都大阪パートナーズ

大阪府・大阪市・経済界は、世界の都市間競争に打ち勝つ「水と光の首都大阪の実現」に向け、取り組みの基本方針を審議決定する「決定機関」として「水と光のまちづくり推進会議」、具体的な活動に取り組む「執行機関」として「水都大阪パートナーズ」、さらに水辺空間の利活用に関する大阪府市の関係部局による合同組織「水と光のまちづくり支援本部（水都大阪オーソリティ）」を設置した。

・2017 年度　水都大阪コンソーシアム

「水都大阪パートナーズ」の 4 年間の取り組みを終え、2017 年度より水都大阪のさらなる成長をめざす公民共通のプラットフォーム「水都大阪コン

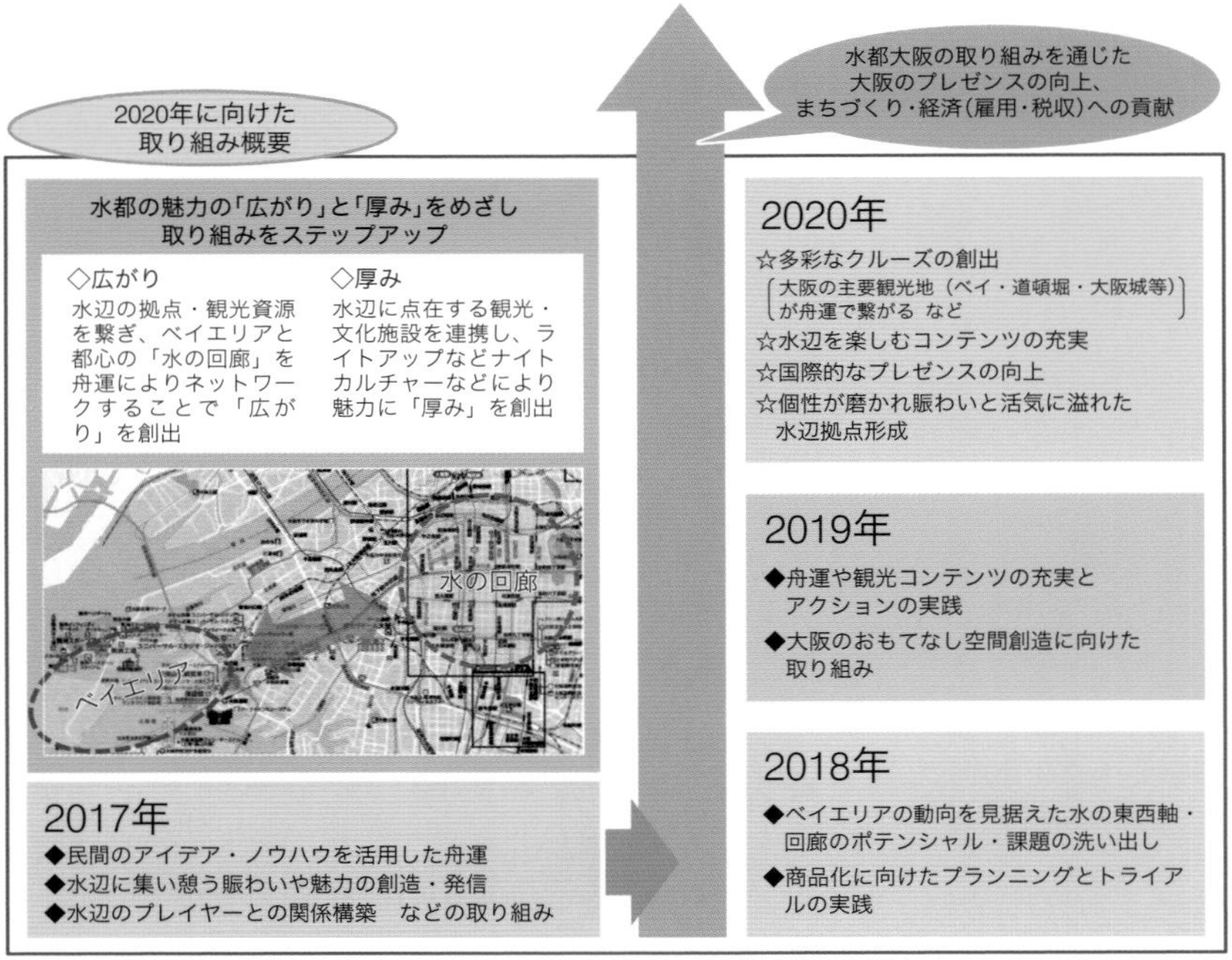

図 22　2020 年に向けた水都大阪の取り組みの概要（図 21 と同じ）

ソーシアム」を設立した。

水都大阪コンソーシアムは、水と光のまちづくり推進会議が作成した取り組み方針を実現するため、民間からの具体的な水辺ビジネス提案をもとに、企画立案し、魅力創出の実践のため規制緩和に向けた行政と調整等を行う。これを受けて大阪府、大阪市などは必要な基盤整備を行い、あわせて規制緩和を行う。その結果、民間は、水辺を意識した開発に取り組むことができるようになる。つまり、公民で目標・ビジョンなどを共有しながら実践し実現して行くものである。東西軸を中心に水の回廊の魅力を引き立たせ、「船が行き交い、内外の人々が水辺に集い憩う世界に類をみない水都の修景」が実現する。

●御堂筋将来ビジョンにおける公民連携体制づくり［大阪市］

①御堂筋将来ビジョン（2019年3月）

大阪市建設局によれば、この将来ビジョンは、車中心から、人中心のストリートへ転換することで、新たな体験ができる空間を生み出し、その空間を通じてストックした「人・モノ・資金・企業・情報」といった都市資源の交流を促し、新たな魅力や価値を創出するとともに、それらを世界に発信していくことが可能になるものである。

図23　御堂筋将来ビジョンのイメージ・パース（大阪市建設局「御堂筋将来ビジョン 概要版」）

図 24　御堂筋将来ビジョンを推進する公民連携と役割分担（大阪市建設局「御堂筋将来ビジョン」より作成）

既存の「道路」の枠にとらわれない新しい機能を導入することで、「多様な人材が集う観光・MICE 都市」「出会いが新しい価値を生む多様性都市」「世界に誇れる自慢の都市」「多様な楽しみ方ができる周遊・滞在都市」などの大阪がめざすべき未来の都市像を実現していこうというものである。

②将来ビジョンを推進する公民連携体制づくり

このビジョンを推進するには、公民相互でめざすべきビジョンを共有し、公民連携体制を作り、役割分担を明確にする必要がある。その上で総合的な観点でビジョンを推進していく仕組みが必要である。

③公共主体の主な取り組み

・交通影響等の検証

車線減少に伴う渋滞や荷捌きなど、御堂筋をはじめ周辺道路や地域への影響などを社会実験等により慎重に検証のうえ、進める。

・御堂筋募金の創設

従来以上にきめ細かな維持管理を実施していくとともに、市民や民間の方々にも広く関心を持っていただくことを目的として御堂筋募金の創設に取り組む。

・民間が活動しやすい制度整備

都市における道路空間利用のニーズの高まりなどから、道路空間を活用した民間活動を推進する制度を整え、都市の魅力向上、賑わい・交流の場の創出のための特例制度の活用や民間の新たな担い手によるまちづくりを後押しする。

そのために、民間が活動しやすい制度整備に取り組み、民間主体によるまちづくり活動を促進していく。

・姉妹ストリート協定の推進

御堂筋を通じて魅力的なまちづくりを展開していくには、多様な知識と経験を持つ海外大都市のメインストリートとの連携を強化する必要がある。

御堂筋と類似のメインストリートを所有する海外大都市と姉妹ストリート協定を締結することにより、人材交流、技術交流などの相互連携を行う。

行政間では道路に関する知識と経験を共有し、民間企業間ではビジネスの展開に繋げる。こうした取り組みを通じてまちの魅力を高め、御堂筋を世界に向けて情報を発信し続ける。

④民間主体の主な取り組み

・質の高い維持管理

清掃活動などのきめ細かな日常の維持管理活動と花植え活動などに取り組み、美しい街並みを生み出す。

・市が整備した制度を活用して、まちづくりを推進

道路空間で民間がまちづくり活動を行う制度を積極的に活用して、活動の展開や継続がしやすくなる制度を活用する体制づくりをまず始める。

・道路空間を活用したイベントなどの開催

沿道ビルの壁面後退部などにおいて、マルシェやオープンカフェなど、民間主体の取り組みが行われている。さらに道路空間も含めた内容に拡大するなど、現地の強みを活かした情報を発信することが重要である。

⑤公民連携による主な取り組み

・道路空間と沿道建物とが一体となった賑わい形成

将来ビジョンを推進していくには、市民やステークホルダーの理解、協力が必要である。公民連携による効果的なプロモーション活動を展開し、道路等の空間再編に関する機運を醸成することが求められる。

都市の魅力の向上、賑わい・交流の場を創出するには、沿道ビルや店舗との連携が重要である。壁面後退部と道路空間を一体的に活用することで、

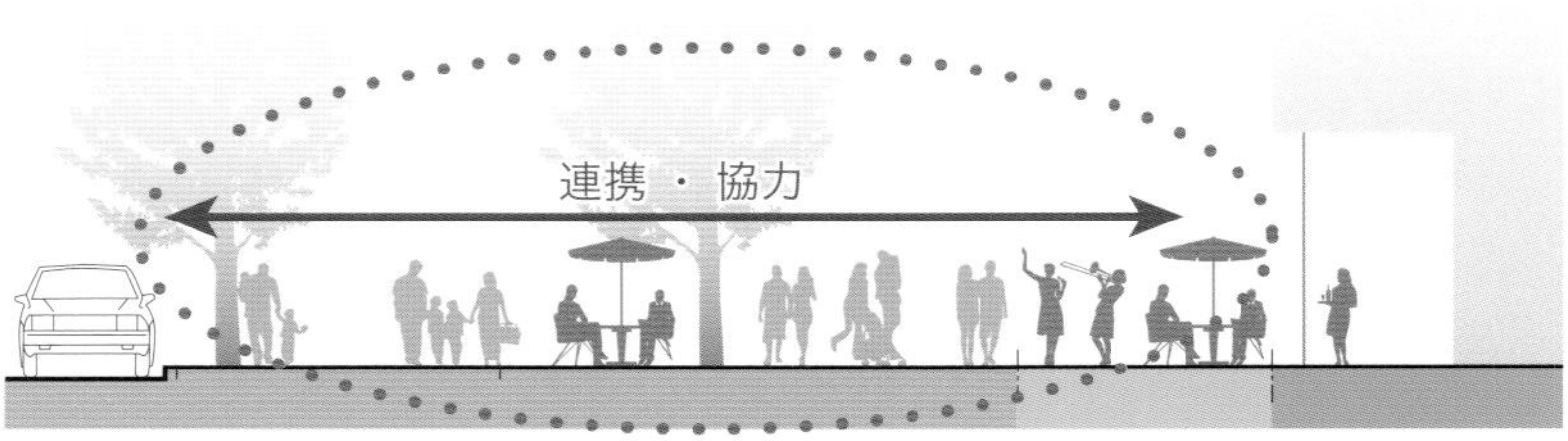

図 25　道路空間と沿道建物とが一体となった賑わい形成（図 24 と同じ）

さまざまな利用に対応できるオープンスペースが生み出すことができる。オープンスペースを活用した継続的なまちづくりを進めていくため、大阪版 BID 制度*11 をはじめとした公民連携による事業費調達制度などの導入を検討することが大切である（図 25 参照）。

・御堂筋完成 80 周年記念事業の継続

御堂筋完成80周年記念事業では、御堂筋案内マップによる観光客をはじめとした来訪者へのホスピタリティの提供や、御堂筋の街並み写真展フォトコンテストによる御堂筋の魅力の再発見など、公民連携によるプロモーション活動を通じ、御堂筋沿道の空間再編を促す取り組みを実施した。こうした取り組みを民間主体により発展的、継続的に実施し、御堂筋の空間再編に関する機運醸成を図っていく。

・公民連携によるプラットフォームの構築

御堂筋将来ビジョンを早期に実現していくための機運醸成、情報発信、運営支援を目的とし、民間主体によるサポーター事業を展開する必要がある。

⑥大阪市による御堂筋モデル整備と民間による社会実験

御堂筋ビジョンを発表する前に、大阪市は2016年に御堂筋の南海難波駅前か

＊11　大阪版 BID 制度とは、地理的に区画され多くの場合インナーシティに位置する地区で、不動産所有者や事業者から徴収される 負担金により、その地区の維持管理、開発、プロモーションを行うもの（p.36 〜 47 参照）。

ら千日前通の 200m の区間をモデル区間として、6m の緩速車線を再編し、3m の自転車通行空間を整備し、歩道の拡幅を行った。このモデル区間の使われ方を検証し、将来の御堂筋全路線 4km をどのようにするかを検討する社会実験である。こうした社会実験や御堂筋の将来像の策定を公民連携で行ったことに大きな意義があった[*12]。

こうした社会実験は、御堂筋パークレット（p.191 COLUMN 1 を参照）などを実施するなどして、御堂筋ビジョンの一環として引き継がれている。

大阪市建設局によれば、80 周年記念事業にて実施した淀屋橋では、実態調査や利用者等へのアンケートにより、安全性や快適性などを確認している。2019 年度においては、条件の異なる本町にて利用目的や交通影響、自動車、自転車、歩行者の通行の安全性の確認を行っている。

また、公民連携による道路のマネジメントを目指す一環として、沿道で活動するエリマネ団体にて運営・管理するための点検費や保安費を捻出するために広告掲載の具体的なニーズや実際の広告を行ううえでの仕組みの検証も行う。さらに、沿道のエリマネ団体が実施する沿道ビルの壁面後退部でのキッチンカーイベントにあわせて、パラソルを設置しパークレットのアメニティを高めることも行いエリマネ団体による施設の管理についてそのあり方や仕組みの検証も行う。これらを 5 カ月超の長期間行うことで、平常的に行う場合の課題などの洗い出しも行うものである。

●札幌駅前通地下歩行空間整備と民間によるエリマネ活動［札幌市］[*13]

前述した都心まちづくり推進室を設けた札幌市では、2002 年のさっぽろ都心まちづくり計画に基づき、札幌駅交流拠点と大通交流拠点を結ぶ広場併設型の札幌駅前通地下歩行空間（愛称「チ・カ・ホ」）を 2011 年に整備した（国道部分の地下は国により整備）。

沿道ビルとの地下接続や、地下広場のみならず 2014 年に誕生した地上の北 3

*12 御堂筋モデル整備に関しては、『まちの価値を高めるエリアマネジメント』の p.166 ～ 167 を、あわせて p.188 ～ 189 のなんばひろば改造計画を参照いただきたい。
*13 詳しくは『まちの価値を高めるエリアマネジメント』の p.32 ～ 34 および、p.180 ～ 181 を参照いただきたい。

条広場（愛称「アカプラ」）などの空間活用など、地上と地下が一体となったにぎわいの創出が可能となった。開通に先立ち、2010 年には、札幌駅前通まちづくり株式会社というエリマネ団体が、2010 年に札幌駅前通振興会、駅前通沿道企業 10 社、駅前通隣接企業 4 社、札幌商工会議所、札幌市の 17 団体・企業により設立された。札幌駅前通まちづくり株式会社は、チ・カ・ホの広場とアカプラの指定管理者として、広場の貸出・管理やイベント開催などの事業を実施している。またチ・カ・ホの壁面を活用した広告事業を通じて、まちづくりの活動資金を捻出している。

このようなかたちの公民連携は、アメリカ、シカゴやミルウォーキーの、市の TIF による公共施設整備と BID のエリマネ活動の関係によく似ている。

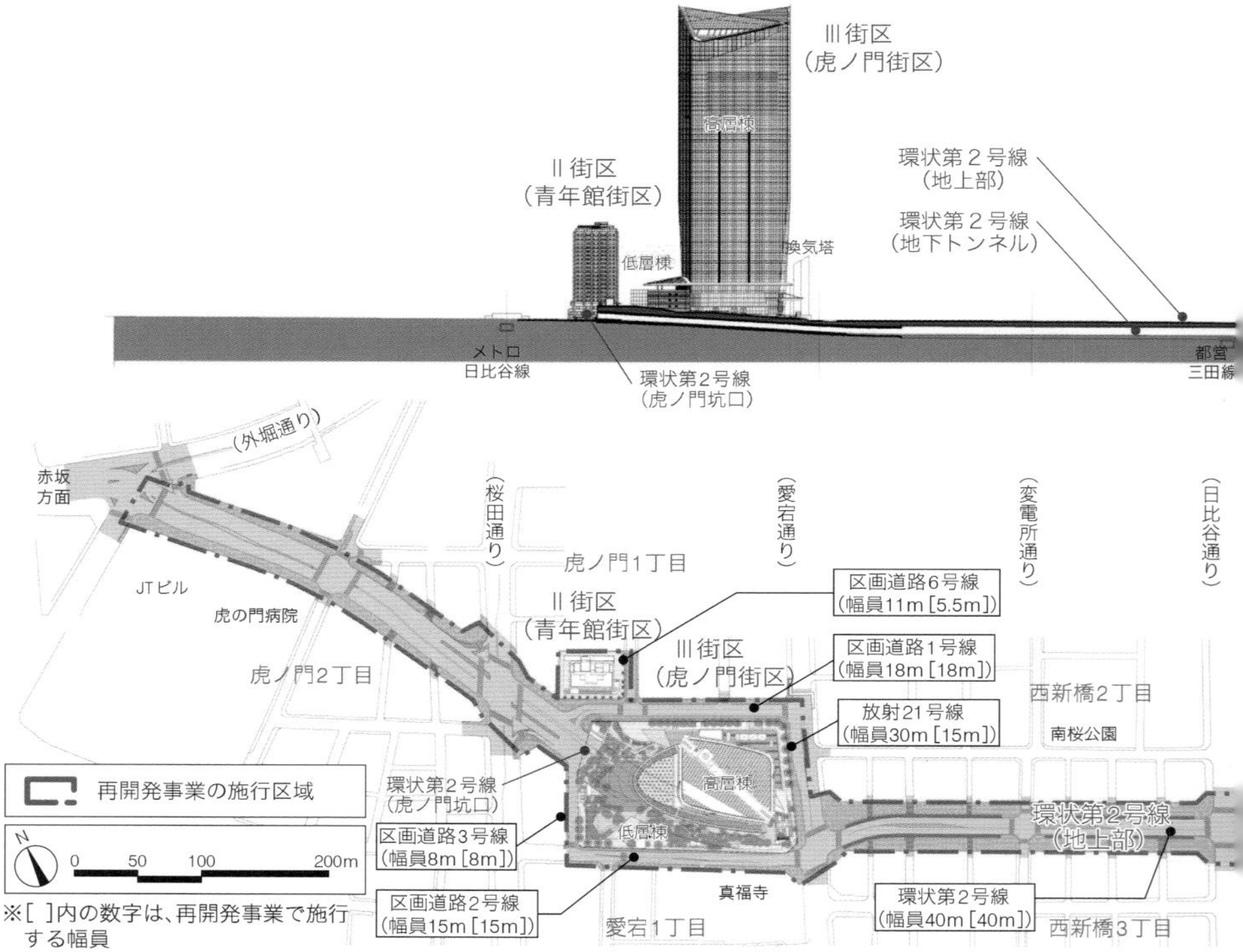

図 26　全体計画図（東京都都市整備局ホームページより作成）

●新虎通りの整備と新虎通りエリアマネジメント［東京都港区］

①東京都市計画事業環状第二号線新橋・虎ノ門地区第二種市街地再開発事業

東京都都市整備局によれば、この事業は、新橋・虎ノ門地区において、都市の骨格を形成し東京の都市構造の再編成を誘導する環状第二号線を整備するとともに、立体道路制度を活用して、環状第二号線の上空および路面下に建築物等の整備を一体的に行い、魅力と個性ある複合市街地として形成することを目的としている。都心部における居住機能の維持・回復、商業と文化・交流機能の立地、業務機能の質的高度化等を図るものである。

また、この区間は、2020年の東京オリンピック・パラリンピックの際に選手村とスタジアムを結ぶ重要な道路の一部でもある。

②環状第二号線の整備に伴う地元と東京都の考え方

環状第二号線の整備にあたって地元の人々は、既成市街地の中に幹線道路を整備すると、まちや町会を分断することになると考えていた。できれば地上部

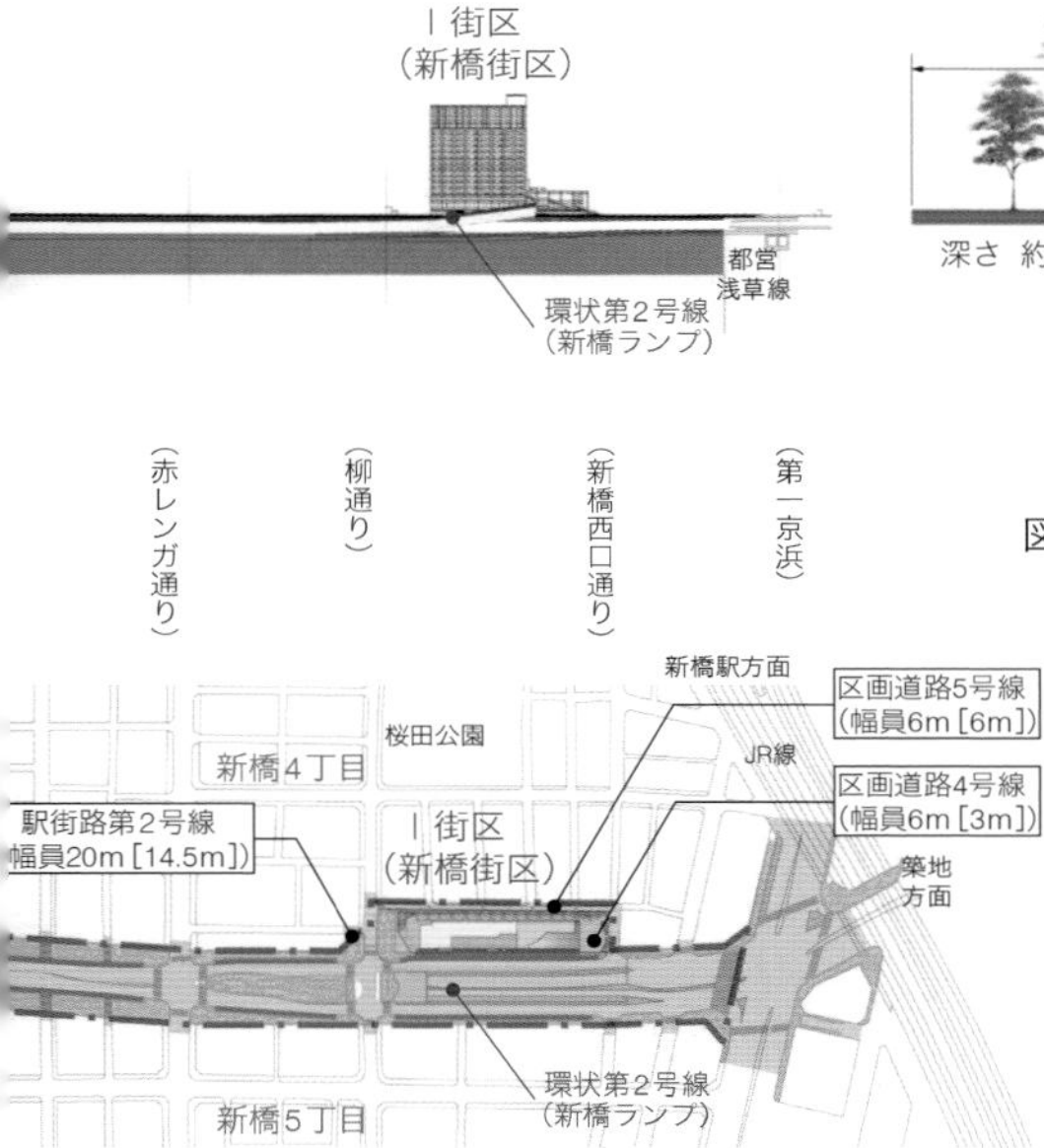

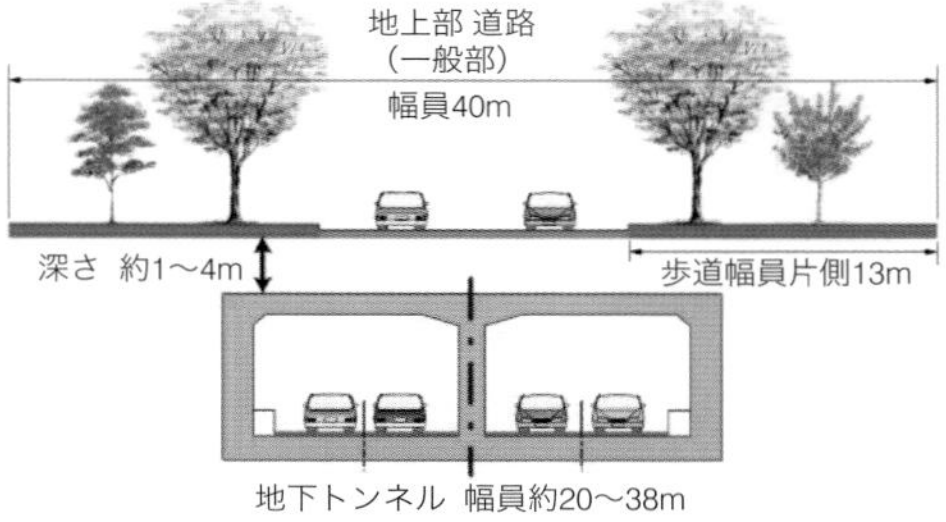

図27 道路構造のイメージ（図26と同じ）

の道路は、賑わいのある通りとして、「地域のための道路」であり、1964 年のオリンピックのときにできた青山通りのような東京を代表するシンボルストリートの 1 つにしたいという思いがあった。

一方、東京都は、2020 年のオリンピック・パラリンピックに間に合わせるよう整備を進めるとともに、歩道のテラス利用に対する占用許可、占用料の減免など将来のエリマネ活動の収入源確保にも協力し、地上道路の維持管理を担うエリマネ組織の組成を地元に期待していた。

地元と東京都の協議の結果、第 1 に、当初の計画では排気のためのスリット型の道路であったが、それをやめてトンネルとした。第 2 に、レンガ貼りの幅の広い歩道を設けて道路の植栽を 2 列とし、区間ごとに樹木の種類を変え、照明灯と相まって四季を演出するようにした。第 3 に、幅広い歩道を利用して賑わいのある空間にするようにイベント等の実施を認めることした。また、2013 年 5 月には、この区間の地上部の愛称が「新虎通り」に決定している。

図 28　新虎通りと虎ノ門ヒルズ

③新虎通りとエリアマネジメントが築いた公民連携

環状二号線の新橋〜虎ノ門区間といえば、終戦直後からマッカーサー道路として有名であった。1989 年に立体道路制度が創設され、また 1994 年になって臨海部への延伸が決定され、この道路は臨海副都心と都心部の新橋・虎ノ門を繋ぐ重要な都市の骨格として位置づけられた。さらに 2020 年の東京オリンピックが決定したことを契機に事業のスピードを増すことになった。

立体道路制度を活用して 2014 年に虎ノ門ヒルズが竣工し、片側 13m の歩行者空間の広い道路も完成することになった。

これに続いて、周辺エリアでは新たな再開発ビルやホテルオークラや虎の門病院などの建替えも連鎖した。また日比谷線の新駅虎ノ門ヒルズ駅も建設中であり、銀座線虎ノ門駅と虎ノ門ヒルズ駅を結ぶ地下道、バスターミナルも完成する。それらとともにエリマネ活動も新虎通り沿いを中心に活発化してきている。

新虎通りという基盤整備と歩行者空間の重要性の再評価という時代の流れとが相まった上昇気流をうまくフォローし、さらなる公共施設なども完成するこ

図 29　東京ハーヴェスト 2018（提供：東京ハーヴェスト実行委員会）

図 30　新虎通りの夜景（提供：一般社団法人新虎通りエリアマネジメント）

とになり、これらを利用したエリマネ活動は一層活発になることであろう。

こうした現象を喩えてみると新虎通りの開通が、地域価値上昇を促すエリマネ活動のための大きなプラットフォームになったと言っても過言ではない。

前述したアメリカのシカゴ市やミルウォーキー市の TIF と BID の関係に似た現象が、新虎通りが開通したことにより生じている。このプラットフォームこそが、東京都などの行政機関と地元の民間による公民連携によって築かれたものであると言えよう。

1

御堂筋パークレット

御堂筋に新たな憩いの場が

大阪のメインストリート、御堂筋の一角にベンチやパラソルが置かれた憩いの空間が2019年8月1日に登場した。これは大阪市が、御堂筋の本町ガーデンシティ前に設置する「御堂筋パークレット」で2020年1月8日まで、約半年にわたり社会実験が行われる。

パークレットとは道路空間を活用してウッドデッキやベンチを配置した休憩施設で、期間中は誰でも利用できる。実験にあわせ、本町ガーデンシティ敷地内ではキッチンカーが出店し、石窯ピザやジェラート、かき氷、ドリンク類などが販売される。また、スペース内で広告掲出を行い、広告による収入はパークレットの運営や維持管理費に充てられる予定である。

御堂筋パークレットの社会実験は2回目で、前回は2017年の秋から春にかけ御堂筋西側の商業施設「淀屋橋 odona」前で行われた。評判が良かったため今回は場所を変えて行われ、場所の違いによる使われ方のニーズや安全性について検証が予定されている。

御堂筋を世界に誇れるストリートに

2017年に御堂筋の完成80周年を祝った大阪市は、世界に誇れる人を中心にしたストリートへと御堂筋が生まれ変わるようにと「御堂筋将来ビジョン」を2019年に策定した。今までの車中心の空間から、世界から人が集うような素晴らしい空間に、多くの人たちと公民連携しながら実現しようとするもので、御堂筋パークレットもその取り組みの1つである。キッチンカーの出店も、地元の街づくり団体と市が連携した試みとなっている。本町駅周辺は大型のオフィスビルが並ぶビジネスの街で、歩行者はまだ通過するだけの人が多い。パークレットは、賑わいや憩いの空間として御堂筋を変えていく可能性を秘めている。

新たに設けられたウッドデッキとベンチ。ベンチには広告のスペースが設けられている

キッチンカーとパークレットが憩いの場に

2

江戸夏夜会―旧芝離宮恩賜庭園の試み

貴重な大名庭園

JR 浜松町駅に隣接している旧芝離宮恩賜庭園において「江戸夏夜会」と銘打ったライトアップの催しが、2019 年 7 月 25 日（木曜日）から 27 日（土曜日）にかけて三日間開催された。

旧芝離宮恩賜庭園は東京に残る由緒ある大名庭園の 1 つである。江戸時代に参勤交代が制度化されたため、各大名は江戸に複数の屋敷を持っていた。屋敷に作られた庭は将軍の御成りに備えるなど政治、社交の場ともなったため各大名は技術を競い、趣を凝らした庭園、いわゆる大名庭園を江戸屋敷に作り上げた。造園作庭の技術は高度に発達し、芸術品とも言える多くの大名庭園が造られた江戸は、世界でも有数の庭園都市となった。

旧芝離宮恩賜庭園は 1678 年老中・大久保忠朝が 4 代将軍家綱より拝領した屋敷内に造られた庭園で、忠朝は小田原を領地としていたため、小田原の庭師を呼び寄せ、庭石なども小田原から持ち込んだと言われている。当時は海に面していたため、池には海水を引き入れて、潮の満ち引きによって風景が変わるようにした汐入の庭園となっていた。残念ながら周囲を埋め立てられ、現在の泉水は汐入式ではなくなったが、すぐ隣にある浜離宮ではこの汐入式庭園の様子を見ることができる。

「楽壽園」と呼ばれた庭園はのちに徳川家の所有をへて、1871（明治 4）年には有栖川宮家の所有となった。1875（明治 8）年に宮内省が買上げ、翌年に芝離宮となり、1891（明治 24）年には迎賓館として洋館が建設され、外国要人をもてなすなど重要な役割を担った。しかし 1923（大正 12）年の関東大震災により建物や樹木に大きな被害を受けてしまった。翌年の 1924（大正 13）年に、皇太子（昭和天皇）のご成婚記念として東京市に下賜された。園地は復旧と整備がなされ、同年 4 月に一般公開された。1979（昭和 54）年 6 月には、文化財保護法による国の「名勝」に指定されている。

泉水を中心に築山や石組、植栽を配置し

見事にライトアップされた旧芝離宮恩賜庭園（提供：株式会社ワントゥーテン）

た大名庭園には、「見立て」という多くのメタファーが景色のなかに隠されている。旧芝離宮恩賜庭園では不老不死の仙人が住む吉祥の山である蓬莱山を表現した中島、枯山水ながら滝を表現した力強い石組、中国杭州の名所として知られていた西湖を模した西湖堤などが配置されている。忠朝の領地であった小田原の根府川山、そしてかつての領地であった唐津山なども一角に造られている。訪れた人が池の周りを散策し、視点を変えて景色を眺めることにより秘められた庭の物語が次々に紐解かれるように工夫されている。

こういった仕掛けを知っていると、何気ない風景の背後に幾重もの文化の厚みが存在することが分かり、眼前の風景の見え方も趣深くなる。今回の催しでも入り口に飾られた小田原風鈴がきれいな音を響かせていたが、庭園と小田原の由緒をよく知る主催者の粋な工夫だと思う。

ライトアップが広げる夜の庭園の可能性

それまでにライトアップは2回開催されており、2018年5月に「Night Garden in 旧芝離宮恩賜庭園」としてはじめての夜間開放とライトアップが開催された。それまでは朝9時から夕方5時までの開園で、夜間に庭園に入ることはできなかった。同年11月の紅葉の時期に「芝離宮夜会」として夜9時まで開園を延長したところ4日間に1万人の来園者があった。今回の「江戸夏夜会」では広々とした庭園が涼しげな青色のライティングによって、夕暮れの薄暮に見事に浮かび上がっていた。泉水や中島といった風景のベースとなるかたちが優れているため、日が落ちていても見事な空間となっているのである。ところどころに置かれた和傘が、光のなかで面白いアクセントとなり、昼間の大名庭園とは全く異なる風景となって広がっていた。さらに霧のなかにレーザー光線を映すインスタレーションなど、最新のテクノロジーの展示があり、一方で江戸にゆかりのある和食や日本酒の販売と気軽に飲食できるバーコーナーなどがしつらえられ、多くの人が夜の庭園を楽しんでいた。

この催しは庭園を管理する公益財団法人東京都公園協会が主催し、竹芝地区のエリアマネジメントを進めている一般社団法人竹芝エリアマネジメントと、芝浦一丁目の再開発事業の担い手であるNREG東芝不動産株式会社が共催した。新しい開発が進む竹芝地域において江戸時代から残された貴重な大名庭園を活用した素晴らしい試みとなり、今まで訪れる機会がなかった人たちにも知られることになった。地域の魅力をもっと知ってもらい、素晴らしい遺産はこうすればもっと楽しめるということを示した「江戸夏夜会」は、とても有意義な試みでもあった。

旧芝離宮恩賜庭園（提供：一般社団法人竹芝エリアマネジメント、□枠内がエリマネ対象エリア）

COLUMN

3

近隣の成功が引き金に—ハンブルク中心部のBID

ドイツ第二の都市ハンブルク

ハンブルクは人口約186万人、周辺部を含めた都市圏には約500万人が居住しており、首都ベルリンに次ぐ人口規模を誇るドイツ北部の都市である。海から100km離れているもののエルベ川により北海と結ばれ、中世のハンザ同盟の有力都市であり現在でも都心部近くに大きな港と世界遺産に指定された歴史的な倉庫街を有している。ハンブルク港はドイツでは最大、EUにおいても第二位の貿易港であり、盛んな海運業とともにドイツ有数の工業都市である。ニベア、モンブランなど日本でよく知られた企業の本拠地でもある。中心部には中世にエルベ川の支流をせき止めて作られたアルスター湖があり、湖畔には緑豊かな公園やカフェ、ボートハウスが立地し、市民の憩いの場となっている。現在でも中心部には運河が多くあり、ハンブルクの特徴となっている。

ドイツでのBID活動のさきがけ

前著にあるようにハンブルクでは2004年にBID制度ができ、ドイツではもっともBID活動が盛んな都市となっている。ハンブルク市のホームページを見ると2019年7月現在では23以上のBIDが挙げられている。

そのなかでもノイヤー・ヴァルBIDは2005年に最初に設立され、大成功をおさめたBIDである。ハンブルクの中心部の通りノイヤー・ヴァルは600mにわたる家具屋などが多い商店街だった。BIDの事業として歩道をきれいな敷石に直し、フラワーポットを置き、歩道の幅も広げ気持ちよく散歩できる環境を整え、高級店の出店に相応しいファッショナブルな雰囲気になるように配慮した。またクリスマスのイルミネーションやイベントを開催し、もちろん清掃にも力を入れるなどの努力をしたところ、有名ブランド店が出店しはじめノイヤー・ヴァルの通りには人々が多く集まるように

きれいに再生されたノイヤー・ヴァルのショッピングストリート
(https://www.neuerwall-hamburg.de/en/neuer-wall-3 (2019年7月31日) © Otto Wulff BID GmbH)

なった。現在ではハンブルクで人気の高級ショッピングストリートとして知られている。

BID 活動の広がり

ノイヤー・ヴァルの成功は、運河を隔てた隣の地区、パサージェンフィアテルに大きな刺激となった。パサージェンフィアテルBID のメンバーの方にお話を伺うと、ノイヤー・ヴァルで使われた明るい白っぽい敷石は非常に素敵で、ほかの街の中心部にはない雰囲気だったので、近隣の人たちにはそれに追いつかなければいけないというプレッシャーになったと言う。

パサージェンフィアテルはノイヤー・ヴァルと同じく 600m ほどの長さがあり、通りにはパッサージュやショッピングアーケードもあるような中心市街地の一等地であるが、ノイヤー・ヴァルの成功を目の当たりにして何とかしなければならないとの危機感から 2009 年に BID の準備が始められた。5 人の地元の個人の不動産所有者が中心になり話し合いの場を設け、必要になる費用も当初は個人オーナーたちが負担した。BID は新たな試みであるため、メンバーの間でのコンセンサスづくりが重要であり、多くの時間が必要であった。一方、ハンブルク市が BID 担当官を任命し、すべての準備段階で支援する体制をとってくれた。行政側の手助けもあり、BID の主要な事業目標を定めた。ノイヤー・ヴァルに負けないようにするため、公共空間を見直すこと、歩道の拡張、駐車場の整理、ストリートファニチャーの統一そしてクリスマスイルミネーションのブラッシュアップである。歩道の改良など建設工事が主要な事業であるため、いくつかの建築会社に声をかけそのなかから 1 社をタスクマネージャーに選定した。

こうして 3 年の準備の後、2012 年に 16 人の不動産所有者をメンバーとする BID が成立した。2012 年から 5 年間の期間で始まった BID の活動は 2018 年より、2 期目に入っている。タスクマネージャーとなった建設会社は、歩道の改修の他に、駐車場管理、掃除等の管理業務や、マーケティング、ウェブサイトの管理、イベントの管理、クリスマスイルミネーションを引き受けている。工夫を凝らしたクリスマスイルミネーションの見事さは有名で、期間中に多くの人を集めている。

歩道が一新されたパサージェンフィアテル
(https://www.hamburg.de/bid-projekte/4353484/bid-projekt-passagenviertel/ (2019 年 7 月 31 日))

4

タイムズ・スクエアの広場化と BID

マンハッタンの中心部から車を排除

ニューヨークのマンハッタンを走るブロードウェイは、もともとはアメリカ先住民が利用していた道路がもとになったため、格子状の道路が造られた中を斜めに走る特徴のある道路となっている。コロンビア大学、リンカーン・センター、タイムズ・スクエア、ユニオン・スクエア、ニューヨーク市庁舎といった主要なランドマークを背骨のように繋ぐ通りはマンハッタンの華やかさを表現している。そのなかでもタイムズ・スクエアとその周りのブロードウェイ劇場街は、大都会ニューヨークのシンボルとして世界中に知られている。

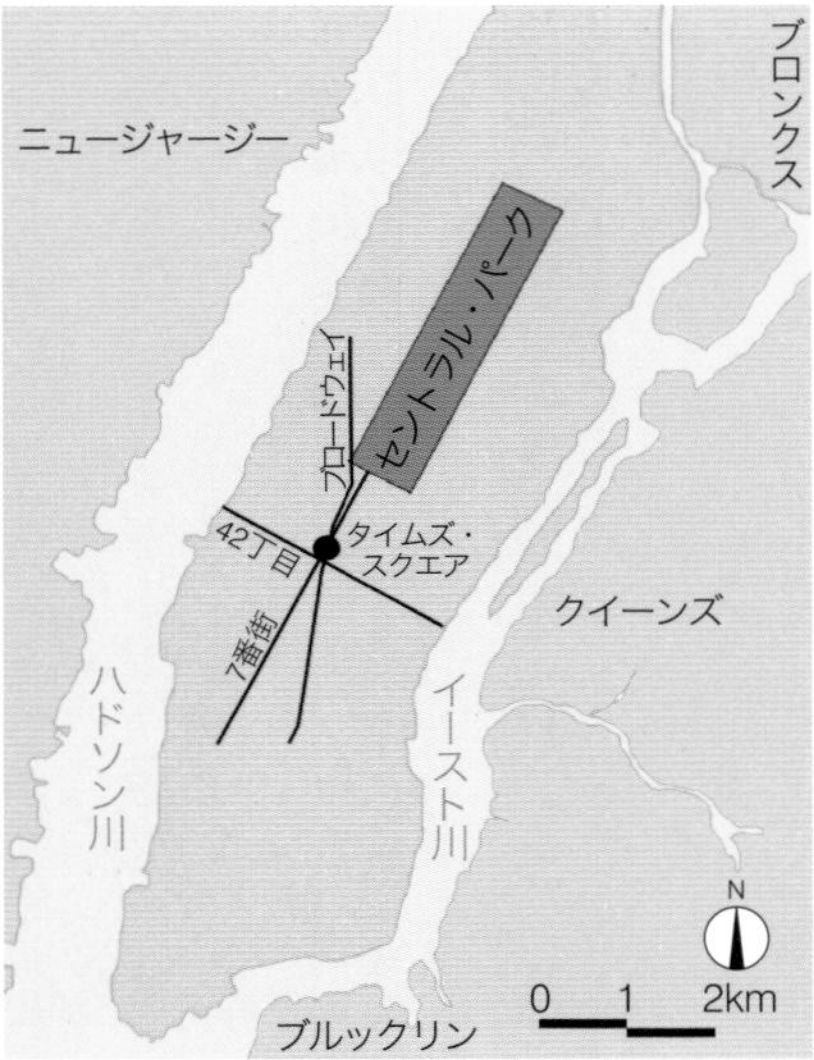

タイムズスクエアの位置（Wikimedia）

車社会のアメリカでは考えられないことだが、かつて黄色のタクシーやバスが忙しく走り回っていたタイムズ・スクエアのブロードウェイにおいて自動車が排除され、多くの人が行き交い憩う広場が実現されている。しかも人々が集まることによる賑わいと活気は以前にもまして増えており、都心部を車から人へと取り戻した画期的な試みとなっている。

この試みはまず、2009年5月に42番街から47番街の区間、そして33番街から35番

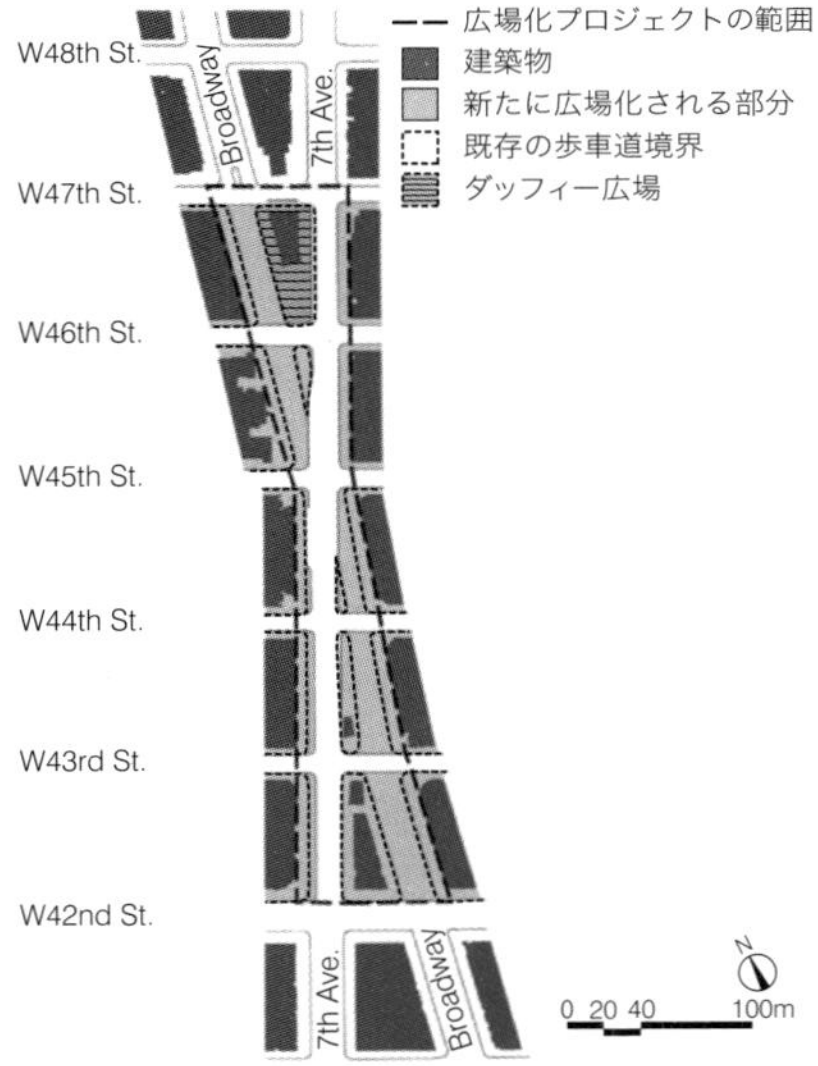

広場化されたブロードウェイ平面図（中島直人「企業経営者ブルームバーグ市長のもとでの都市空間再編〜ニューヨーク」（西村幸夫編『都市経営時代のアーバンデザイン』p.161、原出典：New York City Department of Design and Construction: Times Square Reconstruction, CB5 Presentation, 2011.9.26をもとに作成）

街の区間において自動車を排除する社会実験「グリーンライト・フォー・ミッドタウン」として始められた。この実験はニューヨーク市民の大きな支持を集め、2010年の2月にブルームバーグ市長は広場を恒久化することを宣言した。

BIDが活動を始める

タイムズ・スクエア公園化の背後には、ブロードウェイ地区のBIDの地道な活動があった。ブロードウェイはミュージカルの中心地として第二次世界大戦後繁栄を続けてきたが、70年から80年代にかけ、中心となっていた42番街でも閉鎖されたままの劇場が出てきた。1976年カンヌ国際映画祭パルム・ドールを受賞したロバート・デ・ニーロ主演の映画「タクシードライバー」で描かれているが、タイムズ・スクエアの周辺はポルノ劇場や成人向けビデオシアターが増え、ドラッグの売人がうろつくような危険な地区になってしまっていた。1980年代にニューヨーク州と市が42丁目開発(The 42nd Street Development)を進めたが、不動産不況により計画は進まなかった。そこで地元の不動産オーナーや起業家たちが1992年にタイムズ・スクエアBIDを設立した。BIDの最初の10年間の主要活動は大きな問題となっていた街路の清掃、ホームレス対策、そして犯罪対策だった。

1993年にジュリアーニ市長が当選すると、再開発計画を積極的に推進し、ウォルト・ディズニー社と直接交渉し、閉鎖されていたニューアムステルダム劇場の修復事業を実施した 。ディズニー社は1994年に「美女と野獣」をブロードウェイでヒットさせ、さらに1997年に新装されたニューアムステルダム劇場で「ライオン・キング」を開幕して大成功を収めた。現在もロングランされている「ライオン・キング」は街の印象を大きく変えることになった。この成功以降MTV・バイアコム、マリオットなどがタイムズ・スクエアに進出した。ジュリアーニ市長はゾーニング条例を改正して風俗店をタイムズ・スクエア周辺から締め出すとともに、警察官を大幅に増やし、治安の回復に努めたこともあり、観光客や人々の足が戻り、賑わいが戻るようになった。

自動車排除前のブロードウェイ

広場化されたブロードウェイ

タイムズ・スクエアはブロードウェイが7番街に斜めに交差しているため、自動車の交通が渋滞するネックとなっていた。交差点は増加した歩行者と車が錯綜する状態になってしまい、人出は回復したものの混雑と混乱は褒められたものではなかった。タイムズ・スクエアBIDは新たな課題として浮かび上がってきた、混雑と混乱に対応するため、民間の専門家組織に交通量調査など現状把握を依頼し改善案を出すなどの活動を行った。2004年にBIDはタイムズ・スクエア・アライアンスへと改称されるが、タイムズ・スクエアの空間の再編について、専門家を交えた調査、ワークショップ、さらに空間の広場化の提案などが続けられた。

ニューヨーク市とBIDが連携

2002年にジュリアーニ市長を引き継いだブールムバーグ市長は、二期目の2007年に都市改造の長期的ビジョンと政策をまとめた『PlaNYC』発表した。また同年市交通局に就任したジャネット・サディク・カーン局長は『PlaNYC』で述べられたすべてのコミュニティが徒歩10分圏内に公園を持つという目標を強力に推し進めた。タイムズ・スクエアについてはBIDが検討し提案していた交差点の改良と広場化が参考にされ、実現に繋がることになった。市交通局は広場化を進めるにあたりBIDを含む関係者と調整を進め、前述のように2009年に大規模な社会実験が行われた。社会実験について市の詳細な報告書とともに出されたBID独自の評価調査においても、広場の恒久化支持は非常に高く、2010年のブルームバーグ市長の広場恒久宣言に結びついた。

広場恒久宣言の後も広場のデザインと施工についてBIDは市交通局と協議を重ね、より良い改修工事を実現させている。2015年には広場で強引にチップを要求する人たちが現れたため、そういった迷惑行為を防ぐためにBIDが細かな管理運営方法を提案し、市の条例に反映されることになった。

新たに広場化された部分を含めて、BIDはテーブルや椅子の準備といった日常的な運営管理から、大晦日のカウントダウンといった大規模なイベントの立案実施までを担う、重要な役割を果たしている。

テーブルと椅子はBIDであるタイムズ・スクエア・アライアンスが管理している

2008年に改修されたブロードウェイのチケット販売所「tkts」はローマのスペイン階段のように人々に愛されている

5

新虎通りにおける「DESIGN ACADEMY」活動

「新虎通りCORE」での新しい試み

虎ノ門エリアの新虎通りにおけるエリアマネジメント活動拠点の１つである「新虎通りCORE」で、2018年11月より、「DESIGN ACADEMY」の活動が行われている。「DESIGN ACADEMY」は、東京大学生産技術研究所（Institute of Industrial Science : IIS）と世界最高峰のアート＆デザイン系の大学院大学であるイギリスのロイヤル・カレッジ・オブ・アート（Royal College of Art : RCA）が共同で設立した「RCA-IIS Tokyo Design Lab（デザインラボ）」のデザイン・イノベーション教育プログラムである。森ビル株式会社と一般財団法人森記念財団がこの活動をサポートしている。

クリエイティブコミュニティを目指す

この活動は、エリアの価値を高め、街を活性化させる最先端のコンテンツと言える。提供される「デザイン・イノベーション教育プログラム」に引きつけられて、研究開発・商品サービス開発・経営戦略などに携わる企業人や行政・教育、創造性に関わる広範な職業・事業に関係する人々が集まってきて、学び、交流し、発信する。

活動の中心人物は、RCAイノベーション・デザイン・エンジニアリング学部長で

新虎通りCORE（森ビル株式会社記者発表資料（2018年9月26日））

あったマイルズ・ペニントン東京大学教授である。

ワークショップでは、デザイン思考をもとに製品・サービスのプロトタイピングを行い、イノベーションを創出するデザインエンジニアリングの手法やイノベーションの方法論を学ぶ。学びの場を通じて幅広い業種・世代にまたがるプロフェッショナル同士の交流が行われ、クリエイティブ・コミュニティの輪を広げている。

2018 年 11 月には 2 日ずつ 2 回にわたって「Design Thinking for Disruptive Innovation」をテーマに、RCA と東大の講師のもとでワークショップが行われた。30名ずつ参加した受講者たちは第 1 期コミュニティとして交流を続けている。

その後も、「Business Futures: Speculative Design for Business」「Design Thinking Design Doing」などをテーマに次々とワークショップが展開されている。

また、同時並行で、デザインラボがカジュアルなトークイベントシリーズの「Inspire Talk」を開催している。サイエンスとデザインに関わる東京大学や各界の著名なスピーカーの多彩なトークを核に、パーティー等を通じて参加者の交流が進んでいる。

これらの活動はマスコミにもしばしば取り上げられており、このエリアにイノベーターやスタートアップを呼び込む原動力の1つとなることが期待されている。

新虎通り CORE におけるワークショップの模様

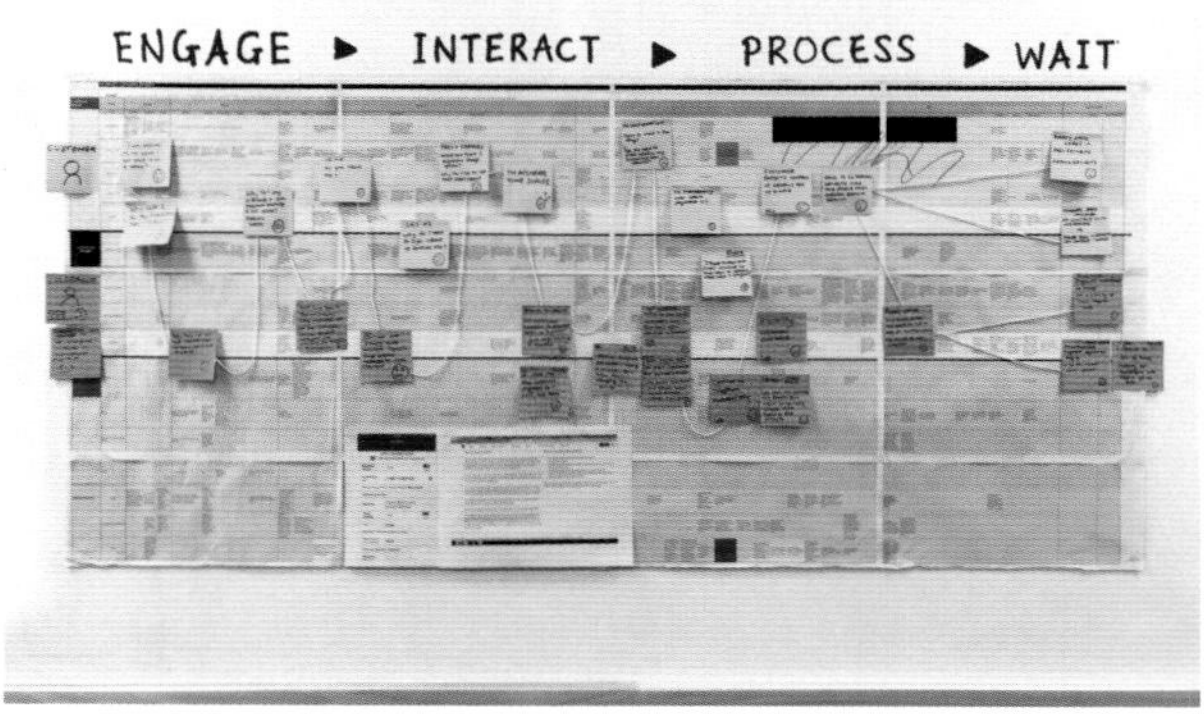

ワークショップにおいて皆で作業したボード

おわりに～これからのエリアマネジメント

本書は森記念財団のエリアマネジメントに関する著書の2冊目である。1冊目、2冊目で主に対象としたエリアマネジメントの事例および仕組み等は、民間が中心となったエリアマネジメント活動事例であり、対象としたエリアは大都市都心部の業務地、商業地、あるいは地方都市中心部の商業地であった。

しかし、これからのエリアマネジメントを考えると、より多様な展開を考える必要がある。第1は民間と公共がより積極的な協働を行うエリアマネジメントであり、第2は市街地開発事業と連携したエリアマネジメントであり、第3は住宅市街地を対象としたエリアマネジメントである。さらに今後の都市づくりの中心的な考え方になる立地適正化計画によるまちづくりでのエリアマネジメントである。

1. 公民連携のエリアマネジメント

公民連携のエリアマネジメントは、すでに展開している事例を本書で紹介している。エリアマネジメントはエリアの価値を上げ、その結果、エリアのステークホルダーに利益をもたらすと同時に、公共（自治体）にも税の増収をもたらす等の効果がある。そのことはエリアマネジメントを公民連携ですすめる可能性と必要性があることを示していると考える。地方都市中心部においては、これまで公共（自治体）が「街なか」再生の試みを行い、その多くが失敗に帰している。その要因の1つとして考えられるのが、行政が「街なか」の範囲を広く計画などで位置づけ、再生を試みようとしているからと考える。とくに自治体の財政力が弱体化している今日では、エリアを限定して財源を投入する必要がある。それは、まちづくりの効果が上がると考えられるエリアに限定して財源を投入する必要があるということである。そのためにはエリアのステークホルダーがエリアマネジメント活動を積極的に展開していて、公共が財源を投入する効果が高くなると考えられるエリアに絞って対応する必要があると考える。

2. 市街地開発事業とエリアマネジメントの連携

市街地再開発事業や土地区画整理事業はいずれも事業後のエリアおよび周辺エリアのマネジメントについて明確な方針がないことが多い。市街地再開発事業は開発事業そのもののマネジメントはファシリテイマネジメントのレベルで行われているが、エリアマネジメントの発想は基本的にない場合が多い。すなわち、市街地再開発事業を周辺エリアの活性化に繋げるエリアマネジメントの発想がこれまでなかったのが一般的であった。しかし近年、市街地再開発事業の周辺地区を含めたエリアマネジメントを実践する事例が出てきて、エリア全体の成果を上げるようになっており、今後、積極的に範囲を広く展開する必要があると考える。

また土地区画整理事業も事業が終われば事業組合は解散され、その後の事業地内のマネジメントはとくに考えられていないのが一般的である。すなわち、土地区画整理事業は事業後のエリア全体のまちづくりについてとくに方針を持たない事例が多く、関係者に課題として認識されている段階である。

3. 住宅市街地のエリアマネジメント

今日、住宅市街地を対象としたエリアマネジメントが必要とされ、実践されている事例がある。アメリカではHOA（HOME OWNERS ASOCIATION）による住宅地のエリアマネジメントが一般的に展開されている。その中心的な役割は、居住地移動の多いアメリカでは居住している住宅の価値を維持して、移動の際に高値で住宅を売却することに寄与することにあると言われている。

わが国でも、住生活基本法が制定され（2006年）、その全国計画において、これからのわが国の住まいづくりの新たな考え方が4点にわたって示されている。その1つとして「資産価値の評価・活用」という視点がある。具体的には住宅市街地の価値を維持し、価値を高めるための活動であり、建築協定、地区計画などの手法によるエリアマネジメントが展開しているとも考える。

しかし、大都市では都心部居住・中心部居住の動向が顕著になりつつあり、郊外においては、必ずしも良好とは言えない住宅市街地が広がっており、また良好に形成された住宅市街地の中には敷地分割による細分化、共同住宅の混在など時間の経過とともに居住環境が悪化している地区も増加している。一方、地方都市では自動車利用による郊外地住宅市街地が形成されてきたが、その多くが、一般住宅市街地として、人口減少社会や高齢社会・少子社会の到来により、低未利用地の発生や空き地・空き家の増大が見られるようになっている。

それらの地区はこれからさらに急激に進むと考えられる人口減少、世帯減少のなかで空き家化、空き地化が進み、防犯・防災上課題を持つ市街地となっていくものと考えられる。そのような傾向は地方都市ではすでに顕著となっている。こうした事態に対処するためのエリアマネジメントが必要であると考える。

4. 立地適正化計画と持続可能な都市づくりについて

これからの都市づくりの基本は、適切に解釈された立地適正化計画の内容に基づくものと考える。適切に解釈された立地適正化計画とは、諸機能が集積した高密度エリア（コンパクトエリア）と低密度で持続可能なエリア（サスティナブルエリア）に2分し、かつお互いに関係を持った2つの地区が存在するまちづくりを考えることである。また、諸機能が集積した高密度エリアと低密度で持続可能なエリアはそれぞれに異なるエリアマネジメントの目的と手法を持つ必要があると考える。

諸機能が集積した高密度エリア(コンパクトエリア)とはインフラ投資が今後も時代に即して的確に進められ、多様な市民が利便性高く利用でき、かつ公民連携のまちづくりが展開する地区である。

インフラ投資と公民連携のまちづくりの繋がりは、エリアマネジメント活動により実現するものと考えられる。すなわち、公による新たなインフラ投資が地区によって活かされるための公民連携のまちづくりは、コンパクトエリアでこそ活かされ、エリアマネジメントが進められる必要がある。

公による新たなインフラ投資とは、これからの新たな社会動向、すなわち高齢化社会、少子化社会さらに人口減少社会などの動向を見据えた、公のインフラ投資であり、またそのインフラ投資を民が積極的に活かす仕組みが用意されているまちづくりでもある。

それは、また民間の投資と公による投資が相乗効果で地域価値を高め、民間には事業収益増をもたらし、公には税収増をもたらすまちづくりである。

一方低密度で持続可能なエリア（サスティナブルエリア）では、すでに投資されたインフラを整序することと、可能であれば低密度エリアを選択した住民がインフラを維持管理する組織（エリアマネジメント組織）を展開するまちづくりである。

低密度地区における魅力的な空間整備が、農地、林地などを活用して行われ、さらに生まれている空地あるいは生まれてくる空地は、今後、低密度エリアに展開が期待される機能、具体的には、高齢者などを対象とした健康・レジャー用地などを内包した施設用地、諸機能が集積した高密度地区では用意できない輸送用地、市民が積極的に活用する防災空間を内包した農業用地などが適切に配置されるエリアとなる。

それは行政によりインフラの維持管理コストを減少させる一方、低密度でサスティナブルな住まい方を選択した市民の暮らし方をサポートするものとなる。

主要参考文献

・小林重敬＋森記念財団『まちの価値を高めるエリアマネジメント』学芸出版社、2018
・小林敏樹「Business Improvement District（BID）の現状と可能性」『土地総合研究』2014年春号、pp.116-127、2014
・森記念財団「森ビル株式会社委託調査　国内外のエリアマネジメント制度に関する研究、海外BIDの広域連携に関する事例調査および国内のエリアマネジメント活動事例集の作成業務　報告書」2019年3月
・地域再生エリアマネジメント負担金制度ガイドライン（https://www.kantei.go.jp/jp/singi/sousei/about/areamanagement/h310328_guideline3.pdf）
・民間まちづくり活動の財源確保に向けた枠組みの工夫に関するガイドライン（https://www.mlit.go.jp/common/001262641.pdf）

1）御手洗潤・平尾和正・堀江佑典「エリアマネジメントの地域特性に関する分析」『第32回学術講演会論文集』日本不動産学会、pp.45-52、2016
2）李三洙・小林重敬「大都市都心部におけるエリアマネジメント活動の展開に関する研究―大手町・丸の内・有楽町（大丸有）地区を事例として―」『第39回日本都市計画学会学術研究論文集』pp.745-750、2004
3）丹羽由佳理・園田康貴・御手洗潤・保井美樹・長谷川隆三・小林重敬「エリアマネジメント組織の団体属性と課題に関する考察：全国エリアマネジメントネットワークの会員アンケート調査に基づいて」『日本都市計画学会都市計画論文集』Vol.52、No.3、pp.508-513、2017
4）豊田市中心市街地活性化協議会「あそべるとよたプロジェクト ペデストリアンデッキ広場 飲食等采井事業者（出展者）募集します！」（http://asoberutoyota.com/2019doc/bosyuTCCM2019.pdf）
5）中田翔吾・原井川未樹・加藤大智・金森星哉「福岡市中央区天神地区のオープンカフェ事業にみる成果と課題」『地理学報告』118、pp.75-82、2016
6）東京都都市整備局「まちづくり団体の登録制度」（http://www.toshiseibi.metro.tokyo.jp.seisaku/fop_town/syare03.htm）
7）国土交通省都市局まちづくり推進課官民連携推進室『担い手が語る官民連携まちづくりの記録―新たな担い手のカタチ―』（2018年1月）
8）日経BP社『新・公民連携最前線PPPまちづくり―「日本版BID導入以前」の事例にエリアマネジメントを学ぶ』
9）大阪市「大阪市うめきた先行開発地区エリアマネジメント活動事業分担金条例」（https://www.city.osaka.lg.jp/toshikeikaku/page/0000305551.html）
10）NPO法人大丸有エリアマネジメント協会（リガーレ）（http://ligare.jp）
大丸有地区エリアマネジメント レポート（2019年3月発行）（http://www.otemachi-marunouchi-yurakucho.jp/wp/wp-content/themes/daimaruyu/pdf/amr2019.pdf）
11）遠矢晃穂・嘉名光市・蕭閎偉「公共空間における利用者アクティビティの通年変化に関する研究―「グランフロント大阪北館西側歩道空間における座具設置社会実験」を対象として―」『日本都市計画学会都市計画論文集』Vol.54、No.3、pp.375-382、2019
12）川口和英『集客の科学』技法堂出版株式会社、2011
13）和泉洋人「地区計画策定による土地資産価値増大効果の計測」『都市在宅学』23、pp.211-220、1998

14）保利真吾・片山健介・大西隆「特定街区制度を活用した容積移転による歴史的環境保全の効果に関する研究：東京都心部を対象としたヘドニック法による外部効果の推計を唯心に」『都市計画論文集』43-3、pp.234-240、2008
15）高暁路・浅見泰司「戸建住宅地におけるミクロな住環境要素の外部効果」『住宅土地経済』38、pp.28-35、2000
16）平山一樹・要藤正任・御手洗潤「エリアマネジメントによる地価への影響の定量分析」『公益社団法人日本不動産学会　2015年度秋季全国大会（第31回学術講演会）論文集　審査付論文』pp.13-20、2015
17）北崎朋希「エリアマネジメント活動における費用対効果の検証―ニューヨーク市フラットアイアン地区BIDを対象として―」『都市計画報告集』16、2018
18）武田ゆうこ・藤原宣夫・米澤直樹「コンジョイント分析による都市公園の経済的評価に関する研究」『ランドスケープ研究』No.67、Vol.5、pp.709-712、2004

一般財団法人森記念財団

森記念財団は、1981 年に設立され、より良い都市形成のために、わが国の社会・経済・文化の変化に対応し、時代に即した都市づくり・まちづくりに関する調査研究および普及啓発を主体とした公益的な事業活動を展開しています。

筆者一覧

小林重敬（こばやし しげのり）……（はじめに、1 章と 2 章の前書き、おわりに）
一般財団法人森記念財団理事長　横浜国立大学名誉教授
全国エリアマネジメントネットワーク会長　工学博士

福富光彦（ふくとみ みつひこ）……（1-4、3 章の前書き、3-1、コラム 5）
一般財団法人森記念財団専務理事

西尾茂紀（にしお しげき）……（1-2、2-4、3-2）
一般財団法人森記念財団上級研究員

園田康貴（そのだ やすたか）……（1-3、2-1、2-2、2-3）
一般財団法人森記念財団上級研究員

脇本敬治（わきもと けいじ）……（コラム 1、2、3、4）
一般財団法人森記念財団研究員

堀裕典（ほり ひろふみ）……（2-3 の一部）
一般財団法人森記念財団研究員　博士（工学）

丹羽由佳理（にわ ゆかり）……（1-1、2-5）
東京都市大学環境学部環境創生学科　准教授　博士（環境学）一級建築士

協力

全国エリアマネジメントネットワーク、株式会社アバンアソシエイツ、
NPO 法人大丸有エリアマネジメント協会(リガーレ)、森ビル株式会社、
滝典子、岩井桃子

謝辞

この本を作成するにあたり、全国のエリアマネジメント団体と関係者の方々には、資料と最新の情報を提供いただくなど、多くのご協力をいただきました。ここに厚くお礼申し上げます。

エリアマネジメント　効果と財源

2020年3月15日　第1版第1刷発行

編著者　小林重敬＋一般財団法人森記念財団

発行者　前田裕資

発行所　株式会社学芸出版社
京都市下京区木津屋橋通西洞院東入
電話 075-343-0811　〒 600-8216
http: //www. gakugei-pub. jp/
info@gakugei-pub. jp

編集担当　前田裕資

装　丁　上野かおる（鷺草デザイン事務所）

編集協力　村角洋一デザイン事務所

印刷・製本　シナノパブリッシングプレス

ISBN978-4-7615-2734-1　Printed in Japan

ちょっと踊ったりすぐにかけだす

古賀及子

素粒社

ちょっと踊ったり すぐにかけだす

目次

2018年

2019年

2020年

2021年

2022年

ちょっと踊ったり
すぐにかけだす

2018年

心の霧が晴れた隠喩

12月21日（金）

株とかFXが好きでスマホで取引をするのだが、だいたい損をしている。マイナスの数字の並ぶ真っ赤なスマホ画面が電車やなんかでどなたかの視界に入っては恥ずかしいと、横から見ても画面が見えないようなフィルムをずっと貼っていた。
このフィルムを先日はがしたのだ。するとものすごく画面が見えやすくなった。それに美しくなった。見えやすいことに美しさを感じるのは発見だ。そのうえ晴れ晴れとした気分にもなった。
実際は
スマホのフィルムをはがした↓晴れ晴れとした
のだが、
晴れ晴れとした↓スマホのフィルムをはがした
みたいな、スマホのフィルムをはがすという人生のこの行為が、心の霧が晴れた隠喩のようだと思った。
一日コワーキングスペースで仕事。帰るとこれから塾に行く息子が音楽をかけながら予習をしていた。1件やり残した作業があったので息子の隣で取りかかったのだが、私は音楽がかかっていると仕事ができないたちで、頼んで音楽を止めてもらった。音楽は止まったが、その代わりに息子が自分で歌いだした。

悪いのでそれは止めなかった。

息子は塾へ行き、娘を英語学童へ迎えにいって味噌汁と生姜焼きを作って食べた。

冬休みで子どもたちが学校に置いてあるものを徐々に持ち帰ってきている。二学期のあいだ娘は2回うわばきを忘れた。小学校ではうわばきを忘れると学校で借り、洗って返すことになっている。返すように持たせたはずの2足が、なぜか娘の自分のうわばきと一緒にまたうちに戻ってきた。

一緒に普通の量を食べて生きていこう

12月25日(火)

深夜1時に目覚ましで起き、サンタ作業を行いまた寝る。

朝、息子はゲームソフトの「スマッシュブラザーズ」を、娘は手芸道具の「スーパーポンポンメーカー」を受け取った。

小学5年生の息子はすでにサンタシステムの裏をあばいている。ただ枕元には置いてほしいということだったので20日ごろにすでに自宅に到着していたAmazonのパッケージのまま（差出人と宛先のシールだけはがして）枕元に置いてやった。

いっぽうまだ小学3年生の娘はサンタに半月前からカラフルな手紙を書いてほしいものを伝え、寝る前には「私は奥に寝ています、兄は二段ベッドの上に寝ています」といどころを伝える手紙も追加するくらいサンタを信じおもねっていた。のだが、元来人見知りなので起きて見つけたプレゼントを警戒している。

子どもを持って11年になるが、いつのクリスマスも「わーっ！　サンタさんきたよ～～っ」といったテンションの高い朝ではない。娘は私にプレゼントを開封させて、静かに手に取ってながめた。喜んではいたようで安心した。

そのままそれなりに、クリスマスですな、みたいな雰囲気でそれぞれ会社に行ったり学童に行ったり散った。

会社で仕事。のどが痛いのでマスクをしていたが病人の気分になってしまってよくなかった。はやく治してマスクをはずそう。

16時ごろ塾に行くはずの息子から電話があったのだが仕事中で出られなかった。何度もかかってくるわけでもなく急用ではないだろうと思って放っておく。

仕事を終えて会社を出たところで「急病で倒れそうでギリギリ1回しか電話ができなかったのだったらどうしよう」と思いつき急いで帰ったが倒れた息子はいなかった。自転車もないので塾に行ったようだ。

あとで塾から帰ってきた息子に電話の用事を聞いたら「まんじゅうを食べていいか聞こうとした」とのことだった。これからは家にあるものはいつでもなんでも常識の範囲で好きに食べていいと制定した。

息子は赤ん坊のころ本当に食いしん坊でとにかく食べたがってどんどん体重が増えてしまい、食べすぎないようにおさえるのが大変だった（いまの赤ちゃん育てでは体重の増えすぎはあまり気にしないようだが、当時はわりと栄養指導されたのだ）。で、小学校に上がるくらいからむしろ小食になった。息子には「食べ過ぎてはよくない」という私の教えが根強く心にあるのだろうか。これから息子が独立するまでもうしばらく、一緒に適切な量を食べて生きていきたい。

夜は娘が昼にやった宿題の丸つけをした。娘は九九を覚える時期のまっただなかだがずいぶんまちがいがあり一緒になおす。

途中で塾から帰ってきた息子が音楽をかけたところ「集中できないよ〜」と机につっぷして泣いてしまったのでなだめた。

一緒にお風呂に入って九九をやる。私はひとつまちがえた。

私は小学校2年生のころに九九を覚えられずそのまま大人になった。息子が2年生のときに一緒に覚えようと思ったのだが息子のほうが先に覚えたので私は置いていかれた。こんどはどうなるだろう。

娘も私もスーパーポンポンメーカーがまだうまく使えない。よく切れるはさみが必要だということがわかった。

ああ、はさみ、Amazonで「よく一緒に購入されている商品」に出てたんだ。

2019年

どこかの母の模倣だな

4月8日（月）

娘は朝が苦手だ。毎朝起こす。今朝は「いちにちずっと寝てたい」「さむいよー」とごねていた。前の晩、もう春なのだからやってみたいと半そで半ズボンで寝たのだ。今朝は気温が下がった。そりゃあ寒いだろう。「おかあさん、上着もってきて」とのこと。娘はためらいなく人にものを頼んでよく甘える。

私は長子だからか甘える方法をあまりよく知らない。

子どもの甘えてごねるようすを「彼女みたいだ」と形容することがあるが、ああなるほど、これはたしかに恋人のようなふるまいだと勉強になる。

子どもたちは今日から学校がはじまる。学年が上がって、クラスも先生も変わる。すごいことだ。1年間ありがとうございましたで全員シャッフルタイム、するとこれから1年このメンバーで同じ部屋で勉強します、担任はじゃじゃーん！　私です！　運ゲーが強制イベントすぎる。

と、思うのだが子どもたちは動じずいつもと同じようすだった。子どもの、目の前にある状況を受けいれる力というのは本当にすごくて朝ごはんを一緒に食べながら私はどきどきした。

子どもたちは平気で学校へ、私は会社へ。

帰ると息子が映画の『ラッシュアワー』を観て笑っていた。クラス分けにはとくに感想がないようで、やっぱりすごい。そのあときのう観た『スパイダーマン：スパイダーバース』についてまた話してから息子は塾へ行った。

娘が公文から帰ってくる時間に雨が降ってきた。

迎えにいくと向こうから雨の中、自転車を押してくる娘が見えたので手をふった。雨が降ったら自転車には乗らないほうがいいという父親からの教えを守ったそうだ。

雨にぬれたが風呂にはまだ入りたくないというので豆乳に砂糖を入れて温める。雨にぬれた子どもになにができるか考えて思いついたのだ。そうする母親をどこかで見たんだと思う。レンジで温めた豆乳がぶわっと噴いて、慣れてない！と思った。

私はお母さんらしさを模倣・トレースでやってるな、というのは子どもを持ってからずっと思っている。小学生の母親といえば「宿題やったの⁉」と言うだろう、私も言ってみようとか、そういうかんじ。これはどこかの母の模倣だなと思ったらそのトレースでいいのか悪いのか考える。考えないで流されることもある。

タブレットで通信教材をやる娘からアプリでメッセージがきた。

「今日はおかあさんが先に気づいたね」と書いてあった。

帰る娘を家から迎えにいくときに、途中で出会うといつもは娘が先に気づくが今日は私が先に気づいて手をふった。

こんなでたらめな昼飯があるのか

5月27日（月）

平日だが子どもたちは学校が休み。娘は朝から弁当を持って学童に行った。息子は友達と遊ぶそうだ。弁当はいらないから現金をくれというので試しになにも言わずに渡してみることにした。

ソファにぬいぐるみが置いてあったのでおなかの部分に布団としての布をかけて出かけた。私はぬいぐるみや人形が好きで、横たわったぬいぐるみがあると布をかけて寝かせる。心がおちつく。こういうことはちょっと前は恥ずかしくて言えなかったが最近は多様性が認められるようになり言ってもいいような雰囲気がある。

仕事へ。せっせと作業をして終えて帰ると息子が帰っていた。これから塾がある。昼になにを食べたか聞くと、おにぎりひとつと午後の紅茶ミルクティーのペットボトル1本とアイスボックスとガリガリ君とのこと。

おお……。

そんなでたらめな昼飯が……あるのか……。これが大人の意見の入らないまじりっけないまっさらなうちの息子の昼飯……。

あまりのインパクトにまっとうな昼食というものを教えそびれて「へぇ……」「あとおにぎりもうひとつくらいたべないとお腹すいちゃうんじゃない……」くらいしか言えなかった。おもしろいのでまた機会があったらお金を持たせよう。あと、栄養についてすこし教えよう。

娘も帰ってきた。明日学校にセロハンテープを持っていかねばならないということで一緒に買いにいく。近所の文具屋はちょうど閉店するところで、ギリギリで買えた。こうしてこまかい用事がうまいこと片づくと心から「やった！」と思う。

帰って娘は通信教材の課題で茨城県について勉強したようだ。茨城県はとても形がかっこいいんだよと絵に描いてくれた。かっこいいな。それから最近お母さんと遊んでいないから遊ぼうと言われ、オセロをやった。2回アドバイスしたら負けた。

息子が塾から帰ってきて娘は寝た。

息子は社会科がよくできずに先生に怒られたそうだ。「先生はおれが社会ができないのをわかってて、でも先生は3分の1は答えられる程度のできなさだと思ってたみたいで、おれは5分の1しか答えられなかったのがよくなかった」とのことだ。

息子も寝た。長ズボンの部屋着をぜんぶ洗って仕舞ったので、今日から全員パジャマが半そで半ズボンになった。

雨のついた網戸に消しゴムなげてみ

6月7日（金）

卵をゆでたが朝ごはんとして出し忘れた。子どもたちは学校へ、私は会社へ。ゆで卵は家に。

会社を中抜けして脱毛の店に行った。膣まわりとおしりの穴まわりの肌にレーザーを当てて今後毛が生えないようにしてもらうのだ。毛を薄くすることで生理の際のふき取りが楽になると聞いてはじめた。5年前から通っているがまだ生えてくる。世の中にあるあらゆるサービスのなかでいちばんくらいに変わったサービスをする店だと思う。

終わって仕事に戻った。いつも脱毛の店に行ったあとは、あまりにも変わった行いをしたあとなのでもっと大騒ぎしたほうがいいのではないかと思うが誰に言うことでもないので静かにしている。

仕事を終えて帰宅、息子も帰っていた。よく降っていた雨がやんで窓を開けた。「おかあさんみて!」というので見ると、雨のついた網戸に消しゴムを投げている。ブン!といって網戸の水滴が一気に落ちた。おお、なにこれおもしろい。おもしろいね、うんおもしろい。お母さんもやってみなよというから私も消しゴムを投げた。ブン！　おもしれー！

娘を英語学童に迎えにいくついでにココカラファインであれこれ買った。買い物メモに

・ヘアジェル

・ヘアオイル

・ヘアスプレー

と書いてあって、そんなにヘアを⁉と我ながら思った。

娘をピックアップ、帰ると息子が腕立て伏せをしており、続いて腹筋をするので足をおさえておいてくれというのでおさえた。顔と顔が向き合い、息子は笑った。さらに笑わせたくなり「己に打ち勝て」と言ったらもっとうけた。「笑わせないでよ！」「真顔の時点でそっちが笑ったんじゃん！」などと言い合い、気を取り直して腹筋しようとするがやはり顔と顔が向き合ってふたりで笑った。

娘は学校で作った工作の楽器を持ち帰ってきていて、これ学校で鳴らしてもたいしてうるさくないんだけど、たぶん家で鳴らすとうるさいと思うと言う。鳴らしたらめちゃめちゃうるさかった。

朝ゆでた卵を無事に食べた。

6月10日（月）

「楽しいよ！」と書いてあると泣きそうになる

子どもたちはふたりとも小学校に上がると長靴を履かなくなった。なんとなく買ってはあるがふたりともすすめても履かず、そういうものかと思っていたが今朝の雨ふりを見て息子が履きたいと言う。おや！　靴が浸水しないようにと、知性を身につけたということだろうか。出してやると「ぴったりだ」と履いていった。買ったもののもう役に立たないのだろうと諦めていた長靴がまさか。買っといてよかった！　充実感につつまれて私も長靴を履いて出社。

はり切って仕事をして、帰ると娘も公文から帰ってきた。娘は今日も運動靴で登校したらしく雨でずぶずぶだ。長靴を履くと良い、水がしみないから、とすすめたら履いて「ぴったりだ」と言った。文明の利器は否定されてもあきらめずにすすめることが必要だ。ごはんを食べて娘とふたりですごした。寒くて徐々に衣類を重ねて着てふくらんでいった。

娘が寝て、息子が塾から帰り、こんどは息子とふたりですごす。

息子は学校から、夏休みにある姉妹都市へのホームステイのメンバー募集の知らせをもらってきていた。息子に「こういうの行きたい子いるのかな」と言うと、「たくさんいるでしょそりゃ！　楽しそうだもん」と返ってきて、なんと頼もしいことだ……と感激した。私はこういうのを見るとぞっとしてしまうのだ。

小学生のころ母の強い希望でヤマギシ会の子ども合宿に何度もひとりで参加し、それがいやだった。親と離れるのが心もとなく不安で寂しくて、とくに1年生だか2年生の夏、出発の日に新横浜の駅で泣きまくったのを覚えている。送ってくれたのは母ではなく仕事に行く途中の背広の父だった。合宿への応募はがきを家で探して捨てたこともあった。すぐ下の妹も小学生に上がると行かされるようになりやはり嫌がって、でもさらにその下の妹は平気で参加していたので向き不向きもあったと思う。

いまでも地域や塾や子どもを集める団体が実施する自由参加の宿泊学習のチラシを見るとついおそろしい気持ちになってしまう。「楽しいよ！」などと書いてあると泣きそうになる。

息子が「参加したい子、たくさんいるでしょそりゃ！　楽しそうだもん」と言ってくれて、これからはそういう気持ちがずいぶん楽になるのではと思った。

でも息子に「じゃあ行ってみる？」とは言えなかった。

言えなかったんじゃ。

資産を有効活用して一日気分がいい

6月24日(月)

起きてビー玉の捨て方を調べた。役所のサイトに「分別のわかりづらいゴミの一覧表」というのがあったがビー玉は載っていなかった。

娘にもういらないと言われたビー玉がある。娘は定期的に持ち物を棚卸し、もう自分には不要だと断じたものは私に託す。処分方法がわからず困ったなとビー玉を見るととてもきれいだ。これは捨ててはいけないのではないかと思わされ、とっておくことにした。

先日マグカップの茶渋をとるのに使ってすっかりメラミンスポンジを見直した。それで朝ごはんの食器洗いのついでになんとなく、ずっと汚いままにしていたごみ箱のふたをこすったらとてもきれいになった。おおお〜、やったぜ。

さらに今日は着ていない服を思い出して着た。「資産を有効活用しているぞ」という気持ちになり気分がいい。服には、着ることにより肉体の調子が良い(暖かい・涼しいなど)、趣味に合うまたは似合う、格好がよく見えるのでうれしいほかに、持っているものをまんべんなく着ることに充実感を得るパターンがある。そのまま一日いい気分だった。

子どもたちは学校へ行き、私は仕事。昼にローソンでティラミスを買って食べた。好物として考えたことがなかったが、もしかしたら私はティラミスが好きかもしれないと思いつつある。買って食べるくらいなのでよほど好きなんじゃないか。好きな食べ物というのはこうしてよくわからずすこし不安なまま決定されていくもののような気がする。

仕事を終えると娘も公文から帰ってきて、台所のごみ箱がきれいになってるね、と言った。そうでしょうそうでしょう。

カレーを作って食べてからネットの配信で娘が最近好きで見ている『クリエイティブ・ギャラクシー』を一緒に見た。娘はモノやコンテンツが自分より年少の子ども向けと思うやいなや遠ざけようとするが、おそらく未就学児〜低学年向けに作られている『クリエイティブ・ギャラクシー』はどうしても好きでプライドを捨てても見たいようだ。

娘も私もエピファニーという、メインのキャラクターたちを支える妖精のようなポジションのキャラが好きで、この回はエピファニーがメインのストーリーとあって盛り上がった。終わって娘が「この回はまた見よう」と言うから強く賛成した。

娘が寝たあと塾から息子が帰ってきて、ごみ箱のふたがきれいになってるねと言った。

鋭角的にかわいい、鈍角的にもかわいい

7月11日（木）

近所のスーパーが中価格帯の食パンの8枚切りを並べるようになった。ちかごろの一大ニュースだ。

私には高いパンを買う勇気も安いパンを買う勇気も、どちらの勇気もない。心理的に3コースあったら真ん中を取りたい生き方なのだ。これまでも松竹梅の価格帯の3種類の食パンが並んではいたが、竹コースは8枚切りがなかった。私も子どもたちも全員6枚切りだと食べきれない。それで、松コースの8枚切りが3割引きで売られるのを狙う日々だった。竹コースに8枚切りが登場し、3割引きでなくてもいつでも食パンが心おきなく買えるようになった。ああ……本当にエキサイティングなことだ。

竹コースのパンを粛々と、松コースとの差を感じ取ることもせずおいしく食べた。

子どもたちは学校へ行き、私は会社へ。

昼休みに同僚と焼き肉屋で昼ごはんを食べた。ステーキ丼というのが名物らしいので頼んだらごはんがすっぱくて驚く。ステーキの酸味のあるタレがごはんに移ったのだと思うが、興味深いおいしさだ。おしゃべりをしてはすっぱさを忘れて食べて驚いて、一口一口

驚き続けていた。

午後は取材に行って帰宅。娘も公文から帰ってきたのでよしよしした。子どもというのはみんな等しくかわいいものだが、私は娘に鋭角的なかわいさを感じているなと最近思う。顔を見ると目に刺さるような感激がある。

いっぽう、息子のかわいさは鈍角的で、じわじわふわふわ当たり良い。性差によるものではなく個体差なのではと、なんとなく思う。

娘は英語学童でもらったお菓子を食べて「なんのお菓子を食べているでしょう」と聞いてきた。「バ」と言うので「バームロール!」と答えると正解で、娘は驚いていた。

大人は子どもよりずっとずっと、ブルボンには詳しいものだ。

そのあと、娘が明日学校に2リットルのペットボトルを持っていかなくてはならないのを思い出し、慌てて麦茶のペットボトルの残りを水筒に移して用意した。

用意してから、空のペットボトルが別にちゃんととってあったのに気づいた。先生からペットボトルの持参の依頼の連絡がすこし前にあり、それからというもの、とっておいてはまちがえて捨てを繰り返していたのだが、結局とってあったか……。空のペットボトルを保持するのは本当にむずかしい。まちがってすぐ捨てちゃうから。

息子が塾から帰ってきた。もうすぐ学校の宿泊学習があり彼には夏がきている。

塾の先生からいろいろと勉強について連絡があったのでそれを伝えたが、なにを言っても「それに加えて、せいいっぱい遊ぶのが大事です！」と盛り上がっている。明るい。子どもというのはもっといろいろなことを抱えて暗いものではなかったか。

子どもがふたりとも明るくてとてもうれしい。

水筒という家事がある

7月30日（火）

よく寝られず、寝られないなあと思いながら夜じゅうぼんやり横になっていた。そういう日はたまにあって、だいたい明け方寝つく。眠りが浅いからか朝になり目覚ましがかかると「起きる」というよりも「気づく」感じで目が覚める。

目覚ましがなって気づいた。

子どもらのお弁当を作って水筒を用意した。

「水筒」という家事がある。炊事・洗濯・掃除の三大スター家事があるわきにごみ出しや布団干しのような細かい家事があるものだが、水筒ももはやあれはひとつの家事だ。洗って中に飲み物を入れるだけだけど、お茶を沸かしたりスポーツドリンクの粉を溶かしたり漏れないかパッキンのようすをうかがったりパッキンの茶渋を洗ったり重すぎないか気を配ったり、ほかの家事にはない、水筒ならではの要素がある。

そして私は水筒は家事のなかでもかなり苦手なのだった。苦手すぎて2リットルのペットボトルで麦茶やスポーツドリンクを買う、金での解決を導入するほど。

着ようと思ったグレーの半そでのカーディガンを娘が見て、それかわいいから欲しいと言うのであげた。もう一着色ちがいで黒を持っているのでそっちを着た。娘もグレーのほうを着て、おそろいになってうれしい。

家族はそれぞれ持ち場へ散り、私も仕事へ。野外が暑い。帰ってクーラーをかけて横になっていると息子も帰ってきた。寝ている私の足を持ち上げ引っ張ってずるずる居間から台所まで運んでから手を離した。とすんと足が落ちた。ははは と笑うので私も笑った。

ウーバーイーツのチラシがポストに入っていたのを息子が見て、暑いと悪くて頼みづらいよねという。たしかになあ。仕事と、仕事を依頼することについていろいろと話し合った。

娘を英語学童に迎えにいく。最近また先生たちに英語で話しかけてもらえるようになったので英語を練習したい。おそろいのカーディガンで帰った。

帰るときのうまで切れて困っていた蛍光灯の新しいのが届いていた。よっしゃよっしゃとつけ替えるが、ああ、なんということか、蛍光灯は新しくてもビカビカ不規則に点滅するばかりで点灯しなかったのだ。

ちょっと想像はしていたのだが、照明器具の本体が壊れているパターンか（グロー球も取り替えてみたがだめだった)。よくわからない。いっそ新品にという息子の後押しもあり新しいLEDのシーリングライトを注文した。

夜になり部屋が暗い。新しい蛍光灯はあるのに。これこそが人生という充実を感じた。

9月3日(火)

空気があったまって膨張したんじゃないの

出がけに郵便受けに新聞を見つけることが多すぎる。

うちでは私と息子が新聞を読むが、朝いつも前日の新聞を読んでいる。それは新聞ではなく古新聞なのでは……。と、もうずいぶんそう思っていた。この日の朝も学校へ出がけの息子が新聞をとって玄関に置いていった。新聞は起きたら取ろう! そう決めよう。

何事も思っているばかりではことは動かず、決めることが大事だ。

娘も学校へ行き私も仕事へ。集中して終えるころ、雨が降ってきた。傘を持って娘を英語学童まで迎えにいく。

雨も風も強まり、傘をさして歩いていると傘をまとめる紐がゆれてそこから顔にびしゃびしゃ雨が飛んで当たった。あの紐が雨粒をよこしてきたのははじめてだ。新鮮な気持ちで傘の角度を変えた。

娘をピックアップするころには雨がおさまって、好きな猛獣はなにかと話しながら帰った。娘は豹が好きだそうだ。私がライオンがいいというと、ライオンって猛獣のなかでもかわいいイラストにされやすいからでしょうと見破られた。娘は私がかわいいものが大好きだとよく知っている。

帰って晩ごはんの支度をしていると、冷凍庫に入っているジッパーのついた冷凍食品のから揚げの袋がパンパンにふくらんでいるのに気づいた。なんでだ。おもしろがって娘か息子が空気を入れたんだろうか。娘に聞くと知らないという。

息子が塾から帰ってきて聞いてみると、息子も知らないそうだ。そして「空気があったまって膨張したんじゃないの?」と言った。

……なんだって?　空気があったまって……膨張した……?

息子……おまえよ……しっかりと塾に行ってる子みたいなこと言ってんじゃんよ……。

私は塾に行ったことがない。塾というのがなんかあるなと思っていて、友達から塾の話を聞いたりして、塾なんて行ったら大変なことたくさんあると思うけど、それでも塾が塾がと言ってみたかった。それで、それでごめん、それで大きくなって子どもを産んで、息子を塾に入れたんだ。

空気が膨張したからから揚げの袋がふくらんだかどうかは実際よくわからないんだけど、

すっかり感激した。

娘はYouTubeを観ていた。小学生の女の子が家族と一緒に買ったおもちゃを開封したりおもちゃで遊ぶチャンネルが好きでよく観ていて、でもなんだか、女の子があまりに素直なのが空恐ろしくて私は好きでない。

だから別のものをなにか観てほしいけど、子どものころは観たいものを観るのが幸せなのかもしれず、わからない。選択肢がほかにあってもよかろうとまんがでも買おうかと提案すると、それもいいねと言う。

いっぽう息子はここ数日急に未就学児時代にいやというほど観ていた『トムとジェリー』をまた観はじめた。なんでまた?と聞いたら、え、だっておもしろいじゃんと。たしかにおもしろい。

「それにちょっとおしゃれだよね」と私が言うと、息子は笑って、ああそうだね、おしゃれだよねと言った。

俺はどうなってしまうのだろう

9月7日(土)

食パンはスーパーで袋で売っている8枚切りのやつを買ってきて買ってきたまんま冷凍

庫に入れる。やわらかい食パンは凍ってかちかちになってくっつき合う。毎朝起きると凍ってくっついた食パンをぱかっとはがしてオーブンの鉄板に乗せる。ひとり1枚で3枚焼く。

オーブンを閉じて焼きはじめ、残りの食パンを冷凍庫に入れようとすると、袋を閉じるやつ、バッグクロージャーがないのに気づいた。

まあいっかー、とも思ったのだが、はっとしてオーブンを開けたら食パンの上に乗っかっていた。うわー、あぶない！

焼けたバッグクロージャーも見てみたかったが救出する。

ラジオで消費増税の話をしている。駆け込みでなにか買いましたかと街頭で聞いて、答えた人は家電を買い替えたと言っていた。

起きてきた息子に消費税上がるけどいまのうちになにか買っておくものあるかねえ？と聞くと「スイッチのゼルダのソフトかなー」というのでそれだったらいますぐ買わなくてもいいや……と気持ちが落ち着いた。

娘も起きてきて、いま欲しいもんある？と聞くと手を握ってこぶしにして顔の横に上げ、すっとその手首を指さす。

（腕時計だ！　腕時計のジェスチャーだ！）（かっこいい……）

娘はかっこいいときがあるのだ。息子が「かっこいいな！」と言ったので、私も「かっこいい……!」と声に出した。

そのあと娘はさらにフン、とクールな感じのまま「あま紅茶まだある?」と聞いて、あるよ、というと冷蔵庫から取り出して飲んでいた。我が家では「午後の紅茶」を「あま紅茶」と呼んでいる。甘い紅茶だからだ。

人々は家を出た。私は仕事をして、午後は休みをもらって新宿に行き友人に会う。

中華料理の店で冷やし中華を食べた。店員さんがたくさんいてまめにお客に声をかけて店員同士もあれこれ指示し合ったりそれなりにがやがやしているのだが不思議と静かだ。ああそうか、音楽がなにもかかってないからかと思うころ、友人もこの店は静かだねえと、そして、ああ、音楽がかかっていないのか、と言った。

冷やし中華はおいしかった。店の冷やし中華は家のとちがって具が豪華だ。肉が八角の味だった(と料理の好きな友人が言った)。

さっと食べて店を出たあと、友人がコンビニでコーラを買ってくれた。ゼロカロリーのやつではなくカロリーのコーラだ。おっ、ハレの日ですね。飲みながらあれこれしゃべって別れ帰宅。

娘と晩ごはんを食べてから、風呂に入ってシャンプーをして、そうだ、こんどの日曜日に赤ちゃんの生まれた友人の家に行く、手土産をなににしようかと考えた。

日曜の朝あそこまで行ってあれを買うのはどうだろう、いや、土曜のうちにあれを買うか……などと考えていたらいまシャンプーが終わったところなのかコンディショナーまでやり終わったのかわからなくなってしまった。

はっとするが、考えごとをして手の動きの現在地を見失うことなどよくあることだ。よくあることだぞうろたえるなよと猛々しい気持ちになった。カッカしながらも静かに、もしかしたら2回目かもしれないコンディショナーをした。

娘は寝て、私はチョン・セランの『フィフティ・ピープル』を読んで息子が塾から帰るのを待つ。『フィフティ・ピープル』は何人か知り合いが推薦していたので読んでいるがとてもおもしろいし、読みながら作品に対してあらがう気持ちが不思議とまったく起きないのがいい。

息子が帰ってきたのでごはんを用意した。息子は明日の作文教室で提出すべき課題がまったくできていないらしい。「俺はどうなってしまうのだろう」と言うが、どうなるのだろう。

とりあえず寝るといって横になり寝た。やらないのか。

「あるなら食べる」ほど豊かなことはない

9月11日（水）

娘が洗濯機の音を聞いて「チルドレンチルドレンって鳴ってる」と言う。言われてみればたしかにそう聞こえなくもないか。子どもが祝福されていますな。

毎朝食パンばかり食べているのでたまにはロールパンをと買っておいたのにまちがえて食パンを焼いてしまった。子どもたちに伝えると、じゃあロールパンも食べると娘が食べて、息子も俺もと食べて、私も食べた。余計な消費が起こった瞬間だった。

「あるなら食べる」ほど豊かなことはない。

息子はきのう学校にまちがえてサンダルで行ってしまい、なんで裸足なの？と会う友達全員に聞かれたそうだ。玄関先まで見送ったのにまったく気づかなかった。今日は注意深く靴下を履き靴も履いて学校へ行った。

娘もでかけ、私も仕事へ。

昼ごはんを食べ損ねたまま帰宅し、残ったロールパンとグラノーラを食べたら夕飯前にすっかり満腹になってしまった。それでもきっと夕飯は普通に食べるんだろうなあと思った。

子どもたちも帰宅し、夕飯の支度をして、予想どおり普通に食べた。

娘が息子に宿題のわからないところを聞いている。上手に教えているので、ほめると「こんなの……豆腐を……手のひらの上で……切るようなもんだよ！」

お？　おお……？

「もしかして『赤子の手をひねる』って言おうとした？」と聞くと、息子は笑った。

「赤子の手をひねる」が思い出せず「豆腐をにぎりつぶすようなものだ」と思いつくも、なんか気持ち悪いから豆腐はにぎりつぶしたくないな……と、それで「豆腐を手のひらの上で切る」という表現になったらしい。

それを聞いて娘は「えっ？　豆腐にぎりつぶしたくないの？　人に頼まれても？」と新しい問いを発生させていた。人に豆腐を握りつぶすように頼まれることあるかな？　3人で話し合い、そういうことがあるかないかはわからないけど、頼まれたら握りつぶそう、ということになった。

きのうおとといと夜が眠く、早めに寝たら今日はそんなに眠くない。『フィフティ・ピープル』をまたすこし読んだ。

そろそろ寝ると息子がやってきて、イヤホンがかつてなくきれいにまとめられたと見せてくれた。

今日の3時ごろすごかった

9月25日（水）

思い描く立ち食いそば屋はいつも怖い。

お客全員がトレイにそばをのせて席を選び持ち運んで、食べたあとまた返却口まで持っていく一連の流れは驚くべきものだと思う。なぜ、誰もそばつゆをこぼさないのか（多少はたぷんたぷんしてこぼすこともあるかもしれないが、ばっしゃんとはこぼさない）。考えるとおそろしい。

今日、昼に駅の立ち食いそば屋に行った。コロッケそばを注文した。

受け取ってから、トレイを片手で持って水を注いだグラスものせて席まで行って食べて、返却口に戻して店を出た。

出たところであっ！と思った。

ぜんぜん怖くない……！

想像上の立ち食いそば屋は怖いが、実際の立ち食いそば屋はまったく怖くないことに気づいたのだ。なにせ、たっぷりどんぶりに入っているコロッケそばをトレイにのせて、のせたまま片手を離してグラスに水を注いだのだ、いまさっき私は。

つまり人間のバランス感覚というものは私が思う以上に発達しており、それで立ち食いそば屋は問題なく存在しているのだ。

そういうことだったのか……興奮とともに事務所に戻り仕事を終えた。

帰るとしばらくして息子も帰ってきた。作文教室でなにかのノベルティのペンセットをもらったらしい。ていねいに箱に入っている。取り出して箱をほっぽっているので、捨てておいてよと頼むと「これ妹が欲しがるだろう」と言う。そうかな。だってあいつ箱女だから。

娘が帰ってきた。これいる?と息子が箱を渡すと、「いる」と受け取っていた。箱女なのか。

箱女と手をつないでスーパーへ。遠足のおやつを買う約束をしていた。外は夜だった。街灯のついた道から街灯のない小道に入るとまるで暗く、娘は私たちの影が消えたのを見てマントの中に入ったようだと言った。

娘はグミとラムネを選んだ。

帰り、娘が先を走り、走った先で「優勝しました！」と言うので、私もかけていって「放送席、放送席、優勝選手のインタビューをお伝えします」「すごい走りでした」「いまのお気持ち、誰に伝えたいですか」「応援の方々へひとことお願いします」などと優勝インタビューをした。じつは私は優勝インタビューがすごく得意なのだ。

娘はひと通り答えていたが、答えたあとめちゃめちゃに照れていた。照れながら「へへへへへ〜」といって体をぶつけてくるので「へっへっへ〜」とぶつけ返した。

そのあとまたぱーっと走っていき「いま、なにしかしてなかったでしょうか！」と聞くので、どういうことかわからないでいると「白いところしか踏んでいませんでした〜」といってまたかけてった。

帰って晩ごはん。いただきもののお赤飯を食べた。お祝いでもないのに食べるお赤飯大好きだ。

食後、息子が「そういえば今日の3時ごろすごくなかった？」といった。えっ、なにが？と聞くと「ものすごくすがすがしくて気持ちがよかった」「いままでに感じたことがないくらい」と。

ふふふ。それが秋です。

クイズの脇が甘い

10月5日（土）

娘は算数があまり好きではないようだ。4月からタブレットの通信教材をずっとひとりでやっていたのだが、ふと、どんなことをどうやってやっているのだろうと見ると、表示されている学習時間がほかの科目にくらべ算数だけ異様に短い。どうも学習のページは開いたが問題はやっていない、ということのようだ。日々、終わった?と聞くと終わったよ!と娘は答えた。それは「問題を解き終わった」のではなく「わからないということを確認し終わった」だったのだな。

ぱっと見て解けない問題にも挑戦しないといけないよ、と隣について開くとうんうんうなってちょっと泣きながらやっていた。

言い過ぎたかなと案じたが、終えると午後のバレエの稽古のために踊りながら着替えていて安心する。鼻歌を歌いながら人差し指でくるくるこれから穿くショートパンツを回していた。なんてわかりやすく機嫌のいい人なんだ。

昼ごはんの用意をしていると、兄妹は私が15年前に買って持っていた『ぼくドラえもん』というムック本をどこからか引っ張り出してふたりで読んでいる。ドラえもんにまつわるあれこれがランダムに載るムックだが「きこりの泉」(最後にきれいなジャイアンが出てくるあれ)がフルカラーで掲載されていて、そういえばこれを息子が2歳だか3歳のころにせがまれてよく読んで聞かせてやったのだ。

「おれのグローブぼろぼろ」

「のびたのはピカピカ」

冒頭を見ると何度も読んだのを思い出して懐かしい。当時まだ字が読めず言葉もおぼつかなかった息子も暗記して一緒に読んだ。

成長した息子は塾に行き、私は娘をバレエの稽古に送る。行きがけ、娘に「日陰を通っていこう」と言われ、そうだねと返した5秒くらいあとに「いま私が理科で習っていることはなんでしょう?」と娘のクイズコーナーがはじまった。
(1)昆虫
(2)光と影
(3)磁石
いま日陰の話をしたから答えは(2)だろう。

「2」「正解」

クイズの脇の甘い娘は稽古に行き、終わるころまた迎えにいって、それからふたりで都庁に行った。展望台にのぼって花火を見るのだ。仕事で多摩川の花火大会の花火が都庁から見えるか確認が必要になった。

展望台は海外からの観光客らしき人たちを中心に盛況で45分待ちという。それでも並ぶと案外列はスムーズに流れた。手荷物検査があって、係の警備員さんの感じがとてもとても良い。にこにこ笑って荷物の中を見て、どの人にも手をいいね!の形にして「ありがとうございます!」と言っていた。

大混雑しているのだから展望台のフロアもさぞ混んでいるだろうと思っていたがそれほ

どでもなく、登る人と同じ量の人が同時に降りてきれいに循環しているようだ。

南西の窓の遠くに花火がそれなりにちゃんと見えて、大きなのが打ち上がるたびに歓声がわいた。

電話がきて、息子からだった。塾が終わったという。

「いま都庁にいるよ、花火が見えてるよ」

「こっちも塾のビルの階段から見えてる」

都庁のまわりは土曜の夜で空いていて、行き帰りに通った駅までの地下道もがらがらだった。誰もいない地下道を歩きながら娘に「回して」といわれて、手をとってくるっと回してやった。手を放しても娘は笑いながら回り続けた。

11月6日（水）

ケーキに隙間をみつけてくやしくて泣いた

学校に行こうとする息子にごみ出しを頼んだ。ごみ袋を渡すと「えっ⁉　えっ、ちょっ⁉」と慌てている。

なになに、それどういうリアクション？と聞くと「動揺を隠せないようすをやってみました」だそうだ。おお、良いな。私がうけると満足そうにごみをもって出ていった。続いて娘も出発して、私も会社へ。

会議があった。眺めのいい部屋で、まぶしくなることはわかりながらブラインドを開けた。みんなで陽のささない部屋のはじに寄った。同僚から台湾みやげのパイナップルケーキが配られ食べた。

終えて帰宅。子どもらもばらばらと帰ってきた。

晩は鶏とセロリを煮て食べた。食べながら娘が「ヤクルトでうがいしたことある？」と言う。ずいぶんやぶからぼうだな。ヤクルトでうがいしたこと……どうだろう。大人になってからはないはずだが、子どものころはそういう意味のない行動をしたかもしれない。

食後に会社からもらってきたパイナップルケーキを子どもらに切って分けてやった。切り分けられたふたつをじっとみる兄妹。いさかいが起きないよう、厳密に二分割したつもりだが、ふたりは量の差を目で測っている。

どちらが先に選ぶか、じゃんけんで決めよう。娘が言って息子が応じた。息子が勝った。娘はふん、と諦めたようで、息子が先にひとつ選んで食べた。

娘はセロリがすこし苦手でまだ時間をかけて食べていたのだが、私が先に席を立って洗濯物を畳みながら、ふとようすを見ると声を出さずにぽろぽろ涙を流している。

おーい！　なんだ！　どうしたんだい。

娘は「隙間がある……」と言った。パイナップルケーキの中、餡《あん》の真ん中に空洞があるというのだ。兄が取ったほうは幅が自分のものよりすこし広かったうえに隙間なく餡が詰まっていた、と。わけを話して火がついたのか、そこから声をあげて泣き出した。娘はいつもサイレンのように泣く。う〜〜〜う〜〜〜〜。くやしいよ〜〜〜。

「隙間」という表現がどうもおもしろくて私は笑いそうだった。こらえてなだめるが、結局すこし吹きだしてしまった。

「なんで笑うんだよ〜〜〜」「ごめん、隙間ってよく気がついたなと思って」

それから「でもお兄ちゃんはじゃんけんに勝ったでしょう。もしきみがじゃんけんに勝っていたら、お兄ちゃんがこっちを食べるわけで、くやしいのはわかるけどしかたがないんだよ」そう言って聞かせて、よしよししてなだめる。

しかし娘は、お兄ちゃんは泣かない！　くやしくもならない！と言う。

お兄ちゃんはじゃんけんに負けてもこの隙間に気づかずおいしく食べただろう、でも私は隙間に気づいてしまった。それもくやしい、と言うのだ。

（1）ケーキの幅が兄の分より狭くてくやしい

（2）そのうえ内部に隙間まで見つけくやしい

（3）兄だったら隙間は見つけず気にせず食べるだろうと思うとくやしい

すごい。娘の心にくやしいが畳みかけている。とくに（3）には感心した。兄の鈍感さをうらやみくやしんでいるのだ。くやしさの拾い方がていねいすぎる。

わかった、明日またパイナップルケーキを探して買ってくるよ。こんどはちゃんとふたつ買ってくる、と言うが「ひとつでいい」と娘。そして「明日はお兄ちゃんが小さいほうを食べてほしい」と言った。

性根が悪い。が、気持ちはわかる。

0・5人の自分

11月15日（金）

娘は日々私に経験を聞く。「いままでに〇〇したことある？」「何回したことある？」といった具合。答えられるものは答えて、でもなかなか難しい質問もあって（たとえば「いくら」っていままでに何回言ったことある？のような）そういうときは素直に、ちょっとわからないやと言っている。

しかし今朝娘は急に「今日はお母さんになにも質問しないことにしたよ〜！」と言うのだ。なにか思うところがあったのだろうか。それから「お母さんっていままでにタイツ何回穿いたこと……」といきなり質問して「答えないで！」となかったことにしていた。

子どもらは学校へ。私も仕事。終えて、前日に皮膚科で処方箋をもらいながら取りにいきそびれていた薬をもらいに薬局へ行く。薬剤師さんが薬を出しながら、先週耳鼻科からも薬が出てますがいかがですか？と聞いてくれた。鼻風邪が長引いていて受診したときの薬だ。もうすっかりよくなった。完璧です。ものすごい鼻通りの良さです！と元気に伝えた。

「こんなことなら最初から病院に行っておけばよかったなと思いました、風邪の引き終わりになってようやく受診することが多いんです」ついでに言ったが、ほとんど自分の間の悪さへの愚痴だ。体調をくずしても発熱しない限りぼんやり自力で治るのを待ってしまう。徐々に治ってくるころ、まだ治りきらないことに不安になって半分元気な体で病院へ行くことが大人になってから何度かあった。

するると薬剤師さんは「まちがっていませんよ」と言うのだ。風邪が治るころに新たな別の風邪にかかる方は多いんです。だから最初の風邪が治って、でもなんだか体調が悪くて受診するというのはまちがいではないんですよ。

…………スーっ。

……おお！　なんかいま成仏したな！

承認があった。しかもプロフェッショナルによる承認が。「あなたはまちがってはいない」というワードの強さよ。

「そうなんですか、すごく救われました……！」そういって薬局を出た。あれだけ風邪の話をしたが手に持っているのは皮膚の薬だ。

足どり軽く娘を迎えに学童へ。娘は出てくるなり「今日はお母さんに質問しない分、友達に質問しまくったよ」と言っていた。

帰ると息子も帰ってきた。

なにかの流れで娘が、私の何人分くらいでお相撲さんひとり分の体重になるかな?と言う(そうして、これは質問ではないから!と念を押した)。息子が、お相撲さんって200キロある人もいるよね? おまえだいたい30キロだから6・5人分くらいじゃない?と言うと、娘がキっとして「どういうこと? 半分に切るってこと?」と言うので笑ってしまった。0・5人の自分を想像したらしい。

娘は私が笑ってうれしそうだった。

みんなかわいいかわいいと言って見ています

11月18日(月)

子どもらが学校へ行って、私も仕事へ、というところで宅配便がやってきた。息子に買ったTシャツだった。好きなＤＪのロゴが入っているやつをネットで買って息子は楽しみに待っていた。帰ってくる息子を迎えるかたちで居間の真ん中に広げて置いておいた。

仕事へ行って、帰るとちょうど娘が公文へ行くところだったのでむだについていく。教室に入っていくのを見届けてから改めて家に戻った。

居間には息子が今朝着ていたパーカーが広げて置いてあった。帰ってきた息子が新しい服が届いているのを見つけて着替え、朝から着ていたパーカーを代わりに広げたらしい。着替えたんだな！というわかりやすさだ。よく伝わったのでたたんだ。

娘が帰ってきて、ごはんを作る私のとなりでぶんぶんゴマを回しはじめた。お母さんさ、ぶんぶんゴマぶんぶんできないなら、私がぶんぶんしたやつを引き継いでみる？　きのう私がぶんぶんゴマをうまくぶんぶんできずにくやしがっていたので娘はぶんぶんさせてくれようとしているのだ。夕食の用意の手を止めてぶん！　ぶん！と娘の両手の間で回っているコマを両手から受け取った。ぶん！　ぶん！　おお、受け取ってもぶんぶんし続けていられるものなのだな！　すごい勢いだ。なんか紙取って！と娘にたのんでぶんぶんまわるコマで紙をババババ！と切った（これもきのう娘がやっていた）。すげー！　すげー！

ひとしきりすごがり、ごはんもできあがったので食べながら「二十の扉」で動物を当てる遊びをした。ひとりが頭にある動物を思い浮かべ、もうひとりは質問しながらその動物がなにかを当てるのだ。私はカバを思い浮かべた。「その動物は陸に住んでいますか、水の中に住んでいますか？」「陸に住んでいますがおもに水の中にいます」「その動物はカバですか？」「当たりです」

一瞬で当てられてしまった。そのあと私が当てる番だったのだが「その動物は動物園にいますか？」「はい、動物園にいます。みんなかわいいかわいいと言って見ています」と娘はヒントを盛るのでこれまたすぐにわかってしまう。

「その動物はレッサーパンダですね？」私たちには野毛山動物園でレッサーパンダをかわいいかわいいと言って見た思い出がある。

「当たりです」

娘は「晩のおかずのシュウマイがおいしかった、シュウマイはかわいいし食べやすいから餃子より好き」と言いながら寝た。

息子が塾から帰ってきて、バーンと部屋に登場すると今朝宅配便でやってきた服を着ているので笑う。気に入ったようでなによりだ。

給食のない日で昼ごはんを適当に食べるようにお金を渡しておいたのだが、今日のおれの昼は完璧に栄養をとったと胸を張る。以前息子は同じようなことがあったときに、おにぎりひとつと午後の紅茶ミルクティー1本とガリガリ君とアイスボックスを選んだ経緯があり、そのときに栄養バランスの大切さと基本の食事の組み立て方について教えたのだ。

「なに食べたの?」「ランチパックのピーナツと」「いいね」「ロールパン」「それから?」「え、それだけだけど」

栄養⁉

思えばずっと誰かの歯が抜けていた

11月25日(月)

きのう、娘の歯が抜けた。私に一日じゅう用があり娘は私の妹の家に行っていて、その間に抜けたそうで妹がきれいに洗ってとっておいてくれた。迎えにいった昨晩受け取って、ポーチに入れて持ち帰ったのだった。そうだと思い出して取り出した。いったん、小皿にのせた。

子どもらは学校へ行き、私も仕事。元気に終えて帰るころ、息子から電話がかかってきた。なにかあったろうかとドキッとしてとると「歯が抜けた」と言う。

そんなに歯って抜けるっけ。

「台所に置いておくから」と、息子はそれだけ伝えたかったらしい。

帰ると息子の歯が流しの脇に置いてあった。小皿にのった娘のと混同しないためにか、名前を書いたマスキングテープが貼られたグラスに入っている。よく観察したあと、つまようじを使って根本の部分をよく洗った。きれいになった。

私は5人きょうだいの長子で、12歳になるまで3年ごとに母から赤ん坊がうまれ続けた。思えばずっと誰かしらの歯が抜けていた。いまのうちのようなふたりきょうだいでも「今日も歯が！」と思うくらいだから5人もいたらそれは抜けるだろう。

娘が帰ってきてごはん。数日前に娘との間で牛丼の話題が出たので今日は牛丼をと思っていたが鶏肉がどうしても安くて親子丼になった。

食後に話していてふと娘のトレーナーにごはん粒がついているのに気づいた。なんだかぼうっとしていて、つまんで食べた。

「食べた⁉」と娘が驚いて私もあっ！となってしばらくふたりで息を切らして笑った。

そのうち娘が「なんで私たち笑ってるの？」と笑いながら言って、なんでだろうね「食べた⁉」っていうのが、おもしろかったんだよね。

冷蔵庫ではないこれはタンスだ

12月4日（水）

先日突然壊れた冷蔵庫の内部が完全に常温になった。

作動が止まってからなんだかんだで24時間くらいはそれなりに冷たさを保っていたので

はないか。本当に壊れたのか疑うほどだったがいまや冷蔵庫の外と同じ温度になった。常温でも保管できるものがまだ中に入っており、出し入れするがまるで冷蔵庫のように感じない。冷蔵庫ではなくタンスだ。タンスから食材を出す違和感がある。

冷蔵庫のアイデンティティが温度にあることはじゅうぶん頭でわかっているが、体感としてもそうなのだな。家電量販店に大量に並ぶ冷蔵庫は冷蔵庫としてリアルさに欠けた。あれは中が冷えていないからだったんだ。

子どもたちは学校へ。私は仕事。

昼休みにごはんがてら会社の近くの喫茶店へ行く。オーダーするとカウンターでプリペイドカード機能つきのポイントカードをすすめられた。慣れた店員さんで説明がよどみない。

「いまオーダーされたコーヒーが300円ですが、このプリペイドカードに300ポイント入っておりますので0円になります」へえ。

「ただ、ポイントカードの発行に300円かかります」ほう……?

あまりにもプラマイがゼロすぎると人はなにが起きているのかわからなくなるものらしい。しかし店員さんの大変てきぱきした対応に流れるようにプリペイドカードを受け取った。

仕事を終えて帰ると息子も帰ってきた。

帰るなり、「ぷ」の文字がボウリングの球を投げようとしている人に見えると解説してくれて納得する。

「あと、『興』は通りにビルが並んでいるように見える」とも。おお、そうだねそうだね。

夜になり、新しい冷蔵庫の搬入の下見に運送会社の方がやってきた。来るなり「お！　これはなかなか！　むずかしそうですね～！」と言う。そうでしょうそうでしょう。うちはとにかく狭い。壊れた冷蔵庫の大きさを測り「大きいな～」、廊下の幅も測って「ギリギリだあ～！」、新しく入れる冷蔵庫のカタログを見て「いけるかな～～」

応じながら私んちせまいっしょ自意識がどんどん肥大していく。どうだ、すごいだろう。

「これはちょっと、ぶつかって壁に傷がついちゃうかもしれないですね～～」「かまいませんよ！　どんとこいです！」「冷蔵庫のほうにもへたすると傷がついてしまうかも……」「使えりゃいいですよ！」「もしかしたら後ろにある飾り棚の戸のガラス割れるかもしれないです」「わかりました！」

そしたら明日また夜に持ってきますと帰っていった。盛り上がった。しかし廊下や冷蔵庫に傷がつくのはいいがガラス割れたらどうすりゃいいんだろうな。

夜は鍋にして余っていた野菜をぜんぶ煮た。

食べながら娘が「お母さんのいちばん大切なものってなに？」と言う。いちばん大切なもの……。

「子どもたちだよ、とかそういうことじゃなくて?」「そう。当たり前のものは除いて」

「命とかお金とかは除くんだね」「そう」

息子も入ってきて「自由とか人権とかもだめってことか」と言う。「そう」

「お母さん黒が好きじゃん? あと餃子好きだよね。黒と餃子どっちが好き? そういう感じで、いちばん大切なもの」

答えは出なかった。

フィクションは雑でも平和だが現実は優しいほうがいい

12月5日(木)

ねぼすけの娘を起こす。

「子どもを朝起こす」やり方について、フィクションの世界は攻撃的に描きすぎではないかとよく思う。フライパンをしゃもじでガンガンたたいたり、布団をひっぺがしたり「おきろー!」とさけんだり、そんなようすをよく見る。

ほこほこ寝ている子をそう邪険に扱えるとは思えないのだ。なでて優しく声をかけ、ゆっくり布団をめくって「寒い!」と言われたらまた5秒くらいだけかけてやるような、そんな起こし方がもっと描かれてもいいんじゃないか。

私はおたくだからフィクションで見る雑なコミュニケーションを現実でトレースしがちだ。むかしつきあっていた恋人が「あーあ、仕事やりたくないなー」と言ったときに「いや、やれや」と笑いながら返したことですっかり機嫌を損ねて怒ってしまったことがあった。私は丁々発止のフィクションをなぞる気持ちで言ったのだが、彼は恋人には優しくしてほしかったんだろう。

フィクションは雑でも平和だけど、現実はそれではうまくいかないこともあって、ならば現実を生きるうちは優しいほうがいいようだとそのとき学んだ。

それでも起きない娘に対しすこしの厳しさを加え、無事に起こし、早々に起きた息子と学校へ。私も仕事。

終えて、さあ、今日は冷蔵庫が来るぞ。

先日作動しなくなって、故障だ！とすぐに新しいものを購入した。きのうは運び入れの下見に業者さんがやってきて、通路が狭いがなんとか入れると帰っていった。そして今日だ。

夜、ふたりの作業員さんが新しい冷蔵庫とともにやってきた。

中はからっぽ、側面に貼ったマグネット類を取り去った壊れた冷蔵庫は、ものの5、6分で外へ出ていった。えっ！　すごい！　きのうの下見で狭い家だぞ難しいぞと業者さんとふたり大騒ぎして盛り上がったのだが、あれはなんだったのかというスムーズさだ。

冷蔵庫跡地に露出した、たまりにたまったごみ（スーパーボールが5個くらいでてきた）を用意していたほうきで大急ぎで掃いて雑巾でふいて、そうしている間に新しいのが運ばれおさまった。

……あれ。

壊れたものよりも今回はひと回り小さいのを買ったつもりだったが、入った冷蔵庫のサイズは出ていった冷蔵庫とまったく同じだった。

それで気づいたのだ。買うときに冷蔵庫を置く場所の広さも冷蔵庫の大きさもまるで測らなかったことを。

家電量販店にならぶ冷蔵庫から中くらいのものを選んだ。これならこれまでよりもすこし小さめにおさまるだろうと思った。

そんなことなかった。うちは、せまい。店にならぶ大きな冷蔵庫は、もっともっと大きかったのだ。なんとおそろしいことか。

ふるえながら作業員さんと古い冷蔵庫を送り出した。

無事に設置はされた。しばらくして中が冷えたところで買ってきた食材を入れた。店にあったいちばん安い冷蔵庫を買ったから自動の製氷機能がついておらず娘が製氷皿に水を張って冷凍庫に入れてくれた。

それでもサンタは強引に来た

12月24日（火）

クリスマスイブはクリスマスなんだろうか。

クリスマスに対する疑念はそれなりにずっと持ち続け、逆張りで疑念など持たぬ態度をとる時期ももちろんありつつ生きてきたが、この朝、てらいないまっさらな素の状態からスッとそう思った。

たとえばクリスマスイブに会う人に「メリクリ〜！　イェイ！　イェイ！」と言うのは正確なことなんだろうか。

朝食のあと、娘がクリスマスのアドベントカレンダーをあけた。とびらをひらくとチョコレートが出てくるやつだ。「24」のミシン目をあけてチョコを取り出して食べた。アドベントカレンダーは今日が最終日らしい。

「明日はもうチョコないんだ」と私が言うと「ないよ」と娘は答えた。よく知っていて頼もしい。

メリクリ〜！　イェイ！　イェイ！の気分はとりあえず抑えた。子どもたちは学校へ。私も仕事。

昼にスーパーに弁当を買いにいくと、いつもの弁当売り場に焼いた鶏肉やポテト、から揚げのセットなど、クリスマスパーティーを意識したらしいラインナップが並ぶ。普通の弁当は数品にしぼったらしく、とくに鮭弁当が精力的に売られていた。勤め人の昼ごはんとクリスマスのパーティーがせめぎ合う良い売り場だ。弁当を買って食べた。

仕事を終えて、パステルカラーの文房具とイチゴを買って帰る。文房具は娘のクリスマスプレゼントで、イチゴはケーキに飾るため。

今日はクリスマスなんだろうかと起きたが、自然と晩にそれらしいごはんをたべるように準備はしているのだった。どうやら私にはおおむね24日の夜から25日の朝くらいがクリスマスという意識があるようだ。

帰ると娘も帰ってきた。買ってあるスポンジに泡立てた生クリームを塗ってイチゴを挟んでクリスマスケーキを作った。骨つきの鶏を焼いて、買ってきた焼くだけのピザを焼いて、あと朝の残りの味噌汁もあたためた。

夜になり、娘はサンタに書いた手紙を枕元に広げて置いて、照れたのか髪の毛で顔を隠していたが、そのうち顔を開けて寝た。

娘はまだサンタシステムを信じて生きている。パステルカラーの文房具とラグビー日本代表のユニフォームが事前にリクエストされていてサンタは用意した。

息子も塾から帰ってきた。パーティーと味噌汁の晩ごはんを食べたあと、新聞を読んで、量子コンピューターは暗号の解読ができるからやばい、あと、サンタのかっこうをした人たちのマラソン大会があったようだと教えてくれた。

真夜中を待ちサンタをする。息子はサンタの秘密をもうすでに数年前に暴いているのだが、それでもサンタは強引に来た。

2020年

横からスッとドラえもんが入ってくる

1月23日（木）

早起きした。朝が暗い。

日めくりカレンダーをめくると、そうだ誕生日だ。大人になると誕生日を忘れるとはよくいうが、カレンダーに大きく書かれた自分の生まれた日とばっちり目が合い、さすがに「おっ」と浮かれた。

息子に誕生日なんですよね、えへへ～！と言うと（なにも用意しておらずまずい）ふうの顔をしつつ「おめでとう」と言ってくれた。

娘も起こす。娘は私の誕生日を祝う気満々であれこれ準備したと予告していたが、静かに起きて静かにごはんを食べていた。大変な恥ずかしがりやなので素直には祝えないんだろう。そのまままいつもどおり着替えて歯を磨いて、学校へ行き際に「これプレゼントだよ」とサンリオのキャラクター「けろけろけろっぴ」の髪どめをくれた。ファッションでつけるのじゃなくて、お化粧をしたりごはんを食べたりするときに前髪が落ちないようとめておくためのピン。以前イオンで見て私が「かわいいなあ」と言ったのを覚えていてくれたのだ。

ブォ〜！　心のなかに長らく係留されていた船が喜びで出航した。一週間くらい前に買ったらしく娘はずっとおかあさん絶対に喜ぶはずと自信をもっていたので、もらったらよほど喜んでやらねばなと思っていたが、素直な心で大喜びしてきゃっきゃした。

小学生のころ、けろけろけろっぴが大好きでグッズを集めた。祖母に会うたびに買ってもらった。髪どめを見るととてもかわいくて、いまでも好きだなあと思いを新たにした。

週末に誕生日ケーキを食べようと約束して人は散った。私も仕事。

もくもくとやり、終えて帰るとしばらくして宅配便が来た。あっ！　見て声が出る。洗剤ブランドのファーファの箱だ……！　完全にピンときた。友人が誕生日プレゼントに送ってくれたのだ。以前この友人と合同で、出産した別の友人にファーファのギフトを贈り、そのとき私は猛烈に羨んだ。なぜか。このギフトセットには……受け取った荷物を焦って開封した……やはり！　このギフトセットにはファーファのぬいぐるみが同梱されているのだ。

急ぎお礼のLINEを送ってからひとしきりなでた。洗剤もとてもうれしい。

娘が帰宅し、ファーファをみつけて「あっ！」と言った。娘も出産祝いのファーファを見ているのでいろいろとピンと来るところがあったようだ。

晩ごはんを急いで食べてから、町会の寄り合いへ。

帰りにメルカリで売れた雑誌を送りにコンビニによると、よく見かける世話焼きの店員さんだった。私がもたもたしていると荷物に伝票をきれいに貼るコツを教えてくれた。ありがたい。

「受け取るお客様にきれいな状態でお届けすることを考えないといけませんよ」と言われ、メルカリの師匠のようだ。

帰ると息子も帰宅。誕生日カードをくれた。至急作ったらしい。誕生日を祝う私たち家族と、そこへ横からスッとドラえもんが入ってくる絵だった。ドラえもん、私が好きなので描き足してくれたんだろう。

寝ようかねという時間になり、娘も手紙をくれた。あと肩たたき券もくれた。店で買ったものは朝のうちに自信をもって渡せたけれど、手作りのものは自信がなくまた照れくさかったんだろう。気持ちがわかる。

手紙には「いつも私たちの幸せお考えてくれてありがとう」と書いてあった。

いつも君たちの幸せお考えていること、ばれてたんだな。

肩たたき券は十年以上子育てをしていてはじめてもらったがこれはうれしいものだ。肩をひじでぐりぐりしてもらって（かたたたき券には「ひじぐりぐり」と「もみ」と「たたき」のメニューがある）寝た。

ぬいぐるみが助け

4月22日(水)

息子は英語の学習を学外ではなにもしていない。小学校のころ学校で週に数度ネイティブの先生による授業があったようだが、アルファベットを書くくらいの訓練すらできてない。

中学生になるも休校でまだ授業ははじまっていないが学校からの宿題でそのあたりのことをやっているらしい。

よくわからないのは、花の名前を懸命に覚えているところだ。このところ毎朝ずっと、「オーキッド」「タイガーリリー」「サンフラワー」など読み上げている。

花の名前……要るかな……。まったく不要ということはもちろんないが、なんかこうもっとほかに覚えることがあるんじゃなかろうか。

というか「オーキッド」ってなんだ？　と調べたら、蘭だった。蘭か……。

いっぽうの娘はずっとあらいぐまラスカルの赤ん坊くらいの大きさのぬいぐるみを抱いている。うちにはペットがおらず、本当にぬいぐるみに助けられてきたなと思う。

私はぬいぐるみをしゃべらせるのが大好きで、やるともう高学年と中学生の子どもたちだがまだうける。

私のやるぬいぐるみはとても性格が悪い。ぬいぐるみたちは娘のことは愛しており甘いという設定になっている。娘が「お母さんバター取って」と言うとぬいぐるみが「おい！バターだよ！　お嬢様、遅うございますねえ……早くしろ！」などと言ったりして（私が言わすんだけど）みんなで笑う。

仕事をしていると娘が「疲れを消すアイテム持ってくるね」と言って私にもぬいぐるみを持ってきて抱かせてくれた。

午後も仕事をして終えて、夕方スーパーの店頭に開いた青果市に行ってキャベツとネギを買うとネギが最後余ったからと1本おまけしてくれた。

スーパーが混んでいる。いままで繁華街や仕事帰りに買い物していた人たちが感染症対策から遠出を避け近所のスーパーで買うようになっているのだからそりゃあそうだろう。どこのスーパーも日に日に店員さんを守るビニールのカーテンの面積が増えていっている。どうか守られてほしい。

夜は鶏肉を焼いた。それから、ごはん茶碗を小さくした。これまで子どもと同じサイズの茶碗でもりもり食べていたが、まったく体を動かさないので自制せねばと思った。

食後に洗い物をする息子に「茶碗ちいさ～！」と冷やかされる。思えばこれは祖母の形見だ。

風呂場にこのところナメクジが出る。出るたびにそっとすくって外に逃がすが、今日は4匹出ていよいよなんとかせねばならない。

息子に、風呂の栓を開けておくとそこからナメクジが上がってくるのだから、栓をずっと閉めていればいいのではないかと言われ、まったくだと思った。

こういうとき私は対症療法的に考えてしまうのだけど、息子は原因のことを考えている。息子の頭がいいというよりも、子どもらしいものの考え方なのではと思った。

大人は
・対処法がある程度想像できる（ナメクジに効く薬を買うなど）
・もう仕方がないとあきらめてもいる
・対処する気力がなく頭を使うのが面倒
だが、子どもは
・対処法を知らないのでまず原因を押さえる方向に頭がはたらく
・あきらめを知らない
・考える元気がある
明日から風呂の栓をしようと話した。

子どもたちが寝てから映画『ヤバい経済学』を配信で観た。経済がテーマの映画が大好きなもので堪能していたが途中ガクッと首が体育座りの膝にぶつかって、寝床へ移動した。

5月11日（月）

いつも私をどん欲に確認する

むくと起き、期待を胸に脱衣所へ行くとビールの注がれた紙コップが置いてある。のぞき込んだ。なにも入っていない。風呂の洗い場にも同じようにコップは置いてあるがなにも入っていなかった。

たびたびあらわれるナメクジに困り、ネットで「ビールに塩を入れて置いておくと罠になる」と見てしかけたのだ。

起きてきた息子に罠の不発を伝えた。「いや、もしかしたら完全にビールの中に溶けているのかもしれない」なるほど。

今日も人々は自宅でそれぞれの仕事をする。息子は学校の朝のホームルームにリモートで参加した。

娘が「ねえ」と声をかけてきて「社会が5月のまだ前半なのにもう添削問題なんだよ〜〜っ」と甘えている。取っている通信教材の社会科がよく進んでいるよ、ということのようで、手をとりあってきゃっきゃした。

「社会がもう添削問題」という意外な理由で人がじゃれついてくる、心の垣根の低さに感心した。これが家族の距離なのだなと思う。

昼食前に腹をすかせた息子はパンにメイプルシロップをかけて、いま家族のなかで胃の中の値段が最も高いのはおれだなと、ふふと笑っていた。メイプルシロップはグラムあたりの値段が高いことをいつか教えた。

午後もそれぞれが適宜作業にあたる。

息子が、東京に「古賀」という名字のひとは5000人くらいいるらしいよと急に言い、娘が「その中に私も入ってる⁉」と反応していた。いつも〝私〟をどん欲に確認する雰囲気が娘にはあって、頼もしい。ギラギラしている。

夕方になり仕事を終えたあと、自転車をこいで谷をぬけ走った。15分ほど走った先にある街の憧れのカフェがテイクアウトの営業だけしているというのでお菓子を買いにきた。はたと気づくと寝間着みたいな服装で到着しており、店員さんの完璧に美しいようすに大変気後れしてしまった。ちゃんとした服装で街に行く感覚が失われている。

帰って、買ったショートブレッドを子らに分ける。ふたりはアニメを観ていた。『氷菓』や『虚構推理』という作品を一緒に観て、ふたりでそれぞれに感想を言い合っている。

兄妹は外出自粛の在宅生活でいがみ合うことも多かったが、同じものを観て聴いて、共通の言語を日々獲得している。「このあいだのアレ」で笑ったり、うなずき合ったりする。良し悪しではなく、単純に、一緒に過ごした思い出が作られていっているということだと思う。

夜は脱衣所にまたナメクジが出た。

ていねいに細かく拾って牽制していく　5月21日（木）

このところやけに無知と無力を感じていたが理由がわかった。

毎朝9時ごろから国語の勉強をやることになっている娘が漢字の部首を聞いてくるのだ。「着」ってなにへん？「行」は？「青」は？

ぜんぶわからない。

娘の勉強のめんどうをみるのはおおむね息子に頼んでいるが、漢字のつくりに関しては息子も一切興味がなく勉強しないことを選択して小学校生活を生き抜いたため答えられない。

やむをえず私が「着　部首」とネットで検索することになる。ものを聞かれてシンプルに「わからない」と思うことが、普段こんなにはない。

兄妹は勉強のあいまにアイスカフェオレを作って飲んでいた。おたがい、ガムシロップがコップの底にたまっていないか監視し合っている。

「もうちょっと混ぜないとだめだよ」「そっちもたまってるじゃん」ていねいに細かく拾って牽制していくぞという気概がすごい。

昼に家にある乾麺を集中的に食べてきたがいよいよ底をついた。心おだやかに味噌汁を作りめしを炊く。昼はこれくらいでよかろうとは思うが、わくわくが足りない気がして味噌汁に魚肉ソーセージを切って入れた。

私はいただきもののふき味噌をごはんにのせて、子どもらは卵かけごはんにした。ちゃぶ台に集まって食べた。静かで、なにかテレビでもつけようかと電源を入れるとNHKで『サラメシ』が放送されていて、晩ごはんみたいだ。『サラメシ』は夕食時によくみかける。自粛生活が続き曜日の感覚がなくなるとよく聞くが、昼ごはんと晩ごはんが同じふうにもなり得るのか。

午後、地図帳を見ている娘があるページに目をうばわれている。「どうしたの」と横からのぞくと、数人の子どものイラストが描かれているページを広げていた。

娘が注視しているのはあるひとりが着ているリンゴとバナナがボディの全体に描かれた総柄のTシャツで「へんなTシャツだね」と言うとハッとして「そう！　へんなTシャツだよね！」と腑に落ちたようだった。「かわいいね」「へんでかわいい」「へんなTシャツ」という言語の感覚を習得した瞬間を見た。

夜は息子が酢飯を食べたいというので海鮮丼を作るべく買い物に出る。カツオとネギトロが安くて買った。

支度をしていると娘がやってきてネギトロを見、「なんでネギトロってパンみたいなの?」と強い調子で大きめの声で言うので笑った。ネギトロはトレイに四角くのっていた。まあなんというかパンみたいではある。

食べた。酢飯は息子の好物だが私も大好きだ。娘は刺身のツマが好きで、息子に「なんでツマが好きなの」と聞かれるが答えない。

それで私が「これは醤油を食べてるんだよ、醤油を食べる言い訳なんだよ」と種明かしをする。娘は「ちがうもん! 大根を食べてるんだもん!」とつっぱねていた。

夜はオンラインのイベントがあって家の壁に白い紙を張って座って出演した。

大盛り上がりで終わってほっとしていると、息子がマスクをしたままミントタブレットを食べてヒーとなっていた。刺激が外に逃げずにマスクの中で鼻腔に再流入するらしい。

月ばかりみているがそれがいい

6月2日(火)

いまは遠く山に暮らす子らの父から野菜が届いた。自分の畑でとれたり、近隣の畑でとれて分けてもらったものをたまに送ってくれる。

キュウリとキャベツと新玉ねぎと、あとスナップエンドウ、それから手紙とビール券も1枚入っている。

手紙には「お母さんにビール券をあげます。いつも子どもたちをありがとうございます」と書いてあった。

今日は娘が午前中学校に行き、そのあと息子が午後通学する。偶然にも2交代制のようなかっこう。私はずっと家で仕事の日だ。

息子に足がやばいことになっていると言われ、見ると指の股がずいぶん荒れている。「ネットで調べたんだけど、これ、水虫っていうらしい」と息子。「水虫っていうのはよくない皮膚の病気で、薬をぬって清潔にして乾かさないといけないそうなんだよ」あれこれ水虫のことを解説してくれた。水虫は皮膚の病気としてはわりあいメジャーでありお母さんもよく知っているよと伝えた。「そうなのか」「そうなんだよ」

夕方皮膚科に行くことにした。

娘が学校へ行ってから、今日の持ち物を記したプリントが2枚に分かれていることに気づいた。1枚まるっと見落としていて、これは娘は派手に忘れ物をしたのではないか。しまった。私の責任だ。

子どもの忘れ物は子どもの見落としである場合と、私の把握漏れである場合の二通りあって、後者のケースがよくあって青くなる。

帰ってきて、やはりあれこれ忘れ物をしたようだが平気のようすだった。学校からの連絡も休校前後でプリント、ＰＤＦ、メールと種類が増えた。これからいっそう気をつけねば。

帰ってきた息子と皮膚科へ行く。先客がひとりと空いていてたすかった。

待合室で椅子にかけスマホで調べ物をしていると、まんがの広告が目に入った。子どもが行方不明になる内容のものらしく落ち込む。私はむかしからどうにもフィクションにくらうたちで、子どもになにかあるコンテンツにショックを受けてしまう。

呆然としていると開いた窓から入る風でブラインドの引っ張るところの持ち手のプラスチックが揺れて窓枠に当たってカラカラ不規則な音を立てていて気に障った。普段音が癇に障ることはほとんどないのでおそろしかった。

お医者さんはすぐ皮膚を取って検査をしてくださり、水虫ではなくかぶれではないかということで薬をもらった。薬をぬって蒸らさないように気をつける、息子が調べた水虫の注意点とやることはほとんど同じようだ。薬の種類だけちがう。

晩ごはんを食べながらニュース番組を観た。最近毎日そうしている。あれこれのニュースに対して私が声に出して感想を言うので食卓がうるさい。

うちには私ひとりしか大人がいない。私のイデオロギーのみを子らは聞いて育っているのかと思ったら急に不安になった。

息子が望遠鏡で月をみている。月くらいしか見方がわかっておらずずっと月をみている。やむを得ず月ばかりをというのではなく、それで満足しているようだ。

椅子の下を這って通り過ぎた

6月4日（木）

ゆでた卵をふたつに切ったら黄身が双子だ。聞いたことはあるが見るのはもしかしたらはじめてなんじゃないか。いや、見たことあったかな。わからない、忘れてしまった。大人になると「うまれてはじめて」があいまいになってくる。

ゆで卵は兄妹の皿につけた。ねぼすけの娘を「ゆで卵が双子だったよ」と声がけして起こすがそれくらいでは起きない。

洗濯物を干していると、ゆっくり起きてきた娘が台所で「ほんとだ、双子だ」というのが聞こえる。

今日も子どもたちはどちらも自宅学習で、私も在宅勤務で全員家でそれぞれに働く。集中していたらいつのまにか昼になっていて、冷蔵庫を開くもさっと作れるものがない。息子は食パンでガーリックトーストを作りたいと言うがバターもオリーブオイルも切れていた。買い物はしているはずなんだけど、ここへきて基本の油とか調味料とか食材が全体的に息切れしている。

そうだ、先日はチューブのわさびが切れていてスーパーでせっかく買ったパック寿司をわさびなしで食べたのだ（パック内に小袋のわさびと醤油がついていないタイプだった）。死んだ祖父に、子どもでも寿司にはほんのすこしでいいからわさびをつけるように言って聞かされ育ったのに。くやしい。

ぎりぎりなんとか捻出して昼を食べたが食材のなさに自信をなくしてやや落ち込んだ。週末はまとめて買い物をして元気を、というか、食材を取り戻したい。

午後は娘が学校の音楽の宿題でクロスワードパズルをやっている。「『だんだん大きくなる』」「クレッシェンドだね」「クレッシェンド、だとマスに入りきらないな」「クレシェンドとも言うかな」

それから国語の宿題で、四角いマス目にランダムに並んだひらがなの中から、縦横斜めで都道府県になっている文字列を探すパズルもしている。わからないと悩んで、兄に「おまえはさては47都道府県の名前をまだぜんぶ知らないのではないか」と言われ怒るも頼って教えてもらっていた。全体的に宿題がパズルの日だ。

終えて、娘はメッセンジャーで「終わったよ」と送ってくれた。それから「わけわかんない絵文字を送るね」と着信し、カクテルグラスの絵文字だった。

いったん仕事を終えてスーパーに行き、晩のカレーうどんのためのうどんと、明日の昼のためのスパゲッティと、なんとなくそうめんも買った。食料がないことに慌てると私はすぐ乾麺を買う。

夜になり司会役で配信のイベントに参加した。やる気でしゃべっていたら、息子がカメラに映りこまないように私の椅子の下を這って通ろうとするので通りやすいように司会をしながら椅子をすこしずらした。

屈辱要素なくわたしをパシらせて

6月**7**日（日）

目が覚めて時間を確かめるのにスマホを見たら友人からのＬＩＮＥの通知が来ていた。まだ明け方で、まぶたがうっすらとしか開いてこない。

ＬＩＮＥをくれたのは小学校の教員をしている友人で、最近ご活躍のようですねと、子どもたちに仕事の話を聞かせてもらえないかとあった。光栄なことだとむにゃむにゃ寝て目覚ましの音がしてこんどはちゃんと起きた。

スマホを手にとると待ち受け画面には明け方見たＬＩＮＥの通知が出たままで、開けて中を読むと「こんなときですが近所に良いパン屋ができたよ」と書いてある。

子どもたちに仕事の話をというのは夢だったらしい。なんと図々しい夢か。はずかしい！　はずかしいよう！　起きだして足踏みした。

　恥ずかしさが解消されないまま朝ごはんは前日に買っておいたあんパンをみんなで食べる。うちの朝ごはんは完全な思考停止状態にあり放っておくと食パンばかりを食べてしまうので、たまに気づいたときにすかさず食パンでないものを買う。

　朝の甘いものはよいですなと食べた。

　それにしても、ちかごろ子どもらにやたらにノートを買わされる。なにやらぽろぽろと、きのうB５の罫線のがいると言われて買ったら今日はA４のがいると言われ買い、かと思ったらこんどはB５の方眼のと言われる。

　勉強に使うのだから喜んで買うがそれにしてもとりとめなく要望が上がり続けるものだから、だんだん可笑しくなってきた。

　午前中、今日も買って渡した。雑多な用事があるのは好きなのでノートノートと言われて買うのはじつは嬉しくもある。

　雑用が好きだと気づいたのは高校生のころで、所属していた演劇部で道具を作るのに使う材料を申しつけられあちこちへ買いに出たり、先生に申請書を上げたり、楽しくて興奮もした。ちょっとぶらぶら散歩をするような暇つぶしがへただから、用事が欲しいんだと思う。

　申しつけられるのは簡単な用ほどよく、難しいことはあまりよくない。パシリという言葉はとても屈辱的だけど「角の自販機まで行ってコーラ買ってきて、500ミリのペットボトルね」なんて細かな指示が出るのなんかは最高だ。パシることが好きな人は多いんじゃないかと思う。屈辱要素なくパシらせてほしい、いつも。

昼はたこ焼きを焼いた。カセットコンロの上にのせるタコ焼き機があってやった。コツは油をけちらないこと、それだけだ。竹串で回すときにすこしやけどをして冷やした。

用もなくもてあました午後は散歩に出た。前述のとおりぶらぶらするのが苦手なので、息子のPASMOの残高が少なくなったのを思い出して駅までチャージに行くことを散歩に代える。

道中、住宅街の中にある小さな焼き肉屋のドアに「閉店のおしらせ」と書いた紙が貼ってあるのが見えた。「ながらく営業してきましたが、残念ながら店を閉めることにしました。どうかみなさんお元気で」と書いてあった。

夏になるとカブトムシを配ることで近所では有名なお店で、ご夫婦でなさっていたのだが、そうか。

緊急事態宣言の前の数日間、これまでやっていなかった焼肉弁当を売り出した。店頭に張り出したカレンダーの裏にマジックで書いたメニューの文字がおいしそうだった。緊急事態宣言が出たあとはすぐ店を閉めていた。そのまま閉店してしまった。

駅で少額をチャージし途中のコンビニでアイスを買って帰って食べた。

夜はシンガポールチキンライスを炊飯器で作る。たれを合わせようとしたところ塩と砂糖が切れて、塩と砂糖が同時に切れるなどそうそうないことで、興奮を子どもたちに伝えたがピンとこないようだった。

鶏肉をたくさん使ったので多めに盛りつけて、子らが量が多すぎて不安がっていないか観察しながら食べた。ごはんの量は少ないとさみしいが、多すぎるとこわいものだ。食べ切らねばならない気持ちから不安になる。

「残して明日食べてもいいから」と伝えたが、全員らくに食べ終えた。

決めてもらえると楽でありがたい

6月22日（月）

子どもたちがふたりとも学校へ行き午後まで帰ってこない。一日通してふたりが不在になるのはいつぶりか。

ひとりの家でこっそりお菓子を食べた。実際は堂々と食べたが、ひさしぶりで慣れず心がこっそりしていた。

思った以上の解放感にちょっとぎょっとすらする。子どもたちのことは好き好き大好き超愛してるの極みだけれど、安全に不在であることにこうもほっとするものか。

仕事に集中した。長い間ひとりでいられる保証があるから焦りがなくはかどった。昼にまたお菓子を食べた。ちょっと食べたらもっともっとたくさん食べてしまい結局昼ごはんはお菓子だけで済ませてやった。ひとりでむさぼる雑な昼飯よ本当にごぶさたしていました、私はここ数か月子どもたちと3人昼食らしい昼食をとっておりました。

午後になり娘が帰り息子も帰ってきて勢ぞろいし、こうして朝出ていったのと同じ人間が夜また帰ってくる、その当たり前のことが家の醍醐味だったと思い出した。誰もどっかへ行っちゃわない。緯度経度、ずれずにばっちりここに帰ってくる。

晩はアジが食べたいがアジフライと刺身とどちらがいいか息子に聞くと刺身との答えで、決めてもらえると本当に楽なことでありがたく、よしきた刺身ですねと買いにいく。しかしアジの刺身は売り切れでカツオを買った。

カツオのたたきを買ったよといいながら帰宅、息子はアジの刺身を指名したことを忘れていたようで「やった」とのリアクションでよかった。食べておいしかった。

食後、娘に『君の膵臓をたべたい』って本がすごくおもしろいらしいんだ、図書室に予約したんだけどお母さん知ってる?と聞かれて、……おお……この日がきたか……。

作品名は知っており、その一体なにがあったのかというタイトルに度肝を抜かれたものの、抜かれた度肝はそのままに作品とはなんの接触もせずにここまで生きてきた。おそらくこのまま私は詳細を知ることなく死んでいくのだろうと、そう思っていたのだが、牙城が娘の側から崩れるとは。

「タイトルだけ知ってる、でもよく知らないんだよね」と答えた。娘はもう一度、すごくおもしろいらしい、と言った。娘が読んだらいよいよ私も内容を知らされることになるだろう。

それからみんなでNetflixで『クィア・アイ』やアニメの『日常』を観た。

息子がポップコーンを作った。作りながらぼそっと「イージスアショア」と言ってハッとしていた。つい口から出てしまったというふうだった。

「つい言ったね?」「つい言ってしまった……」「気持ちは分かる」「アショアの部分をとくに言いたい」

ただ、ニュースについてきちんと理解できていないので言ってからちょっとひるんだということだった。

娘にぬいぐるみを渡されて「しゃべらせて」というので引き受ける。娘はぬいぐるみのほうを見て「ねえ、何歳?」と聞いた。わからないので適当に私の年齢で答えるべく「41歳だよ」と言おうとしたら娘に「41歳だよ」の「よんじゅ」くらいの時点でかぶせるように「5歳」と訂正された。

娘はもういちど強く「5歳」と言った。

28年の月日を経て落第がむくわれた

6月29日（月）

子どもたちは学校へ行った。休校が終わって、それから分散登校が始まり、分散登校も終えていよいよ時間を短縮しながら毎日午後まで授業を受けて帰ってくるようになったのがもう先週のことだが、それでもいまだに子らが家にいない静けさにありがたみを強く感じる。

好きに過ごしたい欲望がいまだ高ぶり昼ごはん代わりにコンビニでチーズケーキを2種類買ってふがふが言いながら夢中で食べた。

食べてしまうと不摂生におそろしくなり、友人に「塩分を抜いて体の水分を出すために甘い物だけ食べる昼食にした」などと聞かれてもいないしかも健康法的にどうかと思われる言い訳を送った。

そしてあおむけになって手足を小刻みに揺らした。

ゴキブリ体操と呼ばれる体操で、むかし母がよく「万能の運動だから」とやっていた。不摂生をするとこれで気を紛らわすようにしている。

午後はリモートで長い会議があって集中した。これからのことを話し合う会でいろいろと考えることが多かった。

子どもたちは会議中にそれぞれに帰ってきて（バナナ食べていい？）（アイス食べていい？）などウェブカメラの外から合図を送ってくるのでうなずいた。おやつは好きに食べていいと言っているのだが（ただしアイスはひとりいちにち1本まで）、それでも子どもたちにはとがめられるかもしれないから許可を得ておこうという気持ちがあるようだ。律義に断りを入れる。会議中にちょっかいを出すのがおもしろいだけかもしれない。

仕事を終え夜は冷しゃぶにした。

肉をしゃぶしゃぶしていると、娘は大量にめちゃくちゃに保管していたヘアゴムやヘアピンを床にすべて広げて整理しはじめた。娘はだらしないところがあるいっぽう、まれに整理整頓を集中して実施する。

ボール紙で筒を作りそこにヘアゴムを巻いて上手に収納していた。そういえば昨晩この人は収納がテーマのバラエティ番組を観ていた。

中学からの知らせのプリントを息子に渡され、見ると英検受験のすすめだ。中1の息子は4級を受けるようにと書いてある。自信のある子はぜひ3級をとも。

私も中学生のころ学校が英検の受験を推進していて一度受けたことがあったのを思い出した。4級を受けて落ちたのはクラスで私ひとりであった。

「4級を受けるといいと思うが、誰も落ちないといわれる4級もお母さんは落ちたから、気をつけて」

と言い終わったところでバン！と音がしてあたりが真っ暗にそして静かになった。ブレーカーが落ちたのだった。廊下へ出て心静かに上げた。

「英検4級に落ちて暗転したお母さんかっこよかったな」と息子が褒めてくれた。28年の月日を経て落第がむくわれた。

夜はテレビを観て、人が亡くなるシーンで椿が地面に落ちる演出があった。息子が「椿は離弁花だけど合弁花のようにぼたっと花ごと落ちるのが特徴だからな」と言い、この人にならもしかしたら英検4級に受かるくらいの知性があるかもしれない。

夜、日中に今後のビジネスの話をずっとしていたせいで未来への不安で頭がいっぱいになる。Twitterの画像表示サイズに聞いたことのない比率が新登場した夢を見た。

子どもが子どもの世界の情報を交換している

7月2日（木）

明太子をもらったので朝はパンではなくごはんをと思っていて、そのことを忘れていたわけでもないのに体が勝手に今日もパンを焼いてしまった。

どうしても頭を使いたくない、いつものとおりにやりたいと手足が動いたようだ。ルーチンワークは強い。

パンに明太子を塗る方向性もあろうが、こうなってしまうと本当にぜんぶいつものとおりにすべきと感じハムとチーズとゆで卵と完璧に日々と同じようにセットした。

早起きの息子と食べ、途中で娘を起こすも起きてこず、ふたり食べ終わってからまた起こしてやっと起きてきての時差朝食もまたいつものとおりだ。

食べながら妹が兄に「嫌いな音ってどんな音?」と聞いている。「発泡スチロールをひっかいたときみたいな音のこと?」「そうそう」「それなら黒板のキー!とかかな」

そういうキー!のやつのなかでいちばん嫌なのを見つけたんだと娘は言う。道に消火器が入ってる赤い箱が立ってるじゃん?　あれに手をついてそのままキュッと手をすべらせたときすごく嫌な音がする。

兄は「そうなんだ~」と感心していた。

子どもが子どもの世界の情報を交換している。

私は大人なので横から「消火器の箱を不必要にさわっちゃだめでしょうがよ」ととがめる。娘は「だって友達がさわっちゃったんだもん!」と言った。

わいわい子らはそれぞれ学校に行って私は仕事。うちあわせがあって出かけたら靴が壊れていた。歩いているうちに気づいた。

同じ靴を2足もっている。一方は壊れていて、もう一方は壊れていない。1足壊れたので新たに同じものを買ったが古いほうを捨てなかったのだ。

もったいながって処分の作業をおこたるとこういうことがあるのだなと壊れた靴で歩きながら思った。

西武新宿駅の近くに用事があり地下街のサブナードを抜ける。新宿駅から入って西武新宿まで行けることをひさしぶりに思い出した。20年以上前、この地下街にあったロビンというスパゲッティの店に当時好きだった人と行った。

大盛りを難なく食べたところ驚かれ、後日ほかの友人に「古賀さんロビンの大盛り楽勝だったよ」と嬉しそうに伝えていて、それでこいつは見込みがあると思ってもらえたのかそれからしばらくつきあった。

そうだ、そのすぐあとにつきあった人も麺類の好きな人で、当時東池袋にあった大勝軒に連れていってもらい、表に並んでいるお客に注文をとる店員さんに「この体のどこに大盛り入るの」と言われたことが彼を喜ばせた。

よく食べることにより相手を喜ばせそしてうまくいく流れ、健啖家の方には多いのではないか。いまではすっかり胃が小さくなり外食はなにもかも量を多く感じるようになってしまった。そんなことをサブナードで考えた。

うちあわせを終え、帰りの電車で金銭トラブルを解決した話をしている人がいて聞こえてしまった。「結局1本払ったって言ってました。1本て100万か1000万かわかんないんすけど」

現金の単位を1本とあらわすのは90年代に放送されていた『マジカル頭脳パワー』というクイズ番組の推理ドラマ形式のクイズ「マジカルミステリー劇場」で聞いた以来だ。そこでは1本は1000万と言っていたが、100万を指す場合もあるのだな。

駅からの帰り道、おじいさんがこいでいる自転車のうしろのかごにパブロンの箱がなににもつつまれず入っていて風情を感じる。

外に出ると過去を思い出すし家では見られないものが見られる。

帰ると子どもたちはもう帰っていた。指令のとおり息子はごはんを炊いておいてくれた。『ゼルダの伝説』をやろうと誘ったが、帰宅後すぐに遊んだから今日はあとはもう宿題をやらねばならないのだと断られてしまい、宿題を先にやっといてくれればよかったのにと私は怒った。

なみへい、ふな

7月3日（金）

給付金に関連するだましが起きています、という文言を見た。「だましが起きている」

というフックのある表現、どこかで聞いたことがある。娘が宿題でわからないところがあると「困りがある」と言うことがあり、ああ、それだ、と卵をゆでながらつながってすっきりした。

その娘が「なみへい、ふな」と言いながら起きて台所にやってきた。「『ふね』だよ、おはよう」と迎え入れる。「ふねか」「ふねだよ」

しかし、ふなは鮒だとおもえばサザエさん一家にいてもおかしくないか、鮒は淡水魚だからだめかな。そうだ、舟は「ふなつきば」のように「ふな」と発音することもある。黙ってぼんやり「ふね」について考えたので今朝は食卓が静かだった。

子どもらは学校にでかけ、私もコワーキングスペースへ。

帰ると門前に置き配の荷物が届いており、あたらしいフライパンだ。いま使っているものがぼろぼろでこびりつきもひどいので評判の良いものをすこしふんぱつして買った。開けてみれば表面がつるんつるんで、これでしばらくはホットケーキも餃子もハンバーグもきれいに焼けるぞと、ものを上手に焼くことに限定した未来の明るさを感じる。買い物とは明るい未来を得ることだな。

夜は賞味期限が切れそうになっていたもらいものの給食のソフト麺みたいなスパゲッティナポリタン。新しいフライパンの働きもありうまくいった。

肉こそベーコンやソーセージではなく豚バラを使ったが野菜は儀礼的にしようとピーマ

ン、玉ねぎ、マッシュルームをそろえたし、仕上げに目玉焼きものせた。粉チーズも買ってある。ナポリタンのような正解のイメージがちゃんとあるごはんはそのイメージどおりに作ることが大事だと、むかしバイト先の先輩に教えてもらった。

それからテレビでやっていた映画『レディ・プレイヤー1』を観た。開始前のコマーシャルで「勝者が56兆もらえるゲームの世界」といった触れ込みがあり、それで頭がいっぱいになってしまう。

息子に「56兆いらなくない?」と言うと「1兆でいいよね」と返ってきた。そうそう。というか、1兆もいらないよね?

「そうだね……1億で十分だよね」

「そうだよ、1億でいい。56兆あるってことは56万人に1億配れるってことでしょう?」

「おれは5000万でもぜんぜんいい」

「お母さんは1000万でもいい」

「なんなら100万でもいい」

「そういうことなら10万円でいい」

「1万でもいい」

「というか、くれるというなら本気で500円ほしい」

この手の、巨額を前にしたときに畏れて金額を刻んで最終的に500円になる遊びをいつもやる。

『レディ・プレイヤー1』、おもしろかった。作品の性格が良い。気難しい人が嫌味を言ったり嫌がらせをしたりしない。

戦闘シーンを見ながら娘に「でも撮影中はみんな仲良くやってるんでしょう?」と聞かれ「そうだね、みんな大人だから仲良しだろうね」と答えた。

途中でポップコーンを作ったのでみんなご機嫌だった。

来週放送される『オーシャンズ8』のコマーシャルがしきりにながれ、娘は8人居並ぶ出演者たちがどれだけ大物なのかをずっと気にしていた。

終わるころ、ドキュメンタリーの予告編かなにかで海外の若者がリモートでインタビューに答えているようすが流れた。出演者のひとりがシャツを着ていない。「なんで半裸なんだろう」と言ったら息子が「全裸かもしれない」と言い、たしかにそうで、これは重要な視点だ。

今日もかわいいですね

7月7日(火)

洗濯機を回して、朝食の準備をして、ごみをまとめて、息子と朝食を食べて、着替えてお化粧をして、ごみを息子に出させ、洗濯物を干して、朝はテンポよくわっしょいわっしょい活動する。

洗濯機から物干しまで洗濯物を運んでいると遅く起きてきた娘に肩を叩かれ、しかし「ちょっといま忙しいんだ！」と言って、それから干しにかかりながら「なに？」と聞いた。いったん「忙しいから！」と言ってしまって、しまったと思いながら「（こほん）で、なに？」みたいに話題を取り戻すことがよくある。

娘は台所のテーブルにつきながら（あ、質問しても大丈夫ですか？）というふうに「おかあさんの好きな食べ物、1位から3位ってなに？」と聞いてきた。

いまその話題なのすごいな。「きみはなに？」「私は、1位たらこスパゲッティ、2位チンジャオロース、3位ピザ」

そうか……お母さんは1位餃子、2位エビチリ、3位担々麺かなあ。「中華だね」「お母さんは中華料理が好きなんだよな」

ふーんとたいして感想もないようすで娘は朝食をすすめ、私は「今日もかわいいですね」と言った。

子どもたちはまだ若く生命が輝いており日々はつらつとしている。かわいいなと思って、息子は口に出すと照れるが、娘は「そぉ？　まぁね」と受け入れるから日々臆せず言っていく。

朝を終えて子どもたちは学校へ、私も自宅で作業の日。もりもり仕事を終えて、そうか、今日は七夕か。

夕飯はそうめんにしようかと思うが、帰ってきた娘に言うと給食がそうめんだったということで却下して普通にごはんを炊いて、鶏肉を焼いた。

昨晩は足が熱くて寝つきが悪かった。ネットで検索して対処のマッサージやストレッチなどをかたっぱしからやる。横になって足を動かしていると娘に「スラムダンクのオープニングの歌、歌って」と言われてちょっと照れて「え〜？」などとはぐらかしたが娘はどうしても「歌ってよぉ」とせがむので大黒摩季の『あなただけ見つめてる』を歌うならば本気でと思い熱唱した。人は寝たままでも本気で歌えるものなのだと知った。

それから今日も息子の『ゼルダの伝説』を応援する。「主に崖をのぼるゲームだということがわかってきた」と息子。「雨が降るとつるつるして崖がのぼりにくい、晴れの日はのぼりやすい。高いところから落ちると死ぬ」

そうしてずっと崖をのぼっていた。1時間ほど見守ったが崖ばかりのぼりどうも進捗はなさそうだった。

チェーホフの『かもめ』をひさしぶりに読んでいる。高校生のころたしかに読んだはずだがなにひとつおぼえておらず、私がかつて読んだ『かもめ』は本当に『かもめ』だったのか。

あれこれやったおかげか足の熱さも取れてよく寝られた。

純粋なから揚げの行列

8月4日（火）

今日から息子は中学校のサッカー部の練習がある。中学に入学するも感染症対策で休校が続き、分散登校ができるようになったあとも部活ははじまらないままだった。

スパイクを入れる袋がないか聞かれ、シューズケースのような立派なものはなにもなく、納戸をあさって薄いおうどいろの袋を見つけた。これがどうにもこうにも、袋としかいいようのない袋だ。

「袋だね」「袋だ」「なに？　これ」「いや、だから袋なんだと思うんだけど……」

あまりに袋すぎて笑ってしまった。7人のこびとたちが担ぐやつみたい。ちょうどよさそうなものがほかになく、息子は買ったばかりのかっこいいスパイクをこの袋に入れた。

サッカーボールも必要で買わねばとのこと。サイズの規格とかあるの？　サッカーボールならなんでもいいんだろうかと聞く。

「ええと……5玉……だっけ？　あ、いや5号玉か」「5号玉？　花火みたいだな」

調べると〝号〟というのがサッカーボールのサイズの単位らしい。

息子は出かけ、夏休みの娘は今日もひとりで朝寝を堪能している。私は朝起きて夜寝るのが好きで、昼夜が逆転したことがこれまで一度もない。いっぽう娘のような人はこうしてどんどん起床時間がずれていくのだろう。起床時間がずれていって昼夜が逆転する、そういう人は信頼する友人知人にもとても多いし、悪いことではないのだろうなと思う。とはいえ、私や兄と行動時間がずれると家庭運用がめんどうなので朝といえる時間には起こした。

私は仕事をし、娘はねそべってまんがや本を読みたまに宿題などをしている。せめてほんの数分でも気分を変えてやらねばと昼休みにコンビニに連れていった。おいしいものが売っているし、スーパーなどに比べれば単価も高いし、私はコンビニのことをちょっといい店だと思っているところがある。

向かう途中、娘が何人か仲の良い友達のことを話してくれた。いつも集まるグループなんだそうだ。小学生のころ、たくさんいる同級生からどうやって数人に限定して仲の良さを構築したのか私はすっかり忘れてしまっていて、娘に聞いてみた。

「はじめて会う子がたくさんいたら、ひとりひとり、すこしずつ話していく」という。そうするうちに、気の合う子がだんだんわかっていって、でもとくに「今日から友達ね！」みたいな約束はもちろんなく、ただ、徐々にまとまっていく。ああそうだ、なんかそんな感じだったな。とても繊細なまとまりだ。

コンビニで私も娘も同じ、ハムだのたまごだのコロッケだのいわゆる一般的なサンドイッチの具の挟まったものを選んだ。普通のサンドイッチなのだけど「関東限定!」と書いてあり、限定感が意外だ。娘にどれがいちばん好き?と聞くとコロッケサンドとのことで、私も。

午後も娘は家で適当に過ごしている。本があれこれあるのでとりあえず読んでしまおうとしているらしい。私はリモートの会議に出るなどして、終わるころ息子も帰宅。

なんとなく思い立ち、夜は自転車で隣町のから揚げのテイクアウト専門店に行った。ここは夕方いつも繁盛している。とくべつなにか味わいが素晴らしいとか変わっているとかでもない普通の店で、だから行列を見るといつも、きっと人々はこの店に並んでいるというよりも、から揚げという食べ物そのものに並んでいるのだなと思う。

大忙しの様相だが店員さんの愛想がよくて、たくさん買って、帰ってみんなでうまいうまいと食べた。

いまこの家にはクーラーが3台あるのにリモコンが相次いで故障してひとつしかない。息子がミュージカル形式で明るく「母上〜クーラーの〜リモコンを〜貸して、貸していただけませぬか〜」と歌いあげながらやってきたので、私は暗い感じのリズムに転調させて「息子よ、息子よ、ならぬ、ならぬ〜」などと歌って遊んだ。リモコンは渡した。

息子の冷やした寝室で娘は毛布にくるまってまんがを読んでいた。「暑い日にクーラーですずしくした部屋で毛布にくるまるのは気持ちいい」と言っており、娘の人生は祝福されているなと思った。

やることがなくて優雅

8月7日(金)

息子と私の朝食のテーブルに、縁からすっとコガネムシが頭を出した。虫の苦手な息子があとずさり、ティッシュを渡してくるのでそっとぶかぶかに包んでベランダにティッシュごと出した。ティッシュからはいだしてコガネムシは急いでどこかへ行った。なんでコガネムシが家に入ってこられるのかと息子は気になるようで、たしかにあのサイズの虫が侵入するとなると玄関からの出入りか洗濯物を外に出すときくらいか。いぶかしみながら息子は学校へ行き、私は在宅で仕事。夏休みの娘がゆっくり起きてゆっくり朝ごはんを食べて、今日はぬいぐるみにファブリーズをかけようかなと言っている。やることがないのは優雅なものだなと思わされた。

午前、仕事をはかどらせ昼は優雅の国の娘に頼んでスーパーにスパゲッティとスパゲッティソースを買いに行ってもらった。

なんでも好きなものをひとつ買っていいよと伝え、出ていってからなにか高額なものを買われたらどうしよう、スーパーで高額なものというとなにか、娘は酒は買えないし、とすると、牛肉……？　いや、ハーゲンダッツとかそういうことか、しかしうちにはハーゲンダッツを買う習慣がないからありがたい品であることを娘は知らないはず……などと考えていると娘は依頼の品と５００㎖ペットボトルのスポーツドリンクを買って帰ってきた。めっちゃ汗かいた〜と言って飲んでいる。外はずいぶん暑いようだ。

今年は感染症対策でプールがどこも閉じており子どもたちから水着の洗濯物が出ない、旅の予定もない、ただ、セミはよく鳴きクーラーの稼働時間帯が日々延びていて、あれ？これってなんなんだっけ？　ああそうか、８月か、夏かと思い出す。

仕事の手が止まらず娘にスパゲッティをゆでるお湯を大鍋に沸かしてもらった。重い鍋で娘は難儀している。しっかり重心をとって料理するにはまだ体が小さいのだな。お湯は沸いた。

多めに麺をゆでてもすもすインスタントのたらこスパゲッティを食べ、私は午後も仕事。娘はぬいぐるみにファブリーズをかけてソファに並べた。

ほかになにかやることがないかと探しているので、私の櫛の歯のあいだのよごれをとる仕事を渡した。つまようじでチラシの上に落としてもらう。しばらく集中してから「しーんとした時間が続くね」と言っていた。

櫛がきれいになって私の仕事も終わるころ息子が帰ってきた。でんぐり返しの途中のようなかっこうをしてみせて「ねえ、いまどんな心境?」と聞いてくる。心境……。「息子が変わったポーズをしているなあ……という心境かな」と答えて、それから夜はみんなで煮た茄子をたくさん食べた。

娘の観ているテレビから「有限の資源を大切にしていきたい」というコマーシャルのナレーションが流れ、息子が「おれも!」と言うので「わたしも!」と続けた。

明日から私も夏休みに入る。やることは、息子と一緒にサッカー用品を手入れする、娘の誕生日に自転車を買ってアイスケーキでお祝いする、それから娘の夏休みの宿題の進捗を確認して、食器洗い洗剤を忘れずに買う。

8月26日(水)

きっと一生なおらない

私の開けられなかった固く締まった瓶のふたを息子が開けた。本来感涙とはこのように子の成長を感じたときに流すものなのではないか。私は映画でも本でもまんがでも作った人がおそらく「ここで泣かすぞ」と考えたであろうところで100%まんまとおえつを上げるくらい泣いてしまうのに「おっ、すげー、握力~!」と言うにとどまったのだった。

夏休み明けの初日だから持ち物も多いでしょう、ちゃんと支度しておきなよときのう娘に伝えたが娘は準備の途中で寝たらしい。朝からお道具箱の中身を焦って確かめていた。背中があきらかに大慌てしていて「いわんこっちゃない」と「かわいいですな」が混ざった気持ちに。

荷物をかかえて娘が出かけ、息子も行き、今年の夏休みが終わった。

これは本当に夏休みだったろうか。子どもたちが学校へ行かず私も在宅勤務、家ですごすだけの日々は春の休校と見分けのつかないものだった。ただ、外を歩くには危険なほどに暑くセミがよく鳴いて、その点においてはたしかに夏の休みだった。

ひとり自宅で仕事。Twitterで、外が涼しい、秋のようだという投稿をちらほら見かける。いつもはクーラーの28℃設定で適温だが、今日はそれでは寒く、なるほど野外の涼しさは本物なのだなとクーラーを切って窓を開けたら一気に暑かった。

昼前にもう娘は帰ってきた。今日は給食がないんだそうだ。家になにもなくスーパーでなにか買ってきてと頼むが「いまはまだ下校中の子たちがいるから、会うと恥ずかしい……」としぶられ、気まずい気持ちはよくわかる。

それで、通学路でない道を通り自転車でふたり、コンビニに行くことにした。ごく近いので歩きでもいいが、娘は最近自転車を買ったばかりで5メートル先でも自転車で行きたいようなのだ。

適当に買いだして食べ、午後はリモートで会議。先日息子が会議中に部屋の戸に「この中の方、会議中のもよう」と書いた紙を貼り、以後会議中にはその紙を使いまわして貼っている。

『その男、凶暴につき』みたいだと、ちょっと思っている。

仕事を終えて会議中の紙をはがすと娘がビシッとしたドヤ顔でやってきた。「早口言葉を言ってあげるね」

よほど自信があるようだ。「ぜひ聞かせてください」と言うと、生麦生米生卵的なクラシックな早口言葉のいろいろを10個くらい連続で早口でそらんじたので褒める。

夜は焼きそば。私は焼きそばがとても好きだがしばらく存在を忘れていた。午後、晩ごはんはどうしようかなあと思ったときに「焼きそばは!?」と急にひらめくように思い出しそれでもうずっと機嫌がよかった。機嫌がよくなるくらいなので忘れないとは思ったが、うれしかったからチラシの裏に「今日は焼きそば」とメモした。

もやしとシシトウと豚肉で焼きそばを作った。子どもたちも「うまそう!」「うまそうだ!」と集合し食べた。おなかいっぱいだ。

夜は本を読んでいると、息子が「膝に、かさぶたをはがすのをがまんする時代がやってきた」と言ってやってきた。サッカーで作った傷がおおきなかさぶたになっている。妹だったらこれほどのかさぶた、はがすのを我慢するのはまちがいなく無理だろう。だが俺には可能だ、と言う。

娘はとにかく手が忙しい人で物も体もせわしなく乱暴にいじって壊す。足などいつもひっかき傷だらけで、すぐに飛び火になってしまうから私は目を光らせている。

たしかにそうだ、こんなかさぶた、娘にできたら一体どうすればいいのか、きっと一生なおらないとふるえた。

体はコンビニに入っていった

9月2日（水）

これまでのような暑さのない、天然の涼しさが部屋にいきわたって体が敷布団にぐりぐり沈み込んだ。よく寝た。クーラーで冷えた空気は嫌いじゃないが、寝るには天然の涼しさが最高だ。

気温やよしと飛び起き、朝。

子どもらはそれぞれに学校へ行き、私も今日は出社の日。あれこれと作業した。昼休みのうちに在宅勤務に移行すべく会社を出て、立ち食いそば屋に寄ろうかなあとちょっとうきうきしていたのに歩き始めたらどんどん体が自宅へ帰ってしまう。

頭ではあそこへ寄ろう、あれを食べよう、買おうなどと思うも、体がそう動かないことがよくある。

体はコンビニに入っていった。体には逆らえない。冷やし中華を買って帰って自宅で食べた。

冷やし中華はプラスチックの容器が2階建てになっていて、1階に麺が、2階に具が入っている。具の階にはそれぞれの具の部屋があって、ゆで卵の部屋がちゃんとゆで卵の形に楕円に丸くなっていて感心した。

午後は在宅で仕事。途中電話出演でコミュニティラジオに出させてもらう。張り切ってしゃべっていると急に大雨が降ってきて、雨音でパーソナリティの方の返しが聞こえにくく慌てるほどだった。

ちょうどラジオの前に大阪の友人からLINEがきて、いますごい雨が急に降ったと、へえと思いながらなんとなく私が住むのは東京なのに洗濯物を取り込んだ。おかげでぬれずにすんだ。

ラジオが終わるころ、バーンと娘が帰ってきて、わあわあ、ずぶぬれだ。大丈夫か大丈夫かとはやしたてるしかない私をよそに「大雨で！　おもしろかった！」と言ってさっさと着替えてまたバーンと作文教室へ出かけていった。

夕方仕事を終えるころに娘も息子も帰ってきて、玄関の前の狭い廊下で偶然全員一列になった。

息子が「わかったことがあって」と話し始めると息子の後ろにいる娘も「雨がすごく

て！　おもしろかった！」と話しだし、並んだ順番に話を聞かせてもらった。人気者のようで贅沢だ。

息子からは、いまのクラスはおとなしい子が多く授業中の発言も少ないが、雨の日は活発になるという発見の連絡があった。水を得た魚みたいなクラスで良い。

娘からは、さきほどの豪雨で、雨音で一緒に帰る友達のしゃべり声すら聞こえないくらいだったという報告が。おお、それは私もラジオに出ていて感じたことだ。大雨はうるさい。

夜は買ってきたカニクリームコロッケを食べた。コロッケの種類を頭に思い浮かべたとき、普通のジャガイモのコロッケの次にもうカニクリームコロッケが出てくる。

（1）ジャガイモのコロッケ
（2）カニクリームコロッケ
（3）かぼちゃのコロッケなどそのほか

（2）にして早くも尖った品目ではないか。「カニクリームコロッケ」という、そういうものがあるからあり続ける、存在が存在を支えていることに感心する。

夜はなにもせずしばらくぼーっとしてから、ぼーっとしていることにはっと気づいていそいそ寝た。

送り迎えのことばかり考えていた

9月5日（土）

朝、狭い部屋で寝ていて物音で薄く目をさます。昨晩泊まりに出ていた子どもたちがもう帰ってきた。私が引率せずとも、勝手に帰ってきた。子どもたちが自力で移動することに心強い思いでいっぱいになる。

ほっとくと死ぬ様相で生まれ、そのうち立って歩いて手づかみで食べるなどを覚え、それにしても送り迎えをせねばどこにも行けない日は長く続いた。

息子0歳から娘6歳の9年間は子どもを保育園へ送って迎えることがプライベートにおける私の最重要事項だった。思えば30代のうちの行動の多くが送ると迎えるを基本に構成された。「送迎」と毛筆で大きく書いたTシャツを数枚作って日々着てもよかったくらい、送り迎えのことばかり考えていた。

そしていま、子どもたちは私がこうして横になっているあいだにどこかから帰ってくるようになった。用事があればこのあともすぐに勝手に出かけるだろう。

すごい、すごい、すごい。なにがすごいか、すごい、楽だ。こんなにも未来は楽なものだったのか。狭い部屋にみっちり敷いた布団の上でカッと目を開き感激した。

娘はそのまま作文教室の集会に出かけていった。

急に送迎に思いをはせて胸が熱くなってしまい、その胸の熱さといったらなにを思ったのかこれまで一切遊んだことのない脱出ゲームのアプリを急にiPhoneに入れてプレイしてしまうほどであった。

ぜんぜん脱出できず、しばらく頑張ったがどこかでたがはずれて答えを検索しまくってクリアした。「たがはずれる」という言葉の由来と意味をかみしめるくらいわかりやすくたががはずれた。

昼はローソンのパンのクーポンがたまっているのを口実に自宅でコンビニパン祭りを開催する。息子のリクエストが「あんぱんひとつとカレーパンふたつ」で、そんなセレクトありか。自由度の高さに感心。

作文教室を終えた娘と一緒に行ってわっさと買いこみ豊かな気持ちになり、クーポンもためていた3枚すべてが適用され晴れ晴れした。帰ってみんなで食べた。これも息子の希望で買った牛乳がおいしい。普段無調整豆乳を好きで飲んでいるが、牛乳は甘いんだな。たまにカフェラテを飲んで甘いと思っていたが、牛乳が甘いのか。

息子はカレーパンの成分表示の品名が「ドーナツ」なのを発見して興奮していた。そうそう、カレーパンってドーナツって書いてあるよね。「これは『夜のメモ』に書こう」とのこと。息子は最近気づいたことを夜メモしており、そのメモを「夜のメモ」と呼んでいる。

午後は娘をバレエの稽古に送って（送迎は続く）、稽古の間のひまを喫茶店でつぶした。いつだか同じ店で同じようにひまをつぶし、そのときに飲んだレモネードがおいしかったので今日は前回よりも大きなサイズを頼んだら味が薄かった。

稽古のあとで娘と無印良品に行ってレトルトのカレーを買う。先日テレビで見て子どもたちがうまそうだとざわついていたので食べさせてやりたいと思った。

1袋350円してすこしひるむが買った。

帰って、娘はバターチキンカレーを、息子はグリーンカレーを、私はレッドカレーを食べて、なるほど……おいしいな……。ほかの市販のタイカレーよりも甘くなく鋭角に辛い。うまいうまいと食べた。

夜もまたiPhoneで脱出ゲームをした。こんどは答えを検索せずにまじめに自分の頭でやった。娘がメモを取ったり一緒に考えたり手伝ってくれた。

どこかに閉じ込められたという体で、誰がなんのためにこんなことを?という種類の謎を解いていく。干されている洗濯物のタオルの色のとおりに鍵の色を合わせるなど、あまりにも謎自体が謎だからやっていてちょっと照れる。

そのうち娘が、そろそろ寝ようかなと立って、息子も追随し、私も寝室に向かった。それで全員22時すぎには寝た。私たちはよく寝る。3人ともこのあと、翌日9時まで寝ることになる。

気球の絵だ

9月7日(月)

・水筒に炭酸水を入れたらどうなる?
・冷凍庫の製氷コーナーにあるシャベルみたいなやつの正式名称ってなに?

朝、娘に聞かれるもあいまいなままだった。水筒に炭酸水を入れると……まあ普通に徐々に炭酸が抜けるだろうな。うーんでも、やってみないとわからない。冷凍庫の製氷コーナーにあるシャベルみたいなやつは……やっぱりシャベルでいいんだろうか。それともスプーン?

娘が出かけてからも思い出して考えた。

続いて出発する息子に「トレシュー買うの忘れた……!」と言われ、うおっ! そうだ、部活で履くサッカーのトレーニングシューズとウェアが足りていないから週末に買おうと相談したのにまるっきり忘れていた。

週末は平日にできない種類の用事を片づけるためにある。所用に取りこぼしがあると週末が平日に漏れでてしまう。

漏れだした週末をメモに書きとめて今日も在宅で仕事。昼休みにネットスーパーの配達がきた。インスタントラーメンを多めに頼んでおいたのが届く。

先日の台風10号は事前の予想よりは大きな被害に至らなかったようでよかったが、このあとまた去年のように大型の台風が来るんだろうと、インスタントラーメンは保存食用に買った。が、配達員さんが帰るなりバリーンと開封してゆでて昼ごはんにする。お腹がすくとこういうことをしてしまう。食べた。おいしい。

夕方仕事を終えて、学校から帰ってきた娘と眼科へ。学校の眼科検診で視力の低下の指摘があった。もともとそういう傾向があったので眼科には行かねば行かねばと思っていたのが先送りになってしまっていた。いよいよそのときだ。

眼科では先生の診察の前に看護師さんによる計測があった。娘が計測の機器に顔をのせると「気球の絵を見ていてくださいねー」と看護師さんが言った。

気球の絵……気球の絵だ！

私は子どものころからいままでずっと視力が良い。眼科はアレルギーの結膜炎でしかかかったことがなく、眼科の計測で気球の絵を見るらしいということは噂に聞くばかりで実際見たことがない。

いま目の前の娘はその気球の絵を見てるのか。娘が先に大人になってしまったようだ。

それから検査用の眼鏡をかけて度数を調整してもらうなどして、診察で先生にやはり眼鏡をかけておいたほうがよいでしょうと、処方箋をいただいた。

娘が眼鏡を……。絶対に似合う予感にふるえる。

本人の感想はどうなんだろう。「めがねかけるのってどう？　めんどくさい？」と聞くと、どの店でどんなのを選ぶか、クラスのあの子は茶色いのをかけてるとか、ケースは何色でとか、新しい物を得ることに楽しみを感じているようでほっとした。

帰って、娘から学校で配られたプリントを受け取った。「こども祭りを開催します」とある。この夏はすべての地域の行事が中止になった、お祭りも、映画祭もなくなった、このままではさみしいので秋にお祭りをやります、ということだった。

時間を区切っての参加にして密集を避け、お菓子は配るけれど場内での飲食は禁止し、検温や除菌を徹底しますとある。

びっくりした。

なんだかもう、こういう集会はみんななくなってしまうんだと思っていた。だってきっと運営する方々は対策があれこれと面倒だろうし、心配も多いだろう。やらないのが楽だ。収益がかかわるようなことであればそれでも工夫をして実施するほうへ向かうとは思うが、街の子ども向けのお祭りのような非営利のことがこんなにも早く復活するとは思わなかった。嬉しい、ありがたい、誰かの熱意がこんなにも頼もしい。

晴れたり曇ったり、雨も日差しにかかわらず降ったりやんだり、風も吹いたり止まったりの日だ。買い物に娘を誘って出るがすぐ急に風雨が強まったので引き返した。

ごはんを食べて夜はなにもせずにすぐ寝た。最近長時間ぐっすり寝ている。

寝る前とか起きた後に、真夜中ぐーぐー熟睡する自分を想像して充実を感じるくらい、深く寝ている。

ふたりで絶対に半分

9月9日（水）

きのう行きつけのスーパーで買った肉まんが5個入りだった。このスーパーでは秋冬の時期のみ肉まんを陳列する。いよいよ今年も秋が来たのだなと思いながら朝ごはんに食べようとよく確認せずに買ったが、そうか、5個か。

昨晩、息子は肉まんを食べるのを楽しみに寝た。2個は食べたがるだろう。娘はどうか。遅起きで朝ごはんを食べる時間がない日もあるくらいだから1個でいいだろうか。

私は……私はできれば2個食べたい……！　娘が1個と言ってくれれば……。

とりあえず5個ふかしてあつあつになったところで息子を呼び、まだ寝ている娘にも声をかける。

「ねえ、ねえ、朝ごはん肉まんなんだけど、何個食べる？」

「……え～……うーん……1個……」
「わかった、そろそろ起きなよね」
「うん……おにいちゃんは何個食べるの……？」
「……2個」
「……じゃあ私も……やっぱ2個……」

娘は息子と同じだけ食べたがる。それでも苦手な朝の時間帯は日中より戦意が低下するとふんだのだが、だめだった。娘は気持ちいつもより早く起きて2個の肉まんをたいらげた。

そうして子どもたちは学校へ。私は今日も在宅勤務。

昼休みにセブンイレブンへ行き、以前同僚がおいしいと教えてくれたカスクートという固いパンにハムとチーズがはさまってるサンドイッチを買って食べたらたしかにとてもおいしい。知人がおいしいと言っていたことがおいしいと感じる気持ちを確実に支えてもいる。

午後もはりきって仕事。途中で娘が帰宅し「今日友達とうっとうしい踊り作ったから見て」といって踊ってみせてくれた。振りつけはボックスステップのようでうっとうしくもないのだが、こちらの目を見て離さない、表情でうっとうしさを演出してくるタイプだった。笑う。

さっきセブンイレブンでおやつに4つ入りのハムチーズロールも買ってきた。食べたらとすすめると、ひとつ食べて作文教室へ出かけていった。

仕事を終えるころに息子も帰宅、息子にもパンをすすめて晩の買い物に出る。

夜はいただきもののズッキーニで作ったラタトゥイユとインスタントのペーストをあえるだけのたらこスパゲッティにしたところ、インスタントの味がおいしすぎてストイックな味つけにしたラタトゥイユが完全に味のおもしろさで負けてしまいうなった。買ってきた味と手作りの味を戦わせるのはよくない。

息子のスパゲッティを盛り盛りにしたところ、めずらしく途中でお腹がいっぱいだというので残りをもらう。

「おれ、なんか今日おやつ食べすぎたみたい……」

「もしかして……おにいちゃん、おやつのパン3つ食べた……?」

「食べた」

「えーーーーー!」

パンは袋に4つ入っており、娘は、ではきょうだいでひとりふたつずつだろうと、ひとつ食べて作文教室に行って、残りのひとつはあとでゆっくり食べるつもりだったらしい。そこを息子が食欲にまかせて3つ食べてしまった。

大げんかになるまえに「明日また同じの買ってくるよ!」となだめたが、娘は小さい声で「なんでぜんぶで4つなのに3つ食べちゃうかな……」と悲しそうにぼやいていた。ふたりで絶対に半分ずつという意識が高い。

夜は息子がめずらしく居間で音楽をかけて勉強しているので私は踊った。「感性がちょろいからすぐ踊っちゃう」と息子に言われた。その「感性がちょろい」って言葉、教えたの私だ。上手に使いこなしてる。

夜中に目を覚ましたいからもう寝る

9月28日（月）

今日で定期テストが終わる息子が、帰ってきたら寝る、とことん寝るぞとふがふがしている。「寝ずに勉強してたんだ？」と嫌味ではなくて素直に驚いた。「いや、そんなに頑張ってはいない」とのこと。

子どもらは学校へ、私も自宅から出たり入ったりしながら仕事の日。

夕方、私が不在のうちに近所の友人が娘へのお下がりの服を玄関先に置いていってくれた。さらに用事で近くまで来た実家の母がたくさんもらったからとシャインマスカットを3房、同じようにくれた。急激に笠地蔵化した玄関。ありがたい。

帰宅した娘は早速お下がりをぜんぶ広げて試着して、いちばん気に入ったらしいTシャツをそのまま着て脱がなかった。娘の場合、こういうときはさらっと軽く「へえ、かわいいね、よかったねえ」と言うくらいにしてあとは深く声をかけないのがいい。「えっ、試着じゃなくてもう着るの」とか「気に入ったんだね」などというと恥ずかしがってすぐに脱いでしまう。心のなかで（試着かと思ったらもう着た！　よほど気に入ったんだな……）と思って、あとは見守った。ふふふ。

ふと、電話に着信がついているのに気づいた。見知らぬ番号で、検索すると息子の通う中学校だ。なにかあったか。かけ返すと、国語科の先生が出た。「息子さんが部活で軽いけがをしたので帰しました、念のためお知らせします」ということで、なんと。「それから、テストとてもよく頑張っていましたね、それにいつも書く文章がゆかいで新鮮です」とおほめいただく。お、お、おおお……。感激で電話口で「せんせぇ～～」ともれた。怪我なんか完全にどうでもよくなった。

テンションが底辺の息子が帰宅してなお私の盛り上がりは冷めなかった。心とはこういうものか。愛とはなにか。

息子の怪我は当初出血もあったらしい。結果的に大したものではなく良かったのだが、本人も血がでたことにびっくりしたそうだ。食欲はあるか聞くと「食欲という概念がいまおれにはない」とのことだった。概念は失わないでくれ。

仕事に戻った。やり残していた集中系の作業をして、晩はなにか適当に惣菜を買いに出

ようと思うもなかなか終わらず、そこへ娘に「晩ごはんまだ」と聞かれたのでバーンと爆発し、

「出前だー！」

と急な出前が発動した。

そば屋の出前のメニューを開き、全員で見る。概念を失ったはずの息子も乗り気だ。

平日に立て込んで出前をとるのはもしかしたら初めてじゃないか。いつか頼みたいとポスティングされたメニューをとっておいてよかった。

娘は悩むことなく「カツカレー」と言い放った。息子は山菜うどん、私は鶏南蛮そばにした。電話で注文する。

どれくらいかかるものかうっかり聞きそびれ「いつ届くかわからない。すぐ来るのかな、どうなんだろう」などと話していたらもう来たのだった。

おそば屋さんはクラシックな出前のバイクで料理を届けてくれた。サスペンションでおかもちをぶらぶらさせるやつ、あれ、本当にかっこいい。

そばはどんぶりにピッチピチにラップがしてあった。ああ……そうだ。子どものころ、魚屋を営んでいた母の実家に遊びにいくと商売の帳面を取るので朝から晩までいそがしい祖母はよく中華料理屋からチャーハンやラーメンの出前をとってくれた。食事の皿がラップで封じてあった。あれ好きだったな。配達のおじさんが「食べ終わったら洗わず表に出

しといてくださいね、どうせ洗うんですから、そのままでいいんですから」と念を押して帰っていったのを良く覚えている。もちろん洗って器は出す、でも「洗わないで出しといてくださいね」「はいはいそうさせてもらうわ、ありがとうね」そういうやりとりが大人にはあるんだなとあのとき思った。

食べていると開けた窓から風が入り「おお、いま秋の風感じたな」と息子が言う。

カツカレーなどハイボリュームなもの、娘は食べ切るだろうか（そもそもこの人、カツカレー食べたことあったっけ）と思ったがいつも最後に食べ終わるところを今日はいちばんに食べ終わった。息子も「おどろくべきうまさでござった」と感激していた。

皿はそれぞれ洗ってお盆にのせて、外に出しておくとしばらくしてもう取りにきた。いろいろ早い。

食後、娘は機嫌よく唇をぶるぶるいわせて歌を歌った。いっぽう息子は「もう寝ようかな」と出ていくので「ええまだ20時半だよ、こんなに早く寝たら夜中に目が覚めちゃうんじゃない」と言うと「夜中に目を覚ましたいから寝る」ということだった。

チャーハンに気持ちが集中した

10月9日（金）

小学校に向けて娘のようすを伝える簡単な文章を提出する必要があり「まいにち機嫌よくはつらつと登校しておりなによりです」と書いた。起きてきた息子が読んで「あいつ……」と言っている。「あいつ……家の手伝いもせず朝遅くまで寝て機嫌よくはつらつと登校しやがって……」

そのとおりすぎて笑う。娘はギリギリまで寝て機嫌悪く起き出すが、登校時間に合わせじわじわテンションを上げ時間ぴったりでバーンと飛び出していく。

息子をねぎらった。私は5人きょうだいの長子として生まれ育ち、息子もふたりきょうだいの長子として不器用に育てられ、そうではない娘に対し我々は畏怖とあこがれを抱いている。

それにしても寒い。子どもたちが学校へ行き、ひざかけをして仕事をはじめて、はと気づくと洗濯をしていなかった。

この家は洗濯機が小さく物干し場も狭いので雨でも台風でも基本的に毎日洗濯機を回すことにしていて、うっかり忘れるなんてそうそうない。それは珍しい、洗濯を休む日。

わらわら仕事をし、昼は大急ぎでチャーハンを作ったら異様に上手にできた。洗濯の件のほかにもちらほら凡ミスみたいなことがあって、これは気をひきしめねばなと思ったところ昼食のチャーハンに気持ちが集中したかっこう。うまいうまい。

午後もわーっと作業をして、帰ってきた子どもたちに晩ごはんはなにかと聞かれるが一切アイディアがなく「なにが食べたい？」と聞き返すと、子どもたちは困っていた。子どもらは私以上にメニューの引き出しがないわけで、そりゃ困るよな。「コーンスープ」と娘がいい、それは朝飲んだじゃんと言うと「じゃあコーンポタージュスープ」。いやそれが朝飲んだやつなんだけどもなとやいやい言い合った。

仕事を終えて買い物に行き、プルコギ用に味つけされた肉を買い出すなどして一件は落着。

落ち着くそばから、町会の仕事のとりまとめ役の方から入ったＬＩＮＥで進行中の仕事が大難航している状況説明が入りふるえる。対応先に気難しい方がいらして正式に怒られたようだ。

誰かのモチベーションが削がれたら、まず削がれた人を手厚くケアする、この考え方で我々町会チームはＬＩＮＥをやりとりしている。みんなでしっかりなぐさめた。

プルコギを作りながらコンロの小鍋を開けると朝食べようとしてゆでた卵がそのまま入っていて、驚いた。今朝は洗濯に合わせてゆで卵も忘れていたんだ。

寒すぎて注意が散漫なのかもしれない。あまり体を寒がらせないように、布団を厚手のものに替えた。子どもたちのベッドにも冬の布団を追加した。

横になってからしばらく、うとうとまどろみ寝ているのか寝ていないのかよくわからない時間が長かった。

いつも自分を気分よくしている

10月11日（日）

出かける息子と、出先に提出を求められたヘルスチェックをした。

「発熱はありますか」「ありません」

「咳は出ていますか」「出ていません」

「つよいだるさはありますか」「ありません」

「息苦しさがありますか」「ありません……」

「味覚に障害がありますか」「ありません、というか、なんかこの人すごい疑ってくるな」

「14日以内に海外から帰国しましたか」「してませんよ」

「そのほか、体調が悪いですか」「しつこいな！　元気ですよ！」

「新型コロナウィルス感染症と診断されている人と2週間以内に会いましたか」「だか

ら！」

しつこいくらいでないといけないのだと諭した。

今日は息子が英検の試験を受けるが、このチェックの完了を、会場に入る際に確認するのだそうだ。人を集めることが大変なときだ。

息子はそれから、うわばきがないと言い出した。ええっ、きのう学校から体育館履きを持って帰ってくるようにとあんなに伝えたのに。

どうすんの……。この家にはスリッパが私のものしかない。黄色いスマイリーマークのもこもこしたふざけたやつだ。思春期にさしかからんとしている息子にこれを持たせる……。提案するより前に息子のほうから「それはだめだ！」と否定があった。わかってる！　じゃあどうすんの！　もしかしてと思い防災カバンの中を探したが古いスニーカーが入っているだけだった。コンビニに売っているだろうか、話しているところに娘が起きてきた。そういえば娘に買った新しいうわばきが先日届いた。娘は足が大きいほうなので、もしかしたら履けるかもしれない。普段は所有意識の高い娘だが私たちのせっぱつまったやりとりをおもしろがってかお兄ちゃん履いてみてと持ってきた。

息子はすっと足を入れた。入る！

「……めちゃめちゃにつま先を丸めているが……いける……」よかった〜〜！　居間がわき、息子は祝福され見送られて出かけていった。シンデレラストーリーとはこのことではないか。

午前は掃除洗濯などをおし進めた。娘は布団にくるまり本を読んでいる。娘は快楽的に過ごす才能のある人で、いつも自分を気分よくしている。どういう原理だろうと考えたが、我慢をしないということなんじゃないか。ちょっと寒いなと思ったら布団にくるまる。ちょっと疲れたなと思ったらすぐ横になる。

昼は塩にぎりを握って息子を待ちかまえた。帰ってきたら昼食をとり、すぐにこんどは部活に行かねばならない。息子は試験ができたようなできなかったような顔をして帰宅し、おにぎりを食べてまたすぐ出ていった。

私と娘は街へ出た。大きな文房具屋でシャープペンを買うことにしている。娘は目ざとく『鬼滅の刃』のコラボモデルを見つけた。これにすると渡され、しかし見るとキャラクターのイラストがプリントされているのは台紙のみでシャープペンのボディには模様があしらわれただけだ。「これでいいのかい?」と聞いた。「いいの」

うむ、これでいいんだろうということはわかっていた。ただ、無理解な大人が子どものこだわりをわからない、みたいな受け答えをしてみたかったんだ。死んだ祖母とよくそういうやりとりをした。「なんでも好きなものを買ってやるよ」と言われ選ぶと「これでいいのかい?　なんだかわからないけどね」とかぶつぶつ言って、それから会計をして「これでよかったんだろ?」と渡してくれる。それで「またいつでも買ってやるからな」と言う。

「本当に、これが欲しいのかい？」祖母のように私も聞いてみたかった。

夜は原因不明の気持ちの焦りが急におしよせ、おちつけ！と思い水を飲んで早く寝た。

布団がふかふかで気持ちいい。

元服である

10月20日（火）

息子がひとりで映画館に行く日がやってきた。ずっと行きたかった『テネット』を観るのだとここ数日段取っていた。

秋休みで学校がなく、友達と『鬼滅の刃』の映画を観にいく約束をしていて、それが午後からだから午前のうちにひとりで『テネット』に行こうと、そういうスケジュールらしい。

子どもがひとりで自分の観たい映画を観にいく。誰かに誘われてついていくのでも、親がすすめて行かせるのでもない。自分の意思で、自分の観たい映画に、ひとりで行くんだ。元服である。

ふつふつした喜びがすごい。息子が小学生のころは電車で行く場所はぜんぶ私がついていった。小学校も塾も徒歩圏で、ひとりで電車に乗る習慣がなかった。それが中学校に上がったとたん、急に電車に乗ってどこへでも行ける、いや、行けるのは小学生のころだってやればできたんだとは思うけれど、どこへでもひとりで行かねばという気持ちが整ったように見える。iPhoneを持ち地図と乗換案内が見られるようになったのも大きいが、なにしろできるできないよりも、自分が観たい映画があって、ひるまず映画館に行くその気持ちがなによりもうれしくて私は心がすっかり仕上がった。

娘を小学校へ送り出して仕事をしていると、出かける支度を整えきりっとした息子がやってきて、こちらがチケットを取り出す予約のQRコードです。そしてこちらが生徒手帳、と映画館に着いてからのシミュレーションをした。

「心配だから、映画館についてチケットが出せたらLINEしてよ」「やだ」そうか。じゃあ困ったらLINEして、LINEがなかったら無事なのだなと思うようにするからと送りだした。

パーカーもズボンも黒で、黒い服しかないというので帰りに服も見ておいでと伝えた。私は用があり渋谷に行って、そこから近くのコワーキングスペースに移動して作業する。息子の観る映画がはじまる時間になって、お、はじまったと思い、あれこれ片づけてうちあわせなどもして、時計を見るとまだ上映が続いている時間で、映画館にいない側の者にとっての2時間半はとても長い。

仕事を終えて帰り、晩の買い物へ。娘もついてきた。あれこれ買って戻る道すがら娘が急に走りだして、帰り道とは別の遠回りの道をピャーっと行ってしまった。遠回りしてなお、いつもの道で帰る私より先に家に到着しようというのだな。合点ですぞと私は私でそのままいつもの道を帰ると、案の定道の先で娘が顔を出した。

「遠回りの道なのにお母さんより早くてすごいね！」と言うと「道、まちがえた」のだそうだ。

「お母さんより早く走っていくぞ〜って思って、途中でふり返ったらお母さんが角を曲がっていくのが見えて、あ、道まちがえたって気づいた」

そんなことあるのか。

LINEが来て、息子からだった。

「帰ってます。『テネット』はすげーおもしろかったけど、意味はぜんぜんわかりませんでした」おお、お母さんも先週観たけどわからないままでいるよ。

帰ってきた息子と感想をしゃべった。

ごはんを食べて娘のリクエストでぬいぐるみをしゃべらせて、それからまた息子と感想を話す。

風呂に入って、寝る前もまたすこし話した。

みんな歯を投げているらしい

10月21日（水）

絶望だ。

出かけていった息子が帰ってくる音がして、まさかと思ったがやはりそうだった。「ごみ収集車、もういっちゃったって」がっかりしたようすもなく息子はごみ袋から手をはなし、するとごみ袋は足元にどさっと落ちた。息子は出かけていった。ごみを次の回収日まで置いておかねばならない、それが残念なのだが、心情的にはごみが出せなかったことを息子が悲しんでいないのに絶望する。

ごみを出してきてと頭を下げてお願いすると、やれやれみたいな感じでうけおって、すると収集車はもう行ってしまったあとで「残念だったね」と持ち帰る、そんなの同居の大人同士だったら絶交ぞ。ごみにはきみがかんだ鼻紙も入っているのだ。主体性を持ちともに暮らしてほしい。家の仕事はみんなの仕事ということをそろそろ厳しく教えねばならない。

今日も在宅勤務の日。リモートで会議などあってから、お昼はなにを食べようかなと考えて、そうだ、備蓄のインスタントラーメンを食べよう。煮て、ふえるわかめと鶏ハムをのせて食べた。ただのインスタントラーメンではなく備蓄のインスタントラーメンをいま開けたという物語をできるだけありがたく感じるように食べた。

昼過ぎになっていつもより早く娘が帰宅し「たいへんだ」と言う。私はちょうど仕事に集中していて、娘はわあわあ話をするのだけど内容がぜんぜん頭に入ってこない。生返事をして、ハッと気づくと娘はソファでまんがを読んでいた。

あれ、なにが大変だったんだろう。

集中するあいだ、周囲でなにがあったかがまるで察知できず、集中が解けたときに時間が飛んだように感じることがすごく多い。

娘に、申し訳ないがさきほどは集中して話が聞けておらず、もう一度聞かせてくれないかと頼んだところ、快く教えてくれた。

「みんな、歯を投げているらしい」

うちでは歯が抜けると洗ってかわかして歯入れにとっておく。学校で友達に聞いたところみんなは歯を屋根に投げているというのだ、それでこれは大変な事実だぞと駆けて帰ってきたそうだ。

「なるほど……」じつは、乳歯は抜けると上の歯は軒下に、下の歯は屋根に投げる風習があるのだと娘に白状した。でもうちでは歯入れに保管する。投げない家もたぶんまあまあある。

娘は投げてみたそうだった。口のなかにはまだあと数本、乳歯がある。

夕方仕事を終えて、約束していた娘の塾の面談へ。娘さんは本をよく読んでいるようで語彙力が豊富ですとほめていただき、うすうす本ばかり読んでいるような気はしていたがやはりそうだったか。と、こうして誰かから子どもの話をきかせてもらうと、毎日見て知っている子どもの特徴について裏づけが取れる。娘は塾で楽しくやっているようだった。なによりだ。

それから仕事で使う梱包材を買いに隣町の大きな文房具屋まで行った。この店は文具店だが商売に使うビニール袋や紙袋、化粧箱を多数扱っている。袋とか箱とか、おいおい商品を包む運命にあるものがいまは商品として並んでいるのがたまらない。しかもめちゃくちゃに種類がある。大きいのから小さいのから細長いのとかマチのあるのとか。

PP袋を数種類買った。1枚1枚はただの袋で安いが量を買うとちゃんとした金額になる。持てば重い。

夜は壁の中から音がした。数日前もそんな音を聞いて、でも同じタイミングで娘が居間で足踏みをしていたのでその音だと思ったが、今日は娘はもう寝ている。やっぱりどこか部屋と外との間の空間にネズミがいるんだ。

屋根の上だったらいいなと祈って寝た。

ナンから煙が出ているぞ

10月23日（金）

朝のニュースで大きな金額の話をしており、そのながれか息子に「10億当たったらどうする？」と聞かれた。本当に10億円転がり込んだらどうなってしまうかわからない。おそろしい。

「できればなにも変えずにこのまま暮らしたい……でもたまにタクシーに乗る、雨の日とか」と答えた。息子はえーと納得できない顔をして「引っ越さないのか……このネズミのいる家から……」と言う。

どうやらこの家にはネズミがいる。最近夜、壁の中でとたとた音がする。今日は強力なネズミ除けを買ってくるからとはげました。

そして私は娘が顔を洗わず歯もみがかずに学校に行くのをなんとかしたい。これはかりは10億あってもなんともならなそうだ。娘は毎朝なかなか起きれずぎりぎりに起きて急いでごはんを食べる。髪を結ってやるときに「顔洗った？　歯みがいた？」と聞くといつも「洗ってない！　みがいてない！」と言うので「じゃあ洗って、みがいて」とお願いするが忘れて飛び出していってしまう。私が小学校のころも顔を洗わず歯もみがかずに学校に行っていた。顔に関してはただ汚いだけで実害はなかったが、虫歯だらけで難儀した。

飛び出す前の娘にもう一度「歯みがいた?」と聞くと「みがいた!」と言って走っていった。本当にみがいていますようにと祈った。

仕事をしていると雨が降ってきてそのままずっと。寒くなってきたのでふかふかしたストールを首から巻いてきもちいい。

夕方リモートのうちあわせをしているうちに娘が帰ってきてすぐまた出かけていった。終えるころ残されたメモに気づく。「塾のあと、きのう忘れた傘を取りにいくのですこし遅くなります」との伝言だった。娘は筆圧が弱く字が薄いのがかわいい。私は力んで濃い文字を書くのでそこは似なかった。

仕事を終えて、晩の買い出しのついでにネズミ除けを買った。数年前にお隣さんにすすめてもらったものだ。うちがネズミを除けるとうちのネズミはおそらくお隣さんに行くわけで、でもお隣さんにも強力なネズミ除けがあるとなるとネズミは困るだろう。すまんが、すまん。

帰って「ただいま」と玄関から奥へ声をかけると「やいい」と息子の声がする。

「なに」「ナンから煙が出ているぞ」

ええっ?　ナンから煙が出ることなんかあるっけ。かけつけるとテーブルの上のナンから煙が出ていた。ナンを前に立つ息子が煙がかって透明度60%くらいになっている。火災報知器が感知するレベルだ。あわてですべての窓をあけ換気扇と扇風機を回した。

「なにこれ、どうするとこうなるの」「レンジにかけすぎたっぽい」

冷凍保存していたナンを食べようとして失敗したらしい。ナンは一部小さく黒く焦げていた。息子は焦げた部分をむしって無事の部分を食べた。

娘が帰ってきて、傘はなかったそうだ。傘は手から離れるとすぐになくなってしまう。

夜は冷凍の水餃子をゆでて食べた。息子から「もちもちつるつるとしていてこれはうまい」と高評価を得る。

食後すぐネットスーパーの配達があった。玄関にどっさり食材が届き、子どもたちも集まってきて、娘がバケツリレー方式で荷物を運び入れようと提案してくれた。

玄関↓私↓娘↓息子↓冷蔵庫
この布陣のなかで娘がやたらに私に近いところに陣取るので結果的に息子がおおむねの距離を運んでいた。

冷蔵庫が一気に充実した。しかし充実したそばから子どもたちがバナナとヨーグルトとアイスを食べていく。

心を揺さぶらない映画を見きわめる

10月28日（水）

安い食パンの、敷地の半分にピーナツバターを、半分にあんこをぬって食べた。

子どものころ、住んでいた団地の下の階の友達の家によく泊まりにいかせてもらった。朝食はいつもヤマザキの6枚切りの食パンを軽く焼いて、半分にいちごジャムを、もう半分に甘いピーナツバターをぬったものだった。

そのころ、実家は母が自然食品にはまって毎日全粒粉のパンを食べていて、これはナイフで切っても断面がぼろぼろする。食感もふわふわではなくぼそぼそしたもので、サワーパンのような酸味があった。いまだったら喜んで食べるが子どもの私はこれが好きではなくて、下の家のパンはおいしいけどうちのはおいしくないと思っていた。日々食べる家の食パンを普通だと思えず、なんだかこれはちょっと変わったものだぞと感じていたのをよく覚えている。大人になった私は普通の食パンを毎朝食べている。

息子はあんこがこれでもう最後だとぬぐった。見るとまだ残っていて私はさらにぬぐい切った。「きみは貴族か」と息子をちゃかした。

娘は去年くらいから熱心に息子のお下がりを着ている。今日も去年まで兄が着ていたパーカーを着て学校へ行くので、私は心底うれしい。買った服が有効活用されている。快感すらある。

子どもたちが出かけていき、私は午前中に病院へ行って子宮頸がんの検査を受けた。何度もひっかかり続け、手術も見越して大きな病院に移ってからの検査の1回目。ここで大逆転の異常なしをもぎとりたい。

もぎとりたい！という気持ちは奮い立つが検査時になにか努力できることもなく淡々と受診し検査も受けた。先生は優しいいし、看護師さんがみんな気さくで頼もしい。きまった白衣がないらしく、それぞれいろいろな白衣や手術着を着て仕事しているのもすごくいい。

お産もやっている病院で、いま退院するところなのか健診に来たのか小さな赤ちゃんを何人も見かけてありがたかった。赤ちゃんは輝いている。竹取物語で竹からかぐや姫が登場するときにパーっと光る描き方をするけれど、竹から生まれなくても赤ちゃんは発光している。

帰り道、甘い物でも食べようかとコンビニに寄るがどれもピンとこず、帰ってレトルトカレーを食べて午後は仕事。

終えて、中途半端に余った鶏肉で炊き込みごはんを、出汁メーカーのサイトのレシピにそって忠実に作った。これはだいぶ具の多いレシピだなと思ったけれど、炊けたところを食べてみたらちょうど良く、これが忠実に作るということか！と思わされる。3合分作ってみんなでわしわし食べた。

夜はNetflixでミステリー映画の『ナイブズ・アウト』を観る。心をゆさぶるドラマが苦手なことから、どうでもいい雰囲気の映画が大好きで、そういう映画を見極める能力が私にはある。

塩で召し上がるのは後ろめたい

10月30日（金）

居間のテーブルの上に息子の作文らしきものが置いてあり、出してあるなら読んでも差し支えなかろうと目を通すと過去ぬれぎぬを着せられくやしくて自室で隠れて泣いたと書いてあった。自分と同じような立場になった主人公が誤解をとくために奔走する顛末をえがいたこの小説を推薦しますと。読書推薦文らしい。

起きてきた息子に「これを読んだのだが……ぬれぎぬを着せられて泣いたことがあるのかい？」と聞いたところ「ない」ということだ。

子どもたちは学校へ行き、私は午前は町会の用事で出たりひっこんだりする。昼は近所のおいしいもの好きの友人と待ち合わせて評判のとんかつ屋の弁当を入手し公園で食べた。調味料にソースと塩がついている。おお、塩で召し上がるタイプのやつだ。色めき立った私を見て友人は擁護するように「塩で食べるのはうまいと思う」と言った。

「塩でお召し上がりください」という表現がクリシェとなってしまった結果どこか塩で召し上がるのが後ろめたい現状がある。しかし実際塩で召し上がるのはうまいものだ。

塩でもなんでも名店のとんかつはうまかった。うまいうまい、それだけ言って食べた。塩にあわせてソースもついていたのでソース味も食べた。どっちもうまい。

ちらと友人の弁当がらをみると辛子に手がついておらず、もしや辛子は使わないほうがおいしく食べられたのかな。こわくて聞けなかった。

満腹ぎりぎりで食べきり、友人の持ってきてくれたみかんを分けながら、もはや私たちにはこれ1人前はいらないかもしれないね……と話した。私も友人も食が細い。

じつは弁当を買う時点でひとりひとつは多いかもしれないから半分にしないか提案しようとも思ったが、ふたりで店頭におしかけひとつ買うのではお店の方に申し訳なくとっさにふたつくださいと言ったのだ、それを打ち明けると友人は「そうだったの⁉ 言ってよ！」ということで、思ったことは思ったときに素直にどんどん相談せねばな。

帰って午後はうちあわせなど仕事。娘も学校から帰ってきて、左はできるけど右のウィンクができないと、不器用な右のウィンクを見せてくれた。

夜はひさしぶりにやってきた子らの父がカブの葉と大根の葉でお好み焼きを作ってくれて食べる。食べながら娘が父に聞いた。

「『スラムダンク』好き?」「うん、好きだよ」「村雨って知ってる?」「村雨……?」娘は最近『スラムダンク』が好きすぎて主要メンバーでない登場人物の名前を知っているか人を試してくる。

ちょっと踊ったりすぐにかけだす

11月18日(水)

洗濯物を干していると、朝食を食べている娘に「お母さんきて」と言われ、なにさと聞けば食パンにクリームチーズがうまくぬれないのだという。塊がパンにめり込んでしまっていたのでナイフで全体にぬりひろげた。

子どもと応対していると、こういう、できないからやって、と頼まれるコミュニケーションが多い。できないのレベルが大人より低いので簡単に「やってあげる」ことができる。大人だったら「できないからやって」のレベルがもっと高いと思うのだ。高度で専門的なこととか、センスを要することとか。だから私はあまり人にしてあげられることがない。子どもになら、クリームチーズをぬるくらいしてあげられる。すごい、きれいにぬれた、ありがとう!と感謝され、えっへん、どういたしまして、がカジュアルに発生する。うれしい。

子どもらは学校へ行き、私は在宅勤務をはじめる前に娘が図書館から借りた本を返しに出かけた。返却ボックスに投函してすぐ帰ろうと、自転車で乗りつけて差し出し口を開けたところ、あっ！　中に人がいる。目が合った。そうか、開館する前の回収作業をしているんだ。慌てて自転車をとめ裏に回って本を渡した。大きな返却ボックスの中にはエプロンをつけたスタッフさんがふたりいた。「こんなふうに作業なさってるんですね！」と言うと「そうなんです」と笑っていた。長いこと世話になっている図書館だけど、返却ボックスの中を見たのは初めてだ。

帰って仕事にかかる。昼休みに実家の母が用事のついでに通りがかったからと煮豆を持ってきてくれた。お茶を出してすこし話す。どうも小学生の姪っ子は勉強ができるようだ。いわゆる親ばか的な眼鏡をかけてみてのこととは思うが私も伯母として興奮する。

本人も母親である妹も中学受験には興味がないんだそうだ。私は令和の世にあってなお昭和的な教育思想を一切捨てられず偏差値へのあこがれをたぎらせがちなので「もったいない！」と吠えた。私が塾代を出そうかなどとうかつなことを言いそうになったがこらえた。

鳥が鳴いた。ここいらではあまり聞かない鳴き声だった。

母が去り午後も仕事をすすめて終えるころ、娘が「玄関に柿が置いてあった」と紙袋を下げて帰ってきた。近所の友人が柿をくれると言っていたのだ、置いていってくれた。家にいたのに挨拶もせず申し訳ない。大きくて立派な柿で、これはよほどの高級品なんじゃないか。お礼のLINEを送ると、じつはそのとおりそこそこの品で、でも食べきれないので遠慮なくもらってほしいということだった。人生のよろこびよ。

4つもらって、娘が冷蔵庫に入れた。

「冷蔵庫のあっちこっちに入れたから探してね！」と言う。

柿を冷蔵庫にしまう、それくらいのことでも、隠して「探してね！」とお楽しみコーナーにする、娘はそうやってすぐ遊ぶから本当に感心する。

放っておくとちょっと踊るし、外を歩けばすぐにかけだす。

夜は半端な食材を煮て焼いて汁にしてしのいだ。

子どもたちが寝て、冷蔵庫の4つの柿を探した。

つつみかくさない自意識

12月1日（火）

在宅勤務の昼休みに金物屋を見に出かけた。この街にもう10年以上暮らしているが、越してきたころからあって、というか、きっともうそのずっとずっと前からあるようなタイプの店で、店頭ではいつも鍋と金魚鉢をならべて売っている。

このあいだ通りかかったところ、閉店セールの幕が入り口の上にかかっていた。おや、なくなるのかと、日々前を通る場所にあったためその存在を覚えておこうとやってきた。私は好奇心が強くなく、店といえばチェーン店にすいこまれがちでこういう店をつい放っておいてしまう。だから入るのははじめて。

店のセレクトは思った何倍も地味だった。もっとこう、ほこりをかぶったデッドストックなんかが積んであってわくわくするようなことを考えていたけど、全体的にちゃんと整理されて新しい商品が並ぶ。よく覚えておきますと見まわすだけで出た。

次はどんな店になるんだろう。この商店街はフレッシュネスバーガーの跡地にdocomoの販売代理店が入った苦い思い出がある。私はもちろん全住民が気を抜かずに今後を見守ることだろう。

午後はリモートの会議に出た。ウェブカメラの位置を変えたところ、子どもらが会議中に帰ってきて冷蔵庫を漁るようすがカメラに映ってしまうことがわかった。とくに娘は会議中でも遠慮せず普段と同じように暮らしカメラをよけないのでまる映りになる。すみやかに画角を変えた。

終えると、かんきつ類のいいにおいがする。居間のちゃぶ台に娘が食べたポンカンの皮が散らかしてあった。娘は塾に行ってしまい注意もできずただ捨てる。

ケンタッキーが食べたいなと思うことはそんなにないが、今日「食べたいな」がやってきた。貴重な食べたさを無駄にしたくない。店舗は遠く、ということはこれがいよいよウーバーイーツの出番なのではないか。

外を歩けばウーバーイーツの配達員さんの姿を、いよいよ目にしないことがない。でもまさか自分が頼む身分ではないと思ってた。クーポンコードをもらったこともあって、いまだ。

居間に転がる息子に、おい、ウーバーイーツを頼むぞと声をかけると、まじ！と立ち上がり、私はうむとうなずいてアプリを入れる。ケンタッキーのメニューからオリジナルチキンを連打し、注文画面で1500円引きのクーポンコードを入れた。が、あれ、入らないな。期限が切れてしまったのか。仕方ない。ここまできたら普通に注文しよう。

アプリはさらにチップを上乗せして支払うかどうかを聞いてくる。息子がGoogle Homeに「ウーバーイーツでチップを払う必要ってあるの?」と聞いて、息子はなんでもGoogle Homeに聞きすぎるきらいがある。答えは、任意です、ということだった。答えてくれるのがすごい。相談し少額を乗せることにした。

注文した。アプリで知らされる経過を見守っていると、初回注文のみに使える別のクーポンコードの画像が目に入ってきて、これが使えたんじゃないの……真後ろに倒れる。クーポンコードという仕組みに、これからの人生あと何度白目をむかされるんだろう。

いろいろあったが果たしてウーバーイーツでケンタッキーの箱は届いた。

配達員さんが去ったあと、勉強部屋から息子が顔を出し、おれがいま聞いてた音楽、玄関まで漏れてた?と言うので、え、そんなに聞こえなかったけど、と返すと、ウーバーイーツの配達の人に「いい雰囲気の曲をかけてる家だな」って思ってもらいたかったのにと悔やんでおり、つつみかくさない自意識だな。

塾から帰ってきた娘に、息子が「クーポンコードが使えなくて損した」とわざわざ報告するので今後一切そのことは話さないことと強く迫り、そうしてケンタッキーをみんなで食べた。自分がしゃぶった骨の形のおもしろさを娘が逐一報告してくれてうれしい。

夜は明日学校で日本史のテストがある息子に大宝律令のあたりの時代についてノートをもとに問題を作って出す仕事をした。これはけっこうつまんないな……と思ってしまった。大人になると勉強のたのしさに気づくものとはよくいうが、本当に私は勉学に不向きな脳をしているんだろう。

もう寝たいから明日の早朝勉強する、ついては朝の5時に起こしてくれないかと言われ、5時！　あまりにも自信がない。6時だったらいけると伝えた。

娘にぬいぐるみをしゃべらせてと言われてしゃべらせたところとても喜ばれた。

誰かが重いな

12月6日（日）

起きて、昨晩ポップコーンを作って爆ぜきらずフライパンに残った豆を悔やみつつざらざら捨てた。居間ではガスストーブに搭載されたプラズマクラスターが起動しっぱなしだ。慌てて切ってから、夜間を通じてプラズマがクラスターされまくったであろう空気を吸い込む。

荷物が届いて『鬼滅の刃』の最終巻だった。遠方に住む子らの祖母が買って送ってくれたもの。送るから買わなくても大丈夫と事前に知らされていたから、品切れで大変な世にあっても我々は心おだやかだった。荷物にはお菓子もたくさん詰めてある。ゆっくり寝ていた子どもたちもこれでさすがに起きて、娘は早速読みだした。息子はお菓子を食べた。

今日は午前中のうちにシャンプーと鼻うがい液を買いにいかねばならない。シャンプーはすこし前に切れた。たくさん保管していた試供品をこの機会に使っていたが、私が1袋を3回くらいにわけて使ういっぽう、娘が毎日1袋がんがん使っていき、もっと大事に使ってよと頼もうとして忘れるうちにぜんぶなくなってしまった。

息子が歴史小説を読む宿題が出ているというので本屋に連れていきがてら出かける。駅前の本屋に行くとまさに「歴史小説」と大きく書かれた棚がありふたりながめた。おそらく宿題の意図として大河ドラマ的な歴史の流れが学べる作品を選ぶのがいいのではと私は思ったのだが、息子は江戸の人情劇的な作品を選ぼうとし意見が食いちがう。よくわからないままに結局、司馬遼太郎の短編集を買った。ふたりでやいやいしたわりには決め手に欠ける買い物になった。

息子を先に帰しドラッグストアでシャンプーと鼻うがいセットを選んだ。鼻炎の一家にもかかわらずこれまで鼻うがいをせずやってきた。息子が鼻づまり由来の頭痛を持病としており病院ですすめられいよいよ導入することとした。

スーパーに寄って昼ごはんに中村屋の肉まんを買う。肉まんは安いプライベートブランドのものばかり買っていて中村屋のはひさしぶりだ。ピザまんとカレーまんも買った。子どものころ、父の実家に人があつまると祖母が大量にこの中村屋の肉まんをふかして出してくれた。おいしさの信頼は満点だが値段はさすがにすこし高い。帰ってふかすと信じられないくらいふっかふかになり、これがブランド品の実力かと普段の肉まんとくらべてしまいついがっかりした。みんなで食べた。やはりおいしい。感激してピザまんは写真まで撮った。

午後は『鬼滅の刃』の最終巻に敬意を表し鼻うがいをして鼻をすっきりさせてから読むことにした。息子と一緒にメーカーのサイトの動画を見る。モデルさんが実演する動画だが、こんなに上手に鼻うがいってできるのかと目が開くほどきれいに実践しており芸術的だ。息子も感心していた。ならってやるが、慣れないものだからやっぱりばちゃばちゃになった。とはいえまったく痛くないし鼻はとてもすっきりした。

スースーの鼻で読んだ『鬼滅の刃』だが、おさらいにひとつ前の22巻の後半を読んだところでもう泣けて泣けて涙とともに水っぱなも出に出るものだから鼻うがいは早々になかったことになった。23巻も引き続き泣く。娘に「鼻の下を伸ばすと涙ががまんできる」と言われたが、泣きたいのを我慢する必要も感じず好きに泣いて、そして泣き疲れて読んだあと2時間寝た。

はっと起きれば夕方で、娘を誘い買い物へ行く。図書館に寄りたいと言われてついていくと歴史関係の児童書をガンガン選んでおり、午前中の私と息子とはちがい本選びに慣れている。

スーパーで手羽元と卵とにんじん、あとあれこれ買ったらエコバッグがぱんぱんになり袋の手をふたりで分けて持ち合った。

「こういうとき『誰かが重いな?』か『誰かが軽いな?』って思うよね」と娘が言い、娘はバレエの稽古でバーを運ぶ際(いま私、さわってるだけで運んでないけどこのまままわって運んでいるふうにしよう)と思うことがあると教えてくれた。あるなあそういうこと。

「お母さんいま重い？」「重い」「私も重い！」「ふたりとも重いパターンだね」おたがいの負荷が確認できた。

家について玄関を開けようとしたところで娘が「野良犬だ！」というので指さすほうへふたりで走って曲がり角の先を見ると、ごく細いリードにつながれた犬だった。

手羽元で鍋にした。締めのラーメンを4玉入れたがそれでも娘が食後にお腹すいたというのでおにぎりをにぎった。

息子に鼻うがいをさせ忘れた。

真逆の「屋」が来てしまったな

12月20日（日）

テーブルの上に息子の文字のメモがあり、
・洗い場の手袋を捨てる
・冷蔵庫に貼ってあるもんを整理する
・食器棚の周りを整理する
とあった。聞くと、現状があまり整っておらずやったほうがいいと思ったから書いたとのこと。たしかに食器洗い用の手袋は古くなったしあたりはごちゃごちゃしている。やってくれるならありがたいし、それ以上に家のことに問題意識を持ってくれるのがすごくうれしい。

子どもはいまここにあるものその状態をそのまま受け止めて育つものだと思う。洗い場の手袋が汚くても、部屋が整理整頓されてなくても、そういうものだとしてすごすだろう。そこを成長によって「片づけたほうがいいのではないか」などと自分の考えに基づき疑問に思うのだ。このメモは息子の成長のあかしでもある。

と、気持ちがたけり、率先して私がもりもり片づけてしまった。

息子は友達と遊びにいき、私と娘は家で姪っ子を待った。

妹母子が映画に行くつもりでチケットを取るも、妹に急用が入り行かれなくなって、それで妹の分のチケットを娘に譲ってもらうことになった。姪っ子がやってきてふたりを連れて映画館へ行く。私より10センチくらい背の低い娘と姪っ子に両脇を挟まれるように3人歩いて、凸の形のフォーメーションにうきうきする。

途中、商店街の工事中の建物の前をとおりかかった。先日ひとつ大きな店が取り壊しになって、跡地がなにになるか、いま町中が注目している。娘はドン・キホーテになるといいと言っていた。私の希望は業務スーパー。ダメならカルディ。

そして今日、テナントが見えた。答えは……自然食品の店……！

ドン・キホーテや業務スーパーとは真逆の方向性の「屋」が来てしまったな……。娘に「希望だったドンキ案がだめになってしまったね」と伝えると恥ずかしがっていた。ドン・キホーテを希望したことが露見するのが照れくさいらしい。

　映画館は、座席はフルで売るのだけど、感染症対策で待機中は密にしてはいけないと、行列のすきまをあけたり、ドアを開けて換気している。ポップコーンも売るには売るが、映画が始まるまで食べないでくださいとアナウンスされていた。おしゃべりしながらの飲食を避けるためだろう。会場で子どもたちに飲食をさせるのには抵抗があったが、ちょうど昼をはさむ時間帯でふたりとも楽しみにしていたので買う。手をよく消毒してから食べてね、口に含むとき以外はマスクをしてね。何度も言うとそれも娘は恥ずかしいようだった。入口で検温してもらい、ふたりで劇場に入っていった。

『約束のネバーランド』という、私だったら観ようと思いつかない映画で誘ってもらってよかった。

　あたりをぶらぶらして、スーパーでパンを買って公園のベンチで食べてからパソコンで作業をするうちにもう時間になって迎えにいく。ふたりでおもしろかったよーと興奮ぎみに出てきた。本筋に関係のないちょっとした気になった部分をたくさん教えてくれた。

　本屋に寄って買わねばと思っていた本を買い帰宅。そのうち妹が用事から戻り姪っ子は帰っていった。

　夜は『M−1グランプリ』がある。備えてコーラを買った。ごはんのメニューは焼きそば。食べながら娘と観ていると、息子も塾から戻りみんなで観た。たくさん笑って、声をあげて私は応援したのだけど、娘が途中でニンテンドーＤＳのテトリスをしはじめて仰天する。ＤＳのテトリスの中毒性は本当にすごいな。娘はまだ漫才のおもしろさがわからない部分があろうしやむを得まいと思ったがなんと息子まで並んでやっていた。せめて私はしっかり観た。

でも終わってからテトリスはした。風呂から上がってもまたテトリスをしてしまい、今日買った本も開かずじまいだった。

知ってるやつ以外ぜんぶうそみたい

12月21日（月）

朝の寒さに慣れて、目覚ましのあと布団でまどろんでもこのまま一生布団から出られないなんてことはなく、どうせそのうち起きるだろうと余裕が出るようになってきた。起きて子どもたちを送り出し仕事。昼前に娘が帰宅して、今日は給食がないんだそうだ。適当な昼ごはんを食べているうちに遊びに誘いに友達がやってきた。食べ終わるなり出かけていく。

出がけに学校で配布されたという町内報を渡され、読みながら私は続きの昼ごはんを食べた。

町内報には感染症対策で今年はたくさんの行事が中止になりました、とあった。夏祭りも野外映画祭もなくなり、せめてと企画した町内ミニ子ども祭りが事故なく終了して一同ほっとしています、子どもたちはみんなとても喜んで「たのしみで前の夜寝られなかった」と言った子もいました。それくらいで私はもう泣く。

うちあわせもなく、文章と写真をもくもくと編集していく日でどんどんはかどらせた。そのうち娘が帰宅し、友達とスーパーのゲームコーナーに行ってプリクラを撮ってきたらしい。瞬時に、ゲームセンターに行くなんて、それはなんらかの犯罪にまきこまれないのか大丈夫かと偏見にあふれた気持ちについなってしまいこれが私の親心か。

プリクラの写真は娘たちの顔が元来のようすがもはや不明なほど過度に演出されており、こういうの流出した人のやつでしか見たことなかったなと、素直に娘に伝えると「私もそう思った」とのこと。冷蔵庫に貼った。

娘は習い事に行き私は引き続き仕事。息子が帰宅して、仕事をする私の前に座り、きのう塾で習った発音記号について興奮気味に伝えてくれたのだが英語の素養がなく生返事にとどまった。息子は今日も塾へ。

仕事を終えるともう夜だった。娘が帰宅していないのに気づく。習い事の教室からは退出を知らせる自動配信のメールが1時間前に着信しておりおかしい。

おそろしくなり「さがしています。帰ってきたら電話ください　母」とA5の紙に大きく赤で書いて玄関に置いて出ようとしたところで、もしやさっき一緒に遊んでいた友達のところへまた行ったのではないかと思い当たって電話をするといた。

もう遅いよ、帰ってきなよと伝えて書置きの紙は古紙のカゴに入れた。

晩ごはんの用意をしているとしばらくしてぬっと背後に娘が驚かすようにあらわれ、ふたりできゃっきゃする。心配していたのだと、習い事のあとにどこかへ行く際は連絡するようにと伝えた。捨てた書置きの紙を出し「これ書いて探しに行くところだったよ」と見せると思った以上になにか感じたような顔をした。

息子も塾から帰宅して夜は牛丼の牛を豚肉でやるやつを食べ満腹になる。量が多かった。食後にみかんを食べながらNHKで『ファミリーヒストリー』を観ているとここいちばんの盛り上がりのシーンで息子のみかんに小さい房が見つかる。

「シリアスなシーンでちっさいみかんが……」と息子はうれしそう。娘も私もちっさいちっさいと盛り上げた。

息子の新しい塾ははつらつとした元気のよい先生が基本的におひとりで運営されているらしい。遅刻早退欠席などの報告は生徒自らが行い保護者は補助程度にというのが基本姿勢だそうだ。

「お母さんが連絡するとお母さんが勝手に連絡してるだけなのに俺が依存してると思われ

るから塾のことはもうおれにぜんぶまかせてくれ」と言われ、それ内容は合ってるんだろうけど言い方気をつけてよ。

そして私はテトリスを隠した。

おとといDSをひさしぶりに発掘し、刺さったままのテトリスをプレイしたら家族全員一瞬で中毒になった。これはまずいと納戸の奥に埋めた。娘はしばらく探していたが「隠したよ」と言うとわりとすぐ諦めてぶんぶんごまを回した。ひととおり回してから、コミックスの『団地ともお』のカバーの裏に書いてある、スピリッツコミックスの既刊一覧のタイトルを上から順に読み上げて、お母さん知ってるやつだったら「はい」って言ってねというので応じる。

知ってるやつ以外、ぜんぶうそのタイトルみたいに聞こえておもしろかった。

サンタが誰かを知っている人にも来る

12月24日(木)

きのうの夜、家計簿アプリでクレジットカードの明細に身に覚えのない支払いが入っているのに気がついた。4500円と大きな金額ではないがこわい。詳細欄にはなにも書かれておらずどこで使ったのかが不明だ。あれこれ考えるがやっぱりどうしても思い当たらない。その日は取材に行って取材先ではむしろカードが使えず現金のみのシーンが多くて困ったくらいだ。明日の朝すぐカード会社に電話しようと、適当な紙の裏に「不正利用かもしれないから電話」と書いて寝た。

案の定すっかり忘れていてメモを見て気づく。朝の支度をして人々を学校へ送り出してからコールセンターの営業時間内になったのを確認して電話した。混み合っていたがしばらく待ったところで電話がつながり、状況を説明したところ「ニューヨークの『ヴィクトリアズ・シークレット』の店舗でご利用のようです」とのこと。

風が吹いた。

それまで「ちょっとわかんないけど身に覚えがないんだよなあ」くらいの気持ちだったのが「明らかに身に覚えがない」に瞬時に昇格した。瞬間の強風感。こんなむきだしの確定、受験の合格発表くらいでないとなかなか感じられないいんじゃないか。

きのうはまちがいなく海外にはおらず、あきらかに自分ではない旨を説明したところ、定まり切っていない明細のためもしかしたら手ちがいで数日で自動的に返金対応になるかもしれないとの話だった。返金にならなかった場合は再度連絡してくださいと、窓口とは別の電話番号を案内してもらった。

驚いたが、それにしてもニューヨークのヴィクトリアズ・シークレットで買い物なんて、そんなのしてみたい。パラレルワールドの自分はクリスマスイブをずいぶんお楽しみのようではないか。コールセンターの方が優しくしてくれたのもうれしくて、不正利用かもしれないのにむしろ気持ちはわくわくした。

仕事をして昼は近所のセブンイレブンでカスクートを買ってきて食べた。セブンイレブンのカスクートは、同僚が好きだと聞いて食べたらおいしくてそれからよく買う。セブンイレブンでカスクートを買わなかった人生から買う人生へ、人生が変わるとはこういうことだと思う。

心おだやかに仕事をしているうちにもう夕方。あせってきた。息子へのクリスマスプレゼントが届かない。音楽の機材がいいというが私には選ぶ知識がなく、欲しいものを品番で教えてくれと、それがようやく伝えられたのがきのうだ。慌てて翌日配送のところを探して買ったが年末の混雑もあるしこれは今日中には届かないんじゃないか。

息子が帰宅し事情を伝えるが「おう～」くらいの感じだった。

うちでは子どもにはサンタが来る。サンタが誰かを知っている人にも来ることになっている。息子、いまは「おう～」くらいだけど明日の朝自分だけ枕元にプレゼントがなかったらちょっとテンション下がると思うんだよな、そんなことないかな。

せめて「今日はスーパーでクリスマスのごちそうを買うから！」と、「今日は！」と言おうとして「今日の！」と言ってしまい言葉が続かなくなった。息子に「つかみしっかり」とはげまされる。

娘も帰宅し、宇宙空手コンテストのようすを考えたといって見せてくれた。無重力のようにふわふわ体を動かしながら、ヤー!ヤー!と空手の型をやる。はやしてほめた。

いつも買い物に行く時間よりも30分遅く、娘をつれて家を出た。クリスマスディナーを作る気力も自信もなく、今年はすべてスーパーの総菜を買うことに決めている。総菜は遅い時間ほど安くなる。

しかしスーパーにつくと同じことを考えている人が多いのか総菜コーナーは人だかりで、パックには値引きのシールは1枚たりともついていないのだった。甘んじて定価で鶏の焼いたのと、サラダとガーリックシュリンプとミニシュークリームとほんとうは鬼滅の刃のがよかったのだけどなかったものだから私が希望してドラえもんのシャンメリーを買った。

帰ってみんなで食べた。娘がシャンメリーをびびらず開栓し感心する。ドラえもんシャンメリーはパッケージは華やかなものの中はステッカーが貼ってあるだけで密造酒のような風情でとても良い。

夜は娘がパフィーの『渚にまつわるエトセトラ』のふしで「なに食べ行こう~?」と聞くので、カニだよ、と答えた。すると「カニ食べ行こう~」と歌いなおした。

娘はサンタが誰だか半分知っていて、半分知らない。寝るときになってサンタに飴とリースをあげるのだと枕元に用意しながら「サンタはお母さんなの?」と聞かれたので「あー、うん、サンタに頼まれてプレゼントを置いているね」と答えた。「なるほど」と娘は言い「だから包装がダイソーで売ってる紙袋だったりしたのか」と納得した。でも、じゃあいまちょうだいとは言わず、サンタが来るから寝なというと寝た。

息子のプレゼントは届かなかった。これはたぶん、息子というか私がさみしい。娘は歴史まんがを希望していてAmazonで届いたやつを包装袋に入れたらどっしりした。

テトリスをして時間をつぶして夜中になってからサンタが来た。

全身に力を込めて体をぶるぶるふるわせるから見てて

12月25日（金）

サンタが来た人と来ない人が出てしまった。

うちではサンタが誰かを知っているいないにかかわらず、子どもには来るシステムを採用している。娘は早々にプレゼントを決めていたのでとどこおりなく届いたが、息子はクリスマスイブ前日に要望を提出したためさすがのヨドバシエクストリーム便も間に合わなかった。

来なかった人が起きてきたので「枕元になにもなかったろう」と聞くと「うん、ないなと思った」と言う。気の毒にと思いながら「欲しいもの言うのが遅いからだよう」と茶化すとはっはっはと笑って明るかったから救われた。娘は重い袋をかかえて起きてきて、どさと居間においてストーブにあたった。

子らは幼いころから照れてサンタへの喜びをあまり表出しない。物心のつかないころなどは照れる以前に畏れて枕元のプレゼントに手を触れることもできなかった。サンタさんがきたんだよ、これはプレゼントなんだよ、あけて中をみてもいいんだよと言ってもさわらないので私があけて、ほら！よかったね！欲しかったやつ！と手渡してやっと受け取り、表情のかたいまま抱いていた。

娘は袋をあけ「うむ」というようすでぜんぶ出した。希望していた歴史の学習まんがが居間に積まれた。さっそく読みだし学校に遅れそうなのでせかして、息子の方にはプレゼントはどうやら今日の昼ごろ来るようだと伝え、ふたりは学校へ。

仕事をするうちに配達があって、息子の希望したLaunchpadという音楽の機材が届いた。きのうに間に合わなかったとはいえ十分早くて、よかったよかった。サンタの柄のラッピング袋に入れて居間の真ん中に置いた。

仕事を終えるころ息子が帰ってきて、サンタ来たわと言うと、おうおうと開封するので私も見守る。Launchpadは息子が小学2年のころからふたりであこがれていたが、5年の歳月を経てやってきた。

「思ってたのと手触りがちがう！」息子が言い、私も触って「ほんとだ」「消しゴムみたいだ」「もっとこう、プラスチックっぽいと思ってたよね！」「そうそう！」とりあえず感触だけ確かめて息子は塾へ飛び出していった。

夜はクックドゥでホイコーローを作る。クックドゥは手抜きではなくていねいな料理というのが私の考えで、というのもあれはパッケージに従って作るといったん炒めたものをフライパンから取り出す必要がある。そんなのていねいだ。

全員帰宅してごはんを食べて、終えるころ娘が「全身に力を込めて体をぶるぶるふるわせるから見てて」というので見た。

Launchpadを設定しようとした息子だが、バンドルソフトのダウンロードのため製品登録をしてアカウントを作るもなぜか一度ログアウトしてしまい、そのあと5回パスワードをまちがえて入力してアカウントにロックがかかってしまっていた。そっとパソコンを閉じて「明日にしよう」と言うのでなぐさめて一緒に金曜ロードショーの『風の谷のナウシカ』を観る。

ナウシカは子どものころさんざん観た。あまりに何度も観たので大人になってからはテレビで放送があってもちらっと横目で眺めるくらいだった。

今日も娘の隣で作業をしたり本を読んだりしながらちょっとつきあおうと思っていたが、ふとしたタイミングから集中して観はじめたらおもしろい。シーンやセリフは覚えている。でもそうか、かつてはストーリーをぜんぜん理解せずにいたんだな。子どものころわからなくて、友達にあれどういうこと？と聞いて説明されてもピンとこなかった部分も楽勝で理解できて、当時の私の理解力の低さを実感した。友達に聞いて説明してもらったの中学生のころだ。けっこうもう大きい。

終わって解散し、みなそれぞれの寝床へ入った。

意外な思春期の来かたをしている

12月28日（月）

むくと起きパンを焼いて食う。

着替えて洗濯物を干してソファに座った。年末、仕事を納むる日。

子どもたちは今日から冬休みが始まる。寝かせておいた。在宅で作業を進めるとしばらくしてばらばらとふたり起きだしてくるので、年賀状を書きたまえとうながす。

子どもにせっつきながらも私自身は棄権が続いている。来たら返すにとどまって長い。

年賀状はどちらかが待ったほうがいいのでは？とは子どものころから思っていて、というのも、両者一斉に元旦に到着するように出してしまうとコミュニケーションが一方通行ではないか。一方が受けて返せば双方向になる。言い訳のようだけど私は小学生のころは手紙魔だったのでそう思ってもどかしかった。

朝食を終えた子どもたちはテーブルで素直に年賀状を書き始めた。ようすをのぞくとふたりとも鉛筆やシャープペンで書いていて、筆記用具のメインが鉛筆なの、子どもらしいなと思う。いつから人は鉛筆をペンに持ち替えるんだろう。

昼は焼きそばが2玉残っていたので希望を募ったところ、娘と私が挙手した。息子はラーメンを自分で作って食べた。息子は「ラーメン作りに使うお湯は水からあたためたい」と、蛇口から出る段階はお湯ではなく水がいいと言っていて謎のこだわり。味はおいしかったようだ。「ラーメンをすするときはまず息を吐くといい」などさらに持論を展開し、食べる間に平原綾香『ジュピター』を歌って本当に機嫌のよい人だなと思う。娘と私もにこにこ焼きそばを食べた。

余裕で年賀状を書き終えた娘は図書館に行き、いっぽう息子は文面に悩んで捗らないようだった。杏仁豆腐が食べたいと歌を歌い私も参加し合唱になったところ、買いにいってくれるというので頼む。ついでに郵便局でスマートレター（レターパックの小さなやつ）を買ってきてと頼むと請け負ってくれ「スマートレター」の名を忘れないように歌にして出かけていった。

仕事がおおむね納まり、すこし遠いが安いスーパーまで出かけると混んでレジは行列だった。みかんが安かったので買う。さつまいもは高かった。この店はおいしい冷凍のピザを売っていて、2枚買って、晩はこれにチーズを追加で乗せて焼いてうまいうまいとみんなで食べた。

食べながら、栗山千明さんが超常現象のビデオは基本フェイクだから気をつけるようにと啓蒙するNHKのEテレの番組をみんなで見て、気をつけようと言い合った。

そして夜だ。息子が急にベジタリアンになりたいのだと言い出した。どうしてと聞いてもとくに理由はないらしい。体の変化に興味があるのだと。子どもの興味を伸ばしてやるのは親の最大のつとめだが、ごめんでもそれかなりめんどくさいことなのではないかとつい言ってしまった。だってさ、たとえば夕飯を牛丼にしようとしたときにきみになにを食べさせればいいの。息子はうむとうなずき、そういうときは食事は自分で用意すると言うのだ。とりあえず冬休みの間だけ、とのこと。つまり年末年始のごちそうを手放した。もらったカニもあるのに。

おなじものが食べられないのに寂しさを感じたが、わくわくもし、やれるものならやってみよう、と最終的に賛成した。意外な思春期の来かたをしている。

スーコー言わずに飲んでみよ

12月29日(火)

ごみだ！　泣き出さん目で起きだした、時間はもう8時、間に合うか。

ごみの回収が今日、年内最終だ。8時までに出すのが決まりで、7時には目覚ましをかけたつもりがかかっていなかったか、慌てて起きてがしゃがしゃまとめて飛び出した。

ごみは、ごみ置き場にひとつもなかった。

寝間着にコートをはおって本当に起き抜けのままかけだしたがやはりだめか。がっく、と、がっくりの「がっく」のところまで肩を落としたところで曜日をまちがえていることに気づく。ごみの日、明日だな。

冬休み初日、目覚めてノータイムでもう曜日感覚を失っている。感覚の消失に才能がある。えへへと誰もいない道を照れながら帰ってごみは玄関に置いた。

なんだいなんだいと息子が起きてきたので事情を話す。息子は朝ごはんの用意をはじめて、この人はきのうベジタリアンになると宣言した。それで私に頼らず自分で作るということのようだ。卵は食べてよしのルールで、今朝は目玉焼きとトーストとリンゴとキャベツの塩もみがメニューだそう。すばらしい、ぜひ私と妹の分も作ってくれたまえと頼んだ。神よ。休みの日の朝ごはんを人が作ってくれるそうです神よ。

それから喪服を出す。

おととい近所の方がやってきて母が死にましたと言った。

「ああ……それは残念なことです」「このあいだ90歳になりまして、お祝いしたばかりだったんですが」「そうでしたか……」「でも死因としては老衰で苦しまずに逝きましたので」「お迎えがあったのですね」「ええ、悔いもなかったんじゃないかと思います」

私たち家族は十数年前にここに引っ越してきた。そのずっと以前から暮らしているご家族のおばあさまだった。越してきたばかりにだんなさんは亡くなって、それからしばらくひとりで暮らし、そのうち娘さんやお孫さんが一緒に暮らすようになったあと、足腰が弱くなり不安があるので老人ホームへ入りますと教えてくれた。

老人ホームに入る直前、その方が道で立ち往生しているところに出会った。「あのう」と声をかけられた。「足がうごかなくてここから先にすすめなくなってしまったの」一緒にいた息子にいそいで誰か呼んでくるように走らせて肩をかすと1分に1メートルくらいの速度で歩き出した。どうかご無理なさらないでと伝えたのだけど、大丈夫と、それから誰かが助けにきたのだったか、そのままじりじりと自宅までたどり着けたのだったか、忘れてしまった。

黒いパンプスが見当たらず慌てたが落ち着いて探して見つけた。よぼよぼお寺にたどり着いて告別式に参列し、かざられた思い出の写真や趣味だったという彫刻の作品を見せていただいて帰った。

玄関で「おーい、塩たのむ」と子らに言うと、息子が青い筒に入った調理塩のアルペンザルツを持ってきて振ってくれた。あとでお寺からの挨拶状を見たところ、死は御不浄ではないのですから塩のお清めは結構ですと書いてあり、振っちゃったしアルペンザルツだしで、不慣れが出た。

昼はスパゲッティをゆでてインスタントのソースをからめてそれぞれに食べた。私と娘はサラダにかまぼこをつけて、ベジタリアン体験中の息子には厚めの油揚げを買ってきてやってつけた。

午後はCDを見る。先日片づけをしていて結構な量が出てきた。もううちにはCDプレイヤーがないしどうしたものかとながめるしかない。ここにあるCDに入った曲はほとんどが配信で聴ける。息子がやってきて1枚1枚中をあらためた。パッケージと中身がちがうものがかなりあり、

「どうしてこうなんの?」

「ケースから出して聴くときにプレイヤーに別のCDが入ってるじゃん? めんどくさいからそれを入れちゃうわけよ」

「それは、やむなしだな」と認めてくれた。CDのやむを得ないケースと中身の入れ替わりの歴史を伝承した。

兄妹は仲が良いのか悪いのか、普段は必要なことを必要に応じて喋るくらいでとくにあれこれ話すことはない。それに常々おたがい自分の権利を声高に主張し衝突状態にある。ただ年賀状出してきなよと声をかけると一緒にポストまでふたりで出かけていったので、嫌い合っているというのではなくて、ベースの共存度は高いんだなと思った。

なにやら笑いながらふたり帰宅し、息子が「お母さん、これスーコー言わずに飲んでみてよ」とペットボトルを渡してきた。「それ『しのごの』じゃないの」と娘が言葉をわかりやすくしてくれた。

スーコーもしのごのも言わずに飲むと、トニックウォータージャん。「苦くね？」うん、いや、でもそういうもんだよ。

兄妹は街の自動販売機で見覚えのない飲み物だとおもしろがって買ったところ、えっなにこれうまい苦汁発見！と笑いが止まらず帰ってきたんだそうだ。

夕方にかけ台所を掃除する。コンロをおろし、食器棚を出して拭き掃除していると、息子がやってきて「はっ！　なにやってんの！」と驚くので「え、なんで、大掃除じゃん」と驚き返す。急にやらないでよ……と言われ、急にやっちゃだめか大掃除。

「ビッグ掃除をするならビッグ掃除いまからするからって言ってくれないと」だそうだ。宣言がいるのか。あとビッグ掃除ってなんだ。

夜は鍋にした。昼に「油揚げって変な名前だよね」と息子が言い、それから変な名前の食べ物を言い合うあそびをして、娘の言った「おにぎり」もよかったけど「鍋」も一同うけたから。

食べながらテレビで『SASUKE』を観てその文化や文脈に感心する。娘は集中して最後まで観ていた。

2021年

あとはエアコンだけある

1月6日（水）

きのう、なにもしていないのにクーラーが動いていた。1日に2度もだ。何事かと震えあがったが、ちょっと調べてすぐ「リモコンの誤作動」の可能性があることがわかった。それで昨晩はリモコンの電池を抜いて寝た。今朝のエアコンは静かだった。

プラグをコンセントから抜ければそれでもよかったのだけど、うちのエアコンにはプラグがない。

引っ越してきたときに前住人の方が各室のエアコンを置いていってくれて引き継いで使っている。エアコン用にコンセントはあるがなにもささっていない、でも動くのでどういうことなんだこれはと思いながら深く考えたことがなかった。なにがなんだかよくわかっていないいままもう10年も使っていることになる。

さすがに調べるべきかとネットで説明書を探して読んだところ、どうも私のようなものには不明のところから電気を吸い上げているようだ。説明書には作動させるにはまず「コンセントにプラグをさしてください」ではなく「ブレーカーを上げてください」と書いてあった。

前住人さんからはエアコンのほかにカーテンとビルトインのオーブンレンジのような電子コンベックという調理器具も引き継いだ。それに近所の私立の女子校に住み込みで働く管理人のご夫婦を、なにかあったときに頼るといいと紹介してくれた。

引っ越した年の12月には「お渡しし忘れていました。クリスマスにチキンを焼くと思いましたので」との手紙と電子コンベックの説明書をわざわざ送ってくれて、クリスマスにチキンを焼く習慣はなかったけれど芋を焼くのに便利でとても助かった。

管理人ご夫婦には招待制で関係者以外は入れない文化祭に毎年招待してもらった。まだ小さな息子とふたり楽しみに通って、息子が生徒さんに「目が輝いておる」とオタク口調で言われたときはオタク口調の高校時代を過ごした私は感激した。

カーテンは破れて、コンベックもとても気に入っていたけれど壊れて廃棄した。管理人さんたちも数年前に退職して引っ越していかれた。エアコンだけがまだある。

息子は学校に行って娘は作文教室主催の書初め大会に出かけた。私は在宅で仕事。床に座って作業していたら眠くて、なんだろう、体調が悪いのだろうか、もしやとおびえて検温などするが異常なく、椅子に座りなおしたら一気に回復して仕事もがぜんはかどった。椅子に座るのは大事だ。

子どもたちが帰宅、息子は最近パソコンでNetflixのなんらかを観ている。学校のレポートを書くための調べものはスマホを使っているようすで、調べものもレポートもパソコンを使ってほしい。納得いかない。タイピングを早く覚えてくれと私が焦っている。

タイピングはできないが、息子は山に暮らす父に習ってひげをそるようになった。ちかごろ口もとに仙人みたいにうすいひげをそよがせているなと思うだけ思っていたが、父には「これは髭剃りだ」とピンときたようだ。

夜は息子はパソコンで『転生したらスライムだった件』を、娘はテレビで『ハナヤマタ』を観て、私は『BEASTARS』をまんがで読んだ。家じゅうでさまざまな媒体を用いて、絵が動くなんらかを見ている。

いまいちばんどうでもいいこと

1月7日（木）

朝は尿を取って小瓶に詰めた。

いつか息子が学校の検診で採尿したとき、容器に移した尿を見て「365日出している尿の中でこの数ミリが選ばれた」としみじみしていて、以来私も尿検査のたびに同じような気持ちになる。

大事にかばんに入れ健康診断へ。各項目が異常にスムーズに流れることで私のなかで有名な健康診断センターで、今回もスタートから終了まで30分以内で終わり、帰るとまだ娘は寝ていた。

起こしてごはんを食べさせる。ひと仕事終えてまだ朝だ。明日から学校のはじまる娘に宿題と準備を任せて私は在宅勤務。昼休みに近所の内科に行き胸やけの薬を出してもらった。最近、私の体では逆流性食道炎が盛り上がっており、いよいよこれはといまだ受けたことのない胃カメラの予約をしたが、混んでいて先になるということで診察だけ受けた。

病院の受付には簡易ではないもう一生外さない覚悟を感じさせる内外を隔てるアクリル板が設置されていた。店舗や病院の、カウンターの中と外を区切るビニールカーテン、昨年の春の段階で早々に固定のアクリル板に変えているコンビニがあり、ああ、この店はもう腹をくくったのだなと感心したが、結果的にそういう所が、とくに病院は増えた。

調剤薬局に処方箋を持っていくと、胃の不調は冷えからもきますから、もしかしたら体が冷えてるのかもしれませんと薬剤師さんがアドバイスをくれた。

ああ、冷えの万病のもとさよ。私はめんどくさがりでていねいに身体を温熱する生活に向いていない。来世はぜひ冷えても問題ない生態の人類として生まれたい。

帰りに神社に寄って胃が良くなるようお願いしようと思ったが、参道から向こうを見ると境内を強い風が吹き砂埃が5メートルくらいの高さまでうず巻いておりひるんで遠くから頭だけ下げた。

薬を飲んで午後も仕事。リモートの会議があるも自宅が強風にあおられ雨戸が戸袋のなかで揺れてガンガン音がするからミュートにした。息子が帰ってきたのでミュートをいいことにシンクに出してある芋を洗ってオーブンで焼くよう指示する。会議を終え芋を食う。うまい。

緊急事態宣言がまた出ることになった。おおむねのことは前日の段階ですこしずつ明らかになっていたがいよいよのこととあって夕食時はニュースをじっくり聞いた。食べながらも大事なことを聴きもらさないように集中していると、娘が話しかけてきて、

「ねえねえ、チョコレートプラネットって第なに世代?」

と聞くので、あっこれは、考えても思いつかない精度でいまいちばんどうでもいいことを聞いてきたなと感心するが、やはりニュースは聞き逃したくなく手短に「知らない!」と答えてしまった。

ニュースが終わって、せっかくの質問を無下にし申し訳ないことをしたと謝ろうとしたところ娘は「今日学校で跳び箱したときの私のフォーム見て」というのでよく見て謝りそびれた。

夜は息子が2巻まで買った『チェンソーマン』を読み主人公の貧乏が気の毒で泣く。読んでこんなにも泣いてしまったと泣き顔を子どもたちに見せにいくと、息子が学校のグループアプリで配布された資料にアクセスできずに難儀しており手を貸した。

わかりにくい仕様で声が出る。息子はクラスメイトのみんなにもLINEでどうしたら

いいか聞いていたようだが、友人らはみんな難なく資料にたどり着いていたんだそうだ。ということはこれはつまり息子への自分のＩＴリテラシー教育の行き届かなさが原因かと愕然となり、愕然となったままその場を離れて自室で横になった。

ＬＩＮＥで息子に「がんばろう」と送って寝た。

歯が小さいのだが

1月8日（金）

今日から学校がはじまりひさしぶりに早起きを課せられた娘の機嫌が悪すぎる。顔で世に悪意をむき出しにし、もはや悪辣という感じすらある。怖いので娘が仲良しにしているぬいぐるみに歌わせた。

好きな食べ物パン♪　好きな食べ物グミ♪　あと、お・も・ち〜、海苔もち〜♪

娘の好きな食べ物の歌。とっさの曲にしては我ながら良く歌えたが娘は完全にスルーした。二度歌ってもだめで、私は曲を気に入ったのでさらにもう一度歌った。すると「パンは別に好きじゃない」やっと娘は反応して、でもナイフみたいにとがった言い方なものだからぬいぐるみと私のふたりでしょんぼりした。不機嫌なときにのんきに接して悪かった。

怖い娘は怖いまま着替えて髪をとき学校へ。時差登校の息子はまだ家にいて、私が化粧をしているとうしろから口を開け「歯が小さいのだが」とやってきた。「歯が小さいのかい？」「このあたり、小さい気がする。もしやまだ乳歯なんだろうか」指さす歯は犬歯で、もう永久歯に生え変わったやつだ。「それは永久歯だね。歯っていうのは案外小さいものなのかもわからないね」

ほら、と私の犬歯を指さすと、息子は「ああ、小さいね」と去っていった。そして学校へ行った。

私は在宅勤務。途中、ネットで注文していたバランスクッションという、空気を入れて座る丸くて平たいものが届いた。座っているだけでストレッチになるのだと噂に聞いてとびつくように買ったやつ。昼休みに空気を入れてみた。ゴム製で、座るととても冷たい。我慢して乗っていると徐々に温まってきて、それからパッケージに書いてあるとおり体を動かしてみたら気持ちが良かった。そのまま座って作業してもいいらしく、ゆらゆらバランスをとりながら午後の作業をしたところ乗り物酔いのようになって降りた。

給食がまだ出ない娘が帰ってきて、餅を焼き海苔餅にして出す。そして「チョコレートプラネットは6・5世代っていわれているそうだよ」と伝えた。

きのうの夜、緊急事態宣言が発出されるというのでテレビでニュース番組を熱心に観ていたところ娘に「チョコレートプラネットって第なに世代？」と聞かれ、答えそびれていたのを調べておいたのだ。娘は「へー」と言った。

娘が塾へ行き私は引き続き仕事。お腹がすいておやつにまた餅を焼きそうになるがそんなことをしては夕食にさしつかえるとかろうじてとどまった。功を奏し、夕飯をはらぺこで迎える。

帰ってきた息子がバランスクッションに興味を示し、気に入ってさまざまな使い方をしたうえ、手放さず食事中もずっと座って、食後はクッションの上に立って皿洗いをしてそれから勉強部屋にも持っていった。娘が使いたがると、「2個買って」とまで言うので、1か月経っても飽きずなお家族で取り合っていたら買うがまだ早いと伝える。

明日からカレンダー的には連休だが子どもたちは学校がある。

娘は風呂に入り、寝巻ではなく普段着に着替えて出てきた。明日の朝着替えなくてすむようにこれで寝るんだそうだ。

まんがを読んで私も寝よう。洗面台で歯を磨こうとして、使用済みのフェイスパックがくしゃくしゃに置いてあるのに気づいた。私は今日はパックを装着していない。息子か娘がたわむれにつけたんだろうか。どっちだ。

こういう「私以外の誰かの仕業」があるとき、強烈に複数人で同居しているのを感じる。

私だけが実情を知り不明を実感している、わかっている私がいちばんわかっていない

1月14日（木）

これまで使っていたものより一回り大きく高性能のガスストーブを親戚にもらって今年使い始めたがすごい。うちのような狭い家はボタンを押すとすぐにあたたまる。おそらく本来はもっと広い邸宅向けに生まれた品ではないか。寒い朝、起きてぎんぎんに冷えた部屋に立ちストーブのボタンを押すのがおもしろく、毎日興奮している。

きのうひさしぶりに箱でアイスを買ったら夢に出た。冷凍庫を開けると箱から出した状態で棒アイスがばらばらと入っているので、ああ、誰か外箱をつぶして古紙をまとめてある袋に入れたんだな……と思う夢。冷凍庫を開けたら箱のままアイスが入っていて、ああ、あれ夢だったのかとわかった。

娘は昨晩も朝の時短のために普段着で寝た。のだけど、起こすと別の服に着替えている。娘の部屋着と寝巻と普段着になにが起こっているんだ。

謎は謎のまま娘は学校へ行き、時差登校で出るのが遅い息子は最近ながめている『馬場のぼる作品集』をまたすこしめくっていた。

「ちょっと見て！　こんなかわいいものが……」というので見ると『11ぴきのねこ』の下書きを紹介したページで、ラフに書いてあるねこたちを指さしており、息子のカワイイ感と私のカワイイ感はすごく近くてとてもうれしい。

息子も出かけ私は今日も在宅勤務。紙の資料にコメントをつけたくて、紙を小さく切ってセロハンテープで貼った。「ああ～、セロハンテープは跡になるなあ、ここに粘着力のちょうどいい糊があらかじめついたメモがあったらなあ」と思い、ずうずうしくも付箋の発明を疑似体験した。

終えて、夜は焼きそばと、あと玉ねぎと油揚げがあるなと、両者を、これもすこし残っていたキムチ鍋の素でよくわからないまま煮てみたら食べられるものができあがった。子どもたちには黙って出したのでなんらかの料理だと思っているかもしれない。作った私だけが実情を知ることで「これはなんだろうな」と不明を実感している。わかっている人がいちばんわかっていない。

食事中、息子が学校行事について話しているときに娘がはっと自分も行事の話題がある！と思ったか急にトークをつっこんできた。こういうとき、私は先に話している息子の話に集中していて、娘が話しかけているのに気づいているのに集中から声が出ず「ちょっとまっててね」と言えない。結果、無視するようになってしまう。

息子の話が終わって、そうだ娘が話しかけていたなと「ごめんごめん、なに？」と聞くが、話しかけてきた時点で「ちょっとまっててね」が言えないのを、いつもあとで後悔する。集中時に優しさを発揮するのには、意識的に練習しなければいけないのかなと思った。

夜は動画配信の仕事があり自宅から出る。終えて寝た。

あちこちにいかない。こんなにもひとところで寝て起きている。

30秒は10秒が3個

1月16日（土）

おはようと息子の声がする。

「さむくて布団から出られないまま30分が経ちました」と返した。

「なんだって？」

「さむくて布団から出られない」

「なんで布団から出られない？」

「さむくって」

「ハンモック？」

あまりの伝わらなさに布団から出た。息子に「ハンモックじゃなくて、さむくて！」と顔を見てしっかり言った。

全員に用のない朝、あたたかく晴れて、洗濯機をまわして物干しざおにバスタオルをかけたら湯気が立つので息子と見た。ほかほかの湯気がおもしろく、窓越しでは足らず窓を開けて直でも見た。

「すげえ〜、かわいている」「夏場はよくこうなるんだけど、冬もなるんだねえ」

きのう買っておいた肉まんをふかして食べているとどこからかピーピーピーと電子音がし、音源をさぐるがわからず、外かな？ 台所の窓を開けるとどうも近所のどこかで鳴っているようだった。窓を閉めるタイミングで息子が気まずそうな顔をして「隣のマンションの人と目があってしまった」と言った。

肉まんが冷める前に娘を起こす。娘は奥歯が抜けそうになっているらしく、起きるなりぐらぐらさせる音を聞かせてくれた。ギュッギュッギュと鳴る。

掃除などやることをやってすごしているうちに昼になってしまい、娘は歯が抜けそうだからやわらかいものが食べたい、息子は麺類が食べたい、私はスープが飲みたいと各自の希望がばらばらなものだから連れ立ってコンビニに行って買い出すことにした。

近所の女子校に人が集まっており、なんだろう、もう入試があるんだろうか。「帰国子女枠とかそういうやつかねえ」と言うと娘が「帰国子女って女の字が入ってるけど女だけじゃないんだよね」と言うので、そうだね、小野妹子みたいだねと答えた。娘は小野妹子の名前を聞くと「妹子」じゃなくて「芋子」と思ってしまうと言った。

コンビニでは息子がカップに入ったサラダを選ぶが300円もする。家にあるレタスをちぎるのではだめだろうかと伝えるが、オクラやカボチャが入っているのでぜひこれを食べたいのだというので貴族的な行為だと伝えたうえで購入を許す。娘はやわらかいパンを選んだ。

帰って食べて、午後は娘が観だしたアニメの『無能なナナ』を一緒に観る。ゲームをしていた息子も手を止めて観て、みんなで「お～！」「そうなのか～」など歓声を上げた。風が強く家が揺れる。洗濯物を取り込んだ。

夕方、娘をバレエの稽古に送る。娘は『スラムダンク』の映画化のニュースに最近ずっと興奮していて、道中はまたその話題だった。映画化にそなえてコミックスをあらためて読み直したそうだ。『スラムダンク』、私はたぶん1回しか通して読んでないんじゃないか、娘は軽く20回は読んだそうで、この人は凝り性で同じ作品を何度も何度も読む傾向にある。そういえば聞いたことなかったなと「湘北で誰が好きなの？」と聞いたら「ミッチー」とのこと。「私も！」

まちをぶらぶらして時間をつぶし、終えた娘を稽古場の前でつかまえて帰る。娘はほかの生徒さんたちよりも頭ひとつ背が大きい。

「もうすぐお母さんの背を超えるかもしれないね」と言うと娘は「いまいちばんそのことを考えている」と言った。「お母さんやお父さんの背の高さを子どもが超すことって多いよね」

私はお母さんの背をたぶん超える、で次は私の子が私の背丈を超して、私の子の子は私の子の背丈を超す……。

「どうなっちゃうの！」

ど、どうなっちゃうんだろうね……江戸時代とかむかしに比べて平均的な身長は高くなっているらしいよね。でも大きくなるにも限界がありそうだよね。

「あともうひとつ不思議なことがある」

「なに」

「30秒って結構長いよね」

「待つとまあまあ長いね」

「でも10秒が3個だと思うと、短く感じる」

「たしかに」

親の身長を子が超え続けるとどうなるか、あと30秒は長いけど10秒が3個だと思うと短い、それが娘がいま関心を持っていることだとわかった。

歯の皮一枚

1月17日（日）

起きて水を飲んだらうまい。飲みながら気づいたのだけど、娘のバレエ教室の先生には照れ屋の方が多い。

娘がいまのバレエ教室に通ってもう7年になる。小さいころは教室の前までついていって先生にお願いし、終わると迎えにいった。

そのうち稽古場の近くまで行くも先生には会わず、終わるころも駅前などで待ち合わせるようになって、最近は家から勝手に行って帰ってくる。

きのうひさしぶりに教室の前まで行って、先生と直にお会いした。お願いしますと娘を預けて、ついでに「長く見ていただいてありがとうございます、おかげさまで姿勢がよくて本当にうれしいです」というようなことを伝えたのだけれど、先生は忙しそうにあまり取り合わずに娘をつれて中に入っていってしまった。

この教室の先生方は一様にそういう、つれないところがある。もしや私のことをよく思っていないのではとおそれていたのだけど、きのう妙に急に、ただそういう照れるタイプの人たちなのかもしれないと合点したのだ。7年かけてやっと腑に落ちた。

先生方はとても熱心にバレエを教えてくださり、子どもたちはみんな先生を尊敬していて、幼児のころのクラスメイトで辞めた子が小4のいままでほとんどいない。インストラクターとして優秀なのだとよく伝わる。

いっぽうで親に愛想を使うようなところがなく、コミュニケーションがすごくソリッドで、理由があるとすれば、ビジネスの都合上わざと親と距離を取っているのかもしれない。厳しいバレエの世界でやり抜いてきた方々だ、無愛想なのは職人さんみたいなものなのかも。

なにしろ嫌っているわけではないんだろうなというふうに急に思え、私が勝手に思っているだけとはいえ、安心して水を飲んだ。

実家の母が肉まんをくれるというのでもらいにいった息子からLINEがきた。

近所で「ご自由におもちください」スペースが設置されているという写真つきの報告だった。

息子……大事な情報を適切に伝えてくる……。

なぜ私が「ご自由におもちください」を重要視していることを知っているのか！と思ったが、幼いころ一緒に散歩をしていて私が「ご自由におもちください」に敏感なことをわかっているんだろう。ありがたく出かけて品定めした。古いペン習字の本があり、私は書き順がめちゃくちゃだからこれを機に正してみたいといただいて帰った。

それから娘とおやつでも食べようかねと、アイスを買いにいくが店には箱アイスでいいものがなく思い切ってひとり用アイスを3つ買う。

帰る道すがら、娘が抜けそうな奥歯がなかなか抜けないのだといって見せてくれてびっくりした。

ぶらぶらしている。

私は乳歯が生えかわってひさしいが、こんな、まさに首の皮一枚みたいなところでとどまるものだったか。

ちょっと無理して取っちゃえば？と提案するも、怖いからいやだと言うので私も娘に歯は任せることにした。

みんなでアイスを食べた。箱アイスじゃないアイス、豪華ですごい。クレープアイスを選んだところクランチがのっているし、クレープはふわふわやわらかいしおいしすぎる。

日曜日はすぐに夜になる。晩は豚肉が安かったので豚丼にした。

食前に野菜ジュースが紙パックにすこし残っていて、兄妹で分けて飲んだらと言うと、ふたりがものすごく好戦的に向かい合って怖いくらい。

同じグラスに同じくらい注げばいいのに面倒がってそこにあるグラスを適当にふたつもってきて、兄がなんとなく同じくらいの量を注ぎ分けるも公平さが目に見えない。

注ぎ終わった瞬間、妹がスッと一方を取って自分に引き寄せた。素早すぎる所作に「私は多いほうを取りましたわよ」というマウンティングな態度があらわれている。宣戦布告だ。兄はでも「俺は構いませんよこちらのほうが多そうですし」という態度で残った一方を取った。

まさに一触即発という空気で、まだ喧嘩になってもいないのに畏れた私は「ひとり1本買ってきたら？」と言いそうになった。

やんのかという雰囲気でふたり飲み干し、ぎりぎり喧嘩にはならなかった。

食後、皿を洗っていると娘に「モモンガがかわいいから見て」と言われみんなでテレビのモモンガをかわいがる。しかし娘はすぐに飽きてチャンネルを変えてしまった。モモンガのかわいらしさで持つ時間が短すぎる。

チャンネルを変えた先は、タレントさんがお店に取材交渉をする番組だった。かわった番組があるんだな。

そして娘は歯が抜けないがために食べる速度がとても遅い。

兄に「あずきバーの出番だな」と言われ、絶対嫌！と拒絶している。兄はむかしあずきバーを食べることで歯を抜けさせていたことがあった。

昼にアイスを食べてしまったので食後のデザート的なものはなく、息子はアーモンドをぼりぼり食べ出した。娘が瞬間で「私の分は⁉」とキッとし、息子が2粒渡すとガリと噛んで、歯が抜けたと言った。

腸壁の側を皮膚にする

1月26日（火）

よぼよぼ起きて溶けかかるような無軸の体勢で椅子に乗り、かろうじてパンをかじっていた娘だが、インターホンが鳴ると率先して受話器を取った。

「わかった」

とだけ言って、すぐに受話器を戻し、私が「え？　なにがわかったの？　友達？」と聞くとうなずいて、立ち上がるやいなや髪の毛をむすび「行ってきます」と出ていってしまった。

娘は夜、人間として寝床に入るが朝は軟体動物のような形で這い出してくる。軟体のままごはんを食べ、そうしているあいだに徐々に体が骨を思い出すように仙骨から順に背骨を立ち上げていきやがて歩く。今日は軟体からインターホンの友達の声を合図に急に背骨が登場したかっこうだ。

それにしてもほとんどなにもせず髪だけしばって社会へ出て行くのはすごい。ンモーと言いながら食卓の食べかけのパンを冷蔵庫に入れた。

子どもたちを送り出してからのっそり病院へ。胃カメラを飲む日だ。予約時間の15分前に来るように言われている。それよりさらにすこし早くに到着したところ、ビルの3階にある外来の入り口はまだ閉まっていた。

外に椅子が出してあって座って待てるようになっているが、ちょうどあとで出そうと手紙を持っている。これを先に出してしまいたい。コンビニまで行って切手を買って貼ってポストに入れて、予約の時間にちゃんと戻ってこられるだろうか。えいっとエレベーターでまた下まで降りてコンビニに向かった。戻ってきたらまだ病院は閉まっていて、時計を見るとさっきから3分しか経っておらず、すごい、3分でコンビニに行って切手買って貼って出して戻ってこられるものなんだ。時間のことを私はいまだにちゃんとわかっていない。

胃カメラは初めてで、最近逆流性食道炎に悩まされており通院するうちに、一度も受けたことがないのだったら受けたほうがいいかもしれませんとすすめられた。どれだけ胃酸が上がっているのか知りたくもあり予約した。

鼻炎もちだが先生のいけるとの判断で鼻からカメラを入れることになって、看護師さんの指示にしたがって待っているとおそらくこれから私の胃が映し出されるだろうモニタにカメラの映像が出た。ぶらぶら揺れながら床を映している。ということは……室内にある「ぶらぶらしているもの」を探して見つけた。あれか！　わ〜〜〜、胃カメラの管って太いんだな〜〜〜、思った10倍太いな〜〜〜。あれをみんな鼻から口から体内に入れているのか。

なにかの本で、食道や胃、腸の中というのは体外ともいえる、と読んだことがある。人間の体を伸縮の強いゴムにしたとき、べろんと腸壁の側を皮膚にするように外にひっくり返せる。太いカメラを差し込むのは、棚のすきまに手を伸ばすみたいなもので、なるほど「まだ体外」だ。

カメラが体のすきまに差し込まれる間は、お医者さんが上手というのはもちろんあるだろうけど、看護師さんが背中をザッザッと強めにさすってくれたおかげでしんどさはほとんどなかった。きびしいとき背中をさすってもらうと体は本当に楽なものだ。終わったあと「大丈夫でした？　頑張ってましたね」とその看護師さんがねぎらってくれたので「背中をさすってもらえたのでずいぶん楽でした」と伝えられてよかった。

そして結果は、逆流性食道炎ですね！ということだった。知っている！　先生も私もあらかじめわかっていたことなのでなんとなく笑う。酸で痛んでいる部分を写真で確認した。胃を大事にしよう。

鼻腔に麻酔をかけたので1時間は飲み食いはしないでくださいと言われて帰宅。すきっ腹をかかえ時計を見る。ちょうど1時間たったところでパンを食べた。

誕生日にもらったバラが開いてきてうれしい。病院では胃カメラのモニタに患者としての私のＩＤと年齢が映し出されたが、そこには41歳とあり、あれ、私こないだ42歳になったと思ってたんだけど、41歳のまちがいだったかな。今年は2021年、そこから生まれた1979年を引いて……42歳だよな？と私はこの手の計算が苦手で不明に慌てたが、もらって帰った結果のレポートを見ると42歳と書いてあり、やはり私は42歳だった。

午後は仕事。終えて鶏肉を買いにでてトマトで煮た。子どもたちも帰ってきて食べる。食後鶏と一緒に箱入りの小さいのが9つ入っているタイプの雪見だいふくを買ってきた。食後に食べているとああっ！と、まだトマト煮を食べる途中の娘が見つけて声を上げるものだから「冷凍庫に入ってる入ってる！」となだめた。

夜、息子からプリントを渡される。2月下旬にある学校の遠足について、参加するか否かを教えてください、というものだった。感染症を考えどうするか、各家庭の判断に任せることになったそうだ。学校側も一律こうとはいえないのがいまなんだろう。否の場合は在宅学習日になるとのこと。息子は以前この遠足について、班で計画を練っているのだと言っていた。わざわざ私に話して聞かせるくらいなら楽しみにしているのかなと、これはもう参加でよかろうと私は言ったのだけど、息子はどっちでもいいと言う。本当に心からどっちでもいいんだと、プリントの可と否の文字の上で指で「どちらにしようかな」をはじめた。私は参加になるように瞬時に祈って、すると指は「参加」で止まった。

これしきのことで寝るまでどきどきした。

なにも起こらない予感

1月27日（水）

いつかどこかで入手した、レンジでスパゲッティをゆがく容器で雑にスパゲッティをゆでお湯を切り、そこに安い明太子スパゲッティの素をにゅーっと出してまぜて仕事をしながら食べた。雑な飯を雑に食うのを積極的に好きでいる。スパゲッティをレトルトのたれで食べるのなんて不味いわけがなく、きちんとしてないけど不味くもないのがとてもいい。

先日青汁を買った。友人にすすめられた直後にネットでも絶賛のコメントをみかけ、飲んでいると雑な飯をくらえども野菜の摂取は大丈夫だと強い気持ちにさせてくれる。精神的に助かっている。

そうして昼を越え午後も仕事。帰宅し作文教室に行く準備をする娘に、先生に渡してほしい書類をファイルに挟んで渡した。オーケーオーケーと受け取るも一度床に置きっぱなしでどこかへ行ってしまい、もう一度、頼むよ持っていってねと声をかけて仕事に戻った。そのうち娘は出かけていって、ハッとしてさっきの床を見るとファイルがなく、おお、ちゃんと持っていったんだな。幸運のような気持ちの起こりに、私は娘が忘れる前提でいたのを知る。

息子が帰ってきて冷凍庫から雪見だいふくを出して食べたので見た。街なかによく隈取の目のイラストに「みんな見てるぞ！」と書かれたステッカーが貼ってあるが、あんな感じでこの家ではおやつを食べる人のことは誰かが見ている。私は子らを見ているし、息子は私と娘を、娘は私と息子を見ている。ちいさなおうちに相互監視社会がある。

仕事を終え、鶏汁とちらし寿司を作ることに決め買いに出た。ちらし寿司は素を使おう、あと海老をのせたいと買って帰って作ったが、これはちらし寿司ではないな。子どもたちに、ちらし寿司としての要素を欠いてしまったと出すと、必要なのは海老ではなく錦糸卵とインゲンだったようだなと息子が言い、まったくそのとおりだ、海老さえあればなんとかなると思った私がまちがいだ。しかし煮しめの入った寿司飯がおいしかったのでみんなでにこにこした。

今日はもう全員雪見だいふくをひとつずつ食べてしまった。この家ではアイスはひとり1日1個までと決まっている。冷凍庫にあと3つ残っているが誰も食べられない。全員の、食べたいなという気持ちが交差するのを感じる。顔を見合わせ、今日は2個目を食べてもいいことにしようかと言うと子らからも賛同が上がり、食べた。

夜は娘がNetflixでアニメを選んでいた。隣で一緒に観はじめてすぐ、どうやら日常系の作品だなと見当がつき、観すすめるに従い、これはかなりなにも起こらなさそうな作品だぞとわくわくする。

なにも起こらない予感にこんなに興奮する。

菓子パンは子にやる

1月28日（木）

やった……！　昨晩、炊飯予約をして寝たのだった。起きて台所に入るなり炊飯器がうなっており思い出した。鶏汁の残りがあるから朝もごはんと一緒に食べるつもりで段取った。ここのところ朝食はパンばかり食べていたのでうれしい。過去の手配が未来の自分を喜ばせてくれた。

起きてきた息子とふたり、よしよしとごはんを食べて汁を飲む。娘は自力でおにぎりにするだろうからラップと塩を出しておいて、起こすとやってきて静かににぎって食べていた。

子どもたちは学校へ行き私は家で仕事。天気は曇りだけどすこしは乾くかと朝物干しにかけたバスタオルはえんえん生乾きのままで、これは無理だと早々にあきらめて部屋に干した。この冬はほとんど家にいる。加湿のためバスタオルとぶ厚い衣類以外の洗濯物は部屋につるしており、部屋干しがかつてなく活況だ。しばらくして雨が降り出し結局ぜんぶの洗濯物が部屋干しになった。

まったく、雨が雪に変わるとはこのことだった。時間をかけてじわじわ変わったように思われた。大粒の雨に、じゃりっ、ぼたっとしたかたまりがまざり、そのうち白くなってきて、それからふわふわした雪らしい雪になった。昼のカップヌードルのカレー味を食べながら外のようすを見た。熱湯3分では戻りたりなかったか、薄切りのジャガイモが不安な食感だった。

家の電話が鳴り出ると図書館からで、娘が借りた本の返却期限が過ぎているとのこと。あれほど早く返すようにと言っておいたのに。

雪ですす雪ですと子らが帰宅、娘はつめたい手でぬいぐるみをさわって、ぬいぐるみを驚かせているらしかった。それからおやつを食べて図書館経由で塾に行った。図書館に寄ること、本の重さで忘れることはないだろう。

今日のおやつは菓子パンで、小さいパンが袋に4個入っている。娘が2個食べて、息子に2個わたした。（私も食べたいな……）と思ったががまんした。日ごろ大人だからといって線を引き我慢することはないのだけれど、菓子パンは子にやる。

息子に炊飯予約を頼んで晩の買い物に行き、簡単にできるものを適当に作ってちょうど19時に仕上がるように動いた。ハッと気づくと息子が予約炊飯してくれたはずの炊飯器が動いていない。タイマーが午前のほうの7時になっている。早炊きで巻き返して事なきを得た。

夜は息子が娘をおちょくった結果娘が大泣きし、怒りまくって居間に転がっているクッションにタックルして「もうこのクッション、明日いちにち私のものにする！　誰にも使わせない！」と持って自室に走っていった。怒らせた代償としては急かつ理不尽だが、それで自力で気をすませるのは才能だと思う。

思いつきで毛布を1枚足したらきのうまでに比べ予想以上にあたたかい。まどろみなく一気に寝た。

糊を買いにいこうくらいの誘い

2月1日（月）

誕生日にもらって生けた花束のバラが枯れていき悲しい。花を飾る習慣がずっとなく、花が枯れるのに慣れていない。枯れゆくところをどうすることもできず見守って捨てる。バラだけ抜いた。ガーベラとカーネーションはもうすこしもちそう、抜いたバラは、こうなっているところを見たことがある気がするなと雑な理由で輪ゴムで結って逆さに吊るした。

息子は最近、『ライ麦畑でつかまえて』を読み終えたのが誇らしいようだ。「こういうのって、なんていうの、ほらこう『洋楽』みたいな言い方ないのかな」とくねくね聞いてくるので「え、なんだろう……英米文学……?」と答えると、キャッと喜んで「かっこい～！」と言いながら走っていって、行った先で娘に「This is 英米文学」と本を見せ「あたしだってそれくらい読んだことあるけど」と言われていた。

去年の今日は息子が中学入試を受けにいった。あの日の緊張に比べると今日はまったく無緊張状態で、人生における重要な日とそうでもない日の落差は激しい。かつて重要な日だった同じ日としての今日を味わった。

在宅勤務だが荷物の発送の必要がある。数が多く集荷を頼むも現金が足りなくて、帰ってきた息子に「金ないかい?」と聞く。探してみると自室に行った息子が持って戻ったのはいつだったか親せきにもらった1ドル紙幣だった。

「これしかねえ～～」「これしかねえか～～」

集荷の時間が迫っており、慌ててATMでお金をおろした。いつも現金がない。困ることも多く普段から家にお金を置かねばとずっと思っているのにいつもこうだ。なぜかというと、家にお金があると使ってしまってなくなる。

仕事を終えるころ帰ってきた娘に、お母さん糊買いにいこうと誘われた。学校で使っている水糊が切れたらしい。人からあまりどこかへ行こうと誘われることのない日々が続く。糊を買いにいこうくらいの誘いがうれしい。娘は私の同伴をいいことにマスキングテープも2本入手し、さらに書店に寄って文庫本も欲しいというので買い、文房具と本はねだられて買うのに抵抗がない。

それから晩の鍋料理の材料も買う。出際に息子に、カレーが食べたいから鍋にするならカレー鍋がいいと言われたが2軒まわってカレー鍋のつゆが売っておらず、私はつゆが売っていないと鍋ができない。

息子には悪いが味噌鍋の素を買って帰って冷蔵庫の野菜という野菜をぜんぶ鍋に入れて煮て食べた。うまいうまい。食後は息子が塩飴を配りみんなでなめる。

なめながら、このあいだの週末、ものすごく辛くて、辛いもの好きの私も一口しか食べられず、娘など麺1本5センチだけうっかりもらって食べたものだから辛さが引くまでに氷5個をなめなければならなくなったカップ焼きそばを、息子が猛然と食べ上げたことについてあらためてみんなであれはすごかったと思い出し話し合った。

世界一の墓

2月3日（水）

ひさしぶりに会社へ行く。家で仕事をするときはズボンをズンッと履いてセーターを雑にかぶるように着るだけだが電車に敬意を表しワンピースを着た。

いい天気の日、路地を通り抜けるとあちこちで踏まれた大豆が粉になっていた。節分の翌日が十分に感じられ、外に出かけるのが今日でよかった。

作業を終えて帰り際、墓場の脇を歩いていると中で作業している人たちが「これは上手にできたな」「世界一じゃないか」と話していて、世界一の墓を見てみたかったが柵で覆われていて見えない。

夜は冷蔵庫のなかにカレールーが半分だけ残っているのがずっと気になっていてようやくのカレー。ちゃんと玉ねぎをよく炒めた。

みんなで食べながらテレビのニュースを見た。公職選挙法違反の事件で金を受け取った人たちが「困ると言ったのに無理やり渡された」などと言うようすが流れている。

「困ると言ったのに無理やり大金を渡されるのか」と息子が言うので、「100万円出します、紅白歌合戦のけん玉チャレンジ、よろしくお願いします！」と言うと、息子は困った。

「あれ、失敗するとどうなんの」「みんなになぐさめられるんじゃないかな」

息子は食事を終えてからけん玉を数回やって失敗せずに皿に乗ることを確認し「俺、出る」と言っていた。

それから娘とふたり、ぬいぐるみを持ち合ってボクシングをさせていると息子が「今日友達がみんなで遊園地に行ってたらしい」と言うじゃないか。「ええっ！　な、なんで行かなかったの⁉」「いや〜、誘われなくて」「え〜〜〜〜っ」

ショックだ。ぬいぐるみボクシングどころではない。誰かになにかに誘われない、自分ごと以上に家族ごとだとこれがとてつもなく寂しい。

「なんでだい、きみがＬＩＮＥをあまり見ないのがいけないんだろう」「だいじょうぶかい、さみしくないのかい」

つい放っておけずあれこれ声をかけてしまう。息子は「いや大丈夫。お母さんが思ってるようなやつじゃないから」と肩をもんでくれた。「そんならいいけど……」

肩もみが気持ちよかったので去年の母の日に娘にもらった肩たたき券をひさしぶりに出し、娘にも「ひじで背中をぐりぐりコース」をやってもらった。

夜は今日もＤＳで麻雀をやる。麻雀というと私にとっては祖父母宅でやるもので友達の家やまさか雀荘でやるほどのスキルはない。ＤＳはプログラムと対戦しているが、キャラクターがみんなダマテン（宣言をしないリーチ）をして、うちの実家ではそんなことすると伯父さんが怒るしおばあちゃんも機嫌が悪くなるからひやひやする。

餃子の数を数えて

２月７日（日）

起きてサニーレタスを焼き肉屋の味にした。

「これ、焼き肉屋味ついてるから」と息子に言うが「おれは焼き肉屋味を知らないからちょっとそこ感激できなさそうだよ」とのこと。

そうかなあ。食べてみたらさすがに「あ〜、なるほど、たしかに焼き肉屋味だね」とわかるはずだ。口に含み咀嚼をするのを横目に見て「どう」と聞いた。「いや、だから俺は焼き肉屋味を知らんから」

塩とゴマ油の味だが、そうか。

今朝はきのうこねて板状にしたあと冷蔵庫に寝かせっぱなしにしたクッキーを焼きたい。レシピでは10分ほど冷蔵庫で置くところ、ひと晩置いたものだから生地はがちがちになっていた。これじゃあ伸びない。すこし温めればいいだろう。お湯を沸かしたヤカンの余熱でなんとかならんかと、布を噛ませてヤカンを置いてしばらく放った。息子が俺が型を抜いて焼くよといって、ゆるんだ生地をまた冷蔵庫に入れようとしている。え、いませっかく温めたのに。

息子によると、ヤカンの余熱により生地は寝かせる前の状態まで戻った。だからそこからレシピどおり10分冷蔵庫で冷やそうという判断だったようだ。料理の勘が悪い親子に翻弄されるクッキーの生地。結局そのまま伸ばして焼いた。上手に焼けてうまいうまい。

食べながら息子のGoogleアカウントが私の元を離れていった。息子は去年13歳になった。日本では13歳以上はGoogleアカウントを自分でコントロールできることになっているんだそうだ。設定をしなければとずっと思っていた。メールを検索させて、そこからは息子に任せたところ、パッと私のスマホに「息子さんは保護者権限を卒業しました」と通知が来た。通知はタップするともう消えて、どこにも残っていなかった。

クッキー焼けたよの力でよく寝る娘を起こし、用事をすませに外へ出るといい天気で、小さい子どもや犬が散歩しているのを見かけてかわいくて心がうきうきする。外に出てよかった。

帰ると家からトントントントントンと音がして、息子がとんかちでまるめたアルミホイルを叩いていた。クッキーを焼くときに敷いたホイルがあったから叩くことにしたそうだ。そのうちホイルはじゅうぶんに平たく鍛え上げられ、すると息子はこんどはそれをはさみで切った。

娘はそれを横目にヨーグルトをストローで吸った。飲むヨーグルトではなく普通のヨーグルトなので吸いづらそうだった。

昼は麺。食べながらみんなで娘がつけたアニメ『ランウェイで笑って』をながめる。主人公がしこたま怒鳴られつらい。フィクションは怒鳴り怒鳴られしたほうがドラマをやりやすいんだろう。

午後は娘の新しい連絡帳を買いに隣町の大きなスーパーへ。娘の通う小学校では連絡帳だけは柄入りのノートを使って良いとされていて、近所の100円ショップにはない派手なものを探しにやってきた。目当てのものを見つけ買って、それから不織布のマスクを、すこし割高かなと思いつつこんなものかなと買う。別のフロアで食材を仕入れて帰ろうとすると、そこでずっと安いマスクを見つけてしまい「ヒーッ」と声が出た。娘に「おかあさん静かに！」といなされる。こういうときはどうかなぐさめてほしい。元気を出すべくひさしぶりにチョコパイを買った。

帰ってチョコパイを食べて、娘の買った駄菓子の「ヤンヤンつけボー」の陽気なネーミングとパッケージを見て元気を出した。

スーパーではお雛様が売られていた。それでそうだうちも飾らねばと気づいたのだった。床下の収納から出して飾る。手伝ってくれた娘が床下からカードゲームの「ワードバスケット」を見つけて、うわ、これいつ買ったやつだろう。ひらがながカードに書いてあって、場に出ているカードの文字からはじまって、手札の文字で終わる言葉を言ってはバスケットにカードを投げ入れていく、手札がなくなった人が勝ちというゲームだ。息子も呼んで3人でやってみたところ、全員弱くて笑った。ぜんぜん言葉が出てこない。

「『け』で始まる言葉自体がそもそもなくない？」

「『けむし』しかない、あとぎりぎり『けいと』」

「あ！　おかあさん『毛糞』は？」

「毛から糞は出ないからな」

という具合。競争するのはやめてみんなで考えるがそれでも進まない。ギリギリ娘が上がって、もう1回戦やるがやはり全員どうにも勘が悪かった。「の、の、の、のりお」「ルービックキューウ」など最初は笑っていた不得手にも飽きて、どうしようもなさだけが残った。

夜は餃子を焼いた。大皿にのせてひとりに8つずつある。数えながらそれぞれ食べるが途中からわからなくなりそうで娘が紙を持ってきて、正の字でそれぞれ食べた個数を記していった。

私は6個食べて「残りのふたつは、ふたりにひとつずつあげる」と言うのだが「え？俺まだ6個しか食べてないから残りのふたつ食べて8個でぴったりなはずだけど」と結局証言は食いちがった。

とらわれなさが真実をつかむ

2月14日（日）

目覚めてからも気を抜いて横になったままでいると日曜日の朝は9時に迫ってしまう。9時まで寝ると午前中がもう3時間しかなく、それではこわいから8時台の後半には起きだした。

パンを焼いて子どもたちに声をかける。息子だけが起きてきてふたりで朝ごはん。ラジオをつけてちょうどやっていた、芸人さんの番組を聴く。ゲストとバレンタインデーの話になり、「たくさんもらったチョコはどうするんですか？　捨てるんですか？」というのが安全に冗談として機能するのがおかしく、息子と一緒につぼにはまりしばらく笑った。

それから新聞を開きテレビのニュースをつけ、昨晩の地震が福島県と宮城県で大変なことになっていたことを知る。娘が起きてきた。ちょうど最近地震で地盤になにが起こるかを学校で勉強したそうで、机上の学習を現実で目の当たりにする「あっ！　これが」というようすでいた。

書き物など作業をしているとあっという間に昼だ。子どもたちに昼ごはんはなにかとせがまれ、昼はそろってパンを買いに出る。玄関の前で上着を着ていると姿見に私と息子が映り、うすうす感づいてはいたが息子はここ数か月でまた背が伸びた。このあいだまで同じ背丈だったのにもう5センチは私より大きい。10年とすこししか育てていないのだがこんなになるのだな。

パン屋は混んでおりセブンイレブンに移動してそれぞれ好きなパンを選んだ。息子がブリトーを取り、ブリトーか。なんだブリトーってと思いながらセブンイレブンにずっとある。セブンイレブンのような巨大チェーンでこんなにも不明なまま売られ続けているものもないんじゃないか。

レジであたためますかと聞かれたのでお願いした。これまではあたためなしを選んでいたけれど、最近はあたためを頼むのが私のなかで大流行している。せっかちなのでつい早く店から出るほうを取ってしまうが、そうすると自宅のひ弱なレンジで時間をかけて温めることになる。だったらコンビニであたためてもらうほうが早いとようやく学んだ。いくつになっても学びがあるとはこのことだろう。

帰ってうまいうまいとみんなで食べて、息子はとくにこんなにうまいものがと感激していた。私より先にブリトーの味を子が知った。

午後は娘と連れ立って隣町にチョコレートを買いに出かけた。カルディに行くとチョコレートはもう売り切ったあとのようで、ひな祭りとイースターの売り場のほうが広かった。娘はチョコエッグを欲しがっていたのだがなく、もしかしたらナチュラルローソンにあるだろうかとふたり自転車を走らせるもやはりなかった。

ナチュラルローソン、ひさしぶりにきたが、そうかローソンとはこんなにもちがうものだったか。アイスもビールもよさそうなやつがたくさんある、化粧品もどれもすてき。すっかりテンションが上がった。繁華街を歩くことが減ったものだから店舗というものに対する興奮の耐性が下がりきってたくさんの良さそうな商品にすぐ感激してしまう。娘はそんなナチュラルローソンでチョコエッグの代わりにアルフォートを選んだ。うかれない、堅実かつ賢明な選択にはっとさせられる。とらわれなさが真実をつかんでいる。私はエクレアを買った。

帰って食べた。息子には和菓子屋でどら焼きを買っておいた。バレンタインの意味を込め3つセットでラッピングしてもらったが、すぐに飲むようにひとつ食べてもうひとつすぐに食べようとするので、時間をあけて食べて味わってほしいと懇願した。

娘が残ったどら焼きを見て「ドラえもんっていつもゆっくりどら焼きが食べられないね」と言う。「どら焼きを食べようとするとなにか起きることが多いから」

なるほどたしかに。打ち破られる平穏としてどら焼きが描かれるからだろう。「ドラえもんがゆっくりどら焼きを食べているだけの回が観たいな」と娘。それがのちの日常系アニメです、ということでいいんだろうか。

夕方娘は図書館に行ってまた学習まんがを中心に日本史の本をたくさん借りてきた。その中に一冊、一般書で江戸城を扱ったものが入っていて、娘は日本史が好きだ↓ということはつまり↓史跡に行きたいのではないか。

お城とか行ってみたい?と聞くと「行きたい!」と言う。やった、一緒に行けるところができた。娘は普段出不精なのでうれしい。

コロナ時代の買い食い

2月16日(火)

子どもたちは学校に行った。それぞれ食べたらしいヨーグルトのカップがシンクとテーブルに出ている。

きのう4個入りのプリンを買って兄妹と私がぞれぞれひとつずつ食べた。残りのひとつをめぐりこれはもめるなと思っていたが、今朝のところはやり合わずおたがいヨーグルトを食べてよしとしたようだ。確かめると冷蔵庫にはプリンがひとつ残っていた。

私は今日も在宅勤務。きのうちゃんと終えられるか不安を抱えうなりながら寝た仕事があった。そんなに心配なら夜のうちにやればいいと自分でも思うのだけど、夜寝るのが好きでどうしても寝てしまう。不安のまま始業して、でも着手すると調子に乗って楽しく期限までに終えた。いい気になり昼はたくさんパンを食べ満腹になる。

午後はリモートの会議に出て、そのうち子どもたちが帰宅。会議を終えて続きの作業をしていると、集中の外から娘の声が聞こえた。

「そんならもういいよ、お母さんに食べてもらおう」

瞬時に「プリンのことだ!」とわかった。聞き耳を立てると、ふたりでひとつのプリンをめぐり以下のいずれかを採択すべく協議しているようだ。

（1）半分にわける

（2）ジャンケンで勝った者が食べる

（3）お母さんに食べてもらう

どうやら（1）のようなみみっちいことをするならば（2）できっぱり決めようというのが会話の流れで、しかしすると負ける未来が五分あるわけでいっそ（3）母に食べさせようとの案が出たらしい。

……来い！　プリン！　私はそう思ったが、結局ジャンケンすることに決まり兄が勝った。娘は泣くのではと私は身構えたが、えばって「ひとくちちょうだいよ！」とでかい声を出した。

「ひとくちやりな」私からも息子に言うと娘は「焼けてるとこだよ！　表面の！」と言ってもはや食べ始めている息子の近くにスプーンを持ってやってきて、すっと、でも常識的な量を取って食べた。

それから娘は塾へ行って、私はまだ仕事があり、息子も宿題をはじめ静寂は戻る。

仕事を終え晩の買い出しにいって、帰って冷蔵庫を整理していると息子が小さく（いってきます）とどこかへ出ていった。なんだろう。近所の友達とよくまんがの貸し借りをしているのでそれだろうかと思っていると帰ってきて、自室へこもり、しばらくして台所になにか捨てにきた。アイスだ。モナカの袋だ。買い食いに出かけたのか。「サイダーのプラム味も買った」私の視線に堪えかね息子は白状した。感染症対策で息子はいま部活もなく授業後はすぐに家に帰ってくる。コロナ時代の買い食いは家から店に行き家に帰って食べるのだ。

夜は娘が雑誌の『SWITCH』を読んでいた。2005年発行の『スラムダンク』の特集号で、大ファンの娘のために週末ブックオフで見つけこれはと買ってきた。

娘が「ちょ、ちょっと来て!」と言うので急いで行くと、『スラムダンク』の単行本販売1億冊を記念して集英社が新聞広告を出した日が娘の誕生日と同じ日と書かれていて「すごくない?」「めちゃくちゃにうれしいんだけど!」と、感激している。手をとりあって喜んだ。

ピザが食べ足りないのは絶対に嫌だ

2月19日(金)

ピノじゃないんだけどピノのような、小さくてチョコレートコーティングされたアイスをきのう買って、小さいし味が3種類あるし、3つ食べちゃお、と思い手に持っていると朝食をとる娘が

「なに、3つ食べんのそれ」と言った。

「そんなに食べたらなくなっちゃうよ！」と糾弾するのでも「お母さんが3つ食べるなら私も食べたい！」と所望するのでもない、純粋に心からわき上がった
「3つ食べんのそれ」

という疑問の声だった。迫力ある純粋さがおそろしく「あ、いや、やっぱひとつにしておく」とふたつ冷蔵庫にしまった。

子どもらは学校へ行き、今日は私も出社の日。電車に乗るし事務所では人とスペースを共有するし、そなえてきのうは念入りに髪の毛を洗い、朝はしっかりお化粧もした。在宅勤務でも仕事の内容は変わらないしクオリティも下げずにやっている自負があるが、以前は仕事にプラスしてこの身支度を毎日していたのはていねいだったなと思う。

帰り際、息子の塾へ受講料を渡しに寄った。支払いついでに先生に息子の態度をよくほめていただき、来年度の中2は英語に今後のキーになる単元がありますので頑張りましょうとはげましてもらった。

「先生、私はその中学2年生のころ英語の授業についていけなくなり100点満点の定期テストで5点を取ったことがあるのです。息子にはその血が流れております」ほがらかな先生なものだから胸を借りてつい言ったらうけた。

帰りに甘いおもちとお茶を持たせていただく。このもちにはこのお茶が良く合うのです、

ということでうれしい。先生は甘いものがお好きで、受講料納付時に保護者におすすめの甘味を持たせるのがこの塾のならわしのようだ。

帰ると息子はＤＳで麻雀ゲームをしていた。一緒にもらってきたもちを食べお茶を飲んだ。うまい。

娘も帰宅し午後はスーパーで安売りだった出来合いのピザに、余っていたチーズを足して焼く。具のさみしい安いピザはチーズを足すと頼もしくなる。焼けたところから食べる方式にして、１枚目を３人で分けて食べていると娘が「これって何枚あるの」と言って「あと2枚あるよ」というとほっとしていた。

「もしこの1枚だけだったら、絶対に嫌だなと思った」

とのこと。ああ、これはもう本当に嫌なんだろうなと説得力があった。娘は調子よくふざけた人だが、真剣なときの目は燃える。ピザが食べ足りないのは私も絶対に嫌だけど、ここまで本気になっていいのだと信念の自由を感じた。

食後は息子の途中の麻雀ゲームを引き継いだ。開始早々違和感がある。自分以外の３人が牌を場に捨てるスピードがこれまでより早い。それにキャラクターのセリフも出ない。聞くともたつくのが嫌だから設定を変えたんだそうだ。

息子が。設定を。

いつもおなかをすかせ抱いてもおんぶしてもベビーカーに乗せても外に連れだしても泣

き止まず、授乳時しか落ち着きのなかったあの息子が、麻雀ゲームをはじめて半日で設定をいじっている。

成長。

落涙。

落涙はするが私はゆっくりやりたいので打牌のスピードはもとに戻させてもらった。セリフはたしかにないほうがいい。ちょっとポンしただけですぐにやいやい言うし、リーチするといちいち茶化してうるさいと思っていたから助かった。

2月22日（月）

本当に家族で楽しいだろうか

保有する仮想通貨の値動きを一緒に見ていた息子が、これはそろそろ潮時ではというのでけして手ばなさない「ガチホ」の概念を説く。

「しかしこのままでは危なすぎます」

「いいのだ、危ないならそれはそれでいいのだよ」

子どもらは学校へ出かけ私は今日も在宅勤務の一日。

夕方になって、最近、娘と息子は同時に帰ってくることがある。娘は小学生で息子は中学生、学校はちがうがスケジュールの偶然でタイミングが合うようだ。娘は友達とわいわいがやがや歩いたり途中すこし走ったりして帰ってくる。いっぽう息子はひとりだ。娘たちに絡まれ冷やかされないように彼女らの姿を見つけたら猛ダッシュで自宅へ逃げ込むか、通りすぎるまで身を隠しやりすごしているそうだ。自宅とちがって屋外は偶発的なコミュニケーションが発生しそれにより身の危険が起こり得る、サバンナみたいだ。一命をとりとめ帰宅した息子のすぐあとに娘が帰ってきた。

娘が夜はパンが食べたいと言った。通常この家は晩はごはんにおかずと汁でしのぐことが多いが、たまにはパンもいいかもしれない。息子はそれならパンにはどろどろしたものをつけて食べたいと言って、なんだろうそれは。聞くとどろどろしたものならなんでもいいと言う。

「チーズフォンデュみたいにすると良いかね」

「チーズフォンデュってなに」

知らないなら見せてやろうと、パンとチーズを買いにでた。チーズはカマンベールチーズの丸いやつをレンジで溶かせばいいだろう、カゴメの瓶のサルサディップを見つけてそれも買った。すこし良いハムも買うと会計がいつもの3倍くらいし、パン食のおそろしさを知る。

がやがや人が食卓に集まり、洋食だ洋食だと食べた。息子がどろどろしたものを喜んでおりよかった。

娘がテレビをつけるとサブスクリプションのサービスの代表としてNetflixとSpotifyが紹介されており、「う……うち……両方入っている……」と感激している。テレビで紹介されるほど有名なサービスにうちが……！　身近なあの人たち、有名人だったのか！に似た感慨を得たようだ。どっちもなんて、贅沢をしていると知ってくれたらうれしい。

番組はちまたのさまざまな新しいサービスを伝えるもので、続いて寿司のシャリとネタを別売りして、家で合体させて食べる商品が紹介され出演者からの関心を集めている。

これ、友人と渋谷の井の頭線の高架下にある回転寿司に行ったときにポスターで見たやつだ。「家族で楽しく！」と書かれていた。こういうのを見ると私はつい、本当に家族で楽しいだろうか、その家族にあつれきやわだかまりや困難はないか、と余計な心を震わせてしまう。

「仲良し家族」的な表現に弱い。現実はさておき、ドラマでも映画でもなんらかの物語が家族を取り上げるときその家族関係はいつももろくデリケートだ。フィクションの世界で家族はいつも傷つけ合う。だから広告が一転家族をなんの問題もない明るいもののように取り上げることにおそろしさを感じる。

寿司が評判で本当によかった。家族の仲は良かったんだ。

食後は娘だけテレビを観続けて、私は台所で本を読んだ。

「相棒」

と隣室の娘が言うのでどうしたのか聞くと、ドラマ『相棒』のコマーシャルが流れたからかっこよくタイトルを声に出して言うだけ言ってみた、とのこと。「観たことないけど、できるだけかっこよく言った」そうで、リスペクトがある。

いっぽう息子はと探すと自室であおむけで布団に入り横になり目を閉じていた。手元のスマホからは音楽が流れている。

「聴いてるならいいけど寝るなら音楽消しなよ」というと「俺は寝る、しかし音楽は流れ続ける」ということだ。

娘が止めないストップウォッチを見せてくれた。367時間18分7秒まで進んでいる。

2月27日（土）

午後7時25分、逮捕

土曜日だが子どもらに学校があり早起きする。息子がくしゃみをしながら薄着で起きてきて、パジャマを気候に合わせよと諭すと、それよりと、「ねえ、いまのくしゃみ聞いた?」と言う。

「『カーアクション!』じゃなかった? くしゃみ」たしかに。おれのくしゃみは「カーアクション！」なんだなと息子は喜んでいた。パンを食べて娘も起こした。洗濯物を干していると前の通りから「おはようございます！」と声がかかった。娘の友達だ。「ちょっと待ってね、もう行くから」と娘に声をかけようと部屋に戻ると、もう登校の準備をしていると思っていた娘がまだぼさぼさのあたまで食パンに半分にしたゆで卵をはさんでいままさに食べようとするところだった。「えっ！」まだその地点か。たまごサンドはあきらめて出かけるというので送り出した。

子どもたちのいない午前中、本を読んで部屋を片づける。するともう人々は帰宅し、昼はみんなでそばを食べた。

食後に息子がポンカンをむき、きれいにむけたポンカンを皿にのせて爪を切り始めた。ポンカンをむいていて爪が伸びたのに気づいた、万全の状態でポンカンを食べるために先に爪を切ることにしたんだという。そうだ、爪は伸びていると気が散って楽しむことをさまたげる。

日本にロックフェスが登場したとき、有名な音楽ライターの方、どなただったかが「爪を切って出かけるのを絶対に忘れないように」と言っていたのをぼんやり覚えている。100％の状態でぜんぶを楽しむ準備の盲点は爪の切り忘れだと。

午後は兄妹が今日もそろってWii Partyをやりこんでいる。先日までは兄が熱心に取り組んでいたが、入れちがいでこんどは妹にWii再評価の熱が高まっている。まだまだあと数年は、なんなら数年といわず数十年遊び続けたい。

ワープロがいまでも根強い人気でメーカーがサポートを終了したあと個人の専門の修理屋が大変な人気を集めているとはよく聞くが、もしいつか任天堂がWiiのサポートを終了した場合同じことになるかもしれないなあと思い調べたところ、Wiiはまだ修理受付をしているようだが、私が夢中で麻雀ゲームをしているDS Liteは２０１７年にすでに修理の受付を終了していた。ついでに来月の２０２１年3月末で３ＤＳの修理が終了になることも知る。３ＤＳなんて、ＤＳを現役で遊んでいる私にとっては「これから買うやつ」だ。時代に置いていかれるということそのものを体験した。

窓を開け遠くを見て閉めた。目を休めるため。

夕方、娘がバレエの稽古に出かけ、迎えにだけいく。長くお世話になった先生が今日で退職されるそうで、娘からぜひ今日は稽古場に来て挨拶するといいとすすめられた。いかにも親が子に求めそうな挨拶を逆に娘に言われ、娘は礼儀のちゃんとしたところがあるのではないか。

別れを悲しみ泣いている子がいる。娘は先生にあたまをなでてもらい「笑顔がすてきなんだからもっとよく笑って」と言われた。

別れのために用意されたゆっくりした場ではないこともあり数十秒で退散した。惜しみ合い切れない未達成感が残るがこれくらいのコミュニケーションがあとで思い出としてとても大きいことを大人の私は知っている。

買い物をして帰宅し、みんなで晩ごはん。調味料を取りに立った娘が戻って座った瞬間、ふわっとほこりがお椀に入った。娘が手早くスプーンですくいあげ「かくほ、確保〜！」と声を上げるのでここは礼儀で私も「午後7時25分、逮捕！」と続いた。

それから逮捕する瞬間ってあれなんで時間読み上げるんだ?という話になり調べた。人生にはさまざまな疑問がある。

食後は娘がまたWiiを始めたので見た。アバターが10メートル、20メートルと走っていく、30メートルから先は距離の標示がなくなって、提示された距離（たとえば「100メートル」とか「80メートル」とか）にいちばん近いと思われる場所に到着したら止まる「ぴったりウォーキング」というゲームがあり、娘はこれがやたらに得意で本当にぴったり止まるのでよく褒めた。

らくだだと思っていますか？

2月28日（日）

起きた娘が皿の上のパンを見て「焼きおにぎりだと思ったのに」と残念そうにしている。

きのうバレエの稽古の帰りにスーパーで買った冷凍の焼きおにぎりが出てくると期待して

いたらしい。冷凍食品はおいしいからな。

「朝焼きおにぎりが食べたいなら夜のうちにそう言ってくれないと、心で願っても叶いやしないでしょうよ」と言うと、それはそうだとパンを食べだした。

さて、ついに子どもたちが文章を書いた。今朝は娘が通っている作文教室で塾生の子たちが書いた小説を読む会が行われる。

この作文教室は近所のおじいさんが主催しているもので息子が小学3年生のときに知人のすすめで入会した。作文教室とは名ばかりでおおむねの活動は物語や新聞を読むことだ。あとは河原で草笛を吹いたり、馬に乗ったり、山に登ったりする。

作文はいつ書くのかというのがこの会のチャーミングなところだったが、ついに書いたのだ。

会場には子とその親が集まっており、親と子をシャッフルして小さなグループを作ってみんなの作品を読み合い感想を話した。塾生の男の子がノートの落書きを消しゴムで消して、その消しカスを「これ、要る?」という。「要るってことあるのかな!?」と驚くと「黒くて細長くてつながってるから、もしかしたら要るかなと思って」

そうか、これは僕にとってはいい消しカスだけどあなたの価値観でもいい消しカスですか? だったらあげるよ、と言っているのか。気遣いが深い。

物語文、みんなとても上手に書けていてうなった。娘は肉づけまで手が回らずほとんどあらすじの状態で提出したが、それでも「起承転結がちゃんとある」などほめていただきほっとした。

終えて解散し、娘と帰る。途中娘から「バンドを組むとしたらどんな名前にする？」と、聞かれたらうれしいことナンバーワンといっていい質問が飛び出し興奮した。娘は「ティッペ」にするんだと、ティッシュペーパーの略だそう。なにもかも意外でいい。私は「たんけんぼうし」にしようかなと答えた。このあいだ娘が私のベージュのつばのある帽子をそう呼んで、いい響きだなと思ったから。

スーパーに寄ってスパゲッティを買った。太麺でも早くゆでられるという商品をはじめて買ってみた。存在は知っていたが買ってパッケージで時短の理屈をはじめて知る。断面が複雑な、風車のような形をしていてお湯にまんべんなく麺の表面が当たるようになっている。すごい企業努力だ。私たち消費者は甘やかしてもらっているな。

帰ってゆでると本当に太さのわりにすぐにゆで上がり感心する。みんなで食べた。

午後は娘がここ数日凝っているWiiの鍛錬に入ったので私は近くで本を読む。しばらくして飽きたようなので誘って駅前の本屋へ『よつばと！』の最新刊を買いに出かけた。髪の伸びすぎている息子には散髪に行くように言い置く。

駅までの道、娘に「二十の扉」をしようと誘われた。一方があるものを思いうかべ、もう一方はそれを20個の質問で当てるというゲーム。まずは私が「ニンテンドーＤＳ」を思い浮かべた。これはなかなかむずかしいのではないか。

「20個まで聞いてください。どうぞ」

「それは、こぶがありますか?」

(こぶが……?)「あの、逆に聞くと、らくだだと思っていますか?」

「はい」

はい、じゃないでしょうよ。娘は笑った。からかい方、凝ってるなあ。リセットしてもういちどやったところ、すぐにDSは当てられてしまった。

本屋で『よつばと!』15巻と、あとほかにも何冊か買って帰る。途中、1000円カットの店をのぞいた娘が「お兄ちゃん居るわ」というのでひと安心。したのだが、家に帰ると家にも兄はいた。1000円カットの店のほうは別人だったらしい。行くようにせきたてて、娘と交代で『よつばと!』を読んだ。

先に読んだ娘に「これはすごい巻だよ……」と渡されたが、たしかに、まったくすごい巻だった。頭をさっぱりさせて帰った息子にも「すごい巻だから」と渡し、すると息子も「なるほどすごい巻だ」と読み終えていた。

こうして週末は終わる。

買ってきた本を読んでいたら突然ガクッと前に頭が落ちて驚いた。眠いなんてまったく思っていなかったのに。そうだったのかと真実を知り寝た。

世の中たいていのことはうまくいかない、なのに

3月8日（月）

中村屋のカレーまんがある稀有な朝だった。普段このうちにカレーまんはない。私が買わないから。買うなら肉まんとあんまんのセット、はり切った日もピザまんどまりか。そもそも中村屋のようなブランドものは1個増量のうえ賞味期限間近で値引きにでもなってないとなかなか手がのびない。

実家の母がきのうくれたのだ。手にとればまんじゅうの下にくっついている紙にやなせたかし先生のイラストが描いてある。かわいい。

ふかして皿に分ける。カレーまんのほかに肉まんもあって、寝床の娘に聞くと布団の中から「肉まんいっこでいい……」というので私はカレーまんを取った。食べると、こんなに辛かったたっけ。「結構辛いね！」と思ったままを隣の息子に伝えた。息子も辛いねと言った。

よぼよぼ起き出した娘も肉まんを食べ、子らは出かけ、私は今日も在宅勤務。

途中撮影で出かけた先に見知らぬスーパーがあった。入ると野菜や果物がずいぶん安く

て慌てる。

「よそのまちのスーパーをうらやむ」とは事象に即した感情だが、私はこの感情の発動があまりにも頻回なため、感情のレパートリーのかなり取り出しやすいところに入っている気がする。四天王である喜、怒、哀、そして楽があって、そのすぐ次にもう「よそのまちのスーパーをうらやむ」がある。喜怒哀楽よそのまちのスーパーをうらやむ。

昼には自宅に戻った。息子も帰宅しふたりであんかけスパを食べた。名古屋の名物だ。レトルトのソースも太いスパゲッティもちゃんとヨコイのもの。うまいうまい。

午後も力強く仕事をおし進める。課題が出ているらしい息子が、居間のちゃぶ台と自室の勉強机を行ったりきたりしている。居間のほうには社会科の一式が広げてあり、自室には英語の一式が広げてある。

居間にきて社会科をやる、自室で英語をやる、そのへんで寝転がり休んでゲームする、これをこまめに繰り返しているらしかった。

娘が学校から帰ってきた。ランドセルを置いてすぐ遊びにいくと言う。

「どこ行くの?」と聞くと、聞いただけのつもりだったのがどうやら咎めのニュアンスが含まれてしまったようで娘は「えーっ?」と(どこかに行ってはいけないのか?)とあらがうような顔をした。「公園だけど」

「いや、いいんだよ、習い事のカバンもってきなよ、遅れないでね」と声をかける。

「はーい」と出て行った。

「どこ行くの?」「えーっ?」の二言にあきらかに両者了解のうえで含まれる特定のニュアンスがあって、言外というものを目で見たなという思い。

夜はたこ焼きを焼くことにした。先日専用器を買ってからもう3回目になり、焼きの作業にもそろそろ子どもたちは飽きるころだろう、ということは私が今日は一手に焼ける。しめしめと、きれいにまるく焼きたい心をあからさまにしていたが、はじめると子らも熱心に焼いた。結局競うようにみんなでたこ焼きを丸めた。

序盤、これはもうぐずぐずだ、だめだ、という状況でも最終的にきれいに丸くなるからすごい。成功体験そのものだ。世の中、たいていのことはそうはうまくいかない。たこ焼き以外でこんなにうまくいくことはほとんどないんじゃないか。

ただ、最後の最後にタコはもちろんネギも天かすも紅ショウガも、具がなにもなくなり生地だけで焼いてみたら驚くほど寂しい味だった。できあいのたこ焼き粉を使っているから出汁の味はするのだけど、それにしても無だった。

夜は息子がなにも見ずにドン・キホーテのペンギンのキャラクターを描くというので応援する。もう何年も前にノベルティでもらったボールペンがあり、正解としてこっそり見た。ポイントはサンタの帽子をかぶっているところなんだな。意識したこと、これまでまったくなかった。

息子は案の定帽子をかぶせ忘れて描いていたが、ヒントとして「12月」と言うとピンときていた。ピンとくるのがすごい。

寝る前になり、あした午前中にものを食べる仕事があるのを思い出してお腹を空けておくために「母：朝ごはんは食べないように注意」と紙に書いてテーブルに置く。娘に「朝ごはん食べちゃいけないの？」と聞かれて説明し、息子にも同じように聞かれ説明した。自分に向けて注意のために書いただけのメモに興味を持ってもらえてうれしいことだ。

ウーバーイーツのみなさんがぜんぶカブの出前だったら

3月13日（土）

娘が作文教室に行くのに間に合うよう、休みの日だが早めに起きた。

朝ごはんの支度をしていると娘ではなく息子が起きてきて、早起きの息子は私が朝起きだすと必要がなくても起きてくる。いつくしむ目を向けると息子は「やべえ今日学校あるわ」と言うのだった。

時計を見れば作文教室もぎりぎりだし学校はそれ以上にぎりぎりだ。いそいでごはんを食べさせて、娘も起こさねばと子ども部屋に飛び込むと息子の机の上に書き込まれていないプリントが置いてあり「提出日：3月13日」となっているのが見えた。今日だね。私はとても視力が良い。

娘がだるさとともに起きて4分でサラダとハムだけ食べ髪を結んで顔を洗って歯みがきをして出かけていく、息子はできていない宿題にへらへら取り組んでもはやこれまでという時間になり飛びだしていった。

静かになりにける。部屋を片づけ本を読む。すると半ドンの子どもらはもう帰ってきた。ごはんを炊きもらいものの味噌漬けのモツをキャベツと一緒に炒めて食べた。

雨と雷がすごい。どんどん強まって、雷は近所に落ちたのではと思うくらいの音がした。午後は娘のバレエの稽古があるがこれはどうしたらいいんだろう。休んでもやむなしくらいの降りだが、とりあえずいちばん濡れずに現地まで行く方法としてバスで向かう準備だけする。バスの接近情報のサイトを神経質にリロードして到着時間を確かめていたが、ちょうど出るくらいの時間になって雨は一気に弱まったのだった。

結局電車で向かう。電車だったら娘はひとりでも行けるのだけど、送る心づもりが満点まで高まっていたのでつき添った。

稽古のあいだ近くの喫茶店で本を読んで時間をつぶした。子どもの送迎をするとき、不思議とこれは私の人生であるがすっかり脇役のような気持ちになる。その場に圧倒的主役がいるケース、人の結婚式とか誰かのなにかの授賞式とか、そういうときすら感じない脇役性を、子どもの習い事の送迎に強く感じる。地味で継続的だからだろうか。だからうれしいとかかなしいとかそういう感情はまったくなくて、純粋に信憑して託す、それだけの行動をしているとの、感慨というか感想がある。

バレエを終えてきりっとした顔の娘を迎えた。この人はあまり外で私に愛想よくしない。靴屋に行って、娘に新しい長靴を買った。新しいのをそのまま履いて帰った。

荷物を置いて晩の買い物にまた行かねばならない。あれだけ降っていた雨がなんとやんだ。これはもうこのまま降らないだろうと謎の自信で傘を持たずに出たら途中でぱらぱらまた降りだした。根拠のない自信から脇の甘いことを私はする。こんな日で外を歩く人は全員が傘を持っており、ぬれて困るというより照れて恥ずかしかった。

大人になり、人はだれも自分など見てはいないという事実をつかんだつもりだったが、恥ずかしい気持ちはわくものだ。

買い物をするうちに降ったりやんだりの雨はまたやんで助かった。

荷物を担いでぬれた地面を歩いているとむかしながらの出前のカブとすれちがった。サスペンションでゆらゆらする出前機を後ろにつけたやつ。かっこいい。ウーバーイーツのみなさんがぜんぶあれだったら景観がクールになるんじゃないか。でも出前機はきっと高いからな。

帰って娘にリクエストされたタコライスを作ってみんなで食べた。うまいうまい。テレビで動物の番組がはじまり、キツネが出てくると息子が「これ完全にファイアーフォックスじゃんね」と言う。なるほど画面にはファイアーフォックスのロゴのような正しいキツネが映っているが「ファイアーフォックス使ったことあるの?」「いや、ない」以前テレビにキツネが映ったときに私がしつこくファイアーフォックスだファイアーフォックスだと騒いだのを覚えていたとのことだ。私はまったく覚えておらず、覚えていてくれたことに恐縮した。

夜は息子がけん玉の玉を台所と居間のあいだのふすまの上につるすものだから、ぼうっとしているとぶつかりそうになる。息子は「これで反射神経と動体視力を鍛える」と言うが、ぶらさがっているだけでは鍛錬にはならないんじゃないか。

忘れて通って何度か玉を頭にぶつけた。

まだまだ地力を出してはいないはずです

3月14日(日)

朝ごはんの皿を見て息子が「これレタス?」と聞く。そうだよ。

「そうかレタスか……」息子は葉物の野菜を区別するのが小学生のころからずっと苦手だ。圧倒的に興味がないのだと思う。三大似てるやつ、キャベツ、レタス、白菜、と言うから、たしかレタスだけ〝科〟がちがうんだったような気がすると、あいまいな話をした。

遅寝の娘が案外早く起きだしてきた。私は頭に玉をぶつけた。居間の入り口にけん玉の玉がぶらさがっていて、きのう息子がおもしろがって設置したやつ。きのうもぶつけたのにぜんぜん体がおぼえない。ちょっとさあ、とお願いして息子はしぶしぶ外した。よかったよかった。安心して洗濯物を干しにかかると、息子が歌うZeddの『The Middle』に合わせてカツカツけん玉の音がする。

「もしもし亀よ～」など童謡を歌いながら音に合わせてけん玉を繰り返す遊びがあるが、あの感じ。えっ、息子、そんなにけん玉が上手なのかと驚き振り返ると手で玉を持ってけん玉の本体にリズミカルに打ちつけているだけだった。

目があった。

笑う。

娘は息子がやっていることを見てわかっていたので、「えっ！」と私が目をむいて振り返ったのちに「なんだ……」と落胆したのをぜんぶまるまる目撃して、いっそう可笑しがった。

それから娘と一緒にぬいぐるみに土俵入りさせた。横綱がやるときみたいに「…………よいしょぉ～～～！」と掛け声を大げさに言ってキャッキャする。

和やかななか、息子から「期末テストの成績通知です」とすっと差し出され、見ればそのくすぶりにショックをうけた。土俵入りで盛り上げた気持ちの猛々しさが一気にしぼんだ。期末テスト、勉強してたのかしてないのかよくわからない状況だったが、これはしていないほうだったか。とくに暗記がものをいうタイプの科目であからさまに点が悪い。成績通知は保護者が確認したことを担任の先生に知らせるため一言書いてサインする欄があり「まだまだ地力を出してはいないはずです」と願うように書いた。

それからトイレットペーパーとティッシュペーパーを買いに出かける。荷物が重くなりそうで娘を誘うが「寝るから」と断られてしまった。

切手を買わねばならずコンビニにも寄るとかつてにくらべ店内が白い。最近リニューアルすると休業していたが、ずいぶんきれいになった。全体がとてもまぶしい。お店の方に「きれいになりましたね」と言うと「そうなんです！　またぜひいらしてください」と、商売人として普通の返しではあるんだけど、きれいなお店なのでまた来てくださいね、というのがまっとうに前向きでいいなと思った。

昼は娘が餅、息子はパン、私が麺。おのおのあるものを食べる。

午後は宅配便がやってきて、注文したおそろしい化粧品が届いた。友人に、おすすめだけどこれが怖いのだと教えてもらったもので、塗ると肌がぼろぼろはがれ落ちる、しかしぼろぼろの下からぴかぴかの皮膚が現れるという。使っているあいだは極力顔を紫外線に触れないようにせねばならないらしく、本来夏に向かういまの季節に買うものではないそうなのだけど、すすめられたらそのとき買いたくなる性分なので仕方がない。使用は一切が自己責任であり、よくよく調べて使うことと言われ、子どもたちに見せ決してふれないことと念を押してキャップにマジックで「使用注意」と書いた。それからネットで使い方を検索して畏怖の念を深めた。

娘が遊びに出かけ、息子は暇つぶしにクッキーを焼くという。ホットケーキミックスがあるのでそれを使うとかで、レシピを調べて取り組んでいた。上手に成型までできて、オーブンも予熱ができて、ただうちのオーブンは電気のオーブンレンジで使い勝手にクセがある。焼きの部分はお母さんが見とこうか、と請け負ったのだが、オーブンの中段から上段に移すのが早すぎたようで気づくとオーブンから煙が出ていたのだった。きっと息子に任せておけばこんなことにはならなかった。

重々に謝ったが息子はとくに困ったようすもなく救われる。食べた。手作りのクッキーは本当においしい。焦げてもおいしかった。これはいい、簡単だし今後も作ろうとうなずきあう。娘が帰ってきて食べて「固い」と言った。

夕飯のあとは娘が『HUNTER×HUNTER』を読みだした。『スラムダンク』が大好きな娘だが、『HUNTER×HUNTER』にもはまってくれたらうれしい。最近の展開に追いついていけていない私に全体の概要を説明してほしい。

途中休んでまんがを置きぬいぐるみを土俵入りさせだすので私も「よいしょー」と掛け

声をかけた。

あらぶる群衆

3月19日（金）

きのう、息子が急におしゃれがしたいのだと、かっこいいTシャツが着たい、と言うので、どんなの？と聞くと、街の写真がプリントされてて……と、言いながらiPhoneで検索すると海外の街並みが白いTシャツに四角く刷ってあるTシャツが出た。「これはちがうな……」

おしゃれな服が着たい思いはあるが実際それがどんな服なのかまだピンときていないらしい。わかる。私も常々おしゃれがしたいのだけどじゃあどんな服を着たらおしゃれになるのかよくわからないままずいぶん生きてきてしまった。センスを持たずに生まれてきた者にとり、気持ちはあるがどうしていいかわからないその最たるところがファッションじゃないか。

かつていつもしゃれた服を着ている友人にその悩みをうちあけたところ、「雑誌読むのさぼってるでしょう」と、まったく、雷に打たれるとはこのことだった。ファッション雑誌の存在意義、これか。

ファッション雑誌というのは読めば読むほど妬み嫉みにとらわれプレッシャーがかかり、めくるのがしんどいものだ。負担に思わず読めるように早くから慣れておくことが大事なのかもしれない。

仕事から帰ると息子がもう学校から帰ってきており台所でボウルのなかの茶色い液体を泡立て器でがしゃがしゃ混ぜている。

「ダルゴナコーヒーというのを作ってみてる。お菓子作りが趣味の友達に教えてもらった」

牛乳のうえにインスタントコーヒーに砂糖とお湯をまぜ泡立てたものをのせる飲みものだそうだ。

しかしできあがったダルゴナコーヒーは息子には苦かったようだ。もらって飲むととてもおいしい。残りをぜんぶもらう。

娘も帰宅して、先日保護者会で観た記念動画が自宅でも観られるようになったとのことで観る。娘は照れて、自分が出ているシーンを抱いたぬいぐるみに見せないようにした。

夜は炊き込みごはんの用意をしてから、きのうもおでんに合わせて茶飯を作ったのを思い出した。自分がいかに昨晩「味つきのごはんおいしかったなあ」と強く思っていたかがわかる。子らはきのうも今日も味つきのごはんが出されたことに気づいていなかった。うまいうまいとみんなで食べる。

食後、台所で息子にマクドナルドのにおいがするのだがと言われギクッとした。きのうマクドナルドで昼を食べて、食べきれなかったポテトを持ち帰って家でも食べたのだ。息子はひどい鼻炎で普段もののにおいがしづらいと訴え耳鼻科に通っているくらいなのによくかぎつけたな。

「じつは私はきのうマクドナルドに行きました」

白状すると、娘も加わり台所がざわついた。

「なんということだ……！」「ひとりだけずるいぞ……！」「そうだ！　そうだ！」あらぶる群衆。

「すみません……しかしまさかにおいが残るとは……」洗って紙ごみとしてまとめてあったポテトのカップを探してかいでみたが無臭だった。息子も娘もかいで無臭だと言っている。なぜわかったのか。

それから息子は調合をすこし変えてダルゴナコーヒーを作るもまた苦さに飲みきれなかった。ありがたく私がもらった。

さまざまな感情を一度に持たすなよ

3月22日（月）

前日の鍋の残りで昼はおじやにした。1杯分のごはんが3杯分に増え、ぜんぶ食べようと思うも時間がなく2杯までしか食べられなくて、しかしすぐに消化はしてしまい午後はずっとおなかがすいていた。

リモートでうちあわせをしている途中に電話がかかってきて、息子の通う中学の保健室の先生からだ。サッカー部の練習の最中にどうも手を変に地面についてひねってしまったようだと。念のために迎えにこられないかということで、ずいぶん大事をとるのだなと思いながら仕事を早上がりして出かけていった。

到着するなり担任の先生が待ち構えていてくれて、息子から聞き取った状況を図で描いて用意して説明してくれた。なんとていねいな。ボールに足を乗せて手をついた、そのようすが棒人間で書いてある。人に理解を及ぼさんとするときの勢いがさすが教職の方はちがう。

説明を聞きながらたどりついた保健室で息子は包帯を巻きその上に氷嚢《ひょうのう》をのせさらに三角巾で腕を吊ってもらっており思っていた10倍けが人だった。

保健の先生から早めに整形外科にかかったほうが良いと思うと、それは電話で連絡をもらった時点でも言われていて、でも（そんな大げさな）と思っていたのだ。ようすを目で見て、なるほどこれは病院だなと納得がいった。

よくお礼を言って息子の代わりに荷物を背負って学校を出た。帰る道すがら、ハッとした。

この学校は今年文化祭がオンラインでの学級ごとの動画発表になったのだ。3日間の視聴期限を設けアクセス方法は直前に知らされると聞いていた。それ、きのうまでの金～日じゃない⁉　学校に行って急に思い出した。息子を問い詰めると、そうだっけ、と頼りない。絶対に観たい。絶対に観たい！

「あの絶対に観たいんだけど」すると息子はお知らせの紙を渡し忘れた気がすると白状した。そんな、無理無理、ぜったい無理。子どもの学校行事の、観られるはずのなんらかが観られないとかちょっと本当に無理。

「いや、無理よ、それは無理、観ないとかあり得ないから、ねえ、ちょっと」圧をかけ自宅に着くなり荷物からその知らせの紙を探させる。知らせは見つからない。けれど「あ、これこないだの全国テストのやつ」とついでに見つけたらしい結果を渡された。それはいらんいまは。しかし気にはなるのでチラと見ると、息子にしては点が良い。さまざまな感情を一度にいろいろ持たすなよ。

心配と焦燥と喜びがおしよせどう思っていいかわからないまま状況としてはなにしろ整形外科に行くのが第一でありわあわあ言い合いながら病院に行った。骨が折れていた。

抜けゆく魂。

診察室に入るとほとんどすぐレントゲンを撮りましょうという話になり、これは折れてますねと、流れるような骨折だった。幸い手術は要らず、引っ張って固定してギプスをはめましょうとすぐに処置してもらえた。

処置のあいだに習い事から帰宅しているはずの娘に電話でこういうわけだから帰るまでもうすこしかかると伝える。娘は2回手術せねば治らない複雑骨折の経験がある。それと同じようなものと思ったらしく最初驚いていたが、手術がないと言うと、それならまあ、と事態を大事から小事ととらえなおしたのが伝わった。

たくさんいた患者さんは徐々に帰っていき、私たちが最後まで残った。バックヤードから看護師さんたちが差し入れだろうか、楽しそうにケーキを分ける声が聞こえる。

おかげさまでギプスがはまり、これから腫れるでしょうからとギプスの上から保冷剤を入れて固定してもらって帰った。今日は寿司にしよう。もう時間もないし、スーパーで寿司を買おう。食べたらきっと元気が出る。本当は今日はオムライスを作ろうと昼休みにレシピを調べておいたんだ、でももういい、寿司、寿司寿司。

息子はのんきなさまで、よかった探しをした。「おかあさんが家にいてよかったよ」「利き手じゃなくてよかったよ」「すぐに病院に行けてよかったよ」だんだんよかったのかなという気持ちになった。「寿司も食べられるしよかったよ」

よかったが、文化祭の動画は絶対に観たいからなんとか先生に頼んでもらえないかと言っておいた。

寿司を食べ心が落ち着き、夜は娘が観る『プロフェッショナル 仕事の流儀』の庵野秀明回を片づけをしながらちらちら観る。息子は先に作品をちゃんと知りたいと、Netflixで『エヴァンゲリオン』のテレビシリーズを律儀に観だした。

寝るころになり、息子がやってきてとけた保冷剤を出して替えようとしている。病院の保冷剤は包帯が巻いてある。包帯を解くとコージーコーナーのだった。

ちゃんとしたファンの人が使う言葉

3月26日（金）

子どもらが春休み期間に入った。息子は朝から部活へ。先日腕の骨を折った息子だが行ってやることがあるのだろうか。聞くと、劇をするとのこと。サッカー部が劇を。3月で卒業する先輩を送る会があるのだそうだ。そういえば学校という場は体育会系の人が劇をやる。

娘は午前中用がなくゆっくり寝ており時をみはからって起こす。私は在宅勤務。昼は私も娘も各自好きに食べ、午後リモートでうちあわせをしているうちに娘は作文教室へ行った。

ＰＣのファンの音がとまり、ＩＨコンロのファンの音もとまり、私以外には誰もおらず、すると一気に静かになった。うるさく感じていたわけでもなかった音がやむ、その瞬間の雰囲気が好きだ。

Ａ　うるさい

Ｂ　うるさくない

Ｃ　静か

音の状態にこの3つがあるとして、Ｂ点からC点に変わるとき。つけていたラジオを切った瞬間とか電話を切ったあともそう。

C↓Aもとても良い。ちいさなクラブの重い扉を開けたとき。C↓Bも風情がある。エレベーターを降りて人のいるフロアに出たとき。

仕事を終えるころ娘が帰ってきて「うちってテレビを録画できないよね」と、そのことについてはじめて聞かれた。

数年前に録画用のＨＤＤが壊れ、新しいものを買うもまちがえてしまい届いたのはテレビ録画用ではない普通のＨＤＤだった。返品して拗ねて、それ以来この家はテレビが録画できないまま、でも困ることなくやってきた。

娘は「ヒロアカの5期がはじまるけど……放送の時間バレエがあるから……」と言って、それは……それは大問題だな！　娘からアニメのタイトルにあわせ「5期」という言葉が出たのに驚いた。それはちゃんとしたファンの人が使う言葉だろう。小学生の娘がそんなファン用語を使えるなんて感激だ。成長を感じる。

大丈夫、明日の午前中に電器屋にＨＤＤを買いにいくと勇んで請け負ったが、一応念のため、配信はないのか調べると、Amazonプライムで配信されるらしい。私はプライム会員だ。ＨＤＤなしの生活が続くことになった。

晩ごはんを食べながら観たニュースで、東京では桜が満開です、と流れた。娘が「画面に桜とか花が映ったときにキャスターの人がにっこりするのが好き」と言って、好きだと思った物事を即座に言葉にできる力があるのだなと感心した。ちょっとした「好き」は感じてもなかなか言語化するところまでいけない。

それから食後「アイスは昼食べちゃったから今日はもう食べられないな」と娘。この家にはアイスはひとり1日1本までルールがありみんな守っている。私も昼食べたからもう今日はもう権利がないと返した。部活のあと塾へ行った息子も帰ってきてごはんを食べ、この人も「アイスは朝食べちゃったんだよな」と言った。秩序がある。

4月6日（火）

遊んで暮らさず商売を

春休み明け、娘が学校へ行き、そろそろ私も在宅勤務をはじめねばと用意しているともう帰ってきた。今日は校庭で新しいクラスと担任の先生の発表のあと始業式をし、校舎に入らないまま帰宅するスケジュールだったそうだ。

私はこれから始業だし、時差通学の息子も家にいて、娘がひと仕事終えて帰ってきたのに私も息子もなにもはじまっていないのが新鮮だった。

息子が出かけていき私も仕事をはじめて、すると息子もものの数時間で帰ってきた。

娘は小学5年生に、息子は中学2年生になった。年齢からくる多感さがすごい。小5といえばのび太だ。そして中2といえばエヴァンゲリオンに乗るひとの年齢と聞く。世界の主人公たちがこの家にぱんぱんになっている。

実際多感かどうかは、そりゃあ多感なんだろうけども私の知り得るところではなく、これだけいわゆる多感な年齢の人がそばにいてなお自分にとっていちばん多感なのはいつも自分だと思う。私には私のうれしいことがあって悲しいことがある。個人の感想がある。

昼前に山で暮らす子らの父からダンボールいっぱいの仕送りが届いた。野菜、常温のパック総菜、菓子、お茶、乾麺、レトルト食品などなど。ここのところレターパックにあれこれ詰めて送ってくれとても助かっていたので、思いついて、お金を払うので定期的に段ボールに食料を適当に詰めて送ってくれないかと頼んだのだ。

父は買い物が得意で安くてよいものを上手に探す。いっぽう私は買い物でよくしくじる。生協やネットスーパーもうまくローテーションさせられず、すぐに食べ物を切らして結局毎日買い物に出かけてはメニューに頭を悩ませ続けている。ダンボールには良さそうなものがたくさん入っていて気持ちが豊かになった。こうしてあるものを食べるかたちで炊事ができるのはとても助かる。昼は早速届いたものからおのおの調理して食べた。

午後は娘に塾の月謝を渡すが当然のように机の上に出しっぱなしにしているから娘の手に渡し、カバンに入れるまで見届けた。

これまでだったら「忘れているよ」と何度か声をかけるだけだった。しかしそれではだめだと私は学んだ。カバンに確実に入れる、そこまで見るのが月謝を持たせるコツだ。娘は月謝袋を持って出かけた。手ごたえを得た。

夜は仕送りの野菜を使いつつ適当にごはんにして、ニュースを見ながら食べた。詐欺の事件が報道されている。個人で5億円規模だそうだ。こんな大金手にしたところでどうするんだろうとつい言うと、息子が、5億あったら土地を買って店を出すと言った。商売をやるのか。驚いた。5億あったら遊んで暮らせるだろうに、商売を。

「店よりも不動産を買って大家になるほうがいいかな」とも言うが、不労所得でも所得を得ようという発想に感心した。私はすぐ、なんとか預貯金で暮らそうと思案する。

夜は娘とふたりそれぞれにぬいぐるみを持ちボクシングで戦わせた。私たちの好きな遊び。

治る自信のある肋骨

7月30日（金）

息子が、これはもうだめじゃないかと言う。所属するサッカー部で使っている練習着のことだ。部の伝統で、春から夏にかけてだけ、新入生と上級生がおたがいに名前を覚え合うために白いスポーツウェアにおおきく名前をマジックで書いたものを着ることになっている。

息子は昨年着たものを2年生になった今年も使っていた。練習のたびに石鹼で手洗いしたり漂白したり、息子も私もそれなりに洗濯してはいたのだけど、絶対に汚れをとらんとする熱意が我々にはとぼしく、それがつもりにつもって胴体の部分の落ちない汚れがいまやひどい。

「ごみみたいだ」

「捨ててあっても誰も不思議に思わないよね」

語りあいうなずきあって新しい白いウェアを買うことにした。今日これからの練習には間に合わず息子はぼろぼろのシャツを持って出かけていった。

夏休みだが娘も登校日で早く起こす。起きてごはんを食べだしたのを見とどけ私は着替えのために部屋にひっこんだ。

今年の夏もどこへもいかない。友人ともLINEや電話でやりとりするばかりでなかなか会えない日が続く。誰かに見せないのだったらおしゃれはしなくてもよいだろうと、モチベーション最低のファッション感覚で生きているので、今年も昨年同様、短パン2着とTシャツ2着を洗濯しては着るのを繰り返している。

無思考でズンと着替えて部屋から再び娘のいる台所へ登場する……はずだったのだが、なんの拍子か階段で足をすべらせた。ここでは絶対に転んではいけない、死ぬ危険すらあると家族で常々確認しあっていた階段で、この家に10年以上暮らしているがすべるのははじめてだ。スネをわからないどこかへ強打し、右の肋骨を落ちた先の台所のテーブルにもろにうちつけ私は床に丸くなった。…………い……いてえええええ。

これは大ごとだろうか、そうでもなかろうか、しゃがみながら体のようすをこわごわうかがう時間が続く。…………大丈夫そうだ……。

テーブルでごはんを食べていた娘は驚いて声も出ないようだった。私がゆらと起き上がると、落ちたはずみで散乱したものを一緒に片づけてくれた。娘を心配させまいという気持ちと、心配してほしい気持ち、良くない場所を打ってはいないかの心配と、どうも大丈夫なようだぞとの楽観、絶対に転んではならぬと話していた階段で転んでしまったおそろしさ、気持ちがからまりクーラーで冷やしたはずの部屋でどっと汗をかいた。

娘は塾へ出かけていき、私は今日も在宅勤務。すねがすりむけてあざになって、さらに打った肋骨が軽く痛むが、それくらいですんだと時間が経つにつれいよいよ無事を実感できた。

昼には娘が学校から帰ってきて、はじめて「大丈夫だったの」と聞いてくれた。「病院に行かないといけないかなと思ったんだけど」と言う。学校にいながら、帰ってきてなお痛そうだったら病院に連れていかねばと考えていたそうだ。心配が感情的でなく計画的だ。ありがとう、大丈夫とこたえた。

息子も帰ってきて昼はそうめんをゆでる。大丈夫なものの打った肋骨の痛みで食事に集中できない。身を打つと食欲が減るのを知った。

午後も鋭意在宅勤務にあたる。最近、安い紙パックの無糖のコーヒーを愛好している。マグカップに半分くらい注ぎ、水で薄めて氷と豆乳をすこし入れて飲む。

夜は息子だけ塾に合わせて早い晩ごはん。スーパーで天ぷらを買ってきて天丼にした。米が切れそうだ。レシートの裏に「米、白いサッカー部用のTシャツ」と書く。

息子が出かけ、娘と私もＮＨＫのニュースを見ながら天丼を食べた。

新型コロナウィルスの感染が一気に拡大した。東京だけに発出されていた4回目の緊急事態宣言が神奈川、千葉、埼玉、大阪にも出ることになった。

首相会見で記者質問の時間になり、北海道新聞の記者が名乗って質問をはじめたのを見て、娘に「もしさ、自分が記者をやってる新聞の名前が『ハッピーハッピーラッキー新聞』だったら名乗りづらいよね」と言うと「私は『歴史新聞』の記者だから大丈夫、恥ずかしくない」とのこと。娘はクラスで日本史の事件を新聞ふうに模造紙にまとめて張り出す取り組みに参加している。

息子が帰ってきた。今日は塾でテストを受けたそうだ。塾では講義やテスト中に教室に入ってきた虫をとるなり逃がすなりするとプラス3点もらえるルールがあって、息子は1匹蚊をとったから点には期待ができると言った。

寝床に横になり、治る自信のある肋骨の痛みを楽しんだ。

2022年

とりあえず子らにバナナを渡す

2月25日（金）

学校に出かけゆく息子が郵便受けから新聞を引き抜いた。リレーでバトンを受けるのを待つ次の走者の姿勢で、逆再生でバトンを走者に戻すように後ろ手で新聞をよこす。いってらっしゃい気をつけてねと送り出しながら受け取って、見た新聞の一面には大きく「ロシア、ウクライナ侵攻」「首都攻撃 南北から地上部隊」と出ていた。

きのう、晩ごはんを食べながら観た夜のニュースでもやっていた。息子が「嫌だなあ」と言って、私はなにがしか歴史を振り返るようなことを述べ、すると息子はまた「嫌だなあ」と言い、娘は黙ってテレビを観ながらチャプチェを食べていて、画面が変わるともう一度息子は「嫌だなあ」と言った。

小さな子どもというのは有事にあっても事実がつかみきれずきょとんとするイメージがある。フィクションではそんな子どもをながめ大人が憂うシーンがよくあって、現実でも幼ければ幼いほど事態の理解は難しいから同じだろう。しかし14歳になって息子は苦々しい顔をし心から自発的に嫌そうだった。

娘も通学時間ぎりぎりにでかけていった。しばらくしたところで校門の通過時間を知らせるメールが届いた。今年になり導入されたシステムで、ありがたい。ぎりぎり決められた登校時間内でほっとした。

娘は朝に弱く、3日にいっぺんくらい遅れた時刻がスタンプされて、すると私はがっかりするのだった。なにか損のように感じる。〇をもらいそこねたような。決まりを破ることへの度量は人それぞれで、私はその度量がない。

子どものころは普通に宿題を忘れたし、それこそ通学時間などばんばん破っていた気がするのだけど、大人になって明らかに私はまじめになった。

昼まで在宅勤務。SNSでロシアではモスクワやサンクトペテルブルクでウクライナ侵攻への抗議活動をしている人たちが治安部隊に1000人以上拘束されたというニュースが流れてきた。

午後から造形作家の友人の個展をひやかしにいき、かわいらしくてとんちの効いた立体の作品をたくさんみせてもらう。よいものを目にすることで自らの健康が増進されるのを感じた。

すこし戦争のことも話して、すると息子の中学校から電話があり、息子が捻挫したため念のため帰宅させたという。

おーい！　おーーーーい！

不測のやむをえぬ心配まじりの面倒に対面すると私は心で遠くの人を呼ぶ。おーーーい！

誰がいるわけでもないんだけども。

帰ると肩に湿布を貼った息子がぼんやり座っていた。急ぎ病院に連れていき、ひどい怪我ではないようでとりあえず安心して、バナナを買い与えた。とりあえず子らにバナナを渡すことが多い。

夕方まで在宅で仕事に戻り、終えて夜はリモートでうちあわせ。気の合う人たちが出席し夜を明かすほどしゃべれますねなどと盛り上がり、「夜を明かすほど」というのは比喩表現のつもりだったのだけど、比喩が本当になるように走るように時間がすぎた。

とはいえそこは大人の仕事で夜は明けないもので、決まった時間にちゃんと終わる。

あらためてゆっくり朝刊で戦争の記事を読んだ。息子の捻挫はもう治ったらしい。半日で治る捻挫ってあるの。

2月27日（日）

来たな待っていたぞ

コロナワクチンの3回目を打つ。

1回目、2回目はいつ打てるのかとずいぶん気を揉んで、同じくらい3回目の接種も遅れているとニュースなどで話題になっていたはずなんだけど、居住区の頑張りのおかげか、思った以上にすんなり接種券が届いて予約もできた。

夕方に集団接種会場に行くことになっていて、前回の2回目、接種後の夜からその後まる一日しっかり副反応が出たことを思い出すと備えねばと焦る。明日の朝に回収がある可燃ごみをもうまとめた。

子らがばらばらと起きてきて朝ごはん。娘がきのうの残りの大根と豚肉の炒め物を卵でとじたのを食べながら「いいね、いいわ、たたみせいかつ」と言った。なんだっけそれ。私が返すと同時に息子が「あれだ！」と反応した。

「あの、あれだ、駅の向こうの、判子屋のとなりの工務店に貼ってあるポスターの」

「そう、『いい寝いい和 畳生活』」

ああ〜〜、あるあるある、貼られてる。娘があそこを通りがかるたびに「いい寝いい和畳生活」と読んでいたのだなと思ったら、癒された。子どもたちが心の中で考えていることはかわいい。

息子が窓を開け「今日、気持ち良すぎるな」と言い、いい天気、だが私は夕方を過ぎればワクチンの副反応でどうなるか不明の体である。接種の時間が来る前にと娘を連れて買い物へ行く。

高熱が出て解熱剤を飲んでもぼやぼやしたときのために水分補給のスポーツドリンクを2リットルペットボトルで、あと前回は食欲もなくなった、ゼリー飲料が必要だ。シャーベットもあるとうれしい。たがが外れたように発散的になり持ったかごにじゃんじゃん食材を入れた。子らに食事の用意ができなくなるおそれがある。簡単に食べられる冷凍食品やハム、洗って切れば食べられるトマトもいる。勢いや止まらず、今日の昼は菓子パンだ!と3人分つかんだ。かごが山盛りになり、家でいちばん大きなエコバッグにぎりぎり入り切った。

娘は静かについてきて楽しそうにしていたが、わっせわっせとパンパンのバッグをふたりで担いで家に帰りつくなり留守番していた息子に「お母さんがむちゃくちゃに買い物した」と報告していた。なんらかの気迫を感じたようだ。

「ばんばんかごに入れて、キャンプの炊事係みたいだった」たしかにキャンプの炊事係は大人数の食材を買う。

仕入れた菓子パンを3人そろって食べた。ランチパックと、あとデニッシュ生地を食パンのように四角く焼いたやつ。レーズンも入っている。ぜんぶオーブンですこし焼いた。

「うまい……」

「バターの生地にレーズンを入れて、そのうえ表面をすこし甘くしてある」

「世にはこれほどうまいものが……」

パンへの畏れを確認しあった。

それから娘は、息子が先日友人らとディズニーシーへ遊びにいった際のお土産の、犬の耳のついたヘアバンドを装着してけん玉をしていた。「私は天才だな」「こんなにうまくけん玉ができる」などとしきりに言っており、自己肯定感の高さがまぶしい。どれほど上手なんだろうと眺めると、普通にちゃんと半分くらいは失敗していたのも良かった。

いっぽうの私はギターが弾けない。アコースティックギターを、普段は山に暮らす子らの父が山を下りがてら置いていった。父はとくにギターに親しんでいるということもなく、どうも山の空き家の整理を頼まれた際にもらいうけたらしい。

素人3人の家にただギターがやってきて、ネットの動画などを観ながら練習をしているが、こんなに難しいものなのか。まるで弾きようがない。

そうして、ギターが弾けないとき、いつも同時に私は英語がしゃべれないなと思う。ギターも弾けない、英語もしゃべれない、そしてうまく泳げない。

なぜだろう、ギターが弾けないことに、英語と水泳のできなさの事実も宿っている感覚がある。

明日から定期試験の息子が午前中の勉強のようすをタイムラプス動画で撮ったそうで見せてもらった。普通にニンテンドースイッチなどをやっていた。

ワクチンを打つ。指定の時間ぴったりに会場へ行くとスムーズに案内してもらえ、気づけばもう家にいた。集団接種会場の運営のスムーズさはよく話題になるが、あまりに円滑ではっと気づけばもう家にいるのには驚いた。

副反応の到来を待ちながら、大江健三郎『芽むしり仔撃ち』を読む。疫病の流行した村に感化院の少年たちが閉じ込められる話、おもしろく一気読みした。しかし途中でかわいいものが亡くなるくだりがあるので人にすすめづらい。最終的には腸も輝きながらはみだす。

夜は昼にキャンプみたいに買いだした食材から炊き込みごはんを作った。あとチンジャオロースー。ちぐはぐなごはんに自宅の自在を感じる。

なんとなくだるくなってきた気がして早々に横になったが、寒気で寝つけない。丸くなって毛布を体にぴったり巻き込んだ。頭がもやもやする。来たな待っていたぞ。

前提としてとても明るい

3月14日（月）

最高気温が25℃とラジオで聞いて子らとざわつく。夏じゃんねと言いあってみんなそれぞれの持ち場へ。

私は在宅勤務をいいことに大阪出張でいただいた差し入れを10時のおやつに食べてうま

い。大人にはもはや10時のおやつはもちろん3時のおやつも不要とはわかりつつも、つい「○時のおやつ」という言葉の存在に甘える。

昼休み、大きな荷物と小さな荷物を送る用があり郵便局へ。大きな荷物を見た局員さんが「重いですか?」と言い、「はい」と答えるとカウンターから出てきて、持ち上げずに通路からカウンター内に入れるのだなと思ったら普通に持ち上げてカウンターの上にあげてくれた。それなら自分でやったのに申し訳ない。しかし腰がとても助かります。ありがとうございます。

段ボール2箱の荷物がなくなり家が一気にすっきりした。ものがなくなるのは快感に近い。

多くの時間を割き、所有する、手放す、両方に気持ちを熱くしているなと思う。家にあったものが発送などの手続きを経てなくなると達成感がある。いっぽう、新規に得て、なにかが新しく家にやってくるのもいつだってとてもうれしい。「ものを得ること」「ものを手放すこと」どちらにも興奮がある。

午後、先週受けたアレルギーの血液検査の結果を聞きに耳鼻科へ行った。もともとがアレルギー体質で長らく鼻炎としてやってきたが、花粉症についてはまだ明確に発症はしておらず、しかしそれらしき症状もあっていちど簡単な検査だけしてみましょうかねと先生からすすめられた。

結果としては、ハウスダストがメーターを振り切って反応しており、スギだのなんだのという花粉についてはハウスダストに比べるとそこまでではないようだとのこと。つまりやはり、鼻炎対策としてはほこりを吸わないようしっかり掃除をするといい、したほうがいい、せねばならない、ということなんだろう。正直「知ってしまったなあ」という、うっかりした気持ちだった。

予報どおりの暑い日で、スウェットを脱いでTシャツになった。サンダルも出した。帰ってきた娘が、明日は特別な授業があるとプログラムを見せてくれた。授業の内容や持ち物のほかに、注意すること、という欄があって「たのしい日ですが、はしゃぎすぎないように気をつけましょう」と書いてある。

私は、子どもの内心というのは暗いものだと思っている。嫌なことがあって、傷つくことがあって、不安なことがあって、体は不思議で、時間は過ぎない。学校行事もたのしいよりもどこか緊張するものと無意識的にとらえている。

「たのしい日」だから「はしゃぎすぎないように」というのは、びっくりした。そこにある子ども像は前提としてとても明るい。

娘に聞くと、事前に注意してもらえないと本当にみんなはしゃいで盛り上がって大変なことになってしまうと言っていた。

娘は「めちゃくちゃ楽しみだし明日はいつもよりずっと早起きするから早く寝る」と横

になった。

すべてが謎のトラックが

3月30日（水）

早くから部活に行く息子を送り、着席して在宅勤務をはじめるともう立ち上がるのは面倒で、起きてこない娘を声だけで起こそうとするのだけど、届いていないのか、耳までは届いているけれどもうひとつ脳のところまでは到達しないのか動きがない。

声を大きくするのは可能だが近所迷惑になる。いったんあきらめてまた仕事を続けて、そのうちトイレに行くついでにちゃんと起こした。

娘だけがのんびりしている。午前中に塾の授業がZoomであって、そのことはわかっているようでのろのろ朝ごはんを食べはじめた。

昼休み、段ボールの荷物を発送する用があり抱えて郵便局へ歩いていく。帰りにコンビニに寄ろうと思いながらぼんやり歩いていたらそれなりに重さのある荷物を抱いているにもかかわらず郵便局を通過してコンビニまで到着してしまった。

ぼんやりしたことに笑ったが、歩みをとめず進んでしまい気づくと意図とちがう場所にいるのはこわい。じつは私はそうやって子どものころ、走る車にぶつかりそうになったことがある。学校の人間関係で悩み、赤信号にもかかわらずぼうっと渡ってしまったのだ。すれすれで通り過ぎた車の風圧で穿いていたスカートが揺れた。揺れたスカートが生の太ももをなでるようにかすめた記憶にじゅっと鳥肌がたつ。

きっと車を運転していた人も、おそろしい記憶として、もうずいぶん前のことだけど覚えているんじゃないかと思う。

気をたしかに郵便局まで戻って荷物を送って、もう一度コンビニまでたどりついて昼ごはん用にレトルトのナポリタンのソースを買った。

帰ると息子も部活から帰ってきて、私がきのうスーパーで買ったあんずボーを食べている。「これはひとり何本食べていい?」と聞くので、私はいらないから子どもらで分けるといいよと言ったのだけど1袋5本入りだそうで、兄妹喧嘩をさけるために私が1本もらうことになった。

あんずボーは子どものころ母がよく買ってきた。とくになにも考えることなくあるから食べていたように覚えているのだけど、ひさしぶりに食べたら甘酸っぱくておいしかった。食べて良かった、あぶなく食べ損ねるところだった。セーフだ。

午後は実家の母に頼まれた買い物があり、会社を休んでひまな娘を連れて日本橋の髙島屋へ行く。

ここは本物のデパートだ。なにもかもがデパートらしいたたずまいだが、とくにエスカレーターの手すりの丸みのある赤に確かなデパート性を感じる。

娘に「これがデパートなんだよ、イオンはデパートではないんだよ」と教えた。娘は「じゃあイオンはなんなの」と聞くので「スーパーだよ」と言うが娘は「モールじゃないの」と、そういえばイオンにはイオンモールというのもある。説明が一気に面倒になってしまった。

デパートの地下はロゴやパッケージの美しさかわいらしさから、品そのものの姿もおしゃれできれいで訴求の強い甘いものが惜しみなく並び、平日の昼だがよく混んで活気があった。

慣れない目で眺めると、どうしても自分が食べるものというより、ひとに贈って食べさせるものだなと思う。もったいない。

興奮して食品のフロアで晩のシュウマイを買って帰った。デパ地下ではどうも点心に心をうばわれがちだ。

娘は終始迷子にならないようにしっかり私の腕につかまって、なにかあっても連絡がつくようにそろそろスマホが欲しい、じゃあ買おうかなどと話した。買ったらもう、こうして離れ離れになるまいとぎゅっとつかまることもなくなるんだろう。

家の最寄り駅まで帰り着き、近所のスーパーでちょっと前にTwitterで話題になっていたバターアイスの箱入りのを見つけて買う。

帰って宿題を進める息子に差し入れると「赦しの商品化だ」とすぐに商品としての良さを理解しており感心した。

晩はシュウマイを食べてからお灸をすえた。いつだったかこれからはお灸で体をよくしようと箱にたっぷり入ったものを買ったがすぐに飽きて、箱だけがずっと棚にしまわれたままになっていたのだ。いよいよ使い切ろうと立ち上がった。

座って合谷《ごうこく》というツボにすえ、火をつけてじっとしていると、娘に焼き肉屋のにおいだと言われる。

寝る前、息子が携帯しているメモ帳に熱心になにかを書いている。聞いてみると、「たまに見る、木をめちゃくちゃ積んでるトラックの絵を描いている」と見せてくれた。

ああっ、いるいる！　木を大量に積んでるトラック！

積載量的に大丈夫なのか心配になるくらいの木、その木はどこで積むのか、どこか古い木材がわきだす場所でもこの近くにあるのか。すべてが謎のトラックが、たまに近所を走っている。

確認して両替を頼む

3月31日（木）

目覚ましより早く眼が覚めた。布団の中であたたまったままなんとなく「ドラえもん壁紙」で検索してスマホの壁紙を『ドラえもん』の画像にした。

起きだしてパンを焼き、ハムエッグも焼いて、早朝から部活があり起きてきた息子と食べる。今日は私が朝から出社で娘も用事があるから起こして、3人にひさしぶりにほぼ同時に朝がきた。

それぞれの持ち場へ散り散りになる。

会社へ行く途中、現金を下ろす用があって銀行のATMに寄った。

私の使っている銀行のATMは引き出しの最後に「確認」か「両替」のどちらかを押す仕様になっている。金額を指定して、「確認」を押すと、たとえば1万円の引き出しであれば一万円札が1枚出てくる。いっぽう「両替」を押すと、千円札が10枚出てくる。

つまり「両替」ボタンは「確認して両替を頼む」ボタンだ。「両替」とだけ書いてはあるが、それだけではない「確認」を含むボタンなのだとわかったうえで押す。なにかちょっと生き慣れているように感じさせてくれる。

会社の最寄り駅まで電車でぼんやり移動、いま読んでいる本はどれもハードカバーで持ち運びにくい。文庫本は電車でも読むのだけど、ハードカバーの読書中は移動時に読むものがなくぼやっとしている。

Kindleを持とうかとも思うがなんとなくそのままになっていて、そういえば中学生のころ、なにも暇をつぶすような本だとか音楽を持たずにただ電車に乗って外の景色も観ずにあれこれ妄想するのもいいではないかとクラスメイトに伝えて気味悪がられたのを思い出した。

通っていたのは山を切り開いた新興住宅街向けにつくられた山の斜面に建つ物理的にも心理的にも非常に閉鎖的な中学校で、多様性を認めようとする生徒はほとんどおらず同調圧力を強くかけてくるタイプの子どもが多かった。

変わったことをする、みんなとちがう意見を表明するのは嘲笑と疎外の対象で、いまもつながっている少ない友人のうちのひとりは弁当持参の日に焼肉弁当を持ってきたことを笑われた。白いごはんの上に焼いてタレをからめた肉がのせてあるのが可笑しい、ということだった。

いまはすばらしい仲間と仕事をして友人もみなほがらかで寛容で優しい。こんなにも生きやすい。

会社の最寄りのコンビニでカフェオレを買うと、2機あるコーヒー抽出機のうちの奥の機械を使ってくださいと案内される。奥というのはカウンターの隙間で、挟まるようになってカフェオレを注ぐひととき、狭さに落ち着いた。

仕事を終えて、また人々が家に戻って集まり、生協の冷凍のにらまんじゅうを食べ晩をすませた。

ニュースではロシアがウクライナへの軍事作戦を縮小すると言っているが撤収ではなく再配置だと伝えていた。ＮＡＴＯの事務総長という人が「Repositioning」と言っている。あ、本当だ、再配置って言ってる、とニュースというより英語学習のように捉えてしまい反省する。

戦争がどうしても終わらない。

洗い物などあれこれすませて本を読んでいると子らは次々寝ていった。

安ジャムと高ジャム

5月11日（水）

ひさしぶりにジャムが食べたいと娘に言われて、よっしゃまかせとけと買い物に出かけた。

家では朝、食パンを食べる。最近は大容量タイプのはちみつに頼り切りで、ジャムはしばらく買っていなかった。

ジャムは高級なのは買わないにしても、普通のやつでまあまあ高い。果物を使っているのだから仕方がないけど、ひるむ。難しいのが、紙のカップに入った安いやつの存在だ。こっちでしのぐか、どうするか。

紙のカップのジャムがむしろいいのだ好きなのだという勢力はまちがいなくいて、あの歯にしみるあまいゼリー状のジャムの魅力は私も十分知っている。

瓶のジャムとはずいぶんようすがちがうから、両者はそもそも別の物のように思う。

私にとって、ジャムといえば瓶のやつで、紙カップのは「紙カップのジャム」として認識している。それは長く同居した祖母が小瓶のアオハタのジャムをひいきにしていたからだろう。祖母は8枚切りの食パンを袋で買うと冷凍庫で保管し、毎朝なんと4分の1枚ずつ食べた。毎日小さな面積にマーガリンを塗りその上からジャムを薄くのせた。

いま重要なのはジャムの購入は娘に頼まれたということだ。

娘にとってのジャムはどっちだろう。うちではあまり紙カップのジャムを買ったことがなかったから、娘にとってもジャムは瓶のほうを指すんじゃないか。

苦慮した。挙句はっとして、瓶と紙、どっちもかごにいれた。どちらもブルーベリー味のをいれた。ドルコスト平均法みたいなものだ。いやドルコスト平均法ではないんだけど、両者の同時購入により価格を均した。

翌日、食卓につく息子に「安ジャムと高ジャムがある」と、どちらも封を切って出した。娘は寝坊のたちで登校時間ギリギリまで寝ているから、息子とふたり、食パンの表面の半分に安を、もう半分に高を塗り食べる。笑うほどブルーベリーの粒の量がちがった。安ジャムは食パン半分に2粒ほどがつくのにくらべ、高ジャムはびっしりついた。

そのうち娘も起きだしたが、私は洗濯物を干していてどんなようすでジャムを食べたかは見なかった。

夕方、学校から帰りただいまを言ったそばから、まだ在宅勤務が終わらず目がモニタから離れない私の隣で娘が「朝、ジャムがあると良いよ」と言った。

「パンが食べやすいよ、ジャムがないと噛む必要があるけど、ジャムを塗ったパンは噛まなくてもすぐ飲める」

作業しながら半分聞いて、半分聞き逃して、でもおおむねそんなことを言ったように思う。あとでどういうことだ?と思った。ジャムを塗ってもパンは噛むだろう。

今朝も食卓には安ジャムと高ジャム両方出した。

先に朝食をはじめた息子に「どっち塗った?」と聞くと、照れながら「普通に高ジャムしか塗らなかった」と笑って、こいつめと、私も同様にした。

それから、あっ!と気づいて「安ジャムと高ジャムをさ、混ぜたらいいんじゃないかな」と提案するが息子はそれはだめだと言う。

「ジャムの尊厳にかかわる、それはだめだ」

そういうものかなと思ううちに、娘が珍しく起きてきた。むすっとして、ぬいぐるみを抱いて崩れるように、軟骨と筋の柔らかさからほとんどスライム状になって食卓のいすに座る。

私はぬいぐるみが汚れないように、抱く腕からずるっと抜いて娘を見守る位置に立たせた。「ねえ、きのうジャムのことなんて言ってたっけ、ジャムを塗るとパンを噛まなくてすむって?」

言いながらなんとなく娘の頭をなぜて、娘は毛量が異様に多いのだけど朝はとくに毛根が立ち上がっているのか日中や夕方にまして恐るべき毛圧で、なでる手のひらはぼいんと跳ね返された。

「すこしは噛む。でもなんか、ジャムを塗ったパンはなにも塗らないパンにくらべて喉に入っていきやすい。朝は顎が動きにくいけど、頑張らなくても食べられる」

私は完全な朝型で、朝起きるのに苦労しない。朝から元気だし、朝食が好きだ。たくさん食べられる。娘はそうではなくて、朝が苦手で、学校が朝の8時に始まるのに向いていないタイプだなといつも思う。夜の8時が始業だったら私は眠くてたまらないだろうが、娘は楽勝だろう。

そういう人にとって、朝は顎が動かない時間だとはじめて知った。ジャムが一助になってよかった。

そうだ、娘は先日、ピーナッツバターは粒の入っていない、クリームタイプのほうがいいと言っていた。ああそうか、朝の動かない顎に、粒が難儀なんだ。は〜、なるほどなあと、つじつまが合ったなあと思うとき、息子が娘の手元をじっと見ているのに気づいた。

視線を追って私も娘の手元を見る。娘は、明らかに、安ジャムを選んでパンに塗っていた。

娘は気高い人だ。息子も私も、黙っていた。目も見合わせなかった。

ペットボトルを海に捨てない

5月21日（土）

はっと目覚めると朝はまだ早い時間で、普段ならもうすこし寝るところもう起きた。時間に余裕があり息子の弁当を首尾よく作って機嫌がいい。

料理が得意でなく好きでもないのでお弁当は面倒で面倒で面倒でしかないのだけれど、やってしまえば手は動くもので、「億劫だけどやりさえすれば案外いける、しかもやや楽しい」物事の多さはなんなのかよと思う。

弁当をつかんで息子は早々に学校へ出かけ、いっぽうよぼよぼ起床した娘は朝でまだ顎が動き出さないと、焼いて皿にのせておいた食パンにピザソースを厚く塗ってふやかしていた。

焼いたパンが顎にかたいなら、明日からはトーストせずにレンジで温めるほうがいいかねと相談しながら、娘はぼんやり、おう、おうと答えてパンにとろけるチーズをのせるととろけさせずにそのまま食べて「うまいっす」と言っている。

娘も出かけ、私は今日も在宅勤務。

除菌、換気、マスク、距離をあけるを続けて手ごたえを得、近ごろは対面のうちあわせがすこしずつ増えてきた。来週などは会社や外でのうちあわせの予定で埋まりつつあって、すると今日のような在宅勤務が以前同様、珍しい側の日に戻っていくのかもしれない。

風が強く、洗濯物が物干し竿を窓の右から左につーっと渡った。「風がわたる」という、その様を目撃した。強くはためき物干し竿を離れていってしまわないように取り込んで部屋に干しなおす。

こまごましたことを次々に片づけていく日で、どんどん集中した。昼は餅を焼き、きなこと砂糖をまぶして食べた。うまいし、餅を食べ終え残ったきなこにお湯をかけて練って食べてこれもうまい。

部活のない息子が午後早々に帰宅し、弁当うまかったと言ってくれて、おおそうか、ごはんに鮭のほぐし身をたくさんのせたからな。

「それに、甘夏の種が取ってあったところにも愛を感じたよ」

そうそう、デザートにつけた甘夏の薄皮がぶ厚かったから、時間もあったし、むきやすいように房の上を切って種ものぞいておいたんだ。きのうは時間がなくて甘夏の外皮をむいただけでバーンとタッパーに入れて渡した。今日はぐんと手間がかかっている。

喜んでくれてよかった、やったあ、と心臓をでんでん太鼓式にどこどこ打ち鳴らしながら、薄皮をむきやすくカットしなかったきのうも愛してはいたんだけどな。

もしや愛というのは（早く起きて時間もあるし、薄皮むきやすくしといてやっか）みたいなところに宿るものなのか。やや愕然とした。

愛を伝えるということは、とても面倒だと判明してしまった。

私などは通常甘夏の薄皮なんか適当に弁当に入れて「生きろ！」という強いメッセージとともに渡しているわけで、しかしだからといって愛していないかというとそうではない。いつでもどこでもむちゃんこ愛しているんだよ。

もちろん息子の言う「愛を感じた」は実際に愛を感じたというよりも感謝の意でそう言ったのだろう。単純に、手をかけた甲斐があったなという話かもしれない。

夜は冷凍のエビチリを粛々と解凍した。解凍するそばで、帰宅したばかりの娘が、今日SDGsの授業があったんだよ、と言う。ひとりひとりが、努力によりどんなことが達成できるか考えて班に分かれて発表したのだそうだ。

娘のいちばん仲の良い友達に順番が回り、友達は勇んで「ペットボトルを海に捨てない」と発言した。聞いた班のメンバーは一瞬「……ん？」というようすでざわついて、そのうち班員のひとりが「そもそもペットボトルは海には捨てなくないですか」と気がつき、友達も「本当だ、たしかにそうだ」と、輪が沸いたそうだ。

すごく良いシーンだ。

私たちはペットボトルを海には捨てない。

心が遭難している

6月5日（日）

雨の日も洗濯をする。

ルーチンで体を自動的に動かすのが楽で好きで、だから朝起きたら雨でも晴れでも洗濯機は回す。人というのは、決定に体力を使いストレスを感じるものだ。毎日天気を読んで洗濯するかどうか決めるのは疲れる。

考えてみれば、お給料をもらう仕事というのは決定することそのものじゃないか。決定するかわりにお金がもらえる。多くの決定をする人ほど仕事ができると頼もしく感じる。

雨音で目が覚めるくらい強い雨の日で、でもぼんやり洗濯機を回した。

最近娘はいよいよ朝食の量を食べられなくなり、パンは1枚食べるのはあきらめて半分にしようと話して決めたから、冷凍保存の食パンに果物をむく小さなナイフで切れ込みを入れてふたつに割ってオーブンに入れた。

私は若いころからずっと朝食が好きで、高校生のころだったか、休みの日の朝に食パンを1斤食べたことがあった。娘とは本当に、体のつくりがちがうのだなと思う。

起きてきた息子と焼けたパンを食み、すると娘もどろどろ体をゆらしてやってきて3人集まった。

雨の日の洗濯物は居間に干す。干した下からがんがん除湿器の部屋干しモードで湿気を吸う作戦。除湿器の風がよくあたるようにベランダに干すときとはすこしちがうフォーメーションで洗濯物を吊るさねばならない。洗濯物のパズルをひとつ組み違え、ひとりごとで「これじゃだめだ」と言ってやりなおしていると、聞きつけた息子が「……これじゃ……これじゃだめだ！」と目ざとくセリフを拾ってくる。「……こんなんじゃ……ぜってえに勝てねえ……」

スポーツまんがだな、と思ったから私もテニスの壁打ちのジェスチャーをして「……これじゃだめだ！」と言い直したらしっかりうけた。

子らは学校へ出かけ、私は在宅勤務。

いっときやんだ雨は昼過ぎに強まって、スマホの天気予報アプリで雨雲を見るとゲリラ豪雨の雲が迫っている。

くるぞくるぞと思うころ、果汁グミくらいの大きさのありそうな雨粒がボボボボボと地面からベランダの床から窓からたたきつけ跳ね返り、ごうごう鳴る風は路地を行く、パリっ!という音の直後にババババババと雷が落ちた。

怖い、生命が不安、と感じるよりも感心して「やるじゃん」みたいな気持ちになり、おそらくそれは「茫然とした」のだろう。

ふっと照明が消えた。すぐ戻った。仕事を続けようとしたところネットワークがおかしく、Wi-Fiが切れたようだった。

ほかの家電はすべて通電が続いており問題ない。Wi-Fiにのみなにかあったんだろうか、つなぎなおすとすぐに元どおりになった。

午後になって娘がやあやあとご機嫌にほがらかに帰宅し、雷すごかったねえ、学校盛り上がったよと嬉しそう。そのままソファに横になってまんがを読みだした。

息子も同じように雷すごかったわ〜と帰宅して、冷凍庫からアイスを取り出して食べるとソファの娘から「ずるい」ととがめられ、「おまえもたべれ」と対抗し、対抗しながら「教室のWi-Fi止まったもんね、雷で」と言うものだから「うちもそうだったよ!」と驚いた。雷でWi-Fiは止まりがちなものなのか。

そもそも教室でよくWi-Fiが止まったことに気づくねと聞くと、授業でタブレットを使っているからネットにつながらないと滞るんだそうだ。なるほどなあ。

やぶからぼうに娘が「低体温症かもしれない」と言って、塾に行くのに体温を測って出た温度が35℃台だったらしい。

「遭難してるんじゃないか」と兄に言われて「心が……？」と妹は返し、この人たちは最近気の利いたやりとりを切磋琢磨している。

体温はもう一度測ったところ平熱だった。

家のことは、なにもかも忘れてしまう

7月11日（月）

娘は明日から宿泊学習へ行くことになっている。本来は去年も一昨年も行くはずだったが感染症対策で中止になった。今年やっと行ける。

いろいろと必要なものがあって、娘は2週間くらい前からあれこれ準備をしていた。虫よけはスプレーだと友達にかけてしまうかもしれないから、シートか塗るタイプが欲しいとか、歯ブラシセットはコップがついたものを用意したいとか。

おうおうとこたえて週末ごとに一緒に買いにいったりネットショップをみたり準備をし

て、するとどこかのタイミングで娘の不在のすきに息子が「あいつわかりやすく楽しみにしているな」と言った。「え」と思った。

そうか、あれは楽しみにしているようすなのか。

私は子どものころの記憶がとても少ない。校外学習はたしか小学6年生のころに日光に行ったはずだがどんな気持ちでその日を待ったかまったく覚えていない。それなりに楽しいこともあったけれど、学校生活は良くない思い出も多いから、行事を心待ちにする感覚がピンときていなかった。

そのうち買ったあれが届いて、これが届いて、服の洗い替えをあらためて、徐々に準備が整いゆくうち「水平線を見るんだ」と娘は言った。

「みんなで、水平線を見るんだ」旅先は海だ。

うわっ！と思った。本当だ、これはよほど楽しみにしている。「楽しみにする」以上の、希望を旅に見出している。

みんなで見るだろう海の向こうの水平線、あまりにできすぎた希望は、もはや死亡フラグのようで急に怖くもなった。

私たちは現実の世界に住んでいるから、フラグが立っても死なない。でもどうだろう、いままた広がっているコロナウィルスに出発の直前に感染するかもしれない、けがをするかもしれない。旅に出られなくなってしまう可能性は、ある。

それで私は出発直前のここしばらく、おなじみの逆流性食道炎をおこし薬を飲んで胃をなぜて、とにかく家族全員感染症対策を徹底してすごした。絶対に、元気で行ってもらいたい。

食道を焼きながらようやく明日が出発の日という今日までできた。娘は朝から荷造りをしはじめた。

大きなジッパーつきのビニール袋に日にち別に衣類をまとめたいと言われるも、引き出しには食料を保管するのに何度か使ったぼろぼろの袋しかなく、しかしぼろぼろの袋だけは大量にあって笑う。

この家、こんなにボロボロのジップロックがあるのか。

探すと厚手のきれいなビニールの袋があった。代わりに渡して、昼はスパゲッティをゆでた。

息子もサッカー部の練習から帰り3人でたぐりつつ、テレビをつけると囲碁の対局が放送されていて観る。

我々はだれひとり囲碁のルールを知らず、対局のようすも解説もなにひとつわからない。「わからないな」「ぜんぜんわからない」「まったくわからなくてすごい」

試合の別画面ではどちらも有段者らしき解説と司会の方々が棋譜を前にあれこれ興奮している。

「逃げ場がないですね……」

「元気をアップするような一手のように思いました」

「自然ですね」と、繰り出ることばも次から次へわからず観入った。

息子が「囲碁は知らないで観るとこんなにわからない、サッカーとは大ちがいだな」と言い、たしかに。

午後は娘は明日に備えていよいよ英気を養うフェーズに入り横になって静かにしたりまんがを読んだりしている。

息子は伸びきった髪を観念して切ることにしたようで理髪代をせびるから渡した。「1回稽古する」というので見守ると、理髪店に入店してから退店するまでを通しで練習していた。

「よし」と言ってでかけていき、私はたくさんもらった野菜を煮に煮る。じゃがいもをじゃがいもだけで甘辛く煮たらおいしかった。

じゃがいもは炭水化物だと思うとどう扱ってよいかわからないが(ごはんを食べてじゃがいもも食べて、はたしていいものか?と)、最近そのあたりの気持ちが開き直り堂々としてきた。

芋も食べるしごはんも食べる。それでいい。

夜になり、芋を食べてごはんを食べた。息子の頭はさっぱりして、そしてなにより娘がなと思った。

旅に出たら「家のことは、なにもかも忘れてしまう気がする」と言っており、だといいなと思った。

元気だ。よかった。

いないと本当にいないない

7月14日(木)

子どものころ「固いものを食べる」ことを推進する雰囲気があったのを思い出した。あごを鍛えるためという名目だっただろうか、せんべいとかするめとか、そういったものを食べるべきだとする運動があり、固いものを食べないから若いもんは○○なんだとか(この○○がなんだったかをもう忘れてしまったのだけど)そういう物言いも聞いた。よく噛んで食べましょうとはいまもいう。子どもの給食の献立表のわきに今月の目標として掲げられていることもよくある。だけど固いものをというのは、あまり聞かない気がする。

息子に「固いものを食べましょうって、誰かから言われたことある?」と聞いた。

「ない」「ないよね」「うん。ないな」

朝の食卓はパンとゆで卵とヨーグルトとレタスのサラダでなにもかもがやわらかい。

あごをゆるめて我々は食んだ。そうしてついよく嚙まずに飲む。私はそういうたちなんだ。息子をちらと見ると案外よく嚙んでいるように見えた。

「今日もうあいつ帰ってくるな」「そう、帰ってくる」「早いなあ」

宿泊学習へ出かけた娘が今日帰ってくる。

小学生が学校行事で遠方へ行く、連絡手段をなにも持たずに出かけるから、文字どおり、便りの無いのは良い便りで、不在は、不在そのままの静寂なのだった。

これが私だと出張で娘なんかよりよっぽど遠くへ行ったとしても、山が見えれば写真を撮り送り、海が見えればまた写真を撮って送り、夜が暗いぐらいでも知らせるのだから不在ながらにいちいちうるさい。

娘は、いないと本当にいない。

息子が娘と同じ学年のころ、宿泊学習先で軽い怪我をした。担任の先生から電話をもらい、とはいえ傷は浅く活動になんら影響するものではなさそうで、その程度でもていねいに電話が1本飛んできたわけだから、娘には本当にただ元気でやっているんだろう。

息子が学校へ出かけて私は在宅勤務。

昼に、娘が出発した日の昼のお弁当として持たせた混ぜごはんのおにぎりの残りを冷凍したのを温め返して食べてみたら味が薄かった。

午後も仕事を進めると平気でどんどん時はすぎ、そのうちスマホに入れた小学校の連絡アプリから、子どもたちが帰途についたと通知が入った。

　一行が小学校に近づくたびにまめに通知が届く。スマホのなかで娘たちを乗せたバスがじわじわこちらへ向かってくる。

「帰着しました」と連絡がきて、しばらくして娘の実体が実際に帰宅した。

　玄関にかけて行き出迎え、よしよしして「たのしかったかい」「なにがたのしかったんだい」と急いで聞いて、娘もにやにや答えた。

　娘は学校でそう教えられたのかすぐに荷物の片づけに入り、私も仕事を終えて手伝いに合流すると、リュックからはタオルやマリンシューズやレインコートなど次々濡れたものが出てきて、宿泊学習の終わりの実感を濡れ物に感じ取った。

　おみやげを買う時間があったそうで、私にはアルミのしおりを買ってきてくれていた。本が好きだから。私は去年くらいから急に熱心に本を読むようになったが、しおりをもらうほどに娘から見た私のイメージとして固まっているのかとすこし照れる。

　一瞬ふたりだった家の人数はこうしてあっという間に3人に戻った。3人そろうのがあまりに自然で、晩ごはんどきに宿泊学習の感想を話題にするのをしばらく忘れたほどだった。

　娘の旅の感想は、あれが楽しかったよ、これが楽しかったよ、というのではなく、だれがこう言って、みんなで笑ったんだとか、感心したんだとか、そういう方向性で、コミュニケーションへの目線を感じる。

朝、起きたらまだあたりの暗い早朝で、でも同室の数人がもう起きていて、みんなで静かにUNOをしたらしく、息子は、そこで朝日をみんなで見たんだとか、そうじゃないところがいいと褒めた。

「朝日というか、気づいたら外は明るくなってて」「明るくなってて」「それまでつけてた電気を」「電気を?」「消した」「消したんだ、消したんだなあ」

息子は満足したようだった。

食後に名前のわからないかんきつ類を食べた。

最近生協で、なんの果物が届くかわからないがその代わり安い配達セットを注文していてそれで届いた。この方式で私たちはわからないかんきつ類を次から次へ食べてはわからないままにしている。

ちゃんと名前を知らせる小さな紙も入っているのだけど、つい気にしない。

今日のはグレープフルーツくらいあって、綿の部分がぶあつく、ふさもふさのなかの粒も大きい。

娘が「これ、種無しだ!」と喜ぶものの、私のとった房にはびっしり種が入っており、とはいえ否定せずに静かに口から出したところ「あ、種、あるんじゃん」とすぐばれた。

壺のなかのグリーンカレー

7月23日（土）

駅へはいつも同じ道で向かう。変わらない景色を突っ切って歩いていくのだけど、今日は小道に面した戸建ての窓の、カーテンが開いて中がちらと視界に入ってきた。もう何年も同じ道で駅と家を往復しているが、この家の中が見えたのははじめてじゃないか。窓際に大きなお皿が立てて飾ってあった。

皿を飾るという文化……あるな。皿はスタンドみたいなものにのせられていて、そうだ、皿を立てる専用のスタンドがこの世にはある。

あるなあるなという気持ちで駅への道を進んだ。

娘が熱海へ行く。

今日明日、実家の父母の金婚式のお祝いできょうだいとその子どもたちが熱海の旅館に集まることになった。ただ、息子に明日部活の試合が入ってしまって私と息子は行けず、代表で我々3人から娘のみが熱海入りする。

途中の駅まで送り、私の妹、娘にとっての叔母と落ち合って一緒に連れていってもらう手はずだ。

娘はこういうちょっとした旅行を嫌がらずむしろ楽しみにする人で、前日も張り切って支度をするなど屈託のないところを見せておりまぶしい。

私は子どものころ、旅行はもちろん外出全般に疑いを持っていた。行けばなにか悪いことが起きるのではないかとおそれていたし、どこかへ連れ出してもらったところでさまざまなアクティビティをぜんぶ拒否してぼんやりただ座るか横になるかするくらいなものだった。単純に積極性がなく、そのせいかあまり思い出もない。

娘はリュックに着替えを、ポシェットに財布や小物をまとめ、旅する人としてずいぶん慣れて見えた。

予定どおり娘を妹に渡し、そのまま自宅へ戻って暑くてのびる。

午後はひさしぶりの友人と会って喫茶店で話した。お酒があるとわかると迷いなく白ワインを注文したこの友人は専業で文章だけをずっと書いている人だ。

文章は、書いておくとそのときの感情の起伏が思い出されるのがおもしろいと友人は言う。彼女の考えでは、感情というのは偶発的なものであって事象に必ずしも即さない、だから読み返すと感情が事象に伴わないように感じることがある。過去の自分に対して意外だと思うこともあるそうだ。

嫌なことがあって悲しむ、嬉しいことがあって喜ぶ、それはそうなのだけど、悲しみや喜びを的確にとらえられているかはその時々の心身のコンディションによってまったくちがう。表出した感情の大きさ、ついて出た言葉などがあとで読むと突飛だったりするという。

もうひとつ印象的だったのは、それが人に読ませる文章であれば、エピソードに登場する人について、その人の大きさ、背は高いのか、低いのか、痩せているのか、太っているのかはきちんと書いて伝えるべきだと言っていたことで、容姿のことはもううんぬんせずともいいのではないかと私は考えていたのだけど、体かたちの描写はやはり必要だろうと、良し悪しを言うのではない、形状を伝える、そこからどんな印象を持つかは人それぞれなのだから書くこと自体は悪いことではないし、むしろ情報として必要だろうと、それはそうだなと思わされた。

チェーンの普通のコーヒーの店だけどアイスコーヒーがおいしい。今年私はアイスコーヒーを例年以上にありがたくおいしく飲んでいる。暑いからだろうか。

そうしている間も娘からＬＩＮＥで熱海の写真が届き続けた。娘は先日はじめてiPhoneを手にした。しばらくねだられて、いよいよ中古のを安く買ったのだ。

海の写真、食事の写真、人々の写真、自分の写真も。まだ幼い従妹たちがかわいいとテキストも届いた。

娘は乳幼児を見ると必ず「かわいい」と言う。絶対に言う。容姿ではなく年齢を純粋に愛しんでいる。

友人とわかれ、帰って夜。娘のいぬ間に娘の苦手なグリーンカレーを、辛いもの好きの私と息子で食べた。うまいうまい。ほんとうにうまいな。

グリーンカレーはとてもおいしい。私にとってはグリーンカレーはおいしさそのもの、概念的な食べ物だ。料理として見知ったのが大人になってからで、おいしさを知った瞬間を覚えているからだと思う。

20歳、所沢のタイ料理の食べ放題でのことだった。グリーンカレーは壺に入ってほかの料理と並んでいた。なんだこれはと、壺の底が見えるまで、小さなひしゃくですくってなんどもおかわりした。

7月25日（月）

奥にある真のおかえり

起き出し洗濯機を回すべく子ども部屋の前を通ると暗がりのなか息子がベッドの上に座っていた。国語辞典を片手に持っている。

「『うたたね』ってなんだろうと思って調べてた、おはよう」

ほう。おはよう。

「布団に入らないで服を着てしばらく寝ることだって」

なぜ「うたたね」をと思う気持ちはそれなりにあったのだけど、言われた語釈がそれ以上に意外で「へぇ〜」のほうが勝った。

うたたね、ちょっと寝ることくらいの意味でとらえていた。言われてみればなるほど布団と服が大切だ。就寝は寝巻を着て布団に入る、寝るぞという気概とともにある。うっかり寝てしまった、ちょっと寝る、そんな気軽な眠りに寝巻と布団は無い。具体性を持って言い分けることに深く感心した。

旅行で熱海に出かけ、熱海から帰ってきたきのうも私の妹の家に泊った娘は、塾に行くため今日の午前中には帰ってくることになっている。

娘が昼に食べる用のチルドのピザを焼いておいて、それから部活へ行く息子とふたり朝ごはんを食べ私は会社へ。

朝起きて学校へ行く、帰ってきて○曜日と○曜日は塾があって、部活があって、そんなふうに家の人々が一定のリズムでは動かなくなる、スケジュールがこんがらがる、それこそが子どもとの夏だなと思う。

家で沸かしたお茶を入れた水筒で水分をとり、昼休みになれば残り物を雑にタッパーに詰めたお弁当を食べ、やっているな！という手ごたえを得た。手ごたえとはつまり、うまいこと節約をやっている、そのことではあるんだけど、それ以上の、適宜生きている、適宜性を味わうみたいなところが大きい。

しかし水分は小さな水筒ひとつでは足らず自販機でアイスコーヒーを買った。

午後も、やってくる外線を取っては回して会社で働く醍醐味を味わった。仕事の本質は電話に宿るという気分が、盛んなるＩＴの恩恵を存分に享受するいまもどうしても抜けない。電話に労働を感じるくせは、下手すると私にとって永遠のものになるかもしれない。

すっかり充実して帰宅すると、エアコンのリモコンが無いのだった。いつもはそこいらに難なく置いてあって見つかるがない。

ソファに寝そべる息子に聞くと、自分が帰宅したときには娘がすでに家にいてクーラーはついており、リモコンはいじっていないという。

その娘は塾に出かけてもういない。

どこを探してもなく、まさかと思いつつ風呂場の脱衣所や玄関を探すもやはりない。熱帯夜が続き、この家は熱気がこもりやすく夜も暑くてここのところは夜中エアコンを使っているからリモコンがないのは困る。

大切なものはいつも小さい。財布も鍵もスマホも小さい。免許証なんて小さいうえに薄っぺらくて、それをいうとあれか、ＳＤカードか、マイクロＳＤカードか。とにかく小さいからふいになくなると探しにくさに愕然とする。リモコンも小さい。探すときだけ鳴れと思う。ここだと鳴ってくれ。願いはかなわずただただ探した。

これはもう無いかもしれない。娘がまちがえて塾へ持っていってしまったのかも、ガラケーの時代、電話とまちがえてリモコンを持ってきた人の話は何度か聞いたことがある……と思うころ、ソファーの下の奥の奥に見つかったのだった。

まちがえて塾へ持っていってたらちょっと盛り上がるなとやや気持ちが高まっており、すこし残念に感じてしまった。

晩の支度をするころ娘が帰ってきた。「ただいま」と玄関を上がり手を洗う音がして、「おかえり」と、出先は塾だが、気持ちとしては熱海からの帰りを迎える。塾からの「おかえり」が表面にあり、奥に真の熱海から「おかえり」が構えているような、二重のおかえりだった。

ニュースを観ながら3人で晩ごはんを食べると、サル痘の患者が国内ではじめて見つかったとニュースが流れた。ウィルスの電子顕微鏡写真が画面に映り、娘が「忍者めしみたい」と言った。

7月30日（土）

目にした景色を見せて

ひとり起きだし朝をはじめる。朝ごはんからいきなり柿ピーを食べて気持ちを奮わせた。食はダイレクトに、手軽に、自由に生きているのを感じさせてくれる。

息子が起きだし部活へ行って、午前中用のない娘もいい加減のところで起こした。私は家でいちばん早起きで、すると「寝ている人」をながめることが多い。

寝ている人の体というのは粘性だなと常々思う。下からすくうと、指のあいだからもれそうだ。もれた粘体は重力を強く引き受けており、ずるんと床に張りつくように急いで落ちる。

子らが目覚めて自力で体を起こすとちゃんと形があってほっとする。起きるたびに新たに骨がうまれるかのよう。

私は今日はいちにち休みの日。夏の暑さで疲れてしまって、居間の床に寝転んでまんがを読んだ。

娘が冷蔵庫で冷やしたペットボトルを2本指の股にはさんで右手に持って「ふたつの物を片手で持ちたいってロマン、あるよね」というので同意して感心した。本当にそうだ。片手で持つかっこよさ、ある。

しばらく横になって満足して起きだし、学校から案内が来ている行事の写真のネット注文をすませた。息子が小学校の中学年くらいのころ、5、6年前までは、学校に張り出されるのを見にいって、封筒に番号を書いて現金を入れて先生に渡す、私の子ども時代と変わらない方法だったが、いまや完全にネット注文に切り替わった。何十年も続いたやり方が、この数年で劇的に変わったということだ。

写真を閲覧するページはパスワードが二重にかけられていて関係者以外は強固にみられないようになっている。各写真は拡大できるが透かしが入り、なるほど透かしがないとそのままダウンロードされて写真屋さんの利益がなくなってしまうものな。「透かしを移動する」というボタンがあって、押すとそのとおり、透かしが移動した。透かしでちょうど顔が見えないが、この子は我が子だろうか?と迷ったときに押すんだろう。押して出てきた顔が自分の子だったり、そうでなかったりする。そのときの感情、新しい風情だ。

団体写真で写された顔をクリックすると、似た顔を全写真から抽出してくれる機能もある。抽出の精度まで選べて、多めの抽出を希望すると、どれだけ小さく写っていてもピックアップされるから、遠く遠くに写った娘や息子の写真が見られてこれもまた味わい深い。

昼は冷やし中華を食べた。娘がくしゃみをして、鼻から冷やし中華が出たと驚き「人生で……2回目だ……」と言った。

娘はさまざまの経験をカウントしている。「お母さんは人生で何回、鼻から冷やし中華出したことある?」と言うから、数えていないことを恥じた。

冷やし中華を食べたあとたまらずまた柿ピーを食べる。食器を片づけながらその背中を見た娘に「2日ぶりのごはんみたいに食べるじゃん」と言われ、私は柿ピーに対しひどい執着と飢餓感を持っているのだなとあらためて思わされた。

渇望を捨て豊かでありたいと思うが、いっぽうで強いありがたみを、スーパーでいつでも買える品である柿ピーに感じることは誇ってもいいんじゃないか。

息子が帰り、冷やし中華を出す。娘は塾へ行った。私は午後もだらだらする。頭だけ座布団に乗せ、体はフローリングに直に横たわって昼寝した。床に体が吸いつく。粘体だ。するともう晩になり、餃子を焼きだしたところで娘が塾から帰宅、スマホで撮影した塾の窓からの景色を見せてくれた。

通っている塾は高台に建つビルの6階にあって見晴らしがいい。「冬の夜はスカイツリーが光って見えるよ」息子も3年世話になった塾だけど、初耳だった。

娘は最近スマホを手にして、目にする景色をカメラで撮影するようになった。娘の見たものが、私も見られるようになった。これが写真そのものの意味だ。

みんなでうまいですね、うまいですなと餃子を食べあい食事は終わったが、その後も息子が腹が減ってどうしていいかわからないようすでいる。追加で冷凍のチヂミを自分で焼いて食べてなおまだ入ると言っていた。

夜も暑い。夏は敷布団に横たわるとお腹にタオルケットをかけるくらいで「布団に入る」ことをしない。眠るうえで儀式性がないと思いながら寝入る瞬間、息子のお茶碗を明日からどんぶりにしてはどうかと思った。

夜に帰る

7月31日（日）

親せきから宅急便で野菜と一緒に届けられたマンゴーは傷んでいた。どうも段ボールの中で隣に配置してあったジャガイモに押されたらしい。

不幸中の幸いというのか、大きなマンゴーだったから傷んで黒くなったのは半分で、もう半分は食べられそうだ。切って救出し、とはいえかなり、押されたからかそもそも熟れていたのかぐずぐずやわらかい。夏の熱い台所でどろっとした物体はなまぬるく、冷たいよりおそろしかった。冷凍して食べようと、袋に流し込んで平たく冷凍したのが先日の話。

カチカチに凍って今朝、割って食べるとおいしい。起きてきた息子にもすすめてうまいうまいと食べた。

食べながら息子は新聞に折り込まれて届いた区報を広げて「8/1って書いてある」と言う。「今日はまだ7/31なんだけど」。ああ、雑誌がひと月先に出るみたいなものなんじゃないの。7月のうちに8月号が出るでしょう。

言っても息子にはピンとこないようで、この人は雑誌を普段読まないものな。そういう慣例があってねと、説明を重ねても納得しきらないらしく、納得できない気持ちは私もわかる。むしろ私のほうがなんで慣例だからといって納得していたんだろうと、息子の側に気持ちが引っ張られた。

息子はおさななじみに誘われて午前のうちからテニスに行くことになっている。テニスなどほぼやったことがないはずだけど、なんとなく半ズボンのジャージにスポーツブランドのポロシャツといった、テニス向けのウェアを合わせており、そんなの持ってたんだ。以前おさがりでもらったのを思い出してタンスから探したらしい。「テニスらしいよね」

「うん、ちゃんとテニスっぽい」

「これが見つからなかったら新しく買わないとと思ったんだよな」と息子は言って、テニスに誘われてテニスウェアを用意する気概を持っているのは生き方として的確なことだなと思った。もちろん、ありあわせのものでなんとかする、工夫してしのぐことは必要だしそれができれば最高なのだけど、それはそれで特別の才能がいる。

私などはその場に合致しない服装でほうぼうに登場し恥をかいてきた。若いころの話ではなくて、最近だってそういうことがいくらでもある。この具合だと未来も衣装で恥をかくと思う。息子がその恥をふせぐ勘どころをおさえているのには驚かされた。とても頼もしい。思えば娘にもそういうところがある。ふたりは学校でそのあたりをとてもよく教えてもらったんじゃないか。

息子はテニスのあいまにコンビニで適当に買って昼をすませると出ていったから、昼はぼやぼや起きて午前をゆっくり過ごした娘とふたり、きのう3割引きでスーパーで仕入れた「ざるらーめん」というのを食べた。

ゆでてしめた中華麺をつけ汁につけて食べるもの。これはあれだ。冷やし中華の、具の用意を免除してもらえる食形態だ。つまりそれはそれだけ簡素ということなんだけど、助かる。それに冷やし中華を麺だけ食べていいのはなんというか、うれしい。おいしいから。

私も娘もよく食べた。そのうえ近所のお祭りで娘がもらってきたチョコレート味のビスコも分け合い食べる。おいしい。

娘はちゃんと、クリームで接着された2枚のビスケットを歯でふたつに分解して食べていたから、信用のおける人だなと思った。

「ビスコって、『ビスケット子』のことだよね」と言っており、いちどもそう考えたことはなかったけれど、疑念の余地を挟むほどなくそのとおりだ。

まんぷくになった我々は娘の髪を切りに美容院へ向かった。娘ひとりでも行けるはずなのだけどなんとなく不安らしい。

本当に連れていくだけ連れていって、オーダーも娘にまかせて店を出ると時間をつぶすべく近くの喫茶店へ向かった。

前回美容院に娘を連れてきた際に見つけた店だが、裏道にひっそりありながら中の広い、しゃれた上に電源が各テーブルに備わった便利な店だ。それなりに混んではいたけれどひとりがけなら十分席もある。アイスコーヒーを頼んで飲みながら本を読むことにした。アイスコーヒーは苦くて、そういう味のコーヒーなんだろうかな。コーヒーのことはよくわからないまま、でもたくさん飲んでいる。

出入り口に近い席に座っていると続々とお客が来るものだから景気のいい気持ちだった。席がなく諦めて帰るグループも多く、明らかに繁盛している。

こうやって、知らないいろいろな人が次から次へと、店が開いているというだけで遠慮なくたずねてやってくるんだから、店屋はそもそも尋常ではないよなとあらためて思った。小一時間で娘から終わったとLINEが届いて迎えにいった。苦くて飲み切れなかったアイスコーヒーはプラスチックのコップに入っていたからそのまま持って出た。

髪がすっかり髪型らしくなった娘と再会し、それから娘を自宅へ見送って私は仕事で会社へ。

アイスコーヒーがまだ飲み切れず持ち歩き、飲み物の入ったプラスチックの容器はおそろしく手をふさぎ行動を制限するものだ。夜中までかかる予定の作業なものだから軽食におにぎりを買おうとするが、冷たい飲み物を持っているだけでずいぶん難儀し可笑しかった。

22時近く終えて会社を出ると夜の外がまだまるで暑く驚いた。日は落ちてずいぶん経つだろうにこんなにも冷えないものか。

たまらず締めて胴にくっつけていた二の腕を上げた。脇を太く風が抜けるがまだ暑い。暑い暑いと帰り着いて、寝支度を整えゆく子らに出迎えてもらいながらまた「暑い」と訴えると「そうなんだよ、夜までずっと暑いんだよ」と息子が言って娘も「暑いよ夜も」と同意した。

ふたりとも、そういえば夜に帰ってくることが私よりも多い。

無料のお菓子はかなしいか

8月3日（水）

休みの日、起きだしてここのところの多忙で荒れた家を片づけた。息子は早くに部活へ行き、午前中用のない娘は起きて居間まではやってきたものの横になって物理的に長く伸びている。

人間は立ち上がった状態よりも横たえたときに大きく感じる。子どもの成長をいう「大きくなったねえ」は横の状態でこそ堪能できるなとの思いを、伸びた娘を前にして新たにした。

わっせわっせと片づけをすすめるともう昼で、冷蔵庫に偶然にも材料がととのっておりタコライスを作る。

娘は好物を「タコライス」と規定している。好物とはもちろん好きなもののことだけれど、ただ単純に好きなだけではないと思う。私は○○が好物ですと決定して意識し常に私は○○が好きな人間であると携え自覚して人に伝える、そのようすのことを好物と呼ぶのだと思う。

娘はあるとき好物をタコライスと定めた。

「昼はタコライスにしたよ」と言うと、「私の好きな食べ物だ！」と喜んで、食べて「すごくおいしい、ありがとう」と嬉しそうだった。タコライスがおいしい、それと同時に、私の好きな食べ物であるタコライスを作ってくれて嬉しい、それもあるんだろう。

友達のお姉さんが無印良品のキャラメルポップコーンが好きだと話しているのを聞いて、家に遊びにいくときに偶然ふと思い出して買って持っていった。もう15年以上前の話だ。お姉さんは「覚えててくれたの！」と、思った10倍ちゃんと喜んでくれて、好物とはコミュニケーションでもあるのだとそのとき知った。

タコライスでもうお腹はいっぱいだったけど、あるからというだけで軽率にミックスナッツも食べる。ピーナッツと、衣のかかったピーナッツと、カシューナッツと、アーモンドと、くるみと、ジャイアントコーンが雑に入った安いやつ。

娘が「わたし柿みたいな形のやつだけ選んで食べてる」といって、柿みたいな？　すこし考え、もしやジャイアントコーンか。なるほど、なんとなくちょっと半分に割った柿のような形をしている。もさもさ味が判然としないうえ固いから私はミックスナッツの中ではジャイアントコーンは軽んじていた。娘が推すとは意外だ。

娘はミックスナッツの全メンバーのイラストをチラシの裏に書いて、それから友達と遊びにでかけた。友達が通う塾で夏祭りがあるからと呼んでもらっている。

小さな個別授業の塾で、毎年夏に塾生とその友達を集めてお祭りをやっているのだそう。先生や大学生のアルバイトの方々が、手作りの射的やヨーヨーつりでもてなす恒例の行事らしい。

入れ替わりで朝から部活へ行っていた息子が暑さでよろよろ帰宅。

私などは今日は野外で活動をすることは無理だと諦めるくらいの暑い日、とにかく水分をどうぞとスポーツドリンクを出し、飲み干してクーラーのきいた部屋に息子は座った。「高負荷をかけたあとは家にいるだけでもう幸せで、こういうマイナスをゼロにする幸せと、ゼロをプラスにする幸せがあるとしたら、俺はマイナスからゼロのほうが好きだ」というようなことを述べ、食欲がないから無理かもしれないと言っていたタコライスをちゃんと食べた。

夕方になって娘がお祭りから帰ってきた。

履いた靴下をぬいで底面を見せてきたからこちらもちゃんと見る。限界までスレて生地が薄くなっておりほとんど向こうが透けている。

「私、靴下やぶしたことないから、ここでとどまってる」

誇らしげだから、それはすごいと称えた。あと新しい靴下を週末買おう。「やぶした」は「やぶいた」ではないかとも思ったが、なんとなく「やぶした」から能動でも受動でもない中道的な状態が伝わった。

手に持ったレジ袋にはぱんぱんにお菓子が入っており驚く。ぜんぶお祭りでもらったのだそうだ。中をのぞくと、無料で景品としてもらうときによく出る駄菓子ではない。ポイフルとかハイチュウとかクランキーチョコとかチョコボールとかプリッツとか、コンビニで買うような箱に入ったお菓子ばかりだ。これが、む、無料……！

嬉しいとか恐縮するとか以上に、不思議に切ない気持ちになった。どきどきする。

謎の動悸がおさまらないまま、肉を焼いて素麺をゆでた。実家では素麺は昼に食べることが多かったから夜ごはんが素麺でいいのかはやや不安であり、せめてちゃんと、たっぷりの湯を沸かしてゆでた。こんな殊勝なこと昼はしない。

食後、娘はもらったお菓子を積み木のようにテーブルに積んだ。揺れてぐらぐらするくらいの高さになった。揺れるお菓子の箱をながめながら、さっき感じた無料のお菓子の切なさは、「泣いた赤鬼」がお茶とお菓子で人を呼ぶ切なさに通じているんじゃないかと思った。

お菓子をたくさん用意していますから来てくださいという態度は、いじらしくどこか悲しい。

塾はお菓子を入塾の呼び水にしているのだから実際そこにいじらしい感情はなく、むしろお菓子をえさにするのは切なさとは真逆の状況だ。だから悲しさなど感じることなどないはずなのに、それでもなんだか、強固に無料のお菓子を悲しいと思ってしまう。

ぬいぐるみは動の物

8月8日（月）

私は水が怖い。

いわゆる金づちというのではない。もしプールや海に行く機会があったらそれなりに水で遊ぶ。水に入るのは嫌じゃない。

でもいつも水は怖くて、それはよくない想像をするからなのだった。

東京モノレールにたまに乗る。モノレールは京浜運河の上に作られた高架を走り、景色がとても美しいのだけど、つい毎度、車両ごと運河に落ちやしないかと思う。まれに誰かに車でどこかに連れていってもらうときに通る東名高速道路も、高架の下を広い川が流れるポイントがあって、いまこの車が高架から落ちて川に落ちたらどうしようと思う。

乗っているときだけじゃなく、たまに思い出して、どうしよう、どうしようと頭をかかえるのだ。

朝、目が覚めてまた急に乗った車が落ちるような気がして、近く車で遠くへ行く予定があるからだ。布団に横になったまま、「車　水没　脱出」で検索して、ネットで６００円で脱出ハンマーというのを買った。シートベルトを切るカッターと、窓ガラスを割るハンマーが一体になっている。

もう大丈夫だと起きだした。

息子がもう起きていて、台所のテーブルで辞書をめくっている。なにを調べているのと聞くと「とんま」だそうだ。

「頭がにぶくて間がぬけている」

息子は読み上げ、すると「へえ」という思いが先行して、また、なぜ調べたのかは聞きそびれてしまう。

「隣に『どんま』って言葉が出てる。そんなのあるんだ」息子は続けて読んだ。「鈍麻。感覚が鈍って感じにくくなること」

息子にパンを、私はきのうの晩の余りの炊き込みごはんを温めて食べて、うまいなあ。米はそれだけでもうおいしいのに、そこにしっかりと味をつけてしかも具を入れるのだからずいぶん口を甘やかしたものだ。

遅起きの娘もきのう寝る前に「今日の炊き込みごはんの残り、明日の朝食べる」と言って寝たから、起こして食べさせた。

顔を洗って歯を磨いて服を着替えて在宅勤務の日。大太鼓をドンドコドンドコ振りかぶって叩かん勢いで作業をすすめるなか、休みの子らはあまりにゆるんだようすでいるから心配になる。宿題の進捗をつい厳しく問いただした。あまり進んでいないようすで、そそのうち息子は図書館へ行った。

午後塾に行く娘に「スパゲッティでも食べる？　お母さんは雑なごはんを食べるよ」と言うと「私も雑なごはんが食べてみたい！」と姫様みたいなことを言うから、朝漬けた味つけ卵とピクルスと、サラダチキンを半分ずつ、それから冷凍ごはんを解凍して並べた。「これが雑なごはん？」「そう、これが雑なごはんだよ」娘はおいしいと食べた。

娘は今年、近所の私塾の夏期講習に参加していてそれなりに通塾日がある。私が日ごとにスケジュールを伝えずとも自ら文句を言わずに通っており、助かる、というのが素直な感想なのだけど、実際の娘の気の持ち方がどういうものなのかは気になる。

娘はこれまでの学習傾向からものすごく勉強の好きな人ではないように見え、ではなぜ塾に行くんだろう。行きたくないと言ったところで私にダメです行ってくださいと言われることが予測されるから行くのか。たいしてなにも考えておらず、行けと言われたから淡々と行っているのか。多少なりともおもしろみはあるんじゃないかとも思う。先生は不思議な存在感のあるおもしろい人だ。

どれか、というのでもなく、どれもそう、みたいなところなんだろうかな。じつは、もし娘が塾なんか行きたくない、嫌だとごねられれば私としてはどうしようもないのだ。娘はそれを知っているだろうか。

午後の中途半端な時間に息子はひょっこり帰ってきた。「無限にぽよんぽよんボールが出てくるんだけど」と手に小さなスーパーボールを握っている。そうそう、最近この家ではなんの拍子にかひとところに集められていたスーパーボールがこぼれて散って、あちこちから出てくる。ドラゴンボールみたいだ。

本棚から落ちてきたり、床に転がっていたり、ペン立ての中に入っていたりする。「そうなんだよ、あっちこっちにぽよんぽよんボールがあるんだよ」興奮気味に肯定すると息子はまんざらでもなさそうだった。

夜は生協の完成されたミールキットに追加でもやしを一袋入れるという大暴れをやる。鶏肉とズッキーニのトマト煮だったが、もやし炒めになった。娘がおいしいと食べてくれて、もやしを一袋も入れてまさか……と思ったが、たしかにちゃんとおいしい。

日が暮れても暑く、全員がだらだら寝るまでをすごした。最近、しばらく誰もさわっていなかったDSを発掘して久々に三国志のキャラクターを使った麻雀ゲームをはじめた息子だが、弱すぎてCOM戦でさんざんに負けているらしい。

あまりに負けすぎて、友達で麻雀に詳しいのがいるから、習って出直して三国志のやつらをぼこぼこにするのだと言っている。リアルで負けてくやしいからゲームで練習してリベンジするのではなく、その真逆、そういうパターンもあるんだな。

いっぽうの娘は、私が日中本棚に片づけたぬいぐるみをまたちゃぶ台に戻した。

「ぬいぐるみは棚に飾ると飾りになっちゃうよ」と言う。

なるほど、ぬいぐるみはどこに配置するかによって静と動が決まる。棚に飾れば置物として眺める静のものになり、床に置いておけば玩具として動的に用いられる。娘はぬいぐるみを、できるだけ動の物として取り扱いたいのだ。

8月24日（水）

じゃあなにを食べていたのか

夏休みの子どもたちはゆっくりすごし、いっぽう私は会社があっていつもどおり。人々のあいだを流れる時間の速さがちがうことから、夏の朝の時空はゆがんでいる。

勘ちがう時空で生きる子どもたちを、そろそろかなという勘どころで起こすのだけど、勘は夏じゅう定まらず、8時の日も9時の日も10時なんて日もある。毎日適当で一貫しない時間が子どもたちにとっての朝だった。

今日は9時くらいに起こした。ふたりともどろどろ起きだして、息子は部活がなく午後から図書館へ勉強に行く、娘も午後から塾のスケジュール。

私は午前は在宅勤務で午後から出社だったから、昼はどうしようねなにを食べようねと声を掛けあって結局息子はスパゲッティと梨を、私は冷ややっこと朝の炒め物の残りを、娘はごはん1杯をレンジで温めて海苔の上に広げて海苔サンドのようにして食べた。夏の終わり、明らかに全員が昼食というものを的確にとらえられなくなっている。子らに健全な食事をとらせるのは私の役目であり、これは職務怠慢だとふるえたが、とりあえず全員お腹はいっぱいになった。

子どもたちが夏休みに入ってここまでの1か月、昼ごはんをどうしのいできたかもう思い出せない。そうめんばかり毎日食べたような記憶もないし、むしろそうめんは1回くらいしか、今年は食べていないんじゃないか。じゃあなにを食べていたのだろう。判然としない。やりすごすように日々をちぎっては投げしてきた。

外を見ると暗く、天気予報で午後にわか雨があるといっていたのを思い出した。洗濯物を入れるとすぐにぶつぶつと、玉のような雨粒が落ちだした。天気予報のアプリで雨雲を見たところ、大雨の真っ赤な雨雲が一帯にかかってる。ここから1時間はどしゃぶりらしい。

いまからちょうど1時間移動して会社の会議に出る予定で、どうしようもなく足元をじゃぶじゃぶにし会社の最寄り駅に着くころには空は晴れでも雨はまだ降る、お天気雨になった。異様な湿度で熱風に足がからまってつまずく。

よろよろ逃げ込むように会社のビルに入ると入り口からいきなり涼しかった。執務室もきりっと冷えてなにもかもがさらさらに乾いていた。人は誰もがにこにこ機嫌いい。

家で働くことと会社で働くことには次元レベルでちがいがある。作業をする場所がちがうだけであって生産される成果物は同じ（であるべき）だから、うまく言えないのだけど、夏休みの朝、私と子どもたちのあいだに感じる時間の流れのちがいのような、それは態度と空間のありかたの根本的なちがいだ。

次元レベルでちがう家と会社を同じように使おうと考える人間の精神は強靭で、これこそが人間の強さなんじゃないかとちょっと思った。適応力というよりも「そういうことにする力」を感じる。ちがう場所で同じ成果を上げられることにする、力。

会社の帰りにスーパーで、とくに必要なものはないのだけどなにかしら買いたくてレーズンを買った。レーズンはとくべつ絶対に必要ということがほぼなく、なにかしらの栄養にすぐれた食べ物でもないように思うのだけど私が子どものころからずっとあってどこでも手に入る。

それくらいのゆるやかなポジションで売れ続けて、買い求められ続けることがよくも可能だなと感心して、でも帰って食べたらちゃんとおいしかった。ざらざら食べた。

晩ごはんの直前にお腹が空いたらしい息子は食事を待たずにパンを焼こうとしていて、

私にとがめられないか不安なのか「ドキドキドキドキ」と声に出しながらパンを冷凍庫から取り出した。気の毒なので見逃しておいた。パンにレーズンをはさんで食べていた。

娘は今日で夏休みが終わり。明日ひさしぶりに背負うランドセルのメンテナンスをしている。肩のベルトの長さをベルトの穴ひとつ長くして、するともう次の穴はなくなって、ランドセルの肩ベルトは最長になった。

内底に汚れがくっついていると、竹串でほじってかき出して、おそらく消しかすが詰まっていたんだろう、チラシの上に集めた黒いかすを見せてくれた。

今日は絶対に死ねない

8月26日(金)

夏休みが明け2日目の娘、どうも忘れていた夏休みの宿題が出てきたらしく、朝いちばんで片づけて、保護者印をもとめてきた。夏休みのめあてやスケジュールをまとめるシートで、どう見ても夏休みが始まってすぐに取り組まないことには意味のなかったものだ。きのう先生に言われてあわててすませたらしい。大急ぎで書いたからか文章は意味も通らず全体的におぼつかない。

なんでやらなかったのか聞くと、シートの上に「夏休みの計画を立てましょう」と書いてあったからだそうだ。文言が「立てましょう」と提案の体だから、やるかやらないかは自分で決めていいと思った、とのこと。

　本当にそう思ったのか、どうやら母親が宿題を忘れたことについて怒っているようだと感じ取ってとっさに言い訳をしたのかはわからないが、提案なのだから乗るか乗らぬかは自分次第であると考えたのはなるほどなと思った。

　思えば、宿題などやるべきことを提案として呼びかけることが小学校では多い。中高になると「やりなさい」的な表記に変わるかもしれないけれど、社会に出るとまた「ましょう」は増える。

「やりましょう」は「やりなさい」である場合が、世の中では多いと伝えた。念を押すように詰め寄ると娘は泣いてしまい、そのまま落ち込んで学校へでかけていった。

　こうしておだやかでなく別れた日は、このまま私たち、どちらかが死んでしまわないか不安になる。フィクションの世界ではわだかまったまま別れたあの日を境にふたりは不通になるものだ。

　今日は絶対に死ねない。終日そとで取材の日で、足元をよく確かめながら出かけた。

　取材先は長野の高原で涼しくさわやかで秋のようだった。あたりにはたくさんトンボが飛んで、ああ、トンボだ、家のあたりではまだ見ない。

　取材は滞りなく終わった。行きも帰りも新幹線に乗ったのだけど、帰りの車両で不思議とシュウシュウシュウシュウ音がする。ずっとリズミカルに鳴り続け、たまに止まるが、すぐまた鳴る。リズムが一定であることから、なにかモーター音だろうか。

混んだ車内だった。内心はわからないが、誰もがとくべつ気にしていないようなそぶりだったから、私も文庫本に熱中してやりすごした。到着してシートを立って出口へ向かうと、前方の座席に座った人の膝の上に、犬がいた。シュウシュウシュウシュウ、鼻息を鳴らしていた。

自宅の最寄り駅に着いたところでスーッと、胴が青白い立派なトンボが前を横切っていった。高原のトンボよりも大きくてありがたい風情のあるトンボだった。

帰り着くと息子は帰ってきており、塾へ行った娘はまだ。私は無事で帰り着いた。あとは娘さえ無事ならば再会だ。

晩ごはんはおみやげの駅弁、すこし待ったのだけど娘は帰宅せず、お腹がすいたので息子と食べてしまう。娘の帰宅が気がかりで味わえなかったから、帰ってくるのを待ったほうがよかったかもしれない。

食べきってもまだ娘は帰ってこず、心配しつつもやるべきことはあって洗い物をしたり洗濯物を畳むなどして待った。

明日からの週末、渋谷でやっているかこさとし展を見にいこうと話していたのを思い出し、会場の優待券があったはずだ。探して見つけるが、使用期限が切れている。いやいや、期限が切れるタイミングで新しいものをもらったはずじゃないか。もらったときに期限が切れたほうを捨てて新しいのと取り換えて……どうも、取りちがえて古いほうを大事にとっておき、新しいほうを捨ててしまったらしい。

落ち込んだところで娘から「帰ります」とLINEが届いた。

娘が無事に帰ってくる喜びが、招待券を失った悲しみとぶつかり合った。娘の無事のほうが何倍も大きいのに、招待券の悲しみの瞬発力が強くまさか拮抗する。

娘との再会を手を取り喜び合い、それを招待券のなぐさめに代えた。

それから実家の父のLINEのアイコンが酒瓶からかわいがっている庭の木に代わっているのに気づいてちょっと愉快に感じ、テレビで『金曜ロードショー』を観る子どもたちを置いて先に寝る。

遠くに出かけた日の夜は眠い。

静かに静かに終わっていく

9月6日(火)

常々せっかちで、歩くのもしゃべるのも食べるのもはやい。はやく遠くまで物事を伝えたいから声が大きいし、聞いたことをよく考えずに速度優先で理解するからいつも驚いている。

そんなわけだから、夜も毎晩さっさと寝てしまうのだった。旺盛に観たいアニメやドラマ、読みたい本やまんががあって、スマホでの友人らとのコミュニケーションが遅くまで続く子らはそれなりに夜更かしで、最近は子どもたちを置いて先に寝ることが増えた。

先に寝ると困るのは、朝起きたとき部屋が片づかないままだったり、電気がつけっぱなしだったり、子どもたちが歯を磨き忘れたりすることなのだけど、あきらめずにしっかり毎回言って聞かせることで徐々にそのあたりもクリアされるようになってきた。

昨晩も長い睡眠で夜をまるまるほうむって、朝、起きた。

子らにも声をかけると目をこすりこすりまずは息子が起きてきて、起き抜けにいきなり、小さなおもちゃのピアノを取り出して弾きだした。

弾けている。

昨晩、私が寝る前に、ベートーベン『月光』の最初のところをつっかえつっかえ練習していたのだ。いまやかなりスムーズに指が動いている。

「できてんじゃん」「きのうあれから練習した」

私がぐうぐう寝ている間、起きている人はこうして時間から実りを得ているのだなと思った。

いっときこの家では電子ピアノを買おうと盛り上がったことがあった。中古で押さえた商品が手ちがいで入手できなくなって以来そのままだった。やっぱり買おうか、それでいまからでもどこか習いにでもいったら、と息子に聞いてみたけれど、習うのは嫌だという。ピアノは小さいうちに習っておくと脳が刺激されていいんですよなどと聞いたのは息子も娘も大きくなってしまったあとだ。水泳も、ほら全身を使うから発達に役立つんですと、うちの人たちはどちらも習わないまま大きくなってしまった。

娘は稽古ごととして国語を習っていたけれど、これも大きくなってから「えっ、なんで算数じゃないんですか、○歳までは算数じゃないと意味ないですよ」などと言われたことがあって、なんだかもう、うちじゃおおむねのことが手遅れだ。

子育ては時限的な営為なだけに、こういった話半分の噂話を起因とする取り返しのつかなさからの絶望がある。ただただ、困ったなと思う。そんなこと言われても、本当に困ります。

子らが出かけて私は在宅勤務の日。

昼はひさしぶりにレンジのスパゲッティゆで器を使ってスパゲッティを温め、お湯を切ってその容器そのままスパゲッティを食べた。細長い容器で、食べながらうっかりフォークを取り落とすとまるまる容器に浸り、持つ部分がソースまみれになってしまう。ぼんやりし2回落としてはふいた。

ひとりだとこういうちょっとしたアクシデントが共感のバイブスが上がることなく静かに静かに終わっていく。共感で発散しない分、自分のなかでじっくり染み入るなと思った。フォークを落として柄がべたべたになるということ。

早めに仕事を終えて買い物に出ると街のスピーカーから夕方の5時を知らせる音楽が鳴り、以前と曲が変わったのに気づく。以前は一音だけがリズムを鳴らすチャイムのような平坦な放送だったのが、やや凝ったすこし曲らしい曲になった。なるほど思いもよらなかったが、夕方のチャイムだって進化はするよな。

帰って買ったかぼちゃを、ふかしただけで食べようかなとレンジでやわらかくしたがどうも甘くない。上から砂糖と塩をまぶすかと思いつつ、ネットで検索したらもっといい味つけがあるかなと「かぼちゃ　味つけ」まで検索窓に入力すると「かぼちゃ　味つけ　後から」とサジェストされて、後から味つけする仲間の存在が確認され頼もしい。どんなときにも検索のサジェストには仲間がいる。砂糖と醤油、3：2を推奨するレシピがあり従った。

おいしく晩に食べて、そうして夜はいよいよ電子キーボードを買ったのだ。

電子ピアノだと大きいし高いから、ここはキーボードにしておこうと息子が安いのを選んで、なるほど良案だ。居間の隅に使っていない椅子が2脚置いてありそれをどかしたところにぴったり入ると、息子は紐をキーボードの長さに切って確かめていた。メジャーで測るんじゃなく、紐で合わせることに期待と誠実を感じる。

大きいものを買うのはおそろしい。購入ボタンを押すクリックがいつもよりゆっくりになる。

骨といわれたほうがよかった

9月7日(水)

ハムエッグの作り方を調べたことはない。

子どものころ実家で食べたのか、絵や写真で見たのか、そういう食べ物があることはおそらく人生の早い段階で知り、自分が家の主たる調理担当者になってからなんとなく作るようになった。

目玉焼きは食べる前に調味しないと味がたんぱくだけど、ハムエッグにすればハムの塩味で一気に最初から味のある食べものになるのがいい。

作り方を調べないのは、どう見てもこう作るのだろうと、からくりが目に明らかすぎるからだ。ハムの上で目玉焼きを作ればいいわけだろう。

そういうわけで、今日もフライパンにハムをのせ、その上に生卵を割った。のだけど、たいていじわじわ生卵がハムから横にずれていく。蒸すためにすこし入れる水の圧で卵がハムの真上に寄るように誘導したり、あまりにずれる場合はハムを手で（手で、だ）卵の下に引っ張ってずらすこともある。こんな強引なやり方が合っているとは思えない。でもこれ以外にどうするかというと、専用器具でも使わないかぎりどうしようもないだろう。

今日のハムエッグもよくわからないままハムがややずれてできあがった。目を離したすきに黄身はごりごりの固焼きになってしまった。

まだ寝る子らに声をかけ、息子が起きてきたので遅寝の娘はおいてふたりで先にごはんを食べ始める。

食べながら息子に「こないだのあれよかったな、おばあちゃんが神童のことをテンドウって言ったときのお母さんの返し」と言われた。

先日、母に会いにいったときに話の流れで「あの子は勉強が良くできてね、テンドウって噂されてたんだから」というから「テンドウ……？　山形県の……あの将棋の駒で有名な」とつっこんだのだ。思い出してほめるくらいうけていたとは。うれしい。

「だからおれも、土地の名産品はおぼえておこうと思う」と息子は言って、意外な方向から子どもの勉学のモチベーションを上げたことがわかり生きる手ごたえを得た。

私は各地の名産にはまったく詳しくはないが、天童市にはかつて人間将棋を取材しにいったことがあるのだ。あのときは本当に、街の方から会場のみなさんから親切に歓迎してもらってうれしくて、それでよくおぼえている。

子らが学校へ行き私も会社へ出て働けばもう一日は夜になった。

会社からいちど家に帰って洗濯物を片づけ、買い物に出かけると日が短くなった野外は暗い。二車線の、幹線道路ほど太くない道に沿った背の高い街路樹の植わる歩道を歩いているとバスが追い越していった。街灯の少ない通りを四角く光って走っていく。

バスは暗い中で見ると明るいところで見るより四角く見える。光る大きな四角が速さをもって前進していき、案外これは異様かもしれないと、普通のバスだが物珍しくながめた。

帰ると娘が爪切りをしており、「お母さん」「なんだい」「爪は骨?」と聞くから、骨じゃなかろうが、ではなんだろうとネットで調べて、皮膚の細胞が硬くなったものと知る。爪、皮なのか……。ピンとこないまま娘に伝えると娘もピンとこないようで、骨といわれたほうがよかったねと無責任に話した。

娘はそれから「つめ号」と書いた紙飛行機を見せてくれて、爪を切るときに敷いた紙で折ったんだそうだ。中に切った爪が入っているから、飛ばすことにより爪が飛び散る。なんておそろしい。記念に写真を撮らせてもらった。

息子も帰宅し、踏切の音がきれいにとれたと聞かせてくれた。最近息子はポータブルレコーダーを買ってあちこち外の音を録ってくる。外の音を家で聞く、その感覚がおもしろいんだそうだ。なるほど台所なのに耳に線路の音、それから電車が行き交って踏切が開いてまちかまえた車が発車する音が聞こえるのは可笑しい。

晩は肉を焼いて3人集まり輪になって食べた。うちは丸いちゃぶ台で晩ごはんを食べるから、夜は陣形がいつも輪だ。

料理の上に半熟の卵がとろーっととろける表現がテレビで流れ、子らはふたりとも黄身はとろーっとしないほうが好きだなと言った。娘はむしろ固焼きすぎるほうがいいと言うから、朝の目玉焼きは正解だったことがわかった。

あとがき

2022年12月14日（水）

朝、娘はまだ寝床におり、いつものように息子と食卓でラジオを聞きながら焼いた食パンを食べた。

この家では食パンは、片面はこんがり焼き目をつけるがもう片面は焼かない。なんでそんなトリッキーなことになっているのかというと、オーブンレンジのトーストコースを途中でやめるからだ。

作動の途中でアラームが鳴ったらひっくり返すのが本来の焼き方なのだけど、片面焼けたらそれでいいことにしてしまっている。

ここ数週間、そんな食パンにささいで個人的でおそらく共感も得られないだろう逡巡をしている。食パンのどちらの面にジャムを塗るか。かりっと焼けた方に滑らせるように塗るか、ふわふわとまだ生の気配のある側に埋めるように塗るか。

ひどく悩み決めかねるということもなく、ふた通りあるからやむを得ずどちらかを選ぶくらいのことだが、とはいえ選択肢が横たわるとそこに決定が発生し、思考することにより心は日々動くものだ。

今日はトーストされている方にいちごのジャムを厚めに塗った。息子にこの選択について聞いてみると、まったく気にせずなんとなくどちらかに塗っているとのことだった。

これが今日の朝のこと。こうして私たちは起きて一日をはじめ、それぞれ学校へ、仕事へ散ってまた家に戻ります。日々のそのさまを日記として書くようになったのは２０１８年の10月末のことでした。はてなブログとnoteに、２０２０年４月までは毎日更新し、以降、不定期にはなったもののいまも続いています。

本書は公開開始時から２０２２年９月までの日記をよりぬき改稿したもので、このうち「壺のなかのグリーンカレー」から「今日は絶対に死ねない」までは書き下ろしです。

２０１９年５月からは自費出版の冊子でも頒布してきましたが、今回このような形で出版でき、これまでよりも読者の方へお手にとりやすい方法で届けられるようになったことがとてもうれしいです。

日記とはどういうものか、どうあるべきかについて考えを及ばすことはほぼなく、自分の書けるその時々の方法で書いてきました。ひとつ間違いのないことは、これがたしかにどこかに実在した日々だということです。

ただいっぽうで、最近どこかフィクションめいた性質もあるなと思うようになりました。娘が私の出した日記の自費出版の本を読むようすを見ると、まるで見知らぬ物語を読むかのようです。いつも読むほかの本と変わりなく淡々とページをめくり、ときに笑ってくれます。その姿は書いてあることを自分のこととあまり感じていないようにも見え、母である私の目で見た娘と自身の間に、それなりに距離があると娘がとらえているのではないかと思うのです。

私が見た娘を私が言葉にして書くことと娘自身は別体である、そう考えると私の日々の書きつけは創作に近いもののように思えます。

家のこと、子どものことを書き続けることについてよく、お子さん方はどう思われているのでしょうと聞かれることがあります。

半分創作だと思っているようです、というのがこたえになりそうです。

そしてそれは、私が世界をとらえるときに働くのは私の頭でしかないことにいよいよ思い至らせてくれます。

これからも見て聞いて感じてとらえ、たゆまずおもしろがり書き続けます。それが自分のいたしかたない生命です。

書籍のあとがきらしく謝辞を。原稿を読み出版の許可をくれた子どもたちに感謝します。

古賀及子

こが ちかこ

1979年東京生まれ、
神奈川、埼玉育ち、東京在住。
ライター、編集者。
2003年ウェブメディア「デイリーポータルZ」に
ライターとして参加、2005年同編集部に所属。
「納豆を1万回混ぜる」「決めようぜ最高のプログラム言語を
綱引きで」「アイドルの話はプロレスの話に翻訳できるか
〜文化にも通訳が必要だ〜」などを執筆。
2018年10月はてなブログで日記の毎日更新を開始し、
2019年からは同人誌としての頒布も行う。

ちょっと踊《おど》ったりすぐにかけだす

2023年 2月27日　第1刷発行
2024年11月18日　第3刷発行

著者
古賀及子《こがちかこ》

発行者
北野太一

発行所
合同会社素粒社
〒184-0002
東京都小金井市梶野町1-2-36　KO-TO R-04
電話：0422-77-4020　FAX：042-633-0979
https://soryusha.co.jp/
info@soryusha.co.jp

ブックデザイン
鈴木千佳子

印刷・製本
創栄図書印刷株式会社

ISBN978-4-910413-10-5　C0095